Fasziniert von den Sternen

Timothy Ferris

Fasziniert von den Sternen

Abenteuer und Entdeckungen berühmter Hobby-Astronomen

KOSMOS

Titel der Originalausgabe „Seeing in the Dark“,
erschienen bei Simon & Schuster
unter der ISBN 0-684-86579-3

Aus dem amerikanischen Englisch von Michael Vogel

Übersetzung der den Kapiteln vorangestellten Zitate sowie der Anmerkungen ab Seite 321 von Anna Katharina und Michael Echtner

Umschlaggestaltung von eStudio Calamar unter Verwendung einer Abbildung der Bildagentur Astrofoto.

Bibliografische Information der Deutschen Bibliothek
Die Deutsche Bibliothek verzeichnet diese Publikation in der Deutschen Nationalbibliografie. Detaillierte bibliografische Angaben sind im Internet über http://dnb.ddb.de abrufbar.

KOSMOS Postfach 10 60 11
D-70049 Stuttgart
TELEFON +49 (0)711-2191-0
FAX +49 (0)711-2191-422
WEB www.kosmos.de
E-MAIL info@kosmos.de

Gedruckt auf chlorfrei gebleichtem Papier

Für die deutsche Ausgabe:

ISBN 3-440-09712-9
Redaktion: Justina Engelmann
Produktion: Siegfried Fischer, Stuttgart
Printed in Czech Republic/Imprimé en République Tchèque

Allen Sternfreunden gewidmet

Rapport von Sonne, Mond,
Erde und allen Sternbildern,
Welche Nachrichten bringt ihr uns
von fernen Sternen?

Walt Whitman

Überall ist der Mittelpunkt der Welt.

Black Elk

Inhalt

Vorwort

Wir machen uns vertraut mit dem Dunkel,
Wenn das Licht verborgen wird,
Wenn die Nachbarin die Lampe trägt,
die ihren Abschied erhellt.
...
Es wandelt sich das Dunkel
Oder etwas in unserem Blick
Umfasst die Mitternacht
Und das Leben schreitet beinah geradlinig voran.

Emily Dickinson

Schauen ist Denken.

Salvador Dalí

Die Beobachtung der Sterne ist eine der ältesten und erhebendsten sowie gleichzeitig einer der jüngsten und herausforderndsten menschlichen Aktivitäten. Warum tun so viele Menschen etwas scheinbar so Nutzloses? Was lässt Hobby-Astronomen nachts in der Kälte ausharren und am nächsten Tag eine bleierne Müdigkeit in Kauf nehmen? Diesem Geheimnis möchte ich in diesem Buch mit drei Aspekten, die mir besonders wichtig sind, auf die Spur kommen:

Zunächst ist da ein Bericht über meine eigenen Erfahrungen als langjähriger Sterngucker. Dabei schildere ich das immer wieder unglaubliche Erlebnis, das Licht ferner Sterne zu sehen, das Auge und Geist anregt. Diese Beobachtungen, die das unvorstellbar Ferne und das tief Vertraute einschließen, haben mich so stark beeindruckt, dass es unpassend wäre, sie nur aus der Sicht von anderen zu beschreiben.

Der zweite wichtige Aspekt ist die derzeitige Revolution in der Amateur-Astronomie: Die Tiefen des Kosmos, die bislang nur Profis oder sogar niemandem zugänglich waren, liegen nun in der Reichweite von wissbegierigen Beobachtern. Viele der Amateure sind damit zufrieden, die Ästhetik des kosmischen Anblicks zu genießen. Einige befassen sich jedoch so intensiv mit dem Kosmos, dass ihre Tätigkeit einer unbezahlten Laufbahn als Forscher ähnelt. Daher stellt sich unwillkürlich die Frage, was einen Amateur ausmacht. Ich habe viele Amateure getroffen, auch solche, die aufgrund ihrer Entdeckungen berühmt wurden. Vielleicht stammt die beste Definition von einem Amateur, der später Berufsastronom wurde, George Ellery Hale. Er definierte einen

Amateur als „jemanden, der etwas tut, weil er einfach nicht anders kann“.[1]

In einer dritten Ebene beschreibe ich, was wir draußen im All sehen: Was sind Saturn, der Ringnebel, die Galaxie im Bildhauer und der Galaxienhaufen in der nördlichen Krone tatsächlich? – sofern wir dies überhaupt in dieser frühen Phase der kosmischen Forschung sagen können. Vieles müssen wir noch lernen, aber wenn man die Sterne beobachtet, ist es gut – genau wie bei einem Konzertbesuch, einem Baseballspiel oder im Gespräch mit einem alten Freund – ein paar Dinge über die Objekte zu wissen, denen man Aufmerksamkeit und Zuneigung schenkt.

Das Buch ist nicht in erster Linie als amateurastronomischer Ratgeber gedacht, dennoch möchte ich die Leser dazu ermuntern, die Pracht des Nachthimmels zu einem Bestandteil ihres Lebens zu machen. Das Universum ist für jeden zugänglich und kann das eigene Dasein mit einem Gefühl für Schönheit, Vernunft und Ehrfurcht bereichern – genauso wie Musik, Kunst oder Lyrik. Man muss sich in der Astronomie nicht besonders gut auskennen, um diese Seiten zu lesen. Leser, die auf einen unverständlichen Begriff stoßen, können ihn im *Kleinen astronomischen Lexikon* am Schluss des Buches nachschlagen. Diejenigen, die sich selbst an der Sternbeobachtung versuchen wollen, finden im Kapitel *Beobachtungstechniken* entsprechende Anregungen zur Beobachtung mit dem Auge, Fernglas oder Teleskop.

Die gelegentliche Beobachtung der Sterne und Planeten erfordert genauso wenig Mühe wie die gelegentliche Vogelbeobachtung. Aber ernsthafte Amateur-Astronomen investieren – abgesehen vom entgangenen Schlaf – viel Zeit und Mühe in ihr Hobby, und die Frage scheint angebracht zu sein, warum sie das tun. Ich habe dies viele gefragt, nur um zu erkennen, dass die meisten wie ich selbst einfach irgendwann auf die Sternbeobachtung gestoßen sind und dabei blieben. Die Ursachen dafür sind genauso schwer zu finden wie die Antwort auf die Frage, warum man gerade seine Ehefrau geheiratet hat und keine andere. Einige sagen, dass die Betrachtung der Sterne die Menschen enger zusammenbringt, weil sie uns unsere Rolle als gemeinsame Reisende auf einem kleinen Planeten vor Augen führt. So schrieb mir der chinesische Amateur-Astronom Xie Renjiang aus Dalian kürzlich: „Die Astronomie ist das wichtigste Mittel, um uns zu einen. Obwohl wir verschiedene Hautfarben haben und in verschiedenen Ländern leben, sollten wir alle eine Familie auf diesem Planeten sein. Keine andere Sache ist in meinen Augen so edel.“[2]

Da dieses Buch eine Erzählung und keine akademische Betrachtung ist, werden viele bewundernswerte Astronomen und Teleskopbauer nicht erwähnt – nicht wegen ihrer Unzulänglichkeiten, sondern weil sie nicht in die Geschichte passen, die ich erzähle. Ich kann mich dafür nur mit der Ausrede entschuldigen, dass das Geschichtenerzählen – genauso wie die Sonne am Himmel – so viel verdeckt, wie es zum Vorschein bringt.

Ich danke den vielen Sternguckern, deren Mitwirken wesentlich für meine Recherchen war und deren Freundlichkeit und Gastfreundschaft sich als Segen erwiesen haben. Außerdem danke ich meiner Frau und meiner Familie sowie William Alexander, Andrew Fraknoi, Edwin C. Krupp, Owen Laster, Sara Lippincott, Alice Mayhew, Leif Robinson, Donna April Chua Sy und Terra Weikel.

Fasziniert von den Sternen wurde zwischen 1991 und 2001 geschrieben. Es entstand an verschiedenen Orten: in San Francisco, in Florenz und in Castiglione della Pescaia sowie im Rocky Hill Observatory auf dem Sonoma Mountain in Kalifornien.

T.F.

I

Die Küste

Aus dem Beobachtungsbuch: Ein Primat bei Einbruch der Dunkelheit

An einem Herbsttag war es bei Sonnenuntergang aufgeklart, deshalb wanderte ich die zweihundert Schritte vom Haus zur Sternwarte. Ein zwei Tage dauernder Sturm hatte den Dunst aus dem Himmel gewaschen und die Obstbäume im Garten kahl zurückgelassen. Ihre toten Blätter lagen wie die Waren eines Straßenverkäufers in feuchten Pfützen aus Rotbraun und Gelb zu ihren Füßen. Die Weinberge, die den Weg säumten, waren pitschnass und ihre Blätter in Bögen aus glänzendem Gold eingeschlagen. Am Ende des Pfades standen drei Farmgebäude in einer Reihe, jedes mit roten Schindeln verkleidet und mit Wellblech überdacht. Das erste war eine Scheuer, das zweite ein Unterstand für Traktoren und das dritte, das sich gegen den Hang neigte, war die Sternwarte. Ihr Dach ließ sich aufschieben.

Innen ging ich um den zylindrischen Betonpfeiler herum, auf dem das im Stockwerk darüber stehende Fernrohr ruht. Zwei Fuß dick, tief im Boden verwurzelt, steht der Pfeiler im Herzen des Sternwartengebäudes, berührt es aber nirgends. So lässt sich vermeiden, dass sich Schwingungen auf das Teleskop übertragen. Ich freute mich, dass das Teleskop den Sturm knochentrocken überstanden hatte, wie es da so niedergekauert auf seinem Seerosenblatt aus Beton stand, geschützt unter dem niedrigen Dach. Um das Dach zu öffnen, löste ich einen großen roten Sicherungsriegel und stemmte mich mit meinem Gewicht gegen den nächsten Aluminiumstift. Es gab ein Ächzen von sich und begann auf seinen zwölf Stahlrädern zu rollen und den Blick nach oben freizugeben. Und plötzlich war ich wieder draußen, unter einem viel versprechenden, wunderschönen Himmel aus makellosem, dunkler werdendem Blau.

Ich richtete das Fernrohr nach oben und griff zwischen den Verstrebungen seines Gitterrohrtubus hindurch, um den Deckel des konkaven Hauptspiegels abzuheben. Der Spiegel zeigte ein flüchtiges, albernes Bild meines Gesichts – große, dümmliche Backen und eine niedrige Stirn. Gerade so, als ob er die Groteskheit der Ansprüche eines Primaten unterstreichen wolle: ein Affe, der etwas über den Kosmos lernen will. Der Spiegel ist so groß wie ein Tablett, so dick wie ein Telefonbuch und hat eine parabolische Oberfläche. Die Spiegelgenauigkeit ist besser als ein Achtel der Wellenlänge von Natriumlicht (588 nm). Aber bis der Spiegel dieselbe Temperatur wie die Umgebung erreicht hat, ist er doch immer etwas verzogen. Während ich nun darauf warte, dass er abkühlte, saß ich am Schreibtisch, schaltete eine kleine rote Lampe ein und schrieb in das linierte Beobachtungsbuch: Himmel wolkenlos. Leichter Südwestwind. Luftfeuchtigkeit 67 Prozent, fallend.

Anschließend konsultierte ich meine alte Lieblingssternkarte. Ihre vergilbten Seiten sind mit einem dünnen Gradnetz überzogen, an dem die Sterne und die Nebel wie Trauben am Spalier hängen. Die Seiten sind mit handschriftlichen Notizen über Beobachtungen versehen, die ich im Lauf der Jahre gemacht habe: die Schweife vergangener Kometen; ein Bleistiftpunkt, der die Position eines Quasars markiert, dessen Licht einige Milliarden Jahre unterwegs war; und die Entfernungen von Sternen und Nebeln – ein lebenslanger Versuch, unsere direkte Nachbarschaft im Umkreis von einigen Dutzend Lichtjahren räumlich zu be-greifen. Aber die meisten Einträge beziehen sich auf Galaxien, die durch ein leeres Oval symbolisiert werden. Jede beheimatet rund hundert Milliarden Sterne. Es wurde dunkler und ihre Stunde war nun gekommen.

Meine ersten Beobachtungen

Armer Junge –
er wendet den Blick vom Monde
und zermahlt den Reis.

Matsuo Basho

In einem Tropfen Wasser allein siehst du
das Wesen aller Wasser des Universums.

Meister Huang-Po

Der Morgen dämmerte an einem verlassenen Strand in Florida im Jahr 1954. Die ersten Strahlen der Sonne warfen den Schatten meines Vaters und meinen kürzeren wie Drachenschwänze auf den zerwühlten Sand. Wir waren früh aufgestanden, um zu sehen, was während der Nacht angespült worden war. Früher hatten wir einmal das glänzende Haus einer Trompetenschnecke gefunden, in der das Rauschen des Meeres wie ein verratenes Geheimnis zu hören war. Außerdem hatten wir eine dunkle, alte Weinflasche gefunden, die so dickbauchig und schwer war wie der Hammer eines Steinmetz. Und wir waren auf eine Flasche gestoßen, in der ein Zettel von einem britischen Schulmädchen steckte, das die Flasche von der Heckreling eines Kreuzfahrtschiffes in der Nähe der Bahamas ins Wasser geworfen hatte – weit über 100 km entfernt von hier. Vergangenen Winter brannte ein Frachter im Golfstrom und sank. Noch Wochen danach wurden Kisten mit seiner Fracht an den Strand gespült, die uns unter anderem eine Garnitur neuer weißer Holzgartenmöbel beschert hatte.

Die aufgehende Sonne tauchte die Küste in Gold und strahlte die birnengelben Schwimmer an, die sich in Knäuel aus Seetang verheddert hatten. Ihr Licht schien auf die Segel gestrandeter portugiesischer Kriegsschiffe und auf Kiefern, die nach Süden über Meilen hinweg den Strand säumten. Mein Vater war in seiner ausgebleichten Badehose ebenfalls in Gold getaucht. Er war Boxer und Tennisprofi, der in der Vorkriegsgesellschaft von San Juan und Miami Beach fett und berühmt geworden war. Seit er Pleite gegangen war, fuhr er Lastwagen. Nun sah er wieder wie ein Sportler aus, sonnengebräunt und muskulös. Wären die notwendigen Markierungen am Strand vorhanden gewesen, hätten wir Weitsprung und 100-Meter-Lauf machen können.

Unter der Woche lud er 20 Kilo schwere Zementsäcke auf Lastwagen und fuhr diese auf Baustellen. An Wochenenden lieferte er Paletten von

Softdrinks an Tankstellen und Souvenirläden in den Everglades. Nachts und früh morgens saß er an einer Schreibmaschine, die auf einem Rattantisch in unserem kleinen Wohnzimmer stand. Dann schrieb er Kurzgeschichten, die er an Zeitschriften verkaufte, um etwas Geld zusätzlich zu verdienen. Er hatte mit dem Trinken aufgehört, als wir die Stadt verlassen hatten und er dadurch dem Überdruss entkommen war, der ihn heimgesucht hatte, als sein Name immer wieder in den Klatschspalten stand. Er war nun wieder voller Witz und Staunen.

„Schau“, sagte er und hielt meinen linken Arm fest, als wir vorsichtig um einen Fächer aus Tentakeln violetter Kriegsschiffe herumgingen. Vor uns auf dem Strand passierte etwas Seltsames: Eine leichte Unruhe im Sand, ganz rhythmisch, hatte unsere Aufmerksamkeit auf sich gelenkt. Langsam näherten wir uns dem Schauplatz und schauten intensiv zu, was da passierte. Sand flog in die Luft und warf lange Schatten. „Es ist eine Meeresschildkröte“, flüsterte mein Vater. „Eine unechte Karettschildkröte, glaube ich. Sie legt ihre Eier ab.“

Jetzt sah ich sie – den enormen Panzer, der so sehr mit Sand bedeckt war, dass man ihn fast nicht erkennen konnte, und die großen, kräftigen Hinterfüße, die den Sand in das Loch mit den Eiern schaufelten. Mein Vater erklärte mir, dass sie das Loch über 1,5 m tief gegraben habe, um darin die hundert Eier abzulegen. Nun fülle sie das Loch wieder auf, um die Eier vor Raubtieren zu schützen. Wir wichen zurück und beobachteten, wie die Schildkröte ihr Werk beendete. Dann hievte sie ihren gigantischen Körper wieder zurück zum Wasser und verschwand in den Wellen. Ihre Schwimmfüße hinterließen fremdartige, tiefe Spuren in Sand.

Mein Vater fand zwei heruntergefallene Palmwedel und gab mir einen. Damit verwischten wir die Spuren im Sand. Dabei achteten wir darauf, dass wir nicht auf das Nest traten, weil wir es dadurch verdichtet hätten. Dies hätte dazu führen können, dass sich die kleinen Schildkröten nach dem Schlüpfen nicht mehr ihren Weg durch den Sand hätten wühlen können. „Es ist verboten, Schildkröteneier auszugraben, aber die Leute machen es trotzdem“, sagte mein Vater, während wir die Spuren verwischten. „Wenn das Nest unangetastet bleibt, graben sich die kleinen Schildkröten ihren Weg in ein oder zwei Monaten und laufen direkt zurück ins Meer. Ich weiß nicht, wie sie das Wasser finden oder wie sie alleine hier herauskommen, aber zumindest einigen von ihnen gelingt es wohl, sonst gäbe es keine Meeresschildkröten mehr. War vergangene Nacht Vollmond?“

„Ich weiß es nicht genau.“

„Möglicherweise. Es ist Juni und es heißt, dass unechte Karettschildkröten ihre Eier gerne beim ersten Vollmond im Juni ablegen. Die Gezeiten sind dann stärker, so dass das Meer die Spuren der Mutter besser verwischt. Normalerweise sind sie mit Beginn der Dämmerung fertig. Diese hier war ein bisschen spät dran.“

„Woher wissen sie, wann Vollmond ist – und vor allem der erste Vollmond im Juni?“

„Ich weiß es nicht. Eine weibliche Karettschildkröte kann von hier zu den Azoren schwimmen und findet wieder den Weg zurück zu diesem Strand, wo sie ausgebrütet wurde, wenn es Zeit ist, die Eier zu legen. Vielleicht orientieren sie sich am Magnetfeld der Erde.“

Unser Leben an dieser Küste war eine Art wirtschaftliches Exil, untermalt mit den Peinlichkeiten der Armut. Jeden Morgen saugte ich etwas Benzin vom Tank unseres Gebrauchtwagens an, um den Vergaser auf den Start vorzubereiten. Mit dem Geschmack von Benzin im Mund fuhr ich dann mit einem kleinen, gelben Bus zu einer ärmlichen Schule, wo ich als gut situiert galt, weil ich Schuhe und ein Hemd trug. (Bis heute bin ich darüber beschämt, so gedankenlos gewesen zu sein, einen Klassenkameraden gefragt zu haben: „Gabe, wie kommt es, dass du keine Schuhe trägst, wenn du in die Schule gehst?“ Worauf er sagte: „Wenn ich Schuhe hätte, würde ich sie vielleicht tragen.“) Auf dem Markt legte meine Mutter Lebensmittel wieder zurück, wenn wir an der Kasse nicht genügend Geld hatten, und durch die klapprige Schlafzimmertür konnte ich ihre angespannte Stimme hören, wenn sie dem Vermieter versprach, bis wann wir die Miete bezahlen würden.

Aber wir lebten in einem schönen Teil der Welt. Unser kleines Haus erhob sich über eine windgepeitschte Fläche mit wilden Trauben, die sich bis zum blaugrünen Meer erstreckte. Nachts funkelten die Sterne so lebhaft am Himmel, dass sie zu knistern schienen, und wir schauten gebannt zu, wie der Mond rot wie eine Blutorange aufging und in seine Tracht aus Hermelin und Silber wechselte. Mein Bruder Bruce und ich schliefen jede Nacht mit dem gedämpften Rauschen und Donnern der Wellen ein – alle gleich, aber nicht eines identisch – und erwachten mit denselben fantasievollen Klängen jeden Morgen. Wir begriffen nicht, dass wir arm waren. Wir waren glücklich.

In all diesen Jahren konnten wir uns keine Freizeitbeschäftigung leisten, außer an zwei Freitagen im Monat ins Autokino zu gehen. Meine Eltern gaben Bruce und mir Bücher zum Lesen. Wir hatten Bibliotheksausweise und freuten uns, als der Bibliothekar sagte, dass wir so viele Bücher auf einmal mitnehmen dürften, wie wir beide tragen könnten. Zu meinem neunten Geburtstag bekam ich einen dicken Wälzer mit grünem Einband. Sein Titel lautete: Die Geschichte der Welt aus der Sicht eines Kindes. Der Autor, ein Lehrer aus Neuengland namens V. M. Hillyer, schrieb auf der ersten Seite, dass das Buch „einem Kind erklären soll, was auf der Welt passiert ist, bevor es ankam“ und dass „es ein Kind aus seinem kleinen, selbstbezogenen und eingesperrten Leben herausführen soll, das nur deswegen eine so große Rolle spielt, weil es so nah vor seinen Augen abläuft. Das Buch soll den Horizont erweitern, seine Sicht weiten und einen Blick auf die vergangenen Jahrhunderte eröffnen.“[1]

Es funktionierte. Hillyer begann damit, die Entstehung unserer Sonne und ihrer Planeten „vor langer, langer Zeit" zu beschreiben, „als es noch überhaupt keine Welt gab!"[2] Ich fand das damals erstaunlich – und heute noch immer. Das bedeutete, dass die Welt, in der wir leben, nicht die Welt, sondern nur eine Welt, ein Planet, ist. Alles – die Wellen, die Möwen, der Matsch, der zwischen meinen Zehen hervorquoll, wenn Bruce und ich am Ufer Krebse jagten – bestand aus Material, das nicht immer hier, sondern irgendwann da draußen gewesen war, im Kosmos. Die Erde und der Matsch seien durch astronomische Prozesse hierher gekommen, schrieb Hillyer. Solche Prozesse waren auch für die Gezeiten und die Phasen des Mondes verantwortlich, die die Meeresschildkröten scheinbar so gut kannten. Wenn ich diese Welt verstehen wolle, müsse ich mein Verständnis von Raum und Zeit erweitern, beschwor mich Hillyer. Ich würde mich mit der Astronomie befassen müssen.

Glücklicherweise erwies sich die Astronomie als wundervolles Thema. Bald hatte ich alle Astronomiebücher aus der Stadtbücherei gelesen, daneben noch Dutzende von Sciencefiction-Geschichten, die meinen Kopf mit Vorstellungen über Marskolonien und über Frachtschiffe zu den Monden Ganymed und Titan füllten.

Meine Mutter, die seit zwei Jahren kein neues Kleid mehr gehabt hatte, beschloss, dass wir einmal im Monat die weite Fahrt zur nächsten Buchhandlung auf uns nahmen, wo Bruce und ich jeweils ein neues Buch nach unseren Vorlieben aussuchen durften. Bald standen auf meinem Bücherbord die berühmten populären Astronomiebücher von Patrick Moore, Dinsmore Alter und Bertrand Peek.

Mein Vater hatte sich schon lange für Krebse interessiert. Als wir jünger waren, erfand er einen Geist namens Sam, den Krebsmann, der an Zahltagen Eis in den Kühlschränken auftauchen ließ. Nun verkaufte er an das „Blue Book Magazine" eine Novelle namens „Der fünfte Angriff", in der riesige Krebse, die durch radioaktiven Fallout mutiert waren, den einsamen Bewohner einer Sandinsel angriffen. (Er war enttäuscht, als die Angreifer in dem bahnbrechenden Monsterfilm „Them" keine Riesenkrebse, sondern Riesenameisen waren.)

Unser Vermögen begann, sich etwas aufzubessern. Vater bekam einen Schreibtischposten und wir zogen in ein kleines Haus nach Key Biscayne um, eine Insel vor Miami, die eine Kokosnussplantage gewesen war. Wir kauften ein besseres Auto und anschließend einen Farbfernseher.

Der Nachthimmel über Key Biscayne war damals pechschwarz. Die Sterne schienen zum Greifen nah zu sein. Ich prägte mir die Sternbilder mit Hilfe eines Buches ein. Es hieß „Die Sterne: Eine andere Art, sie zu sehen" und war von H. A. Rey geschrieben worden, der Mitautor und Illustrator der Buchreihe „Neugieriger George" war. Ich nahm einen Esszimmerstuhl mit hinaus auf den Rasen des Vorgartens und beleuchtete Reys Buch mit einer kleinen Taschenlampe, deren Linse ich mit dem roten Nagellack meiner Mutter angemalt hatte. So ausgerüstet, suchte ich die Umrisse des mächtigen Orion, den Schwan, wie er Richtung Süden durch die Milchstraße fliegt, und den fast schon beängstigenden Skorpion in der salzhaltigen Luft am südlichen Horizont. Sein Stachel lauerte über den Palmwedeln.

Im Osten zog Mars wie ein Granatstein herauf. Jede Nacht wurde er heller. Ich hatte gelesen, dass er sich seiner Opposition näherte, jener Stellung, bei der die Erde auf einer geraden Linie zwischen Mars und Sonne liegt, so dass die beiden Planeten sich am nächsten stehen. Ich hatte auch gelesen, dass die Opposition in diesem Jahr, es war 1956, eine besonders günstige war. Mars würde in 58 Millionen Kilometer Entfernung an der Erde vorüberziehen, was außergewöhnlich gute Ansichten seiner Polkappen und kontinentähnlichen Oberflächenstrukturen ermöglichte. Die Opposition löste auch eine erneute Diskussion über die Realität der berühmten Kanäle aus, die der Astronom Percival Lowell für die Bauwerke einer alten, inzwischen verdursteten Zivilisation hielt, in denen die Bewohner angeblich Wasser von den Polen zu ihren Städten transportiert hatten. Aber um diese Wunder sehen zu können, benötigte man ein Fernrohr. Ich fand ein ausreichend billiges in den Kleinanzeigen von „Popular Mechanics", und meine Eltern schenkten es mir im Herbst als verfrühtes Weihnachtsgeschenk.

Wie Musiker lernen Sterngucker meistens auf qualitativ nicht besonders hochwertigen Instrumenten. So war auch mein erstes Teleskop entsprechend jämmerlich. Es bestand aus einer dünnen Röhre aus Bakelit, einem spröden und billigen Material, das wie Joghurt leichter zu erkennen als zu beschreiben ist. Die Röhre war unentschlossen auf einem spindeldürren Stativ befestigt. Das Stativ war aus so frischem Holz gefertigt, dass die Beine sich unter seinem eigenen dürftigen Gewicht verbogen. An das eine Ende der Röhre war ein altes Objektiv aus Kriegsbeständen mit einem Durchmesser von 4 cm geklebt. Im anderen Ende steckte eine Okularhülse aus Pappe. Die Vergrößerung des Fernrohrs ließ sich verändern, indem man das Okular zerlegte und die gelblichen Linsen in unterschiedlichen verwirrenden Kombinationen neu anordnete. Das Teleskop hatte sogar ein schlechteres Lichtsammelvermögen als eine gewöhnliche Lesebrille.

Niemand konnte viel durch das Fernrohr sehen. Auch ich hatte anfangs keinen großen Erfolg, da mir die Erfahrung fehlte. Bei einem meiner ersten Versuche, das Ding zu benutzen, sah ich beim Blick durch das Vierfach-Sucherfernrohr das auf groteske Weise vergrößerte Bild einer Küchenschabe, die in meine Richtung huschte. Aber irgendwann konnte ich Mars sehen – zumindest seine Polkappen und einige seiner auffälligsten Oberflächenstrukturen. Vor allem die Dolchform der großen Syrte auf der Nordhalbkugel konnte ich erkennen. Als ich in den darauf folgenden kalten, klaren Nächten aufstand, um im Vorgarten Mars anzuschauen, lernte ich, wie man Planeten beobachtet. Ich erkannte außerdem, dass die Luft wie die Augenlinse eine gewölbte Membran ist: am dünnsten in der Mitte – dem Zenit – und zu beiden Rändern hin dicker werdend. Deshalb erscheint der Himmel an einem sonnigen Tag über uns tiefblau und fahl in Horizontnähe. Das heißt, dass Planeten am besten zu sehen sind, wenn sie hoch am Himmel stehen.[3] Ich erkannte außerdem, dass die höchste Vergrößerung nicht notwendigerweise die besten Ergebnisse liefert. Für jedes Fernrohr und für jedes Objekt gibt es zu einer bestimmten Zeit an einem bestimmten Ort eine ideale Vergrößerung. Wenn man sie gefunden hat, gilt es, während der Beobachtung auf die Momente zu warten, in denen die Luftunruhe gering ist, damit man einen dieser erfreulichen und un-widerstehlichen Augenblicke der Schärfe erhaschen kann – ein Augenblick, der so flüchtig und trotzdem so wesentlich ist wie der Geistesblitz einer guten Idee. Vor mir lag das gesamte Universum. Aber um mehr davon zu sehen, würde ich wohl ein besseres Teleskop benötigen.

Ich fand einen Job. Zusammen mit zwei meiner besten Freunde kehrte ich sonntags Gehwege und Parkplätze vor den Läden im örtlichen Einkaufszentrum. Es war eine harte, schweißtreibende Arbeit, aber sie war gut genug bezahlt, um bald eine Anzahlung für ein hochwertiges Fernrohr zusammen zu bekommen. Es hatte eine stabile Montierung, einen lackierten Tubus und ein Objektiv mit 6 cm Durchmesser. Die beiden Einzellinsen des Objektivs waren in einer Aluminiumfassung mit einem dünnen Luftspalt dazwischen montiert. Bei meinem alten Fernrohr waren die beiden Einzellinsen zusammengeklebt. (Der Klebstoff war milchig geworden und hatte bereits begonnen, sich aufzulösen.) Ich kann mich noch genau an die Aufregung erinnern, die mich ergriff, als ich das Paket öffnete. Es hatte scheinbar ewig gedauert, bis das neue Fernrohr angeliefert worden war. Ich genoss den Geruch der lackierten Holzkisten, die glänzende, chromfarbene und schwarze Lackierung der Okulare und das schwere, gefettete Schneckengetriebe der Nachführung. Es war für mich die Erlösung, der Schlüssel zu einem großen, alten und fantastischen Königreich. Mit ihm sah ich die sandfarbenen Ringe des Saturn, die blauweißen Sterne des Orion, das goldene Leuchten des Sternhaufens Omega Centauri und tausend andere Objekte, die so groß, so heiß oder so kalt waren, dass sie die eigene Vorstellungskraft sprengten.

Mein Vater machte sich inzwischen große Sorgen um mich. Warum kehrte ich Gehwege? Ich arbeitete doch schwer genug für die Schule: Das war meine Aufgabe. Man hatte das ganze Leben vor sich, um zu arbeiten; die Jugend war eine Zeit zum Träumen. An einem heißen Sonntagvormittag wischte ich mir gerade den Schweiß von der Stirn, als er in einem geliehenen Cabriolet heranfuhr. Das Verdeck war offen und der Rücksitz voll mit brandneuem Spielzeug: ein Fußball, ein Paar Strandbälle, zwei Reifenschläuche und ein Gummiball für eine Art Bowling im Sand. Mein Vater hatte sich dieses Spiel vor Jahren ausgedacht. (Mein Vater konnte aus allem ein Spiel machen.) Er bot meinen Freunden und mir an, den Rest unseres monatlichen Verdienstes zu bezahlen, wenn wir mit der Arbeit aufhörten und uns den restlichen Sonntag vergnügten. Er würde mir auch helfen das Teleskop abzubezahlen. Wir Kinder schauten uns an, gaben unsere Besen ab, sprangen in das große offene Auto und fuhren zum Strand.

Einige meiner Freunde bekamen eigene Fernrohre. Der fähigste Beobachter von ihnen war Charles Ray Goodwin III. Er brachte sich selbst Russisch bei, um Alexander Solzenitzin im Original lesen zu können. Chuck und ich lernten anhand von Büchern, wie man Zeichnungen des Mondes oder der Planeten mit Blei- und Farbstiften macht. Später kamen wir in den Besitz einiger alter Kameras und machten Langzeitbelichtungen, um das leuchtende Orange des Mondes während einer Mondfinsternis und das Gewirr der Gaswolken im Sternbild Orion aufzunehmen. Einige von uns gründeten einen Club, die Key Biscayne Astronomical Association, kurz KBAA. Ihr Präsident war Chuck. Wir führten Beobachtungsbücher und füllten sie mit Skizzen und Daten, wie die, die wir in den Büchern der erfahrenen Mitglieder der British Astronomical Association gesehen hatten.

Aus dem KBAA-Beobachtungsbuch:
14. Juni 1958: Beobachtet zwischen 21 und 23 Uhr, keine Zeichnungen gemacht. Exzellentes Seeing. Alle Beobachtungen erfolgten an Deep-Sky-Objekten im Schwan, Skorpion, Großen Bären und in der Leier. Eine sehr gute Nacht.
6. Juli 1958: Mittelmäßiges Seeing. Drei Zeichnungen von Jupiter gemacht, eine in Farbe.
11. Juli 1958: Gutes Seeing. Beobachtung von Deep-Sky-Objekten im Skorpion, außerdem Delta Cygni und Omega Centauri. John Marshall von Evans-ton, Illinois, war bei uns zu Gast. Er wurde zum Mitglied und zum Präsident der Illinois-Sektion der KBAA ernannt.
1. August 1958: Ferris machte seine beiden Standardzeichnungen des Jupiters und beobachtete einige gängige Deep-Sky-Objekte. Der Aufgang des Vollmondes beendete die Beobachtung.
24. August 1958: Vor der Morgendämmerung. Goodwin und Ferris beobachteten M 34, den Doppelsternhaufen im Perseus, die Hyaden im Stier und den Mars zwischen 3.30 und 5.30 Uhr.

Wie es kommen muss, wenn man viel Zeit nachts im Freien verbringt, erlebten wir einige unerwartete Schauspiele. In einer Nacht sahen wir einen riesigen Feuerball – einen Meteor. Es handelte sich um einen Felsbrocken, der vielleicht nicht größer als ein Golfball war. Wenn ein solches Objekt durch die Atmosphäre saust, verglüht es durch die Luftreibung. Ich beugte mich gerade auf den Boden hinunter, um eine Sternkarte aufzuheben, als plötzlich die Farben der Karte erkennbar wurden – das Blau der Milchstraße und die roten Galaxien auf der weißen Seite. Das Ganze war von einem unvermittelt lebhaft, hellgrünen Grasteppich umrahmt. Ich schaute nach oben und sah, wie die gesamte Umgebung in ein Licht getaucht wurde, das fast so hell wie der Schein der Sonne war. Grüne Kokospalmen standen vor einem blauen Himmel. Alles warf zwei schnell veränderliche Schatten, einen schwarzen und einen roten. Am Himmel sah ich den eigentlichen Feuerball, silbern und gelb mit einem roten Heiligenschein und heller als der Mond. Der Feuerball raste nach Nordwesten und ließ eine schwächer werdende Spur zurück, die goldfarben gesprenkelt war.

Während der Meteor verglühte, fiel mir ein mehrere Jahre zurückliegender Tag ein, an dem meine Mutter in ein kleines Lebensmittelgeschäft gegangen war und ich eine Eisenbahntrasse entlangspazierte. Alles war ruhig. Der Dämmerungshimmel war lavendelfarben und dunkel genug, um Venus zu erkennen, die über einer schmalen Mondsichel stand. Plötzlich läutete die Signalanlage des Bahnübergangs, die großen, roten Lampen blinkten und die schwarzweiß gestreiften Schranken schlossen sich. Kein Zug war zu sehen, aber die Schienen begannen zu vibrieren. Ich zog eine Münze aus meiner Tasche, legte sie auf die Schienen und sprang ein Stück zurück. Schließlich hatte man mich davor gewarnt, zu nahe an einem vorbeirasenden Zug zu stehen, weil er einen unter die Räder ziehen kann. Ein gelbes Licht erschien in der Ferne und kam mit unglaublicher Geschwindigkeit näher. Der Zug raste mit riesigem Getöse vorbei. Alles ging so schnell, dass meine Augen nur einige verschwommene Eindrücke erfassen konnten. Der Zug hatte braune Waggons mit einem blutroten Streifen, der an der bulligen Schnauze der Diesellok begann und unter den Fenstern entlanglief.

Dann war der Zug vorbei. Die hinter ihm zusammenstürzende Luft wirbelte das herumliegende Zeitungspapier auf. Ich stand da wie gebannt, den Mund weit offen, und schaute ihm nach. Ich hatte einen schwarzen Cowboy-Hut getragen und stellte fest, dass ich ihn abgenommen hatte und vor meine Brust hielt. Jahre danach hörte ich eine alte Aufnahme des Blues-Sängers Bukka White, die das Gefühl festhielt:

Er hat diese schnelle, spezielle Stromlinienform,
verlässt Memphis, Tennessee,
und fährt nach New Orleans.
Er fährt so schnell,
dass die Wanderarbeiter keinen Blödsinn mit ihm anstellen,
sie stehen einfach neben den Schienen,

ihre Hüte in der Hand ...
Manchmal bin ich selbst ein Wanderer.[4]

Erlebnisse wie diese verursachten Gefühle, die ich nicht in Worte fassen konnte. Jahre später las ich, dass Einstein über seinen ersten Kontakt mit der Geometrie gesagt hatte, dass sie einen Weg bot, „mich von den Ketten des rein Persönlichen zu befreien, von einer Existenz, die von Wünschen, Hoffnungen und Gefühlen bestimmt wird. Da draußen ist diese große Welt, die unabhängig von uns Menschen existiert. Sie steht vor uns wie ein großes, ewiges Rätsel, das zumindest teilweise unserer Untersuchung und unserem Denken zugänglich ist. Das Nachdenken über diese Welt wirkt wie eine Befreiung."[5]

Jahrzehnte später war ich in Key Biscayne, um einen Vortrag zu halten. Ich stellte fest, dass der einst dunkle Nachthimmel durch das Licht der Ortschaften grau geworden war. Es gab Bemühungen diese Lichtverschmutzung zu verringern, indem Leuchtreklamen eine gewisse Größe nicht überschreiten durften und Lampen empfohlen wurden, die ihr Licht auf den Boden und nicht in den Himmel strahlten. Die Sterngucker, die sich gegen die Lichtverschmutzung engagierten, hatten unter den Meeresbiologen Verbündete gefunden, die sich um die nistenden Schildkröten sorgten. Meeresschildkröten scheinen Strände zu bevorzugen, die nachts dunkel sind.

Der Beginn der Raumfahrt

Haben wir erst die richtigen Schiffe oder Segel
für die himmlischen Lüfte, dann finden sich auch Männer,
die keine unermessliche Ferne fürchten.

Johannes Kepler an Galileo Galilei

Wir haben nichts zu verbergen:
Wir haben nichts und müssen es verbergen.

Nikita Chruschtschow an seinen Sohn
über das sowjetische Raumfahrtprogramm, 1961

Samstagmorgen, den 5. Oktober 1957, Key Biscayne. Mein Vater weckte mich und hielt mir die Titelseite des „Miami Herald“ vor die blinzelnden Augen. Dort stand, dass die Russen *Sputnik*, den ersten künstlichen Erdsatelliten, gestartet hatten. Wir waren erstaunt. Alle hatten angenommen, dass US-Amerikaner die ersten im All sein würden. Stattdessen hatte das Rennen ins All begonnen, und wir waren die Verfolger. Am Montagmorgen sagte der Direktor in der Schule zu uns, dass wir uns alle intensiver mit den Wissenschaften und der Mathematik beschäftigten müssten, wenn wir die Russen schlagen wollten.

Der Sputnik-Schock war gut für mich und meine Freunde im Astronomieclub. Wir hatten uns seit Jahren intensiv mit Raketen und dem Weltraum beschäftigt, aber es hatte niemanden gekümmert. Jetzt fragten eine Zeit lang schöne Mädchen nach Satelliten und schauten uns in die Augen, während wir erklärten, wie Raketen funktionierten.

Florida war in den 50er-Jahren des letzten Jahrhunderts der besonders zukunftsorientierte Teil einer optimistischen Gesellschaft. Exotische experimentelle Militärflugzeuge hoben in Homestead und Cape Canaveral ab und zogen lange Kondensstreifen über den blauen Himmel. Wir Kinder tauschten untereinander Sammelkarten mit ihren Bildern aus. Die Zeitungen waren voll mit UFO-Geschichten. Filme über Invasionen aus dem All und bemannte Mondflüge liefen in den Autokinos. Das Fernsehen zeigte sonntagmorgens eine perfekt inszenierte Propagandaserie mit dem Titel „Das große Bild – Unsere Armee im Einsatz“. Sie begann – zweifellos absichtlich – mit dem beunruhigenden Abschuss einer Haubitze, deren nukleare Munition schließlich nach einer langen Zeitspanne weit entfernt in der typisch pilzförmigen Wolke explodierte.

In anschaulich bebilderten Büchern wie „Jenseits der Grenze im All" warben die Raketenforscher Wernher von Braun und Willy Ley für den Bau einer großen radförmigen Raumstation in der Erdumlaufbahn, für die Einrichtung einer Mondstation und für die Kolonialisierung des Mars. Ich klebte das Plastikmodell der riesigen Rakete zusammen, die sie dorthin bringen würde, und startete sie anschließend in ausgeklügelten Countdowns von einem Pflasterstein in unserem leuchtend grünen Rasen.

Der Wettlauf ins All erreichte seine heiße Phase, kurz nachdem wir nach Key Biscayne gezogen waren. Raketen starteten von Cape Canaveral aus und zogen häufig direkt über uns hinweg die Küste entlang. (Eines Nachts wurde ein General der Luftwaffe in einem Radiointerview gefragt, warum Raketen, die in Cape Canaveral gestartet wurden, nicht direkt über Miami flogen. „Es gibt immer eine geringe Wahrscheinlichkeit dafür, dass eine solche Rakete in die Innenstadt von Miami stürzen könnte", antwortete er, „und das wäre schlecht für die Moral meiner Männer.") Raketen explodierten mit bestürzender Regelmäßigkeit – vor allem die *Vanguards.* Sie waren zivil entwickelte Raketen, die den Weg zu einer friedlichen Nutzung des Alls geebnet hatten. Aber auch die Raketen der Typen *Jupiter, Thor* und *Atlas* opferten sich selbst – und viele reibungslos verlaufende Starts fanden häufig erst mit Stunden oder Tagen Verspätung statt. Die geplanten Startzeitpunkte wurden grundsätzlich nicht öffentlich bekannt gegeben, damit diese Peinlichkeiten nicht noch mehr Aufmerksamkeit erregten, als sie eh schon taten. Aber gelegentlich wurde ein Start live im Fernsehen übertragen, so dass wir Beobachter eine gute Chance hatten, ihn direkt am Himmel zu sehen.

Aus dem Beobachtungsbuch der KBAA:
Freitagnacht – Samstagmorgen, 5. – 6. Dezember 1958: Um 0.45 Uhr einen Mondraketenstart auf NBC angeschaut. Anschließend aufs Dach gegangen, um das Ausbrennen der ersten Stufe zu beobachten. Die Mission sollte eine Pioneer-III-Sonde nahe an den Mond bringen, aber in den Nachrichten hieß es, dass wegen eines Zündfehlers die Rakete heute Nacht zurückkehren wird, nachdem sie eine Höhe von 96 000 km erreicht hat. Um 9.45 Uhr Sonnenaufnahmen mit Filter und 25-mm-Okular gemacht.

Andere Starts kamen überraschend.

30. – 31. Januar 1959: Chuck und ich beobachteten den Mars, machten aber keine Zeichnungen. Während wir beobachteten, schaute ich hoch und sah eine Thor, die in einem Bogen über den Himmel zog. Wir gingen hoch aufs Dach, um nach einer Atlas Ausschau zu halten, die um 23 Uhr starten sollte. Aber die Atlas startete nicht, und so verließen wir das Dach um Mitternacht. Orion-Nebel beobachtet. Der Mond ging auf und wurde fotografiert.

Um 5 Uhr Ortszeit gingen wir ins Bett. Insgesamt eine recht erfolgreiche Nacht.

Dass wir einige Raketen vorbeidonnern sahen, begeisterte uns. Mein Vater wollte einen befreundeten Journalisten namens Ben Funk anrufen, der über Cape Canaveral für die Nachrichtenagentur AP berichtete. Ben würde uns Bescheid geben, wenn Starts geplant waren. Dann würden Chuck und ich hoch aufs Dach gehen, eine geborgte Kamera aufbauen und warten. Da wir wussten, dass die Raketen von kräftigen Scheinwerfern angeleuchtet würden, wenn ihr Start bevorstand, beobachteten wir den Horizont. Wir waren davon überzeugt, dass wir am „warm werdenden Horizont" erkennen konnten, wann es losging. Da sich viele Starts lange verzögerten oder abgebrochen wurden, verbrachten wir für jede beobachtete Rakete viele Stunden auf dem Dach. Es war also sinnvoll, sich die Zeit mit dem Beobachten der Sterne zu vertreiben. Da das Dach mit Schindeln und Dachpappe bedeckt war, war es oben nicht sehr gemütlich. Aber es gelang uns, mein Teleskop aufzustellen und das Bügelbrett meiner Mutter als Sternkartentisch zu verwenden. Eines Nachts sah eine Polizeistreife unsere Silhouetten und unsere Ausrüstung auf dem Dach. Es war lange nach Mitternacht und der Polizist läutete an der Klingel und weckte meine Mutter.

„Wissen Sie, dass auf Ihrem Dach zwei Männer stehen, die anscheinend Gewehre dabei haben?", sagte er höflich.

„Oh, ja", antwortete meine Mutter und gähnte, als sie ihren Bademantel zusammenraffte. „Es ist wirklich alles in Ordnung."

Am 12. August 1960, einige Wochen vor meinem 16. Geburtstag, gelang es der NASA, *Echo I* die Erde umkreisen zu lassen. Es handelte sich um einen 30 Meter durchmessenden Ballon aus silbern glänzender Mylarfolie. Eine Funknachricht wurde empfangen, während er über die Staaten hinwegflog. Präsident Eisenhower sagte, dass dies die Machbarkeit passiver Kommunikationssatelliten beweise. Aber mich interessierte nur, dass *Echo I* mit dem bloßen Auge gesehen werden konnte: ein großes Leuchtfeuer im All, das so gut zu sehen war wie ein großes Schiff am Horizont. Die verblichenen Seiten meines Beobachtungsbuches vom 14. bis 17. August 1960 erzählen davon, dass ich den Ballon beobachtet habe, während er über den Nachthimmel zog. Dann stand ich vor der Morgendämmerung auf, um ihn wieder zu sehen. Ich beobachtete ihn siebenmal in vier Tagen. Ich fühlte mich wie ein urtümlicher Lungenfisch, der vom Meer aus über das Festland nachdachte. Wir konnten da hinauf.

Mit 16 hatte ich den Führerschein. Ich lieh mir den Wagen meiner Mutter und fuhr zum Cape, wo Ben Funk ein Motelzimmer für mich und meine Freunde reserviert hatte, ganz in der Nähe vom AP-Büro. Das Zimmer bot einen herrlichen Blick auf die Startrampen.

Ich war erstaunt. In all den Jahren hatte ich Beschreibungen von hypothetischen Weltraumbahnhöfen in den Werken von Robert Heinlein und anderen Sciencefiction-Autoren gelesen. Nun sah ich einen echten. Die Dimension des Vorhabens spiegelte sich in seiner beeindruckenden Größe wieder. Die glänzenden Raketen standen vor einem tiefblauen Himmel mit weißen Wolken, so wie damals auf den Flugzeugsammelkarten. Die Leitstände waren kilometerweit weg von den Startrampen und die Sicherheitstore waren noch einige Kilometer weiter entfernt. Ein Traum wurde Wirklichkeit, hier im Flachland Floridas.

Lehrer und Arbeitsberater warnten mich (richtigerweise) davor, dass es schwierig werde, als Autor seine Brötchen zu verdienen, und dass ich Latein lernen müsste, um als Naturwissenschaftler zu arbeiten. Deshalb studierte ich Englisch und Kommunikationswissenschaften an der Northwestern University. Mein Ziel war es, Rechtsanwalt zu werden. Die Schule hatte mich bereits seit Mitte der vierten Klasse befremdet, und meine gleichgültige Einstellung blieb mir während meines Studiums erhalten. Ich vertiefte mich selten in ein Lehrbuch, stattdessen las ich nachts Gedichte, beschäftigte mich mit Philosophie und komponierte Lieder auf einer mitgenommenen elektrischen Gitarre. Der einzige Wissenschaftskurs, den ich belegte, wurde von einem bärtigen Astronomen gehalten, der für uns ein alter Mann war. Wenn er in der Klasse sagte, dass „es möglich ist, dass einer von uns hier im Raum eines Tages ins All fliegen wird", erhob sich skeptisches Gemurmel. Die meisten von uns, glaube ich, gingen davon aus, dass wir zu früh geboren wurden, um uns solchen Hoffnungen hinzugeben. Es stellte sich heraus, dass diese eine Person, die ins All flog, unser ehrwürdiger Professor war. Er hieß Karl Henize und im Jahr nach meinem Abschluss gab er die Lehrtätigkeit auf, um dem Astronautenkorps beizutreten. Er flog 1985 mit dem Spaceshuttle *Challenger*. Einige Jahre später traf ich ihn zufällig bei einem Bankett und nahm ihn spätabends zu einer Spritztour in einem Porsche mit. Als wir die Höchstgeschwindigkeit erreichten, lachte Karl und rief: „Das ist die Art von Auto, die wir Astronauten vermutlich fahren sollten." Karl starb 1993 – fast siebzigjährig – an einer Unterversorgung des Körpers mit Sauerstoff, während er den Mount Everest bestieg. Sein Leichnam wurde dort beerdigt, in einer Höhe von 6600 m.

Ich muss zugeben und schäme mich dafür, dass ich wenig für Karls Unterricht tat. Da ich mit Studentinnen und Autos beschäftigt war, verpasste ich die meisten Praxisstunden und war nahe daran, durchzufallen, als ich in der letzten Praxisstunde unter den Sternen am Michigan-See einen Satelliten nach Osten fliegen sah.

„Entschuldigung", unterbrach ich den gerade vortragenden Studenten, „ich dachte, dass alle den Satelliten sehen wollen, der gerade über uns hinwegfliegt. Ich hätte ja gewartet, aber wenn ich richtig gerechnet habe, verschwindet er demnächst im Erdschatten."

Wir schauten alle nach oben und verfolgten den Satelliten, wie er seine Bahn zog. Sekunden später verschwand er. Der Student, den ich unterbrochen hatte, grinste im Dunkeln. Und ich bestand den Kurs.

Radiowellen aus dem Ozon

Spatzen im Giebel
Mäuse spielen im Dachstuhl –
himmlische Klänge.

Matsuo Basho

Nicht immer findet sich ein gewichtiger Grund
hinter einem großen Ereignis.

Samuel Johnson

Key Biscayne im Jahr 1959. In der Dämmerung kamen die Sterne hervor, und ich bewunderte die brillante Sichel der Venus im Teleskop. Chuck drehte indessen am Senderknopf seines Radios und durchsuchte den oberen Bereich des Kurzwellenbandes, um weit entfernte Geräusche zu hören. Dabei schwenkte er die Stabantenne des Radios wie einen Zauberstab. Das Radio sah nicht nach besonders viel aus, aber es konnte vieles „einfangen", wie wir damals sagten. Man konnte die Stimmen von Amateurfunkern hören, die in meiner Vorstellung in Kabinen im Eis jenseits des nördlichen Polarkreises oder in strohgedeckten Hütten in der Südsee saßen. Man konnte auch die offiziellen „Stimmen" Moskaus und Chinas sowie die BBC mit dem stündlichen Schlagen von Big Ben hören. Für Ereignisse wie Bedeckungen der Jupitermonde stellten wir das Radio auf den von einer Atomuhr gesteuerten Zeitgeber des „Bureau of Standards" ein. Unsere piepsigen Stimmen nahmen wir mit einem genauso piepsigen Kassettenrecorder auf. Untermalt wurde das Ganze vom Klopfen des Zeitgebers, der jede Sekunde markierte, die die Sterne in vorgegebenen Bahnen über den Himmel zogen und uns näher an die nur vage zu ahnende Nüchternheit des Erwachsenseins brachte.

Nachts ist die beste Zeit zum Radio hören, da dann die Ionosphäre der Erde die Radiowellen reflektiert und ihre Reichweite dadurch über Kontinente hinweg geht. Die Radiopioniere nannten diese reflektierende Schicht das „Ozon", in Anlehnung an die Sauerstoffverbindung, die man nach Gewittern und in der Nähe von Elektromotoren riecht. (Die Ionosphäre enthält etwas Ozon, hat aber nichts mit der Ozonschicht zu tun, die sich in weniger als 32 km Höhe befindet, also weniger als ein Drittel der Höhe der Ionosphäre.) Nachts, wenn die Sonne sie nicht mehr aufwühlt, erstarrt die Ionosphäre und die Radiowellen bekommen Beine. Signale aus großer Entfernung heben sich zunehmend vom Hintergrundrauschen ab. Sie werden unvorhersehbar deutlicher und wieder undeutlicher.

Unser Lieblingssender während der langen Beobachtungsnächte war WLAC aus Nashville, Tennessee. Hier hörten wir zuerst den Blues.

Florida war in den Fünfzigern nach Schwarz und Weiß getrennt, per Gesetz und im Alltag. Und die Radiosender in Florida waren es ebenfalls. Alle großen Sender spielten nur weiße Musik – eine Situation, die überall im Süden anzutreffen war. Elvis Presleys künftigem Manager, Colonel Tom Parker, war dies bewusst, als er voraussagte, dass er reich werden würde, wenn er einen Weißen fände, der wie ein Schwarzer singt. Die wenigen Sender, die sich an Floridas schwarze Einwohner wandten, hatten meist eine sehr geringe Reichweite und spielten kaum Blues. Deshalb hörten wir so gut wie keinen Blues und keine der neuen Aufnahmen von schwarzen Künstlern wie Chuck Berry, Little Richard und Fats Domino, die den Blues gerade in Rock'n Roll verwandelten. Zumindest war dies bis zu dieser Nacht so, als wir mit Chucks Radio WLAC unter den Sternen lauschten.[1]

WLAC gehörte der Lebens- und Unfallversicherung und war ein richtiger 50 000-Watt-Kurzwellensender in Memphis. Ich hörte ihn so häufig im Radio, dass „Leben und Unfall" das Mantra meiner Jugend wurde, es war eine Zusammenfassung der mysteriösen Unvorhersehbarkeit des menschlichen Daseins. Bei WLAC sah man in der schwarzen Musik einen erfreulichen Aspekt des Lebens, natürlich, wie Mondlicht und Mondschein. Das Motto des Senders war „Gesundheit, Sparsamkeit, Unterhaltung und Bildung".

Wir weißen Jungen saßen zu zweit oder zu dritt vor dem Radio und ließen uns in die Wurzeln der schwarzen amerikanischen Musik einführen. Ein Einblick, der umso aufregender war, da er so schwer zu erhaschen war: Der Ton wurde lauter und wieder leiser mit der Unbeständigkeit des „Ozons" und entlockte uns ein Stöhnen, wenn wir ein Gitarrensolo von B. B. King oder eine Strophe von Sonny Boy Williamson verpassten. Durch die nächtelange Sternbeobachtung mit dem schwankenden Empfang von WLAC, waren Astronomie und Musik für mich miteinander verwoben. Dabei wusste ich damals nicht, dass dies eine alte Geschichte war: Bereits Kepler hatte an Galilei, den Sohn eines Musikers, über die Sphärenmusik geschrieben.

Ich bekam ein Auto – einen für den Straßenverkehr zugelassenen Rennwagen, den ich direkt auf der Rennstrecke von Palm Beach bei strömendem Regen kaufte. Ich wurde einer von den Millionen, für die der Kult der Landstraße mit dem des Radiohörens verknüpft war. Spät nachts bei langen, rasanten Fahrten auf zweispurigen Straßen durch den Süden und über den Mississippi nach Westen saß ich in dem kargen Cockpit. Um mich herum mischte sich der Geruch von Leder und Öl mit dem von versengter Grundierung. Vor dem Hintergrund des knatternden Doppelauspuffs hörte ich WLAC, WWL aus New Orleans und die geschätzten Blues-Sendungen des schwarzen Diskjockeys Early Wright aus Clarksdale, Mississippi. („Das war eine schöne Aufnahme, die ich da zu eurem Vergnügen gespielt habe", sagte Early Wright – häufig ohne dass er den Titel nannte, da er wohl davon ausging, dass seine Zuhörer sich im hiesigen Blues auskannten.) Dann, weiter westlich, konnte man den Sender R&B aus Chicago empfangen, der auf dem Weg nach Kalifornien langsam in atmosphärischen Störungen unterging. Diese Störungen sind eine flüsternde Unterhaltung zwischen Erde und Sonne entlang der magnetischen Feldlinien, die sich in Bögen am Pol treffen. Unterbrochen wurden die Störungen durch Piratensender entlang der mexikanischen Grenze, die die immer wiederkehrenden, öden Appelle evangelischer Wiederauferstehungsprediger verbreiteten: „Meine Damen, wenn Sie schwanger sind, sollten Sie unbedingt unser ‚Gebetbuch für die Schwangere' bestellen. Es kostet nur fünf Cent. Eine Frau tat es nicht, und ihr Kind wurde mit einem Auge inmitten der Stirn geboren."

In einer sternreichen Nacht westlich von Abilene, einige Minuten, nachdem ich einen langen Transporter überholt hatte, hörte ich von irgendwoher aus dem „Ozon" eine alte Bluesaufnahme. Sie war so gewaltig, dass mir die Tränen in die Augen traten. Ich musste am Seitenstreifen anhalten.

Lass den Midnight Special
sein Licht auf mich werfen.
Lass den Midnight Special
sein immer liebendes Licht auf mich werfen.

Der Midnight Special war der Zug, von dem ein geflüchteter Sträfling hoffte, dass er ihn in die Freiheit bringen würde. Der Sänger war Huddie Ledbetter, besser bekannt als Leadbelly. Er war ein verurteilter Mörder, dessen um Milde bittende Lieder ihm zweimal halfen, aus dem Gefängnis entlassen zu werden. Lieder wie „The Midnight Special" und das unvergleichliche „Dark was the Night" von Blind Willie Johnson führten dazu, dass ich dem Blues verfiel. Und ich wurde einer jener weißen Burschen, die einer Gitarre Töne entlocken konnten, die – verglichen mit unseren – unter so völlig anderen Lebensumständen geschrieben worden waren, dass sie auch von einem anderen Planeten hätten stammen können. Die Bluessänger des amerikanischen Südens ähnelten den Sternen, sie waren Lichtpunkte in der tiefen Finsternis.

Wenn du jung bist und nicht weißt, was du machen sollst, ist die Landstraße ein idealer Aufenthaltsort. Die Polizisten, die ich entlang der Strecke traf, fragten gelegentlich „Warum so eilig?". Aber es gab keine Eile. Ein überzeugter Schnellfahrer ist bereits da, wo er hin will – bei der Höchstgeschwindigkeit. Das Auto schrumpft dabei scheinbar auf die Größe eines Motorrads zusammen, oder das Motorrad zu etwas, das nicht viel größer ist als die Hände und die Handgelenke des Fahrers. So braust man die Straße hinunter, die auf die Dicke einer pulsierenden Vene geschrumpft ist. Sie bietet gerade genug Platz, um durchzukommen. Da ist nichts in Augen und Verstand außer dem Schreien des Motors und dem Sound guter, starker Musik, die vom „Ozon" zurückgeworfen wurde. Scheinbar endlos geht es die Straße entlang. Aus irgendeinem Grund scheint es auf zweispurigen Strecken nachts immer aufwärts zu gehen. Während ich nach gelben, elliptischen Scheinwerfern Ausschau hielt, war ich so allein wie ein künftiger Astronaut, der durch das Vakuum am Saturnmond Titan vorbeidriftet. Aber ich fühlte mich nie einsam. Ich war genau am richtigen Ort.

Die Landstraßen damals waren dunkel, und die Sterne leisteten mir Gesellschaft. Sie waren bereits aus den Innenstädten von New York, Chicago und sogar aus St. Louis verbannt. Aber draußen auf der Landstraße waren sie fast immer bei mir, in stecknadelkopfgroßen Punkten, die wie Frühlingssträuße den Rand des eigenen Blickfeldes schmückten. Wenn man anhielt, um sich die Beine zu vertreten oder um einen Schluck Bourbon zu trinken, bevölkerten die Sterne die Windschutzscheibe, sobald man die Scheinwerfer ausgeschaltet hatte. Man fühlte sich zu Hause, wenn man auf den abgenutzten Ledersitzen saß und sie durch das getönte Glas beobachtete. Aus dem knisternden Lautsprecher in der Mitte des Armaturenbretts tönte kosmischer Rock und Blues, während Motor und Auspuff während des Abkühlens zur Begleitung knackten. Dann verstand man die Antwort des alten Chuang Tzu auf die Frage, was für ein Begräbnis er haben wolle: „Himmel und Erde sollen mein Sarg sein. Sonne und Mond bilden die Dekoration und die Sterne und Sternbilder sind meine Perlen und Juwelen. Alle zusammen bilden die Trauergemeinde. Ist nicht schon alles fertig für meine Beerdigung?"[2]

Da die Ionosphäre voller Löcher ist, werden nicht alle Radiowellen der Musiksender zurück zur Erde reflektiert. Einige von ihnen gehen direkt durch die Ionosphäre hindurch ins All und rasen den Sternen entgegen. Bruchteile der Bluesstücke, die wir in den Fünfzigern hörten, sind noch da draußen unterwegs. Sie bewegen sich mit Lichtgeschwindigkeit durch den Raum. Fats Dominos „Blueberry Hill" und „Nine Below Zero" von Sonny Boy Williamson haben bereits Hunderte von Sternen erreicht, einige umkreist von Planeten. Die Lieder könnten theoretisch also außerirdische Zuhörer erreicht haben, wenn es dort jemanden gibt, der mit einem genügend empfindlichen Radio nach ihnen lauscht. Prinzipiell könnten wir ihre Rundfunksendungen ebenfalls hören, genauso natürlich wie eventuelle stärkere Signale, die absichtlich ausgestrahlt wurden. Mit Radioteleskopen könnte man sie noch von Sternen empfangen, die Tausende von Lichtjahren entfernt stehen.

Das ist keine neue Erkenntnis – die Funkpioniere Marconi und Tesla wussten bereits, dass Radiowellen das All durchlaufen können. Sie lauschten nach Signalen vom Mars. Inzwischen ist die Technologie so weit entwickelt, dass diese Träume wahr werden können. In den Fünfzigern kamen Astronomen in den Besitz von Radarempfängern, die während des Zweiten Weltkriegs verwendet wurden, und montierten sie in schüsselförmige Antennen. Fertig war das Radioteleskop. Diese „Radioastronomen" untersuchten die natürliche Radiostrahlung, die Galaxien und Nebel aussenden. Und sie schickten Radarstrahlen zu Venus und Mond, um sie dort reflektieren zu lassen. Die Zeitschriften, über denen wir Amateur-Astronomen brüteten, veröffentlichten nun nicht mehr nur Fotografien von Galaxien, sondern auch Radiokarten von ihnen. Dort waren die dunklen, unsichtbaren äußeren Regionen dieser riesigen Sternenstädte zu sehen, die weit über die optisch sichtbaren Teile hinausgingen. Der Anblick erinnerte an schmelzende Butter um ein Ei in einer Bratpfanne. 1960 richtete der junge Radioastronom Frank Drake ein Radioteleskop auf zwei nahe liegende sonnenähnliche Sterne und suchte nach künstlichen Signalen. Er läutete damit die SETI-Ära ein – die Suche nach außerirdischer Intelligenz.

Am Ende des zwanzigsten Jahrhunderts gab es ein halbes Dutzend privat finanzierte SETI-Projekte. Mehr als eine Million Menschen aus zahlreichen Ländern stellen die freie Rechenzeit ihrer Computer diesen Projekten zur Verfügung, um so die gewonnenen Daten auf künstliche Signale hin zu durchkämmen. Die Daten, die hauptsächlich am Radioteleskop in Arecibo, Puerto Rico, gewonnen wurden, werden per E-Mail an Computer in Deutschland, Schweden, den Niederlanden, der Mongolei und sogar dem Kongo verschickt. Und die berechneten Ergebnisse werden automatisch auf demselben Weg zurückgesendet. Hightechfirmen haben Arbeitsgruppen gebildet und hoffen, als erste ein Signal zu entdecken. Sie konkurrieren darum, wer in der kürzesten Zeit die meisten Daten auf Workstations analysieren kann, die die ganze Nacht über laufen. Innerhalb von wenigen Monaten hat sich das „SETI@home" genannte Experiment zum weltgrößten Supercomputer entwickelt, der die umfangreichste Berechnung macht, die jemals auf der Erde durchgeführt wurde.[3]

Seth Shostak vom SETI Institute beobachtete gerade in Arecibo, als ich ihn anrief, um zu hören, wie es lief. Es war eine Nacht im Jahr 1999. Er sagte, dass SETI@home die gröbere Echtzeitanalyse gut ergänze, die sein Team direkt am Teleskop vornehme. Seine Erklärung der Methode des Projekts ähnelte der Herangehensweise von Chuck und mir, wenn wir unterm Sternhimmel an unserem kleinen Radio drehten:

„Wir verarbeiten unsere Daten mehr oder weniger in Echtzeit", erzählte mir Shostak. „Derzeit überwachen wir 20 Millionen Kanäle. Wir finden ständig Signale, die scheinbar künstlicher Natur sind – mehrmals pro Minute. Wenn wir einen guten Kandidaten gefunden haben, was einmal in der Minute passiert, senden wir seine Daten zu einem zweiten Teleskop und überprüfen sie direkt. Das ist wichtig, denn jedes Signal, das aus einer Entfernung von 1 Kiloparsec (3260 Lichtjahre) oder weiter zu uns gelangt, unterliegt der interstellaren Szintillation.[4] Dabei handelt es sich um Schwankungen der Signalstärke, die durch heiße Gaswolken zwischen den Sternen verursacht werden. Es ist in vielerlei Hinsicht vergleichbar zu dem, was man im Kurzwellenradio hört. In Kalifornien schnappt man vielleicht WLS aus Chicago für ein oder zwei Minuten auf, um den Sender eine Minute später nicht mehr zu hören, weil sich die Ionosphäre verändert hat. Etwas Ähnliches kann über große Distanzen in der Galaxis passieren. Man hört womöglich etwas und geht wieder zu dem Signal zurück, nur um herauszufinden, dass es nicht mehr da ist. Denn man ist zurückgekehrt, als die Signalstärke infolge der interstellaren Szintillation gerade klein war."

Der Empfang von Radiosignalen einer außerirdischen Intelligenz würde vermutlich die größte Entdeckung der gesamten Wissenschaftsgeschichte darstellen. Aber niemand weiß wirklich, für was die Entdeckung gut wäre. Trotz des Geredes über hoch entwickelte Außerirdische, die uns lehren, wie man Krebs heilt und Kriege vermeidet, wissen wir nicht, ob wir eine fremde Nachricht entschlüsseln könnten. Selbst wenn dem so wäre, wissen wir nicht, ob die darin bekundete Weltsicht mit unserer ausreichend übereinstimmen würde, um sie zu verstehen. Ganz zu schweigen von der Frage, ob wir uns mit den Außerirdischen verständigen könnten. Meine eigene Erwartung ist, dass eine solche Nachricht leicht zu übersetzen sein wird. Aber sie wird so lang und komplex sein, dass wir dafür neue Institutionen einrichten müssten. Genauso wie die europäischen Universitäten gegründet wurden, um die Arbeiten von Aristoteles zu interpretieren.

Das liegt daran, dass SETI echte Forschung ist. Kolumbus wusste auch nicht, was er finden würde. Es heißt, dass Michael Faraday, der in den 30er-Jahren des 19. Jahrhunderts mit elektrischen Generatoren experimentierte, vom britischen Finanzminister William Gladstone gefragt wurde, für was so etwas gut sein könnte: „Ich weiß nicht", antwortete er, „aber ich wette, dass Ihre Regierung eines Tages darauf Steuern erheben wird."[5] Wenn wir den Ausgang eines Vorhabens vorhersagen können, handelt es sich nicht um echte Forschung.

Es läuft also alles auf die Frage hinaus, warum eine fortgeschrittene Zivilisation auf einem fernen Planeten sich darüber Gedanken machen sollte, ob wir ihre Signale bemerken, oder warum sie nach unseren alten Rundfunksendungen lauschen sollte. Schließlich verfügt diese Zivilisation über ein riesiges Wissen und eine Technologie, die unserer jungen Zivilisation, die erst seit knapp einem Jahrhundert Radiowellen ausstrahlt, bei weitem überlegen sind. Wenn wir uns eine fremde Zivilisation also als völlig überlegen vorstellen, scheinen die Bemühungen um eine Kontaktaufnahme von geringem praktischem Wert zu sein.

Allenfalls könnte diese Zivilisation dadurch ihre Untersuchungen an verschiedenen biologischen und soziologischen Systemen erweitern – wie bei einem emotionslosen Blick durch ein Seziermikroskop. Aber wie unser eigener Planet zeigt, müssen intelligente Gesellschaften nicht aus einem Guss sein. Sie könnten von der Unterschiedlichkeit leben, die es Individuen erlaubt, Dinge aus keinem anderen Grund zu tun, als dass sie sie tun wollen. In dieser Hinsicht könnte die erste Nachricht, die wir empfangen, nicht vom Vorsitzenden einer galaktischen Zivilisation, sondern vom außerirdischen Pendant des Amateurfunkvereins einer Hochschule stammen. Es müssen auch nicht unbedingt Wissenschaftler sein, die mit ihren Tentakeln an den Reglern eines großen Radioteleskops auf Ypsilon Andromedae 3 drehen und unsere ersten Rundfunksendungen auffangen. Es könnten auch Kinder wie Chuck und ich sein, die dort das „Ozon" absuchen, um etwas Neues zu entdecken.

Oft sind die Leute darüber bekümmert, dass der erste Eindruck, den die Menschheit auf Außerirdische macht, durch Comedy-Shows und ausgeflippte Musiksendungen bestimmt sein wird. Aber es spricht einiges für Humor und Musik, im Gegensatz zum ernsten Tonfall von Politikern bei offiziellen Ankündigungen. Schließlich sind die alten Rundfunksendungen unverkrampfter und stehen dem ungezügelten Enthusiasmus der alten Forscher näher.

In den Siebzigern produzierte ich eine Schallplattenaufnahme, die an Bord der *Voyager*-Raumsonden ins All geschossen worden ist. Die Aufnahme soll denen die Kultur der Erde näher bringen, die die Sonde bei ihrer Milliarden Jahre langen Reise durchs All finden. Unter den 27 Musikstücken der *Voyager*-Aufnahme – sie reichen von Bach und Beethoven über traditionelle japanische und chinesische Musik bis hin zu „Dark was the Night" von Blind Willie Johnson – befindet sich auch ein Rock'n Roll-Stück: Chuck Berrys „Johnny B. Goode". Es schildert die Hoffnungen eines Landjungen, mit seiner Musik in der Großstadt Erfolg zu haben:

Er trug seine Gitarre immer in einem Jutesack
und saß unter den Bäumen neben dem Bahndamm.
Oh, die Lokomotivführer würden ihn sehen, wie er da im Schatten sitzt,
wie er da zum Rhythmus zupft, den die Züge vorgeben.
Die Leute, die vorbei gehen, würden anhalten und sagen:
Oh Mann, dieser kleine Landjunge kann spielen.[6]

Die Aufnahme führte zu einem Sketch in einer US-amerikanischen TV-Comedy-Show, in der irdische Wissenschaftler ein Radiosignal von einer fremden Zivilisation empfangen, die die *Voyager*-Sonde abgefangen hat und die Aufnahme abspielen. Die zur Erde gesendete Botschaft lautete: „Schickt uns mehr von Chuck Berry!"

In meiner rastlosen Jugend durchquerte ich das Land ein halbes Dutzend Mal während der Nacht. Aber schließlich änderten sich die Dinge. Die Landstraße von damals war ein Symbol der Freiheit, und man hört immer noch das Gerede von „der Straße ohne Geschwindigkeitsbeschränkung". Inzwischen gibt es nur noch wenige wirklich unbeschränkte Landstraßen. Die zweispurigen Strecken sind mit Umleitungen übersät. Und selbst auf abgelegenen Straßen kommt es tief in der Nacht zu Verkehrsstaus. Die meiste Zeit fährt man so, als ob das eigene Auto ein Waggon eines endlos langen Zuges ist: Heckleuchten durch die Windschutzscheibe und Scheinwerfer im Rückspiegel. Heutzutage verlaufen die wahren Strecken ohne Geschwindigkeitsbegrenzung direkt nach oben – durch die Ionosphäre und das „Ozon", und weiter zu den Planeten und Sternen.

Bei der Beobachtung: Ein Besuch bei Mr. White Man

Es war an einem Samstagabend in den frühen 90ern im Chabot Observatory in Oakland, Kalifornien. Ich hatte soeben einen Vortrag an diesem öffentlichen Wissenschaftszentrum gehalten und hielt vor der Kuppel des 20-Zoll-Refraktors aus dem Jahr 1914. Das Gerät war noch immer gut geeignet, um Planeten zu beobachten. Ein Dozent hatte mich hergebracht. Im Innern der großen, cremefarbenen Kuppel warteten gerade hundert Schulkinder in einer Schlange vor einigen Treppenstufen, um durch das Okular zu schauen. Ein älterer Astronom stand dabei, half den Kindern beim Fokussieren und erzählte jedem von ihnen flüsternd von Saturn. Er erklärte seine Größe, Entfernung und Zusammensetzung sowie die Tatsache, dass der Lichtpunkt auf der einen Seite kein Stern, sondern der Mond Titan war.

„Wer ist das?", fragte ich.

„Mr. Wightman", antwortete der Dozent. Er sprach es „White Man" aus und tatsächlich war Kingsley Wightman einer der weißesten Menschen, in Weiß gekleidet. Er sah so alt wie das Fernrohr aus (tatsächlich war er 33 Jahre jünger). Er war ein lebendes Verbindungsglied zur Astronomie vom Anfang des Jahrhunderts. Der Dozent erzählte mir, dass Wightman wegen der Finanzierungsprobleme des Observatoriums seit Jahren nicht für seine Arbeit bezahlt werde. Trotzdem tauchte er bei öffentlichen Führungen auf und bestand darauf, Kindern die Planeten und Sterne zu zeigen. Die Sternwarte wurde damals von Oaklands öffentlichem Schulsystem finanziert. Ich wartete auf eine kurze Pause und stellte mich Wightman vor.

„Wie kann ich Ihnen helfen?", fragte Wightman mit einer leichten Verbeugung.

„Ich weiß, dass Chabot finanzielle Probleme hat", sagte ich. „Wie läuft es?" Er lachte. „Das ist die besondere Geschichte des Chabot Observatory. Jedes Semester sehen wir uns mit der Frage konfrontiert, wie wir den Betrieb bei Chabot für wenigstens ein weiteres Semester sichern können. Wenn wir es schaffen, dass der Betrieb ein weiteres Semester läuft, dann sollten wir die Finanzkrise lösen können, denken wir immer. Jedes Jahr gehe ich hierhin und dorthin und rede über die Wichtigkeit von Chabot und warum der Betrieb weiterlaufen sollte. Ich kriege dann zu hören, dass es nicht mal genug Geld gibt, um Lesen, Schreiben und Rechnen zu lehren. Warum, werde ich gefragt, sollten wir Astronomie unterrichten? Aber dann schauen Sie einmal durchs Fernrohr ..." Er schüttelte den Kopf und seine Stimme verstummte.

Später dachte ich oft über White Man nach und schaute während öffentlicher Beobachtungsnächte bei ihm vorbei, wenn ich in der Gegend war. Ich erfuhr, dass die Sternwarte auf Anregung von James C. Gilson, dem Oberschulrat von Oakland, gebaut worden war. Benannt wurde sie nach Anthony Chabot, einem Hydraulikingenieur und Menschenfreund, der an vielen Stellen der Stadt die ersten Wasserleitungen gelegt hatte. Wightman erzählte mir, dass er in Berkeley seinen Abschluss in Pädagogik gemacht hatte und dann zurückging, um Astronomie zu studieren. So wollte er eine Stelle als Lehrer in Oaklands öffentlicher Schule bekommen. „Es reizte mich ziemlich, zu unterrichten“, erinnerte er sich. „Ich war wie gebannt, seit ich das erste Mal durch ein Teleskop geschaut hatte. Offenbar hat das auf andere Leute eine ähnliche Wirkung.“

Saturn trieb ihm buchstäblich die Tränen in die Augen. „Saturn ist für mich einfach ein wunderschönes Objekt“, sagte er. „Die Proportionen, die Symmetrie, die Farben. Stellen Sie sich meine Begeisterung vor, als ich den Planeten zum ersten Mal sah! Und es ist heute noch genauso großartig.“

Im Lauf der Jahre, in denen Wightman und seine Kollegen dafür kämpften, dass der Betrieb des Observatoriums weiterlief, gründete die Stadtverwaltung eine Stiftung, um Geld für Chabot zu sammeln. Chabot sollte dadurch die Sternwarte betreiben und ein neues Planetarium sowie Lehrräume einrichten können. Eines Tages hörte ich, dass die Stiftung 17 Millionen Dollar Fördermittel bekommen hatte, um bis zum Jahr 2000 eine entsprechende Einrichtung im Gesamtwert von 74,5 Millionen Dollar eröffnen zu können.

An einem Samstagabend, nachdem die Fördermittel angekündigt worden waren, schaute ich in dem alten Observatorium vorbei. Wightman begrüßte mich erfreut, während er einer Schlange von Schulkindern Jupiter zeigte. Als er fertig war, gratulierte ich ihm zu den Fördermitteln.

„Wir haben es geschafft!“, sagte er und lachte ausgelassen. „Jahrelang mussten wir uns mit der Frage herumschlagen, wie wir den Betrieb von Chabot für das nächste Semester sichern können. Nun kommt uns das Geld zu den Ohren raus! Brauchst du etwas mehr Geld? Würde es eine Million tun? Brauchst du zwei Millionen?“

„Ich sage dir eines“, fing er sich wieder, beugte sich zu mir vor und senkte seine Stimme. „Sie reden nicht mehr davon, dass sie dich schließen wollen, wenn du 17 Millionen bekommen hast!“ Eine neue Gruppe von Schulkindern betrat den Raum, und White Man verabschiedete sich galant von mir. Ich sah ihm nach, als er zur Beobachtungstreppe ging. Er nahm das erste Kind an die Hand und führte es hinauf zum Fernrohr.

Die besondere Spezies der Amateur-Astronomen

Amateur, frz. amateur „Liebhaber, Freund",
lat. amator ... „Liebender".

Oxford English Dictionary

Etwas zu kennen, ist weniger als es zu lieben;
etwas zu lieben, ist weniger als darin in Freude aufzugehen.

Konfuzius

Bei Sonnenuntergang war die trockene Landschaft auf der texanischen Hochebene bei Fort Davis mit Fernrohren einer Star-Party übersät. Die Sterne waren in beeindruckender Klarheit zu sehen. Orion floh in Richtung Westhorizont, den brillanten weißen Sirius, den Hundsstern, auf den Fersen. Das Rechteck des Raben stand im Südosten, die Sense des Löwen hoch über unseren Köpfen. Jupiter stand fast im Zenit, viele Teleskope waren auf ihn gerichtet. Als die Dunkelheit das Tal verschluckte, bestimmten die LED-Leuchten der Teleskopsteuerungen, das Spiel roter Taschenlampen und Stimmen die Szenerie. Stöhnen, geschäftiges Raunen, gemurmelte Flüche und gelegentliche Freudenschreie, wenn ein heller Meteor über den Himmel zog, waren zu hören. Bald war es dunkel genug, um das Zodiakallicht zu sehen. Dabei handelt es sich um Sonnenlicht, das an interplanetaren Staubteilchen reflektiert wird, die bis hinaus in den Asteroidengürtel reichen. Das Zodiakallicht stand am Westhimmel wie ein ferner Suchscheinwerfer und sah aus wie das, was Omar Khayyam und sein Übersetzer Edward FitzGerald „Die linke Hand der Dämmerung" nannten. Als die Milchstraße über die Hügel im Osten stieg, war sie so hell, dass ich sie zunächst mit einer Wolkenbank verwechselte. Unter einem so klaren Himmel wird die Erde zum Hochsitz, zu einer Plattform, von der man den Rest des Universums sehen kann. Man vergisst, dass man oben auf einer wackeligen Leiter steht, nach einem Halt suchend, um in das Okular eines dieser riesigen Newton-Teleskope zu spähen.

Ich war hierher gekommen, um mit Barbara Wilson zu beobachten. Sie war für ihre Beobachtung von schwachen und entfernten Objekten bekannt. Ich fand sie auf einer Leiter stehend vor, wie sie gerade durch ihren 20-Zoll-Newton schaute. Die Okulare putzte sie vor jeder Beobachtungsnacht mit Wattestäbchen, die mit einer Mischung aus Seife,

Isopropylalkohol und destilliertem Wasser getränkt waren. Auf einen Beobachtungstisch hatte Barbara den *Hubble Atlas of Galaxies* sowie den Sternatlas *Uranometria 2000* und eine nachtleuchtende Sternkarte gelegt, die von hinten mit einer roten Glühbirne beleuchtet wurde. Außerdem lagen da ein Laptop, ein weiterer Sternatlas und eine Liste der Dinge, die sie zu sehen hoffte. Von den meisten Objekten auf ihrer Liste hatte ich noch nie etwas gehört, geschweige denn gesehen. Unter anderem standen da Kowals Objekt (eine Zwerggalaxie im Sternbild Schütze, wie mir Barbara erklärte), die Galaxie Molonglo-3, deren Licht ausgesendet wurde, als das Universum nur halb so alt war wie heute, sowie sonderbare Nebel mit Namen wie Minkowskis Fußabdruck, rotes Rechteck und Gomez' Hamburger.

„Ich suche nach dem Jet in M 87", rief Barbara von der Leiter herunter. M 87 ist eine Galaxie, die nahe dem Zentrum des Galaxienhaufens in der Jungfrau in einer Entfernung von 60 Millionen Lichtjahren steht. Ein weißer Jet ragt aus ihrem Kern heraus. Er besteht aus Plasma – freie Atomkerne und Elektronen, die Überlebenden von Ereignissen, die heftig genug waren, um Atome auseinander zu reißen. Der Jet schießt fast mit Lichtgeschwindigkeit heraus. Er stammt von einem massiven Schwarzen Loch im Zentrum dieser riesigen elliptischen Galaxie. (Nichts kann aus dem Innern eines Schwarzen Lochs entkommen. Aber sein Gravitationsfeld kann Materie mit hoher Geschwindigkeit wegschleudern.) Astronomen untersuchen die Struktur des Jets, um Dunkelwolken in M 87 zu kartieren. Auf die Dichte und Position dieser Wolken kann man rückschließen, wenn man ermittelt, wie der Jet sich weiterbewegt, wenn er mit ihnen kollidiert ist. Außerdem lässt sich aus den Knoten und Klumpen im Jet die unterschiedliche Menge an Materie ermitteln, die aus der Umgebung des Schwarzen Lochs im Lauf der Zeit herausgeworfen wurde. Dazu verwenden die Astronomen die leistungsfähigsten Fernrohre wie das *Hubble*-Weltraumteleskop, die beiden 10-m-Keck-Teleskope auf Hawaii und das Very Large Array in New Mexico, eine Y-förmige Anordnung von 27 Radioantennen. Ich hatte nie davon gehört, dass ein Amateur den Jet je gesehen hatte.

Es gab eine lange Pause. Dann schrie Barbara auf: „Er ist da! Er ist so deutlich!"

Sie kletterte die Leiter herunter und lächelte in die Dunkelheit. „Ich sah ihn einmal zuvor", sagte sie, „aber ich konnte niemanden finden, der es mir bestätigen konnte. Da war niemand, der die Geduld aufbrachte, die man benötigt, um das Ding zu sehen. Aber er ist so deutlich, wenn du ihn gefunden hast, dass es dich einfach umhaut. Bist du bereit, es zu versuchen?"

Ich stieg die Leiter hinauf, fokussierte das Okular und untersuchte die diffus leuchtende Kugel von M 87. Sie war bei einer Vergrößerung von 770fach aufgeblasen wie ein Kugelfisch. Kein Jet war zu sehen, deshalb wechselte ich in die übliche Beobachtungsmethode für schwache Objekte. Entspanne dich, wie in jedem Sport. Atme tief durch, damit das Gehirn genügend Sauerstoff bekommt. Lass beide Augen offen, damit die Muskeln des einen, das du benutzt, nicht überanstrengt werden. Bedecke dein linkes Auge mit deiner Hand, oder schalte es vom Kopf her aus – das ist übrigens schwieriger, als es sich anhört – und konzentriere dich auf das, was du im Teleskop siehst. Vergewissere dich auf der Karte, wo genau das Objekt im Gesichtsfeld steht und schau dann etwas an diesem Punkt vorbei. Denn das Auge ist etwas außerhalb von der Mitte empfindlicher für schwaches Licht als direkt in der Mitte. Und, wie Barbara sagte, sei geduldig. In Indien schaute ich einmal über eine Minute durch ein Sucherfernrohr auf hohes Gras, bevor ich bemerkte, dass ich gerade den orangeschwarzen Kopf eines schlafenden bengalischen Tigers sah. Bei der Sternbeobachtung ist es genauso. Du kannst nichts überstürzen.

Dann war er plötzlich da – ein dünner, krummer, knochenweißer Finger, farblich klarer und schlichter als die zinnfarbene Galaxie selbst, von der er sich nun abhob. Wie wunderbar, etwas so Großartiges zu sehen, nachdem man es jahrelang auf Fotografien bewundert hat. Ich stieg die Leiter mit einem Lächeln herunter. Barbara verordnete eine Kaffeepause und ihre Mitstreiter gingen in die Cafeteria des Farmgebäudes. Nur sie blieb beim Teleskop, falls noch jemand den Jet in M 87 sehen wollte.

Die Amateurastronomie hat eine Revolution erlebt, seit ich in den Fünfzigern mit der Beobachtung begann. Damals nutzten die Amateure schmalbrüstige Teleskope wie meinen 6-cm-Refraktor. Ein 12-Zoll-Reflektor galt als großes Tier, als etwas, über das man Geschichten erzählte, wenn man das Glück hatte, einen Blick hindurch zu werfen. Da das Lichtsammelvermögen ihrer Instrumente begrenzt war, beobachteten Amateure hauptsächlich helle Objekte wie Mondkrater, Jupitersatelliten, Saturnringe sowie eine kleine Auswahl bekannter Nebel und Sternhaufen. Versuchten sie sich jenseits der Milchstraße an einigen nahen Galaxien, sahen sie kaum mehr als schwache graue Flecken.

Berufsastronomen in den USA hatten unterdessen Zugang zu großen Teleskopen an der Westküste, wie dem legendären 5-m-Spiegel auf dem Mt. Palomar in Kalifornien.[1] Bewaffnet mit den fortschrittlichs-ten Fernrohren dieser Zeit und ihrer eigenen gründlichen Ausbildung erzielten die Profi-Astronomen ihre Ergebnisse. Am Mt. Wilson Observatory bei Pasadena zeigte der Astronom Harlow Shapley zwischen 1918 und 1919, dass die Sonne am Rand unserer Galaxis steht. Edwin Hubble fand 1929 heraus, dass sich die Galaxien voneinander entfernen, weil der Kosmos expandiert. Allan Sandage bestimmte das Alter der Sterne, und Halton Arp erforschte die Strukturen pekuliarer Galaxien. 1964 entdeckten Maarten Schmidt und Jesse Greenstein, dass Quasare weit entfernt sind – die leuchtenden Kerne junger

Galaxien, deren Licht Jahrmilliarden benötigte, um uns zu erreichen. Diese Astronomen wurden Berühmtheiten, die die Presse als Helden feierte. Sie waren Beobachtungsposten mit Habichtsaugen, die die Wunder des Alls erforschten.

Das waren sie auch tatsächlich: Ihre Zeit war das goldene Zeitalter, in dem unsere seit langem schlummernde Art erstmals ihre Augen auf Dinge des Universums richtete, die jenseits unserer Heimatgalaxie lagen. Aber als Berufsastronom hatte man normalerweise nicht viel Vergnügen. Da oben in der Kälte und Dunkelheit im Beobachterkäfig eines großen Teleskops zu sitzen, war zweifellos romantisch, aber auch ein bisschen nervenaufreibend. Man musste das Fernrohr für eine Langzeitbelichtung behutsam auf eine große fotografische Glasplatte nachführen. Über einem leuchteten die kalten Sterne zum Kuppelspalt herein und das Sternenlicht ergoss sich unten in einen Spiegel, der die Größe eines Forellenteichs hatte. Das Beobachten an Großteleskopen war wie die Liebesbeziehung zu einem schillernden Filmstar: Du warst dir der Ehre bewusst, aber auch im Klaren darüber, dass viele Freier scharf darauf waren, deine Rolle zu übernehmen, wenn deine Leistung nachlassen sollte. Territorialkämpfe und Neid zwischen Kollegen sowie der ständige Wettbewerb um Teleskopzeit machten die Astronomie als Beruf nicht besonders erholsam. Ein brillanter, junger Kosmologe sagte einmal zu mir: „Eine astronomische Karriere ist der beste Weg, um dir dein geliebtes Hobby zu versauen."

So lief es über Jahrzehnte. Berufsastronomen beobachteten großartige Sachen in weiter Ferne und veröffentlichten ihre Ergebnisse in dem angesehenen „Astrophysical Journal". Dieses ordnete die eingereichten Veröffentlichungen im Heft nach ihrer Entfernung an: Galaxien kamen zuerst, Sterne in der Mitte und Planeten – in den seltenen Fällen, in denen sie überhaupt im „Journal" Erwähnung fanden – am Ende.

Amateure zeigten Schulkindern die Saturnringe bei 76facher Vergrößerung durch ihre kleinen Fernrohre und sendeten Fotos von sich selbst (lächelnd, neben dem selbst gebauten Reflektor stehend) an „Sky & Telescope" – eine gute Zeitschrift, aber eben nicht das bedeutende „ApJ". Es war unvermeidlich, dass einige Berufsastronomen die Amateure verachteten. Als Clyde Tombaugh den Planeten Pluto entdeckte, diskreditierte ihn der Astronom Joel Stebbins, üblicherweise ein freundlicher Mensch, als „Amateur-Unterassistenten". Da die Existenz Plutos „von dem Amateur Percival Lowell vorhergesagt wurde" und nun mit einem Teleskop bestätigt wurde, „das größtenteils ein anderer Amateur, Reverend Joel H. Metcalf, gebaut hatte", fuhr Stebbins fort, sei Plutos Entdeckung „der größte Witz, der dem astronomischen Beruf bislang widerfahren" sei.[2] Es gab natürlich auch Berufsastronomen, die gute Kontakte zu Amateur-Astronomen unterhielten und Amateure, die beachtliche Arbeit leisteten, ohne sich über ihren Status

Gedanken zu machen. Aber generell konnte man schon sagen, dass die Amateure in den Tälern im Schatten der Gipfel lebten. Was merkwürdig war, denn die meiste Zeit ihrer langen Geschichte wurde die Astronomie von Amateuren betrieben.

Die Grundlagen der modernen Astronomie legten zum Beispiel hauptsächlich Amateure. Nikolaus Kopernikus, der 1543 die Sonne anstelle der Erde ins Zentrum des Universums setzte, war ein Vertreter der Renaissance, in vielen Dingen talentiert, aber nur ein Gelegenheitsastronom. Johannes Kepler, der die elliptischen Bahnen der Planeten entdeckte, verdiente sich seinen Unterhalt mit dem Erstellen von Horoskopen, als Grundschullehrer und erbettelte sich bei der königlichen Kommission Geld für die Veröffentlichung seines Buchs. Edmond Halley, nach dem der Halleysche Komet benannt wurde, war ein Amateur, dessen Leistungen schließlich zu seiner Berufung als königlicher Hofastronom führten. Unter anderem beobachtete er ein Jahr von St. Helena aus, einer Insel im Südatlantik, die so abgelegen war, dass Napoleon Bonaparte 40 Jahre später dorthin ins Exil geschickt wurde. Der Amateurastronom John Bevis ist noch immer der einzige Mensch, der eine Bedeckung des Planeten Merkur durch die Venus beobachtet hat. (Dieses seltene Ereignis, bei dem die Venus vor Merkur vorbeizieht, fand am 28. Mai 1737 statt; das nächste ereignet sich am 3. Dezember 2133.) Der im Jahr 1710 in Schottland geborene Schäfer James Ferguson lernte die Sternbilder als Analphabet kennen, bevor er ein bekannter Autor wurde. Er wurde schließlich Mitglied der Königlichen Astronomischen Gesellschaft und erhielt von König George III. ein Gehalt. George III. war selbst Amateurastronom und baute eine Sternwarte, um den Vorübergang der Venus vor der Sonne am 3. Juni 1769 zu beobachten.[3] Fergusons populäres, 1756 erschienenes Buch „Astronomie mit den Axiomen von Sir Isaac Newton erklärt" erregte die Aufmerksamkeit des Komponisten und Organisten William Herschel, der selbst Teleskope baute und zu einem der genauesten Beobachter aller Zeiten wurde. Aber auch er wurde für seine Forschungstätigkeit nicht bezahlt, bis er 1781 den Planeten Uranus entdeckte. (George III. belohnte ihn ebenfalls mit einem Gehalt. Herschel verwendete das Geld, um sich ein riesiges Teleskop zu bauen, das allerdings nie richtig funktionierte. So verließ er sich wieder auf das kleinere, das er in seiner Amateurzeit gefertigt hatte.) Der erste, der Halleys Komet wiederentdeckte – der ihn also am Himmel fand, als er sich wieder Richtung Sonne bewegte und dabei die Uranusbahn überquerte – war Johann Georg Palitzsch im Jahr 1758. Für diese Heldentat, die elegant die Gültigkeit von Newtons Bewegungsgesetzen belegte, wurde Palitzsch von der Königlichen Akademie der Wissenschaften in Paris verhöhnt als „ein einfacher Bauer, der die Bedeutung seiner Entdeckung nicht erkannte".[4] Tatsächlich war Palitzsch ein begabter Amateurwissenschaftler, der regelmäßig mit Herschel in Briefkontakt stand und richtigerweise vermutete, dass der Stern

Algol ein Bedeckungsveränderlicher sei. Solche Sternsysteme bestehen aus zwei Komponenten, die gegenseitig periodisch voreinander vorbeiziehen.

Die Astronomie im 19. Jahrhundert wurde von Amateuren dominiert. Die meisten von ihnen waren wohlhabende Herren mit privaten Sternwarten oder gewöhnliche Bürger, deren Fähigkeiten ihnen gelegentlich Unterstützung von Königen oder Handelsfamilien einbrachten. Friedrich Wilhelm Bessel brach das Gymnasium ab und arbeitete als Angestellter bei einem Handelshaus in Bremen. Er machte wertvolle Forschungen über Kometenbahnen und wurde 1813 zum Direktor der neuen preußischen Sternwarte in Königsberg ernannt. Der erste, der seine Fähigkeiten entdeckte, war Heinrich Olbers, ein Arzt und der führende Kometenbeobachter dieser Zeit. Wilhelm Tempel, der acht Kometen und den Reflexionsnebel in den Plejaden entdeckte, war Lithograf mit geringer formaler Bildung. Später bekam er Stellen als Berufsastronom in Marseille, Mailand und Florenz angeboten. In Dessau beobachtete der Apotheker Heinrich Schwabe 17 Jahre lang Sonnenflecken an quasi jedem klaren Tag. Er entdeckte, dass die Zahl der Sonnenflecken in einem elf Jahre dauernden Zyklus zu- und abnimmt. Der englische Amateur Richard Carrington wies nach, dass Sonnenflecken im Lauf eines Zyklus zunehmend näher am Äquator zu finden sind. Trägt man die Breitengrade der Sonnenflecken gegen die Zeit auf, erhält man ein so genanntes Schmetterlings-Diagramm. Carrington beobachtete von seiner Privatsternwarte in Redhill, Surrey, aus und war auch der erste, der einen Sonnenflare sah. Unter denen, die von diesen Entdeckungen angeregt wurden, war auch John Robertson. Er war ein Schlafwagenschaffner, der die Namen der Bahnhöfe entlang der kaledonischen Bahnlinie ansagte. Robertson studierte Astronomiebücher im örtlichen Leseraum der Arbeiter und gab seine Ersparnisse für ein Fernrohr aus. Schließlich veröffentlichte er Berichte über seine Beobachtungen an Kometen, Meteoren und den Zusammenhang zwischen Sonnenflecken, Polarlichtern und der Missweisung von Kompassnadeln. Er bekam Stellen in Sternwarten angeboten, lehnte aber immer ab und erklärte, dass „die Eisenbahngesellschaft sehr freundlich zu mir ist, und ich würde ihr gerne weiterhin treu dienen".[5]

In Irland, Mitte des 19. Jahrhunderts, baute Lord Rosse einen 72-Zoll-Reflektor, mit dem er die Spiralstruktur von Galaxien beobachtete. Der „Gigant von Parsonstown" blieb bis 1917 das größte Fernrohr der Welt. Dann wurde der 100-Zoll-Reflektor auf dem Mt. Wilson fertiggestellt. Er entstand auf Anregung von George Ellery Hale, einem Amateur, der die Astronomie zu seinem Beruf machte. Henry Draper, der sein Medizinstudium beendet hatte und nun durch England reiste, bis er als praktizierender Arzt beginnen konnte, sah das Teleskop von Rosse und war von der Astronomie begeistert. Wieder daheim in New York baute Draper mehrere Fernrohre und kombinierte ein Spektroskop mit einer Kamera zum ersten verlässlichen Spektrografen. Ein Spektroskop zerlegt Licht in seine einzelnen Spektrallinien und zeigt dadurch, welche Atome das Licht ausgesendet haben. Drapers Spektrograf half, die moderne Astrophysik und die Klassifikation der Sterne mitzubegründen. Joseph Norman Lockyer war während des Ersten Weltkriegs Beamter im Kriegsministerium und autodidaktischer Astronom. Er entdeckte das Element Helium im Sonnenspektrum. (Da es zu diesem Zeitpunkt auf der Erde noch unbekannt war, benannte es Lockyer nach dem griechischen Wort für „von der Sonne".) In Indien gelang es einem anderen Amateur, Pierre-Jules-César Janssen, eine Sonnenprotuberanz zu beobachten, die am Tag zuvor während einer totalen Sonnenfinsternis gesichtet worden war. Eine Protuberanz ist ein Bogen aus glühendem Plasma, der von der Sonnenoberfläche aufsteigt. Es war die erste Protuberanz, die außerhalb einer Finsternis beobachtet werden konnte. (Lockyer beobachtete dieselbe Protuberanz einige Tage später; er und Janssen wurden Berufsastronomen.) 1869 gründete Lockyer das bekannte britische Wissenschaftsmagazin „Nature". Außerdem fand er heraus, dass Stonehenge und die ägyptischen Pyramiden nach der Sonne und den Sternen ausgerichtet wurden. Seine Entdeckung begründete die Wissenschaft der Archäoastronomie. Inzwischen hatte der Drucker Warren De la Rue nachgewiesen, dass Protuberanzen tatsächlich zur Sonne gehören und nicht vom Mond ausgestrahlt werden, wie manche gedacht hatten. Er fotografierte dazu die 1860 stattfindende Sonnenfinsternis von zwei Orten aus, die 400 km auseinander lagen.

Das Harvard College Observatory wurde ebenfalls von einem Amateur gegründet: William Cranch Bond, der zusammen mit seinem Sohn George Phillips Bond den Saturnmond Hyperion entdeckte. William Rutter Dawes – Arzt und nonkonformistischer Geistlicher – trug wegen seiner genauen Beobachtung von Doppelsternen den Spitznamen „Adlerauge Dawes". Das „Dawes-Kriterium" wird noch heute verwendet, um das theoretische Auflösungsvermögen eines Teleskops abzuschätzen. Der Seidenhändler William Huggins machte spektroskopische Beobachtungen an Planetarischen Nebeln – das sind Gashüllen, die von instabilen Sternen ausgestoßen werden – und maß die Geschwindigkeit von Sternen. Der Liverpooler Brauereimagnat William Lassell baute einen 24-Zoll-Reflektor, mit dem er den Neptunmond Triton sowie die Uranussatelliten Ariel und Umbriel entdeckte. Lassell traf seine Frau Maria King übrigens in einer Beobachtungsnacht, die von befreundeten Amateur-Astronomen organisiert worden war.

Sogar im 20. Jahrhundert, als sie bereits von der blühenden Berufsastronomie überschattet wurden, lieferten Amateure weiterhin wertvolle Beiträge zur astronomischen Forschung. Der britische Autor und Amateur-Astronom Patrick Moore erinnert sich, dass Amateure vor dem Ersten Weltkrieg eine wichtige Anlaufstelle für Profis waren.

„Wenn man wissen wollte, welche Länge der Große Rote Fleck auf Jupiter hatte, ob das aschgraue Licht der Venus gerade zu sehen war oder ob sich ein Staubsturm auf dem Mars entwickelte, ging man zu einem der großen amateurastronomischen Vereine".[6] Der Rechtsanwalt Arthur Stanley Williams kartierte die differenzielle Rotation der Jupiterwolken und entwarf das System der jovianischen Nomenklatur, das seitdem in allen Untersuchungen verwendet wird. Milton Humason, ein ehemaliger Wassermelonen-Bauer, der als Maultiertreiber auf dem Mt. Wilson arbeitete, schloss sich dem Astronomen Edwin Hubble an, um die Größe und die Expansionsrate des Universums zu kartieren. Grote Reber baute das erste echte Radioteleskop im Hinterhof seines Hauses in Wheaton, Illinois, und setzte es ein, um den Himmel zu kartieren. Er war eine ganze Weile der einzige Radioastronom auf der Erde. Die Sonnenforschungen des Industrie-Ingenieurs Robert Mc-Math beeindruckten die Berufsastronomen so sehr, dass er zum Mitglied der National Academy of Science ernannt wurde. Beobachtet hatte er an einer selbst gebauten Sternwarte in seinem Garten in Detroit. McMath war auch Präsident der American Astronomical Society, ei-nem Zusammenschluss von Berufsastronomen, und half mit, das Kitt Peak National Observatory in Arizona zu planen. Das dort stehende, weltweit größte Sonnenteleskop wurde nach ihm benannt.

Die sprunghafte Zunahme von Berufsastronomen im späten 19. und frühen 20. Jahrhundert erzeugte gemischte Karrieren, wie die von Sherburne Wesley Burnham. Er verband Liebhaberei und Berufsastronomie wie jemand, der in der Flussmitte unentschlossen von einem Boot ins andere steigt. Als autodidaktischer Gerichtsstenograf beobachtete und katalogisierte er Doppelsterne und wurde dazu überredet, zwei Monate auf dem Mt. Hamilton zu verbringen, um den zukünftigen Standort des Lick Observatory mit seinem eigenen 6-Zoll-Refraktor zu testen. Als das Observatorium eröffnet wurde, nahm Burnham eine Gehaltskürzung in Kauf, um als Chefastronom bleiben zu können. Er war geistreich, kosmopolitisch und hatte gute Beziehungen. Und so war es für ihn kein Problem, sowohl mit einem Eremiten namens Bennett zu verkehren, der regelmäßig beim Observatorium vorbei kam, um seine Post abzuholen, als auch mit dem vorsitzenden Richter des US-amerikanischen Bundesverfassungsgerichts. Schließlich kündigte Burnham und kehrte als Angestellter des Bezirksgerichts nach Chicago zurück. Das Gehalt war doppelt so hoch wie während seiner Tätigkeit als Berufsastronom. Aber er blieb als Amateur der Beobachtung treu. An den Wochenenden fuhr er mit dem Zug zum Yerkes Observatory in Williams Bay, Wisconsin, um weiterhin Doppelsterne zu untersuchen.

Warum wurden Amateure, die eine so wichtige Rolle in der Astronomie gespielt haben, schließlich von den Berufsastronomen in den

Schatten gestellt? Weil die Astronomie, wie alle Naturwissenschaften, jung ist – weniger als 400 Jahre alt – und zunächst irgendjemand die Sache ins Rollen bringen musste. Ihre Initiatoren konnten schlecht akademische Titel in Bereichen tragen, die noch gar nicht existierten. Stattdessen mussten sie entweder Profis in einem verwandten Gebiet wie der Mathematik sein, oder Amateure, die die Astronomie aus Liebhaberei betrieben. Was damals zählte, war Kompetenz, nicht die Zulassung: Wenn man in der Wildnis eine Blockhütte baut, verlangt man nicht von seinen hilfsbereiten Nachbarn, dass sie einem ihre formale Befähigung zeigen. Das kommt erst später, wenn sich das Land in ein Wohngebiet verwandelt hat.

Dass man plötzlich zwischen Amateur- und Profi-Wissenschaftlern unterschied, spiegelt sich in der Geschichte der beiden Begriffe im Englischen wider. Das Wort „Amateur" existierte im Englischen bis ungefähr 1784 gar nicht, und der Begriff „scientist" („Wissenschaftler") wurde erst 1840 geprägt. Damals sann der englische Philosoph und Mathematiker William Whewell darüber nach, dass „wir dringend ein Wort für einen Kultivator der Wissenschaft im Allgemeinen brauchen. Ich neige dazu, ihn ‚scientist' zu nennen".[7] Aber nachdem die Unterscheidung gemacht wurde, entstand eine, wie es der Oxforder Historiker Allan Chapman nannte, „unglückliche Aufspaltung": „In offiziellen Institutionen erworbenes Fachwissen wurde als das Maß der Dinge angesehen, während ‚Amateure' diesem Fachwissen hinterherliefen."[8]

Ein fähiger Amateur, der diese Sicht der Dinge zu spüren bekam, war Edward Mellish. Während er im Sommer des Jahres 1915 als unbezahlter Beobachter am Yerkes Observatory arbeitete, stieß er kurz vor der Morgendämmerung auf etwas, das er für einen Kometen hielt. Umgehend wurde ein Telegramm des Harvard Observatory an andere Sternwarten verschickt, das über die Beobachtung informierte. Diese Telegramme waren damals das gängige Mittel, um neue astronomische Entdeckungen bekannt zu geben. Als sich kurz darauf herausstellte, dass es sich bei Mellishs „Komet" in Wirklichkeit um den diffusen Nebel NGC 2261 handelte, war der Yerkes-Direktor Edwin Brant Frost tief verärgert. Mellishs Verdienst wäre gewesen, einen Nebel entdeckt zu haben, der seine Helligkeit verändert.[9] Aber Frost war nicht gewillt, weiterhin einem Amateur zu trauen, und nahm Mellish aus dem Projekt heraus. An seine Stelle setzte er einen jungen Yerkes-Astronomen namens Edwin Hubble. Hubbles Veränderlicher Nebel, wie der Nebel seitdem heißt, wurde das Thema von Hubbles erster Veröffentlichung und das Sprungbrett für seine erfolgreiche Karriere.[10]

Trotz solcher Enttäuschungen waren Amateure ab dem Jahr 1980 etwa wieder im Rennen. Ein Jahrhundert professioneller Forschung hatte bis dahin die Möglichkeiten der beobachtenden Astronomie so ausgeweitet, dass es bei Tisch mehr Plätze als Astronomen gab. Inzwischen war auch die Zahl der Amateur-Astronomen gewachsen. Verbunden damit war die Fähigkeit der besten Amateure, professionelle Projekte anzugehen und kreative Forschungsaufgaben zu verfolgen. „Es wird immer eine Trennung zwischen der Arbeit von Berufs- und Amateur-Astronomen geben“, schrieb der Wissenschaftshistoriker John Lankford 1988, aber „es könnte künftig schwieriger werden, die beiden Gruppen zu unterscheiden“.[11] Im selben Jahr meldete Leif J. Robinson, der Herausgeber von „Sky & Telescope“, dass „Amateur- und Berufsastronomen gerade begonnen haben, mit einer Begeisterung miteinander zu reden, die seit Jahrzehnten nicht mehr zu spüren war. Es liegt etwas wirklich Neues in der Luft.“[12]

Die amateurastronomische Revolution wurde durch drei technische Innovationen begünstigt: Dobson-Teleskope, CCD-Kameras und das Internet.[13]

Dobsons sind Spiegelfernrohre, die aus billigen Materialien gebaut werden. Sie wurden von John Dobson erfunden, der die Meinung vertrat, dass der Wert von Teleskopen an der Zahl der Menschen gemessen werden sollte, die durch sie hindurchschauen. Seine Überzeugung drückte Dobson am 25. Juli 1987 bei „Stellafane“ (wörtlich „Pilgerstätte zu den Sternen“), einem Beobachtungsplatz auf einer Hügelkuppe in der Nähe von Springfield, Vermont, aus: „Für mich ist nicht so wichtig, wie groß ein Teleskop ist, wie genau seine Optik geschliffen ist oder wie schön die Aufnahmen sind, die man mit ihm machen kann. Entscheidend ist für mich, wie viele Menschen auf dieser Welt, die nicht so privilegiert sind wie wir, eine Möglichkeit gehabt haben, durch das Teleskop zu schauen und das Universum zu verstehen. Das ist die eine Sache, die mich treibt!“

Dobson war in San Francisco gut bekannt, ein einfacher, überschwänglicher Mensch, der traurig anzusehende Fernrohre auf dem Gehsteig aufstellte. Dann rief er den Passanten zu: „Kommen Sie her, und sehen Sie sich Saturn an!“ oder „Kommen Sie her, und sehen Sie sich den Mond an!“. Anschließend flüsterte er den Menschen sein astronomisches Wissen ins Ohr, während sie ins Okular blickten. Den unerwarteten Nutznießern seiner liebevollen Fürsorge erschien er als alternder Hippie mit einem Pferdeschwanz, einer „fertigen“ Geschichte und einem bunt bemalten Fernrohr, das so mitgenommen aussah, als ob es hinter einem Lastwagen hergezogen worden war. Aber astronomisch Bewanderte erkannten in seinen Teleskopen das eigentlich revolutionäre. Dobsons funktionieren nach dem von Isaac Newton im Jahr 1680 entwickelten Prinzip: ein Rohr mit einem konkaven Spiegel unten und einem kleinen, elliptischen Sekundärspiegel oben, der das Licht zur Seite ins Okular wirft. Aber es kommen dabei so billige Materialien zum Einsatz, dass man einen großen Dobson zum Preis eines kleinen traditionellen Teleskops selbst bauen oder kaufen kann. Man konnte jedoch keinen Dobson von John Dobson kaufen, da er sich weigerte, seine Idee kommerziell auszuschlachten. Mangel war sein Prinzip und die Mutter seiner Erfindung.

Dobson wurde in China geboren, wo sein Großvater mütterlicherseits einer der Gründer der Universität von Peking war. Sein Vater war Zoologe. Dobson studierte Chemie in Berkeley und wurde 1944 Mönch in der Wedanta-Gemeinde, die zum Rama-Krishna-Orden gehört. Er lebte in Klöstern in San Francisco und Sacramento.

Von der Astronomie seit seiner Kindheit begeistert, begann er Fernrohre zu bauen. Wegen seines Armutsgelöbnisses musste er jedoch Wege finden, um sie deutlich billiger herzustellen, als das gemeinhin gemacht wurde. Einer der größten Kostenfaktoren für einen Teleskopbauer ist der Rohling, ein Stück hochwertiges optisches Glas, das in die richtige Form geschliffen werden muss. Dobson konnte sich geeignete Rohlinge nicht leisten, deshalb sammelte er ausrangierte Bullaugen und Böden von Glaskrügen und schliff diese. Für den Teleskoptubus schnorrte er Pappröhren, die auf Baustellen als Verschalung für Beton dienten.

Gute Montierungen sind ebenfalls teuer. Also sägte Dobson eine Kiste aus Sperrholz zurecht, legte sie mit etwas Glattem aus – PVC, ein Stück Teflon oder eine ausgediente Schallplatte – und setzte den Tubus in die Kiste. Das damit fertige Teleskop konnte mit einem Ruck auf jeden Punkt des Himmels ausgerichtet werden.

So ausgerüstet begann Dobson „aus den Mauern herauszugehen", wie die Mönche zu sagen pflegen, und brachte sein Teleskop unter die Leute, um ihnen die Sterne zu zeigen. Begegnete er einem Jugendlichen, der besonders leidenschaftlich bei der Sache war, schenkte Dobson dem Kind sein Teleskop und baute sich ein neues. Da eine zu intensive nächtliche Beschäftigung außerhalb der Mauern als unpassend für einen Mönch galt, wurde Dobson schließlich vom Klosterleben ausgeschlossen. (Sein erstes Fernrohr, das ansonsten vielleicht im Museum gelandet wäre, soll auf Geheiß eines Repräsentanten des Klosters in die Bucht von San Francisco geworfen worden sein.) Die meiste Zeit nach diesem Ereignis verbrachte Dobson im amerikanischen Westen in verschiedenen Wohnmobilen und verrosteten Transportern, die mit Teleskopen vollgestopft waren. Wenn er seine Fernrohre an Straßenkreuzungen oder in den Nationalparks aufstellte, sammelte sich eine lange Schlange von Interessenten hinter den Teleskopen. Als ein Parkhüter sich gegen diese Aktivitäten mit den Worten „der Himmel ist kein Teil des Parks" wendete, entgegnete Dobson: „Nein, aber der Park ist ein Stück des Himmels."[14] Wahrscheinlich hat John Dobson mehr Menschen mit der Astronomie in Berührung gebracht als irgendjemand anderes jemals zuvor.

Auch wenn Dobson-Teleskope optisch primitiv sind – nur wenige können die scharfen Bilder von Mars oder Jupiter liefern, die üblicherweise von Amateuren erwartet werden – können mit ihnen selbst durchschnittliche Beobachter große Teleskope besitzen. Beobachter mit großen Dobsons mussten sich nun nicht mehr mit dem Betrachten der Planeten und nahe gelegener Nebel zufrieden geben: Sie konnten Tausende von Galaxien erkunden und damit in Dimensionen vorstoßen, die bislang Berufsastronomen vorbehalten waren. Bald waren Star-Partys, auf denen sich Amateur-Astronomen trafen, mit Dobsons übersät, die zwei Meter und mehr in die Dunkelheit emporragten. Der britische Amateur-Astronom Patrick Moore schrieb über den „Giganten von Parsonstown", dass „man für die Beobachtung mit dem großen Reflektor nicht nur ein Beobachter, sondern auch ein erfahrener Bergsteiger sein musste".[15] Dank Dobson kehrte die Ära des Lord Rosse zurück.

Die größte Gefahr für Amateur-Beobachter war es nun, von einer wackeligen Leiter in der Dunkelheit herunterzufallen, während man durch einen riesigen Dobson schaute. Ich traf einen Sterngucker, dessen Dobson so groß war, dass er ein Fernglas verwenden musste, um von der Leiter in 4,5 Meter Höhe auf seinem Laptop sehen zu können, wohin das Teleskop gerade zeigte. Er erzählte, dass er es beängstigend finde, die Leiter bei Tag hinaufzusteigen, aber nachts vergesse er diese Angst. „Ungefähr ein Drittel aller Galaxien, die ich sehe, sind bisher nicht katalogisiert", grübelte er.

Inzwischen kamen CCDs auf den Markt, „charge-coupled devices" (zu Deutsch: ladungsgekoppelte Strahlungsempfänger). Dabei handelt es sich um lichtempfindliche Mikrochips, die schwaches Sternlicht viel schneller aufnehmen, als es mit fotografischen Emulsionen möglich ist. Bald begannen CCD-Kameras klassische Fotoapparate zu ersetzen.[16] Zunächst waren sie teuer, aber ihr Preis fiel schnell: Veraltete CCD-Chips, die ursprünglich mehr als ein Nerzmantel gekostet hatten, werden heute in Sternwarten als Untersetzer für Kaffeetassen verwendet. Amateure, die CCD-Kameras an große Dobsons montierten, sahen sich plötzlich im Besitz eines Lichtsammelvermögens, das dem des 5-Meter-Spiegels auf Mt. Palomar vor dem CCD-Zeitalter entsprach.

Die Empfindlichkeit von CCDs allein trug nicht viel dazu bei, dass die Kluft zwischen Amateuren und Berufsastronomen kleiner wurde. Die Profis hatten ja ebenfalls CCDs. Aber die wachsende Menge an CCD-Kameras in Amateurhänden vergrößerte die Zahl der Fernrohre auf der Erde, mit denen sich die Tiefen des Universums erforschen ließen. Es war, als ob unserem Planeten plötzlich Tausende von neuen Augen gewachsen wären, mit denen viel mehr astronomische Ereignisse beobachtet als von Berufsastronomen abgedeckt werden konnten. Und da jeder lichtempfindliche Punkt (jedes „Pixel") eines CCD-Chips seinen individuellen Wert an einen Computer weitergibt, steht dem Sterngucker ein quantitatives, digital vorliegendes Maß zur Verfügung, um Fotometrie zu betreiben. Ein Beispiel dafür ist die Messung der variablen Helligkeit eines veränderlichen Sterns wie eines Bedeckungsveränderlichen oder eines Mira-Sterns.

Dies führt uns schließlich zum Internet. Es war üblich, dass ein Amateur, der einen Kometen oder einen eruptiven Stern entdeckt hatte, ein Telegramm an das Harvard College Observatory schickte. Nach einer Überprüfung wurden von dort aus dann Postkarten an Berufsastronomen in aller Welt geschickt, die den Dienst abonniert hatten. Das Internet eröffnet dafür alternative Wege. Nun kann ein Amateur, der etwas entdeckt hat – oder glaubt, etwas entdeckt zu haben –, CCD-Bilder innerhalb von Minuten zu anderen Beobachtern überall auf der Welt schicken. Jeder Interessierte kann nun die Daten anschauen, egal, ob er Amateur mit einer kleinen Privatsternwarte oder Berufsastronom in einem hochgelegenen Observatorium ist. Weltweite Forschungsnetze entstanden, die Amateure und Profis mit einem gemeinsamen Interesse an Flare-Sternen, Kometen oder Asteroiden miteinander verbanden. Berufsastronomen erfuhren auf diesem Weg gelegentlich schneller von neuen Entwicklungen am Himmel, als es durch Mitteilungen über offizielle Kanäle der Fall gewesen wäre. Dadurch konnten sie Ereignisse früher untersuchen. Wenn die wachsende Zahl an Teleskopen der Erde neue Augen beschert hat, so stellt das Internet für sie einen Satz optischer Nerven bereit, durch die (neben Unmengen an Finanzdaten sowie Gigabyte an Gerüchten und Pornografie) Nachrichten und Bilder von Saturnstürmen und explodierenden Sternen in fernen Galaxien strömen.

Jahrzehntelang hatten sich Berufsastronomen zunehmend auf computergestützte Datenbanken verlassen. Mit ihrer Hilfe konnte man sich beispielsweise eine Liste von Spiralgalaxien anzeigen lassen, auf die man direkt von oben blickt, und die innerhalb eines gewissen Helligkeitsbereichs liegen sowie zu einem bestimmten Zeitpunkt in einem bestimmten Observatorium innerhalb von zehn Grad um den Zenit stehen. Die erforderliche Software, Rechenleistung und Speicherkapazität waren in der Anschaffung teuer, aber seit diese Datenbanken nun online abrufbar sind, können sie auch Amateure nutzen. Und da inzwischen die meisten professionellen Teleskope computergesteuert sind, erleichtert das Internet Projekte, bei denen Amateure und Berufsastronomen Beobachtungszeit reservieren lassen können, ohne dass sie jemals zu diesen Fernrohren reisen müssten.

Unter den Amateuren traten schließlich Superstars in Erscheinung, ausstaffiert mit Fähigkeiten, Werkzeugen und Engagement, um „absolut seriöse astronomische Arbeit“ zu leisten, wie es der berühmte beobachtende Kosmologe Allan Sandage ausdrückte.[17] Einige zeichneten das Wetter auf Jupiter und Mars auf. Dabei machten sie Planetenaufnahmen, die denen von Berufsastronomen qualitativ ebenbürtig waren. Mehr noch: Sie übertrafen die Profis bei der Aufzeichnung von langfristigen Phänomenen. Andere beobachteten veränderliche Sterne, mit denen man die Entfernungen von Sternhaufen und Galaxien bestimmen konnte. Amateure entdeckten auch Kometen und Asteroiden und trugen damit zu den anhaltenden Bemühungen bei, Objekte zu identifizieren, die eines Tages mit der Erde zusammenstoßen könnten. Findet man sie früh genug, können sie abgelenkt werden, um so eine Katastrophe zu verhindern. Amateur-Radioastronomen zeichneten die Signale kollidierender Galaxien und die ionisierten Luftkanäle von Meteoren am Taghimmel auf und lauschten nach Signalen von außerirdischen Zivilisationen.

Die Arbeit der Amateure hatte jedoch ihre Grenzen. Wer beispielsweise keinen ausreichenden Überblick über die wissenschaftlichen Veröffentlichungen hatte, wusste auch mit den besten selbst gewonnenen Daten nichts anzufangen. Andere, die ihr fehlendes Fachwissen durch eine Zusammenarbeit mit Berufsastronomen wettmachen wollten, beschwerten sich gelegentlich darüber, dass sie den Großteil der Arbeit machten, während ihre renommierteren Partner den Großteil der Anerkennung einheimsten. Wieder andere rieben sich völlig auf. Sie waren so von ihrem Hobby in Beschlag genommen, dass ihnen alsbald Zeit, Geld oder Begeisterung fehlte und sie es gut sein ließen.

Aber viele Amateure genossen auch eine fruchtbare Zusammenarbeit und rückten den Sternen etwas näher. Wenn sie gelegentlich zu weit gingen, konnten sie sich mit dem Gedanken trösten, dass Liebe und Maßlosigkeit Partner sind. Es ist klug, sich in allen Angelegenheiten um Mäßigung zu bemühen, empfahl Terenz im zweiten Jahrhundert vor Christus. Aber, wie William Blake bemerkte, „weiß man nie, was genug ist, bis man weiß, was mehr als genug ist“.[18]

Wie viel kann man sehen?
Ein Besuch bei Stephen James O'Meara

Ich traf Stephen James O'Meara auf der Winter Star Party, die jährlich an einem Sandstrand in Florida stattfand. Als ich in der Dunkelheit ankam, begrüßte mich Tippy D'Auria, der Initiator der Winter Star Party. Tippy hatte die Schule abgebrochen und ging von zu Hause weg, als er 13 war. Zunächst arbeitete er als Kapitän auf einem Charterboot, von dem man nachts Tarpone angeln konnte. Dann diente er bei der Marine auf einem U-Boot und fuhr Autorennen, bevor er sich schließlich als Elektronikingenieur in Miami niederließ. Er und seine Frau Patricia kamen zur Astronomie wie so viele: durch einen Blick auf den wunderbaren Ring des Planeten Saturn. Sie kauften noch in der gleichen Nacht ein kleines Fernrohr, später ein größeres – und beobachteten seitdem. Tippy führte mich durch ein Dickicht von Teleskopen, die auf die Sterne gerichtet waren. Unter ihnen waren eigenwillige selbst gebaute Instrumente aus Pappe, Sperrholz, Aluminium, Stahl oder liebevoll lackiertem Kirschholz. Da gab es ein riesiges Fernglas, das aus zwei Newton-Reflektoren zusammengebaut war, und elegante Refraktoren mit Foto- und CCD-Kameras. Der Weg führte weiter, vorbei an tragbaren Sternwarten im Stil eines Beduinenzelts, die sich vom weißen Sandstrand abhoben, zu einem Kreis aus Aluminium-Gartenstühlen, wo Tippy und die anderen Organisatoren sich versammelt hatten. Er wies mir für die Nacht einen Stuhl zu und egal, wie lange ich weg war oder wie viele Leute herumstanden, war dieser Stuhl immer frei und wartete auf mich.

„Steve ist da drüben und zeichnet Jupiter an meinem Fernrohr", sagte Tippy und nickte mit dem Kopf in die Richtung, wo die Gestalt eines jungen Mannes zu erkennen war. Er thronte oben auf einer Trittleiter in Höhe des Okulars eines großen Newtons, der auf den Südwesthimmel gerichtet war. Gemütlich zurückgelehnt saß ich auf meinem Stuhl und hörte den Gesprächen der Organisatoren zu, während ich O'Meara beim Zeichnen beobachtete. Die Gespräche waren eine Mischung aus astronomischem Fachwissen und selbstkritischen Witzen – das Gegenteil von Selbstbeweihräucherung. O'Meara schaute lange durchs Okular, dann hinunter auf seinen Skizzenblock, um ein oder zwei Linien zu zeichnen. Dann blickte er wieder durchs Okular. Diese Art von Tätigkeit haben Astronomen vor Generationen gemacht, als man den größten Teil der Nacht mit einer einzigen Zeichnung eines Planeten zubrachte.

O'Meara beschreibt sich selbst gerne als einen „Beobachter des 19. Jahrhunderts im 21. Jahrhundert". Ich wollte ihn treffen, um besser verstehen zu können, warum jemand auf die alte Art und Weise arbeitet und sich nur auf sein Auge am Teleskop verlässt, anstatt einen Fotoapparat oder eine CCD-Kamera einzusetzen. Trotzdem war es ihm gelungen, einige der größten beobachterischen Meisterleistungen seiner Zeit zu vollbringen. Als er noch ein Jugendlicher war, sah O'Meara radiale „Speichen" auf Saturns Ringen und zeichnete sie. Berufsastronomen taten die Beobachtung als Einbildung ab, bis die *Voyager*-Sonden Saturn erreichten und die Existenz der „Speichen" bestätigten. O'Meara bestimmte auch die korrekte Rotationsdauer des Uranus zu einer Zeit, als Berufsastronomen mit größeren Teleskopen und ausgeklügelten Detektoren völlig andere Werte ermittelten. Und er war auch der erste Mensch, der den Kometen Halley bei seiner Rückkehr im Jahr 1985 sah. Für diese Meisterleistung verwendete er ein 24-Zoll-Fernrohr auf einem 4200 m hohen Berg und atmete Sauerstoff aus einer Flasche ein.

Die Zeit verging. O'Meara zeichnete weiter. Jemand rief, dass das *Hubble*-Weltraumteleskop über uns zu sehen sei, und hunderte von schemenhaften Figuren schauten hoch, um mit den Augen dem Weg des Lichtpunkts zu folgen, wie er die Milchstraße überquerte und dann im Erdschatten verschwand. Ein großes, weit entferntes Fernrohr, das über die nahen, kleineren Geräte hinwegsegelte. In der Dunkelheit hörte ich „Crazy Bob" Summerfield einem Dutzend Leute ermutigend zurufen, die an seinem gewaltigen 36-Zoll-Newton Schlange standen, um den Orion-Nebel zu sehen. „Das ist das weltgrößte tragbare Observatorium, das der öffentlichen Bildung dient", rief er. „Das Teleskop hat über 160 000 Kilometer auf dem Buckel, und fast einer viertel Million Menschen den Himmel gezeigt. Wenn ihr auf der Leiter seid, ist es euer Fernrohr. Lasst euch so viel Zeit zum Beobachten, wie ihr wollt. Die Leute, die in der Schlange warten und über euch fluchen, sind nur neidisch. Wenn sie selbst dran sind, lassen sie sich genauso lang Zeit." Er klang wie ein Marktschreier, auch wenn der Blick durch ein Teleskop auf Star-Partys kostenlos ist.

Steve erzählte mir, dass er in Cambridge, Massachusetts, als Sohn eines Krabbenfischers aufgewachsen war. Seine am weitesten zurückliegende Erinnerung an ein Kindheitserlebnis war die rote Mondfinsternis des Jahres 1960, die er vom Schoß seiner Mutter aus verfolgte. „Von Anfang an hatte ich eine besondere Beziehung zum Himmel", sagte er. „Ich liebte einfach das Licht der Sterne." Als er ungefähr sechs Jahre war, schnitt er eine Planisphäre – eine Sternkarte – von der Rückseite einer Cornflakes-Schachtel aus. So brachte er sich die Sternbilder bei. „Selbst die Halbstarken aus der Nachbarschaft stellten mir Fragen über den Himmel", erinnerte er sich. „Wenn ich sie an der Straßenecke heimlich Zigaretten rauchen sah, riefen sie mich herüber. Anstatt mich zu verhauen, fragten sie mich nach dem Namen eines Sterns. Der Himmel ließ sie staunen. Ich glaube, wenn Stadtkinder den echten Nachthimmel sehen könnten, würden sie an etwas Größeres als an sich selbst glauben. Etwas, das sie nicht berühren, beherrschen oder zerstören können."

Als O'Meara ungefähr 14 war, wurde er zu einer öffentlichen Beobachtung des Harvard College Observatory mitgenommen. Dort wartete er in der Schlange, um durch den ehrwürdigen 9-Zoll-Refraktor zu schauen. „Lange passierte nichts", erinnerte er sich. „In der Schlange ging es nicht vorwärts und schließlich gingen die Leute enttäuscht weg. Dann war ich im Innern der Kuppel. Ich konnte einen summenden Ton hören, das auf die Sterne gerichtete Teleskop sehen – und einen armen Kerl unten am Okular, der suchte und suchte. Er schwitzte. Ich erkannte, dass er versuchte, die Andromeda-Galaxie zu finden. Also fragte ich ihn, was er suche.

‚Eine weit entfernte Galaxie.'

Ich wartete ein paar Minuten und fragte, ob es die Andromeda sei. Dann herrschte Stille, bis er schließlich ‚Ja' sagte. ‚Aber es ist schwierig, dorthin zu gelangen.'

‚Kann ich es versuchen?'

‚Oh, nein, es ist ein sehr anspruchsvolles Instrument.'

Ich fragte, ob er wisse, dass niemand hinter mir sei. Ich könne sie innerhalb von zwei Sekunden einstellen. Ich brachte sie ins Gesichtsfeld, und er sagte: ‚O.k., hol die anderen Leute zurück, aber geh nicht weg.' Jeder bekam die Andromeda-Galaxie zu sehen und nachdem die Besucher weg waren, sagte er: ‚Zeig mir, was du kannst.' Er war Astronomiestudent, und wie so viele Astronomiestudenten kannte er sich nicht wirklich am Himmel aus. Ich führte ihn herum, zeigte ihm Messier-Galaxien und das ganze Zeug. Wir blieben bis zur Morgendämmerung. Am nächsten Morgen nahm er mich mit zur Geschäftsstelle und sie gaben mir einen Schlüssel. Wenn ich ihnen bei öffentlichen Führungen aushelfen würde, könne ich als Gegenleistung das Fernrohr jederzeit nutzen. Damit war ich ein 14 Jahre altes Kind mit einem Schlüssel für das Harvard College Observatory!"

Für viele Jahre danach war die Sternwarte O'Mearas zweites Zuhause. Nachmittags nach der Schule arbeitete er in einer Apotheke in der Stadt und verbrachte anschließend jede Nacht am Teleskop. Dabei machte er geduldig Zeichnungen von Kometen und Planeten. „Warum zeichnet man am Fernrohr? Weil das, was du auf Film oder CCDs bannen kannst, nicht widerspiegelt, was du mit dem Auge siehst", sagte er zu mir. „Jeder sieht die Welt anders, und ich versuche zu erfassen, was ich sehe. Und ich ermutige andere, hinzuschauen, zu lernen, daran zu wachsen und zu verstehen – eben eine Verbundenheit mit dem Himmel aufzubauen. Jeder, der ein wirklich guter Beobachter sein möchte, sollte mit den Planeten beginnen, weil man dort lernt, geduldig zu sein. Es ist erstaunlich, was man sehen kann, wenn man sich genügend Zeit lässt. Das ist der wichtigste und kritischste Faktor beim Beobachten – Zeit, Zeit, Zeit – obwohl sie nie in einer Gleichung auftaucht."

Mitte der 70er-Jahre beobachtete O'Meara die Saturnringe auf Empfehlung des Planetenwissenschaftlers Fred Franklin aus Harvard. Er fügte die „Speichen“ seinen Zeichnungen hinzu und schob sie morgens unter Franklins Bürotür hindurch. Franklin verwies O'Meara an Arthur Alexanders Buch „Der Planet Saturn“ in der Bibliothek des Observatoriums. Dort erfuhr O'Meara, dass Eugene Antoniadi im 19. Jahrhundert ähnliche radiale Strukturen in einem Ring gesehen hatte. Aber die vorherrschende Meinung unter den Astronomen war, dass es sich um optische Täuschungen handelte. Die differenzielle Rotation der Ringe müsse solche Strukturen verwischen. Die Saturnringe bestehen aus Milliarden von Staub- und Eisteilchen, die wie kleine Monde den Planeten umkreisen, die innen liegenden schneller als die außen liegenden. O'Meara reichte eine wissenschaftliche Arbeit über die „Speichen“ bei der Association of Lunar and Planetary Observers ein (ALPO, eine Amateurvereinigung der Mond- und Planetenbeobachter). Aber die ALPO veröffentlichte sie nicht. Davon unbeeindruckt untersuchte O'Meara die „Speichen“ vier weitere Jahre und stellte fest, dass sie eine Umlaufzeit von zehn Stunden hatten. Das ist die Rotationsdauer des Planeten, nicht die der Ringe. Die ALPO veröffentlichte auch diese Ergebnisse nicht. „Ehrlich, ich habe nicht einen gefunden, der mich bei dem Projekt unterstützt hätte“, erinnerte sich O'Meara.

Dann jedoch machte die Raumsonde *Voyager 1* bei ihrer Annäherung an Saturn im Jahr 1979 Aufnahmen, die die „Speichen“ zeigten. „Es war ein überwältigendes Gefühl, zuletzt doch noch rehabilitiert zu werden“, sagte O'Meara. Man nimmt heute an, dass die „Speichen“ aus Staubteilchen bestehen, die durch elektrostatische Kräfte im Magnetfeld des Saturn gefangen sind. Dies erklärt, warum sie synchron mit dem Planeten rotieren, statt mit den Ringteilchen.

Ich fragte Steve nach seiner Bestimmung der Rotationsdauer des Uranus. Diese war lange unbekannt, da Uranus weit weg und ständig in strukturlose Wolken gehüllt ist. Er erzählte mir, dass Brad Smith eines Tages bei ihm anrief. Der Astronom, der das Kamerateam der *Voyager*-Sonden leitete, sagte zu O'Meara: ‚*Voyager* wird in einigen Jahren bei Uranus sein, und ich versuche zuvor die Rotationszeit des Uranus zu ermitteln. Schaffen Sie das visuell?‘ O'Meara versuchte es. Er las sich zuerst in die Geschichte der Uranusbeobachtung ein und inspizierte dann den Planeten von Juni 1980 an. Bis zu einer Nacht im Jahr 1981 sah er nichts Verwertbares. „Dann tauchten zwei herrliche weiße Wolken auf. Ich verfolgte sie, während sie im Lauf der Zeit eine Art Tanz aufführten. Aus diesen Beobachtungen bestimmte ich zusammen mit anderen, wo der Pol war, entwarf ein Modell des Planeten und konnte eine Rotationsperiode für jede Wolke ableiten. Der Durchschnittswert lag bei 16,4 Stunden.“ Dieser Wert wich beunruhigend stark von damals bekannten Werten ab. Brad Smith, der mit einem größeren Teleskop am Cerro Tololo Observatory beobachtete, leitete einen Wert von 24 Stunden ab. Berufsastronomen der University of Texas verwendeten CCD-Bilder und kamen ebenfalls auf 24 Stunden.

Um O'Mearas Sehschärfe zu prüfen, befestigten Harvard-Astronomen Zeichnungen an ein Campus-Gebäude und forderten ihn auf, die Zeichnungen mit dem 9-Zoll-Fernrohr zu beobachten, das er als Jugendlicher verwendet hatte. Obwohl andere kaum etwas sahen, reproduzierte O'Meara die Zeichnungen exakt. Beeindruckt bürgten die Astronomen für seine Uranus-Forschung und seine Ergebnisse wurden von der International Astronomical Union veröffentlicht, einer Organisation von Berufsastronomen. Als *Voyager* Uranus erreichte, bestätigte die Sonde, dass die Rotationsdauer des Planeten bei der Breite, bei der O'Meara die Wolken gesehen hatte, weniger als ein Zehntel von seinem Wert abwich.[1]

Auch bei O'Mearas visueller Entdeckung des Kometen Halley bei dessen jüngster Rückkehr stand anfangs die Skepsis. Eines Tages sprach er beim Mittagessen in Cambridge mit zwei Astronomen darüber, dass der nahende Komet sicherlich viel Aufmerksamkeit unter den Amateurbeobachtern erregen werde. Halley war bereits in Palomar auf einer lang belichteten CCD-Aufnahme nachgewiesen worden. Allerdings war er noch zu schwach, um selbst mit den größten Teleskopen der Welt visuell gesehen werden zu können. Die Astronomen fragten sich nun, wie man die Berichte von visuellen Erstbeobachtungen bewerten sollte, wenn Halley erst so hell war, dass er an der Grenze der visuellen Erkennbarkeit lag. Damals hatten die schwächsten Kometen, die jemals gesichtet worden waren, elfte Größenklasse. (Je schwächer ein Objekt ist, desto größer ist die Zahl, die seine Helligkeit beschreibt. Ein Objekt elfter Größe ist 100-mal schwächer als der schwächste Stern, der mit bloßem Auge gesehen werden kann.) O'Meara wusste, dass er mit seinen Habichtsaugen beim Blick durch ein großes Teleskop in einer sehr klaren Nacht noch Sterne der 17. Größe erkennen konnte. Halley sollte diese Helligkeit im Januar erreichen, wenn er durch die wachsende Sonnennähe wärmer wurde. O'Meara überlegte, dass er mit dem 24-zölligen Planetary Patrol Telescope auf dem Mauna Kea in der Nähe seiner Heimat auf Hawaii möglicherweise den Kometen sehen könnte. Wenn nicht, könnten Berufsastronomen zumindest mit Sicherheit alle vermeintlichen Sichtungsmeldungen verwerfen, die mit kleineren Teleskopen in geringeren Meereshöhen erfolgt waren. Astronomen der University of Hawaii lehnten O'Mearas Anfrage zunächst ab, weil sie seinen Plan für unmöglich hielten. Später gaben sie schließlich nach, und O'Meara bekam eine freie Lücke im Beobachtungsplan des Teleskops. Zu dieser Zeit würden drei Berufsastronomen – Dale Cruikshank, Jay Pasachoff und Clark Chapman – CCD-Aufnahmen von Halley an einem 88-Zoll-Teleskop auf dem gleichen Berg machen. Dadurch konnte jede visuelle Sichtung von O'Meara mit den Aufnahmen der CCD-Kamera verglichen werden.

Nur wenige Astronomen – Amateure und Profis – haben versucht, ernsthafte visuelle Beobachtungen auf dem Mauna Kea in 4200 m Höhe zu machen. In dieser Höhe benebelt der Mangel an Sauerstoff das Gehirn und verringert die Fähigkeit des Auges, schwache Objekte zu erkennen. In jener kalten, klaren Januarnacht atmete O'Meara Sauerstoff aus einer Gasflasche ein, bevor er durchs Okular schaute. Doch als er die Atemmaske beiseite legte, wurde ihm sehr schnell schwindlig. So vergaß er, die richtige Korrektur für die Ortszeit vorzunehmen. „Ich rechnete die Weltzeit in die Zeitzone von Boston um, statt in die von Hawaii", erinnerte er sich. „Innerhalb von sechs Stunden bewegt sich ein Komet merklich. Es war eine herrliche Nacht, und ich hangelte mich mit Hilfe einer Karte ohne Mühe von Stern zu Stern in die richtige Himmelsgegend. Aber trotz zweistündiger, intensiver Suche sah ich den Kometen nicht. Ich malte Kreuze an die Stellen der Karte, wo ich Sterne sah, die nicht auf der Karte verzeichnet waren. So wollte ich feststellen, ob sich einer bewegt hatte. Aber das tat keiner. Schließlich ging ich hinüber zur Kuppel des 88-Zöllers und zeigte Dale Cruikshank meine Karte. Er sagte: ‚Sie sehen bis zur Grenze des Palomar-Teleskops, aber Sie schauen an der falschen Stelle nach. Sie sollten zurückgehen und es nochmals versuchen.'"

Mit der auf die richtige Ortszeit korrigierten Karte fand O'Meara schließlich den Kometen. „Er war nicht mal das schwächste Ding, das ich sah", erinnerte er sich. „Ich konnte sogar eine Koma um Halley wahrnehmen, während die CCD-Bilder keine zeigten. Aber als ich es ihnen sagte, glaubten sie mir nicht. Es war ziemlich niederschmetternd. Ich fühlte mich geistig und körperlich völlig zerschlagen."

Zu diesem Zeitpunkt mussten die Kuppeln wegen eines aufkommenden starken Windes geschlossen werden. Aber die Astronomen erlaubten O'Meara, die Kuppel wieder zu öffnen und weiter zu beobachten. „Er kann weitermachen", sagte einer. „Das ist Geschichte." O'Meara stellte den Kometen wieder ein und versuchte, ihn Chapman und Pasachoff zu zeigen. Aber keiner der beiden konnte ihn erkennen. Um seine Beobachtung zu prüfen, schlugen sie O'Meara deshalb vor, Sternfelder in dieser und der kommenden Nacht zu zeichnen, von denen er nicht wusste, wo sie am Himmel genau lagen. Seine Zeichnungen wurden dann mit den Aufnahmen des Palomar-Atlas verglichen. Er bestand alle Tests. Das bestätigte, dass O'Meara schwächere Objekte visuell gesehen hatte als irgendein visueller Beobachter je zuvor. „Und übrigens", sagte O'Meara, „als sie die CCD-Bilder bearbeitet hatten ... rate mal, was sie dann fanden? Der Komet *hatte* eine Koma."

Wir tranken unsere Kaffeetassen leer und gingen zurück nach draußen in die Dunkelheit. „Ich bin immer ein visueller Beobachter gewesen, der den Himmel nach etwas Neuem durchsucht", sagte Steve. „Ich denke, das unterscheidet sich nicht von der Art, wie jemand im 19. Jahrhundert durch ein Fernrohr geschaut hat – mit Neugier. Wenn etwas interessant aussah und beobachtet werden sollte, machte ich es einfach. Wenn ich beobachte, fordere ich ständig die Tradition heraus. Das meiste, von dem man einst annahm, dass es die Wahrheit ist, ist es nicht. Und das ist doch das Entscheidende in der Wissenschaft: die Wahrheit zu erkennen.

Wir sind alle Sternenmenschen, da wir alle aus Sternenstaub entstanden sind. Es ist also sozusagen in unseren Genen verankert, dass wir neugierig auf die Sterne sind. Sie stellen eine umwerfende Kraft dar, etwas, das wir nicht physisch fassen können. Wenn Menschen ‚Warum, Gott?' fragen, schauen sie nicht auf den Boden, sondern hoch an den Himmel."

Profi-Astronomen – eine andere Welt

*Dem Geist des Anfängers offenbaren sich viele Möglichkeiten,
dem des Meisters nur wenige.*

Shunryu Suzuki

*Unser Wissen ist gering, die Splitter an Informationen
sind wenige, das Universum ist sehr rätselhaft.*

Jesse Greenstein, Astronom

Es dämmerte über dem Las Campanas Observatory in Chile. Es war das Jahr 1980, und ich verbrachte eine ganze Nacht im Kontrollraum des 2,5-m-Du-Pont-Teleskops. Bei mir war ein bärtiger Astronom mit trockenem Humor, dessen Verständnis unserer Umgebung 100 Millionen Lichtjahre ins All hinaus reichte. Er wusste, wo wir und unsere Nachbargalaxien sich unter all den anderen benachbarten Galaxiengruppen, -haufen und -superhaufen befanden und wie sie sich alle infolge der kosmischen Expansion bewegten. Für ihn waren diese Dinge genauso vertraut wie für Sie oder mich, den Lichtschalter im Bad bei Nacht zu finden. Draußen wirkten die Berge so metallisch blank, dass ein Felsblock laut getönt hätte, wenn er aufgeschlagen wäre. Man hätte ein Erdbeben hören können, bevor man es gespürt hätte.

Die Berge waren in sanftes Sternlicht gehüllt, aber davon bekamen wir nichts mit. Wir blieben im warmen, hell erleuchteten Kontrollraum, wo unsere Arbeit aus dem Drücken von Knöpfen bestand, um den Leitstern auf dem Fadenkreuz des Computerbildschirms zu halten. Wir machten Aufnahmen von Galaxien auf große, quadratische Fotoglasplatten, die am Fernrohr befestigt waren. Das Teleskop hatten wir die ganze Nacht nicht gesehen.

Nun kam der Augenblick, auf den ich gewartet hatte. Wir näherten uns dem Beginn der astronomischen Dämmerung. Damit war es zu spät, um eine weitere Langzeitbelichtung zu starten. Der heller werdende Himmel hätte die Fotoplatte geschwärzt, bevor wir mit der Aufnahme fertig gewesen wären. Aber noch war es dunkel genug, um visuell zu beobachten. Ich holte ein schweres Messingokular aus der Schublade. Es war ein verstaubtes Überbleibsel aus einer vergangenen Epoche, so groß wie eine Bierdose. Dann ging ich in die Schwärze der Kuppel hinüber. Dort hob sich die Silhouette des mächtigen Teleskops gegen Wolken aus Sternen ab, die durch den Kuppelspalt zu sehen waren. Als ich mich durch die Dunkelheit tastete, bewegte es sich in

Richtung der Großen Magellanschen Wolke, eine unserer Nachbargalaxien. Die Kuppel drehte sich ebenfalls, und die Milchstraße zog im Spalt vorbei. Sie erinnerte an einen Fluss, wie man ihn aus einem Hubschrauber sieht, der gerade eine Kurve fliegt. Dann kam alles mit einem tiefen Brummen des Antriebs zur Ruhe. Ich führte das Okular ein und bereitete mich auf etwas vor, von dem man in der modernen Profi-Astronomie so gut wie nie gehört hatte: Ich würde durch ein großes Fernrohr schauen.

Ich fokussierte das Teleskop und sah ein sternreiches Feld, in das von links ein grauer Nebel ragte. Es waren die Ausläufer des Tarantel-Nebels, eines riesigen Sternentstehungsgebietes in der Großen Magellanschen Wolke. Ich drückte einen Knopf des metallenen Kontrollkästchens, worauf sich das Fernrohr auf das Zentrum des Nebels zu bewegte. Mir blieb bei dem Anblick die Luft weg: Riffe aus backsteinroten und perlengrauen Gaswolken hingen da wie schwere Vorhänge in einem Traumpalast. Der Nebel wurde immer heller, bis ich das Zentrum erreichte. Dort umgaben Bögen aus Gas die Mitglieder des Sternhaufens 30 Doradus. Ihr Licht war 180 000 Jahre durchs All gereist, dabei ständig schwächer geworden und trotzdem noch hell genug, um mich blinzeln zu lassen. Ich wich zurück und starrte auf den Lichtstrahl, der wie das Leuchten einer Taschenlampe vom Okular ausging. Beim Blick nach oben sah ich, dass das Okular ein diffuses, kreisförmiges Bild des Nebels an die Innenwand der Kuppel projizierte.

Plötzlich knackte die Stimme des Nachtassistenten in der Sprechanlage: „Tim, bist du in Ordnung?" Ich versuchte zu antworten, aber ich fand keine Worte.

Die professionelle Astronomie ist nun für mehr als ein Jahrhundert durch immer größere Teleskope vorangetrieben worden. Aber große Teleskope haben auch ihre Grenzen. Typischerweise können sie wegen ihres kleinen Gesichtsfeldes zu einem bestimmten Zeitpunkt immer nur einen kleinen Teil des Himmels abbilden. Große Teleskope kosten auch Zeit: Da sie üblicherweise so „tief" wie möglich gehen – also lange Belichtungszeiten benötigen, um die schwächsten erreichbaren Objekte und Strukturen aufzunehmen – „schaffen" sie nicht mehr als eine Handvoll Bilder in jeder Nacht. Und obwohl diese Welt inzwischen mit mehr großen Teleskopen auf hohen Bergen gesegnet ist als jemals zuvor, sind es noch immer wenige, verglichen mit den Tausenden von kleineren Instrumenten in Amateurhänden. Deshalb übersehen Berufsastronomen vieles, was am Himmel passiert, ohne dass sie etwas dafür können. Sie können eben nicht ein 5-Meter-Teleskop ein Jahr lang auf die dunkle Seite des Mondes richten, um auf den Nachweis eines Meteoriteneinschlags zu hoffen. Sie können auch nicht veränderliche Sterne monatelang verfolgen, um deren Lichtkurven aufzuzeichnen. Dagegen können Amateure beobachten, was immer sie wollen. Für viele mag das nicht mehr sein, als zum Beispiel den Sternhaufen „Schatzkästchen" anzustarren oder zu versuchen, schöne Bilder des Trifid-Nebels aufzunehmen. Aber einige wollen einen echten Beitrag zur wissenschaftlichen Forschung leisten, und die Berufsastronomen registrieren das. Die Amateure sind im Gegenzug häufig dankbar für Ratschläge der Profis. Ohne diese könnten viele Amateure nur schwerlich nützliche Beobachtungen machen. Zumindest tragen die Profis dazu bei, dass die Amateur-Daten richtig ausgewertet und veröffentlicht werden. So ist eine blühende Zusammenarbeit zwischen Amateur- und Berufsastronomen entstanden.

Auf einer Konferenz der American Astronomical Society in Rochester, New York, war das Erdgeschoss des weitläufigen Tagungszentrums von Postern in Beschlag genommen, die über solche Formen der Zusammenarbeit berichteten. Neben mehreren Postern standen die Amateur-Astronomen selbst, um Fragen zu beantworten. Sie wirkten wie die Mauerblümchen auf einer Party. (Es ist eine Sache, ein junger Forscher mit einem Poster zu sein, aber es ist eine ganz andere als ausgewachsener Amateur neben einem Poster zu stehen und sich der Tatsache schmerzhaft bewusst zu sein, dass man Gefahr läuft, seine Unwissenheit einem „echten" Wissenschaftler zu offenbaren.) Ich redete mit Doug West, einem Luftfahrtingenieur, dessen Poster „Forschung an Sternen späten Spektraltyps" ein Projekt betraf, das er zusammen mit dem Berufsastronomen David Alexander von der Wichita State University durchführte. (Es betraf Sterne, die kühler als die Sonne sind.) In Zusammenarbeit mit Profis und Diplomanden hatte West versucht, ihre chemische Zusammensetzung besser zu verstehen und zu erkennen, wie sich ihre Helligkeitsänderungen auf die Atmosphären auswirkten. Er benutzte dazu ein gewöhnliches 8-Zoll-Fernrohr, das er jede Nacht in seinem Garten aufstellte.

„Man glaubt, dass tausende flusskalibrierte Spektren später Sterne existieren, aber das ist nicht der Fall", sagte West. Ich nickte wichtig, statt zuzugeben, dass ich nie darüber nachgedacht hatte, und von flusskalibrierten Spektren so viel Ahnung hatte wie vom Klavierstimmen. Bei flusskalibrierten Spektren wird das chemische Muster eines Sterns von der Absorption der Erdatmosphäre befreit. „Ich habe schon die Spektren mehrerer Sterne kalibriert, die noch nie in der Literatur aufgetaucht sind. Ich kann mir nicht die ganze Nacht um die Ohren schlagen, schließlich muss ich morgens zur Arbeit und dort funktionieren. Also habe ich eine Kunst daraus gemacht. Es kostet mich nur noch 20 Minuten, mein Teleskop in den Garten zu schleppen, auf den Pol auszurichten und mit der Datenaufnahme zu beginnen."

„Die Astronomie ist für die Zeit ein Schwarzes Loch", ergänzte er. „Du kannst so ziemlich dein ganzes Leben damit zubringen. Also, warum mache ich es? Ich weiß nicht. Ich war in der zweiten Klasse, als ich meinem Vater sagte, dass ich eines Tages Astronom werden wolle. Es ist einfach schön, sich damit zu beschäftigen. Dann gehe ich wenigstens nicht in die Kneipe."

Ein anderes Poster berichtete von Entdeckungen, die das Center for Backyard Astrophysics machte. Es wurde von Joseph Patterson, Astronom an der Columbia University, geleitet. Die Entdeckungen erklärte Patterson in einem Artikel in „Sky & Telescope":

... enge Doppelsterne, in denen ein ziemlich gewöhnlicher, massearmer Stern langsam Gas an einen Weißen Zwerg verliert. Das Gas fließt in eine Akkretionsscheibe um den Weißen Zwerg. Dann verliert das Gas seine Gravitationsenergie, wenn es sich nach und nach spiralförmig auf die Oberfläche des Weißen Zwergs zu bewegt. Vielleicht überrascht es, dass wir üblicherweise weder den Weißen Zwerg noch seinen Begleiter direkt sehen. Die Abstrahlung des Systems wird meistens von der heißen, leuchtenden Akkretionsscheibe allein bestimmt. Kleine Änderungen in der Übertragungsrate des Gases, in der Scheibenstruktur oder im Akkretionsmuster äußern sich in leichten, schnellen Fluktuationen der Systemhelligkeit.[1]

Die dramatischsten Fluktuationen treten auf, wenn das Gas, das auf die Oberfläche des Weißen Zwergs gestürzt ist, dicht genug wird, um eine thermonukleare Explosion auszulösen. Dann leuchtet das System plötzlich auf. Berufsastronomen fehlt die Teleskopzeit, um auf diese unvorhersehbaren Katastrophen zu warten, deshalb suchte Patterson Amateure, damit diese die Sterne überwachten.

Er stellte fest, dass es nicht einfach war, Amateure zu finden, die derartige Beobachtungen machten. „Nur eine außergewöhnliche Person reizt es, rund 5 000 aufeinander folgende Messungen des gleichen Sterns zu machen", gab er zu. „So etwas erfordert eine anhaltende Liebe zur Beobachtung und zur Wissenschaft."[2] Aber schließlich gelang es ihm, ein weltweites Netz aus drei Dutzend Amateuren aufzubauen. Ihre Standorte reichten von Moskau über Manhattan bis Adelaide in Australien, Bloemfontein in Südafrika, Søndervej in Dänemark und Ceccano in Italien.

Ein solches Netz ermöglicht eine kontinuierliche Überwachung des Nachthimmels: Um den alten Ausspruch über das britische Empire umzukehren, geht die Sonne über einem weltweiten Beobachtungsteam niemals *auf.* Eine wichtige Entdeckung dieser Überwachungstätigkeit war der Nachweis der 23 Stunden langen Grundperiode des kataklysmischen Veränderlichen V 803 im Zentaur. Astronomen hatten V 803 jahrzehntelang untersucht, ohne diese Grundperiode zu entdecken, einfach weil kein einzelner Beobachter nördlich des Südpols den Stern 23 Stunden lang überwachen kann, bevor dieser untergeht oder die Sonne aufgeht. Das Beobachternetz konnte V 803 dagegen permanent kontrollieren, und so wurde die Periode gefunden. Die Gruppe fand auch die Umlaufdauer des, wie es Patterson nannte, „fremdartigen, aber wunderbaren" Helium-Sterns AM Canum Venaticorum. Das bewies eine Theorie aus dem Jahr 1993, die die Eigenschaften dieses exotischen Doppelsterns in den Jagdhunden vorhersagte.

Auf der Konferenz wurde noch von zahlreichen anderen Neuigkeiten berichtet, die jüngst von Amateuren gefunden wurden. Eine Gruppe von Schülern, die zu einem Workshop nach Tucson eingeladen worden war, hatte das Teleskop auf dem Kitt Peak verwendet, um 73 Novae in der nahe stehenden Galaxie M 31 zu identifizieren. (Novae sind Sterne, die plötzlich aufleuchten und dabei einige hundert bis eine Million Mal heller werden.) Warren Offutt, ein Amateur aus Cloudcroft, New Mexico, hatte 2500 Beobachtungen der Zwergnova V 2051 im Schlangenträger gemacht. Anhand von Offutts Daten konnte Sonja Vrielmann von der Universität Kapstadt die Entfernung von V 2051 sowie den Neigungswinkel und die Rotationszeit der Akkretionsscheibe bestimmen.

In Buffalo, New York, hatten vier Mitglieder der Buffalo Astronomical Association den optischen Blitz eines Gamma-Ray-Bursters aufgenommen, nur 34 Stunden nachdem der eigentliche Ausbruch von Satelliten entdeckt worden war. Gamma-Ray-Burster sind geheimnisvolle Objekte, die völlig unvorhersehbar irgendwo am Himmel aufleuchten und schnell schwächer werden. Zeitnahe Aufnahmen im Optischen existieren nur von weniger als einem Prozent von ihnen. Die Amateure aus Buffalo verwendeten ein 12-Zoll-Fernrohr, um das Bild aufzunehmen. Die wenigen Berufsastronomen, denen das auch gelang, nutzten dazu das *Hubble*-Weltraumteleskop und das riesige Keck-Teleskop auf Hawaii. Die Amateure ermittelten, dass das Objekt eine Entfernung von vier Fünftel der Ausdehnung des sichtbaren Universums hatte. Damit war es das fernste Objekt, das bislang von Amateuren aufgenommen wurde.

Einen Stock tiefer in einem dunklen, fensterlosen Raum berichtete ein Amateur-Astronom namens Gene Hanson aus Phoenix, Arizona, von seinen visuellen Beobachtungen an dem kataklysmischen Veränderlichen U Geminorum. U Gem steht in den Zwillingen und ist ein bedeckungsveränderliches Kontaktsystem. Er besteht aus einem Roten Zwerg und einem Weißen Zwerg, die eng um ihren gemeinsamen Schwerpunkt in einer Ebene kreisen, die zufällig mit der Verbindungslinie zur Erde zusammenfällt. Der Weiße Zwerg saugt Gas von der Oberfläche des Roten Zwergs ab und bildet eine blauweiße Akkretionsscheibe, die periodisch den roten Stern verfinstert und von ihm verfinstert wird. Die resultierende Lichtkurve ist eine komplizierte Überlagerung aus den regelmäßigen Verfinsterungen und den unvorhersehbaren Ausbrüchen, wenn das vom Roten Zwerg abgeflossene Gas eine kritische Masse erreicht und explodiert. Hanson überwachte visuell mehr als hundert solcher Sterne in jeder klaren Nacht.

In einer Novembernacht des Jahres 1997 sah Hanson, dass U Gem, der üblicherweise 15. Größe während der Verfinsterungen und sonst 14. Größe hat, plötzlich viel heller wurde. Er schickte daraufhin eine Warnung per E-Mail an Amateur-Beobachter in aller Welt, dass der Stern U Gem kurz vor einem Ausbruch stehe. Er wandte sich außerdem auch an Janett Mattei. Sie alarmiert in einem solchen Fall NASA-Verantwortliche, damit diese geplante Beobachtungen von UV- und Röntgen-Satelliten unterbrechen können, um sie kurzfristig auf interessante Ereignisse zu richten.

Inzwischen ging die Sonne in Phoenix auf, und weder Hanson noch Mattei hörten irgendwas von Beobachtern auf der Nachtseite der Erde. Wenn sie die NASA aufgrund der Beobachtung eines einzigen Amateurs angehen würde, riskierte Mattei ihren Ruf. Zumal Hanson visuell arbeitete, also nicht einmal eine CCD-Aufnahme besaß, die belegte, das dieser Stern kurz vor einem Ausbruch stand. Wenn sie ruhig bliebe, und Hansons Sichtung sich als wahr herausstellen würde, dann hätten die Wissenschaftler eine Chance vertan, U Gem am Beginn eines Ausbruchs zu erleben. Sie entschloss sich, Hansons Augen zu trauen. Sie informierte die NASA, und die teuren Satelliten wurden auf U Gem gerichtet.

In Phoenix schwitzte ein besorgter Hanson bis zum nächsten Abend, dann richtete er sein Fernrohr durch eine Lücke zwischen den Bäumen auf U Gem. Er war erleichtert, als er sah, dass der Stern tatsächlich ausgebrochen war. Er hatte bereits 9,7 Größenklassen. Dank seiner Anstrengungen konnte die NASA wertvolle Daten gewinnen, die ansonsten verloren gewesen wären. Hanson erfuhr später, dass sich seine irdischen Beobachtungskollegen nicht gerührt hatten, weil bei ihnen die Nacht bewölkt war. „Wie sich herausstellte, war ich der einzige Mensch auf der Welt mit einer Wolkenlücke", sinnierte er.

Als Direktorin der American Association of Variable Star Observers (AAVSO) stellt Janet Mattei jährlich über 300 000 Beobachtungen von veränderlichen Sternen zusammen. Die meisten davon stammen von Amateuren. Mattei hat Hunderte von Projekten zwischen Amateuren und Profis koordiniert. Dieses Datenmaterial bildete die Grundlage für fast tausend Forschungsprojekte und wurde für die Programmierung von 23 Satelliten genutzt. Ein bemerkenswertes Beispiel ist der europäische Satellit Hipparcos, der die Positionen von Sternen mit hoher Genauigkeit zu verschiedenen Zeiten im Jahr maß und daraus ihre Entfernung aus den Parallaxen ableitete. Dabei misst man die Verschiebung der nahen Sterne vor dem Hintergrund der scheinbar unbeweglichen fernen Sterne infolge der wechselnden Position der Erde auf ihrer Umlaufbahn. Indem Hipparcos mit von Amateuren gewonnenen Daten über tausende Veränderliche gefüttert wurde, konnten Wissenschaftler mit ihren Computern zwischen bekannten Veränderlichen und durch den Satelliten entdeckten unterscheiden.

Mattei berichtete auf einer Konferenz, dass Astronomen Mira, einen pulsierenden Roten Riesen mit einem Weißen Zwerg als Begleiter, in der Nähe seines Minimums beobachtet hatten. Dabei hatten sie eine schweifähnliche Struktur entdeckt, die sich vom Roten Riesen zum Weißen Zwerg erstreckte: die erste direkte Sichtung von Materie, die in einem Kontaktsystem ausgetauscht wird. Die Astronomen nutzten dabei das *Hubble*-Teleskop und Aufzeichnungen der AAVSO. Mattei ergänzte, dass Amateurbeobachtungen von Ausbrüchen der Zwergnova SS Cygni dazu geführt hatten, dass die NASA zwei Satelliten auf diesen seltsamen Stern richteten. Dies half den Astronomen, die komplizierte Struktur des Sterns zu verstehen. Als Dank teilte die NASA den Amateuren fast drei Tage Beobachtungszeit mit dem UV-Satelliten EUVE zu, in der sie beobachten konnten, was sie wollten.

Das war natürlich eine Ehre, aber Amateure, die Beobachtungszeit an einem großen Teleskop oder Satelliten zugeteilt bekommen, geraten ins Schwitzen. Sie fühlen sich so ähnlich wie jemand, der am Wochenende Autorennen fährt und sich nun plötzlich hinterm Steuer eines Formel-1-Wagens wiederfindet.

William Alexander, ein Chemiker und Astronomielehrer in Teilzeit, bekam Beobachtungszeit für das *Hubble*-Weltraumteleskop zugeteilt. Dies erfolgte im Rahmen eines kurzlebigen Projekts, das Ideen von Amateuren berücksichtigte, die möglicherweise für Profis von Nutzen sein könnten.[3] „Ich bin ein fauler Amateur", sagte Alexander. „Ich will mein Teleskop nicht zu häufig in den Garten schleppen. Als daher das Amateurbeobachterprogramm im Jahr 1993 angekündigt wurde, versuchte ich, etwas Nützliches zu finden. Ich entschied mich für eine Bestimmung des Deuterium-Wasserstoff-Verhältnisses im interstellaren Medium. Mit dem *Hubble*-Teleskop konnte ich im ultravioletten Licht arbeiten, das nur vom Weltraum aus zugänglich ist."

Als Alexanders Beobachtungsprojekt genehmigt worden war, wurde er ins Space Telescope Science Institute in Baltimore, Maryland, eingeladen. Schnell fand er heraus, dass die Einrichtung auf die Bedürfnisse von Berufsastronomen zugeschnitten war und sich nicht an der Lernkurve von Amateuren orientierte. „Ich versuchte herauszufinden, wie ich die Beobachtungen am besten durchführen könnte", erinnerte sich Alexander, aber „obwohl ich als Leiter eines Wissenschaftlerteams bezeichnet wurde, wusste ich nicht viel darüber". Es endete damit, dass er Spektren von zwei benachbarten Sternen aufnahm. Diese deuteten darauf hin, dass zumindest etwas Deuterium in Sternen produziert wird. Wenn dem so wäre, würde es dem akzeptierten kosmologischen Modell widersprechen, nachdem alles Deuterium des Universums beim Urknall entstanden ist. Alexander veröffentlichte schließlich die Daten im „Astrophysical Journal" zusammen mit zwei Fachastronomen als Koautoren, Jeff Linsky und Brian Wood von der University of Colorado. Er war stolz darauf, dass seine Veröffentlichung später mindestens ein Dutzend Mal in der wissenschaftlichen Literatur zitiert wurde. Trotzdem waren seine Beobachtungen unvollständig, verglichen mit dem, was Berufsastronomen getan hätten. Astrophysiker wiesen später darauf hin, dass er auch die Magnesium-II-Linien in den Sternspektren hätte messen sollen – das dämpfte etwas den Erfolg der Veröffentlichung.

Der Amateur Bill Aquino, der Gammy-Ray-Burster untersuchte, stellte auf der Konferenz in Rochester fest, dass das Amateurprojekt des *Hubble*-Teleskops „seine größten Ziele verfehlte". Möglicherweise wurde es schließlich beendet, weil „Amateure und Profis verschieden sind. Wir Amateure arbeiten tagsüber. Wir sind bereit zu lernen, aber wir brauchen Hilfe. Fachastronomen müssen daher gewillt sein, mit Amateuren zusammenzuarbeiten und sie zu schulen. Und Amateure müssen den Herausforderungen gewachsen sein, die die Profis an sie stellen. Sie müssen lernen wollen, wie man ein professionelles Niveau erreicht."

Aber das kann mehr Zeit und Mühe erfordern, als ein Amateur aufbringen kann. Paul Boltwood, ein kanadischer Computerfachmann und Amateur-Astronom, der häufig mit Profis zusammenarbeitete, schrieb einmal: „Ich habe weniger Zeit für Forschung, weil ich mir meinen Lebensunterhalt verdienen muss. Außerdem muss ich alles selbst machen, vom Bau und der Wartung meiner Sternwarte bis zum Bodenkehren. Ich habe kein Personal und keine Zeit, um mich ständig auf dem Laufenden zu halten, und ich mache nur Beobachtungen. Jeder sollte das tun, wozu er in der Lage ist – ich produziere Daten guter Qualität. Aber ich enttäuschte einige Fachastronomen, als ich keine Doktorarbeiten über Astrophysik veröffentlichte oder die Veröffentlichungen nicht völlig verstand, bei denen ich Mitautor war." Boltwood beschwerte sich mehr als einmal darüber, dass er von Fachastronomen verheizt werde, die seine Daten verwendeten, es aber versäumten, ihm dafür angemessene Anerkennung zu zollen. Entweder, weil sie den Ruhm für sich selbst behalten wollten, oder weil sie befürchteten, dass eine eingereichte Veröffentlichung abgelehnt werden würde oder bei Kollegen weniger glaubhaft erschiene, wenn diese erfahren würden, dass die Daten von einem „7-zölligen Amateurfernrohr" stammten.[4] Solche Missgeschicke hielten Boltwood nicht vom Nachthimmel fern. Er fotometrierte Blazare (man vermutet, dass Blazare Jets sind, die aus der Umgebung eines Schwarzen Lochs stammen), maß Helligkeitsschwankungen von aktiven Galaxien, machte Videoaufnahmen der Bedeckung des Sterns 28 Sagittarii durch Saturns Ringe und produzierte CCD-Aufnahmen von Galaxien bis hinunter zur 24. Größe. Damit gewann er auch einen Wettbewerb um das „tiefste" CCD-Bild, das jemals von einem Amateur gemacht wurde. Letzteres gelang ihm durch die Addition von 601 Aufnahmen zu einem Bild. Dazu waren insgesamt 20 Stunden Belichtungszeit an einem 16-Zoll-Teleskop von einem Vorort Ottawas aus erforderlich. Das Bild dokumentiert Sternenlicht, das mehr als zweimal so alt ist wie die Erde.

Wenn es darum geht, echte Wissenschaft zu betreiben, können Amateure vor allem ihre Zeit und ihre große Beobachterzahl einbringen – es gibt vielleicht zehnmal so viele erfahrene Amateure wie Fachastronomen.[5] Oder wie Aquino bemerkt: „Amateure sind am besten ausgerüstet, um Langzeitbeobachtungen durchzuführen, die Tage, Wochen oder Jahrzehnte benötigen." Um beispielsweise eine Nova zu entdecken, muss man durchschnittlich 500 bis 600 Stunden beobachten. Folglich sind alle helleren Novae von Amateuren entdeckt worden.

Amateure, die einen Computer und Zugang zum Internet besitzen, können wertvolle Forschung betreiben, selbst wenn sie keinen Zugang zu einem Teleskop haben. Sie können das virtuelle Universum der Daten analysieren, das automatische Überwachungsprogramme erzeugen. Eines dieser Projekte wurde auf einer Konferenz in Rochester in einem Vortrag von Bohdan Paczynski von der Princeton University vorgestellt. Paczynski berichtete vom All Sky Automated Survey (Asas), den der Astronom Grzegorz Pojmanski leitete. Asas lief bereits seit zwei Jahren und verwendete nichts anderes als ein 135-Millimeter-Kameraobjektiv, an dem eine kommerziell erhältliche CCD-Kamera hing. Das Gerät stand auf einer Montierung in der Ecke einer Schiebedachhütte im chilenischen Las Campanas Observatory. „Letztlich ist es das Ziel, die Veränderlichkeit aller Sterne des Himmels bis zu einer bestimmten Helligkeit zu überwachen", sagte Paczynski. Die Daten wurden automatisch gesammelt und auf Bändern gespeichert, ohne dass ein Beobachter zugegen war. Ungefähr jeden Monat tauschte ein Techniker in Las Campanas das Band gegen eine neues aus und schickte es nach Norden. Mit diesem einfachen System gelang es Pojmanski und seinen Kollegen in gerade mal zwei Jahren, fast 3 900 Veränderliche zu identifizieren, von denen in der gängigen Literatur lediglich 155 als veränderlich notiert und nur 46 von Hipparcos gefunden worden waren. Dabei hat Hipparcos von allen Satelliten die meisten Veränderlichen entdeckt.[6]

Paczynski schätzte, dass mit einer durchschnittlichen Ausrüstung „möglicherweise rund eine Million Veränderliche auf ihre Entdeckung warten", und fuhr fort: „Ich glaube nicht, dass es dabei eine natürliche Grenze gibt, selbst nicht für ein so kleines Instrument wie dieses hier." Schließlich habe Asas bis dahin nur ein Prozent des Himmels erfasst. „Es ist wie beim Kauf eines Lotterieloses. Man kann eine Nova entdecken oder einen optischen Blitz, wer weiß das schon. Wir wissen einfach nicht, was da draußen sein könnte."

Da niemand genau sagen kann, was sich in den Rohdaten finden lässt, die bei solchen Überwachungsprogrammen von Tausenden von Veränderlichen anfallen, wünschte sich Paczynski künftige Forscher, die auf Jahre hinaus das virtuelle Universum über das Internet untersuchen würden. „Was ich vorschlage, ist ein Staubsauger-Ansatz", sagte er. „Man nimmt all diese Daten auf, steckt sie in eine Datenbank und schaut sie sich dann an, um darüber nachzudenken. Ich war als Amateur selbst ein Veränderlichenbeobachter, und ich habe in meinem Herzen noch immer Platz für solche Dinge. Wenn ich im Ruhestand bin, möchte ich bequem mit einer Tasse Kaffee dasitzen und veränderliche Sterne über das Internet beobachten. Einige mögen vielleicht zögern, wenn sie das Romantische einer Beobachtung im Kalten und Dunkeln aufgeben sollen. Aber ich bevorzuge es, mich bei einer Tasse Kaffee in einem warmen Raum zu entspannen und lasse lieber das Teleskop im Kalten und Dunkeln sitzen."

Das Universum im Bild: Ein Besuch bei Jack Newton

Als Jack Newton ein Junge in Kanada war, faszinierte ihn die Astronomie, aber die Beobachtung der Sterne enttäuschte ihn. „Alle Fotografien, die ich in den Zeitschriften und Büchern sah, wurden mit dem 200-Zöller in Palomar gemacht", erinnerte er sich. „Ich gab mich geschlagen. Wie sollte ich irgendwas Besonderes mit meinem kleinen Fernrohr sehen können, wenn alle tollen Bilder von riesigen Teleskopen stammten?"

Dann stieß er eines Nachts auf Saturn, während er so am Himmel spazierenschaute, und fragte sich, welche anderen erstaunlichen Anblicke in seiner Reichweite liegen könnten. Seine Schulfreunde verspotteten ihn wegen seiner Behauptung, dass er vom Garten aus Krater auf dem Mond sehen könne. Um es ihnen zu beweisen, kaufte er von dem Geld, das er mit dem Austragen von Zeitungen verdiente, eine Kamera und befestigte sie an seinem Fernrohr. Damit schoss er sich auf sein lebenslanges Steckenpferd ein, die Astrofotografie. Mit seiner Kombination aus Erfahrung, Beharrlichkeit, guter Ausrüstung und dunklem Himmel setzte er neue Standards auf diesem Gebiet.

Als Jack in den Ruhestand ging – er hatte in einem Kaufhaus gearbeitet – bauten er und seine Frau Alice ein Haus auf einem Berggipfel, in dessen Kuppel ein 25-Zoll-Teleskop seine Heimat fand. Dort betätigte sich Jack als einer der Pioniere der CCD-Technik und machte Bilder von Galaxien, die mit denen von Fachastronomen konkurrieren konnten, die an den größten Teleskopen entstanden sind. „Ich hatte ein einfaches Credo", sagt er heute. „Begib dich dorthin, wo noch keiner hingegangen ist und lasse einen Weg für die Nachfolgenden offen."

Schließlich verkauften Jack und Alice ihr Traumhaus, vermachten das 25-Zoll-Teleskop dem Lester B. Pearson College of the Pacific und eröffneten zwei astronomisch orientierte Gästehäuser. Das eine stand in Osoyoos in British Columbia, das andere in Florida in einer Gemeinde mit dunklem Nachthimmel, die elf Kilometer südlich der Kleinstadt Chiefland lag. Diese Gemeinde wurde von dem Amateur-Astrofotografen Billy Dodd gegründet. Im Jahr 1985 fuhr er Tausende von Kilometer durch Florida und testete die Qualität des Nachthimmels, indem er unbelichteten Film aus der Rolle zog und gegen den Nachthimmel hielt. Anschließend rollte er den Film wieder auf und machte Astrofotos damit. Der Nachthimmel außerhalb von Chiefland war so dunkel, dass es keinen Schleier auf dem Film gab. Also teilte Dodd 30 Hektar Land in einzelne Parzellen für Amateur-Astronomen auf. Einige bauten dort Häuser. Andere tauchten mit Wohnmobilen auf, um für einige Nächte zu beobachten. Sie ließen Geld in einer Spendenkasse zurück, um für den Strom und die Benutzung der heißen Duschen im Freien zu bezahlen. Hunderte von Besuchern, Teil eines wachsenden Astro-Tourismus, kamen, um die Bedienung einer CCD-Kamera in Jack Newtons Gästehaus-Sternwarte zu lernen.

Ich besuchte Jack und Alice in Chiefland an einem kühlen Januarnachmittag, an dem ein ziemlich blauer Himmel über dem Kiefernwald stand. Jack tauchte aus seinem Haus auf – ein kleiner Mann mit schütterem Haar, strahlenden, aufmerksamen Augen und einer drolligen Art. Er führte mich in die Sternwarte und zog an einem Seil, um das Dach zurückzufahren. „Ich musste es selbst bauen", rief er mir über den Lärm der rumpelnden Stahlräder hinweg zu. „Hier gibt es Orkane, und ich fand keinen Bauunternehmer, der es machen wollte. Alle sagten, sie würden dafür sorgen, dass Dächer auf ihren Gebäuden blieben, nicht dass man sie wegrollen könne."

Als das Dach weg war, hatten wir einen guten Blick auf Jacks Gerätepark: ein 7-Zoll-Maksutov, ein 16-Zoll-Dobson und ein 16-Zoll-Schmidt-Cassegrain auf einem Betonpfeiler. „Es ist erstaunlich, was Amateure erreichen können", sagte Newton als er die Stromzufuhr für den großen Schmidt-Cassegrain, dessen CCD-Kameras und das Leitrohr einschaltete. „Ich habe Aufnahmen des *Hubble* Deep Field gemacht und dabei festgestellt, dass ich innerhalb von Minuten 75 Prozent von dem erreichen kann, was *Hubble* sieht. Ich habe Galaxienhaufen in drei Milliarden Lichtjahren Entfernung aufgenommen und dabei 80 Prozent der Galaxien abgebildet, die mit großen Teleskopen erreichbar sind. Ich habe Galaxien gesehen, die noch kein Mensch zuvor sah. Ich kann tagsüber 600 Sterne beobachten, darunter alle im großen und kleinen Wagen. Doppelsterne wie Epsilon in der Leier lassen sich bei Tag leichter trennen, weil dann die Kontraste nicht so hart sind, und sie sich nicht gegenseitig überstrahlen. Du kannst sie da einfach sitzen sehen, mit dem Himmel zwischen ihnen. Es ist ein völlig neues Spiel."

Während die Fernrohre auskühlten, und die Sterne nach und nach erschienen, schlenderten wir einen Feldweg entlang, vorbei an den Häusern, in denen Chieflands Beobachter wohnten. Die Fenster hatten dichte Vorhänge und ihre Verandalichter leuchteten in einem blendfreien Rot. „Sieht wie ein Puff aus", sagte Jack. „Aber das liegt natürlich daran, dass fast alle hier ein Teleskop haben. Die Leute in diesem Haus hatten Weihnachtslichter hier draußen aufgehängt, aber sie waren dimmbar, damit sie niemanden störten."

Wir hielten am Haus von Tom Clark und statteten der Werkstatt einen Besuch ab, wo er bis vor kurzem große Dobson-Teleskope gebaut hatte. Man hatte sie zerlegen können, um sie in einem Kombi zu transportieren. Sie verkauften sich gut, aber Tom hatte sich kürzlich zur Ruhe gesetzt und reduzierte nun sein Geschäft langsam. „Ich habe ein paar hundert Teleskope gebaut", schätzte er und zog eine Plane von einem seiner riesigen 36-Zöller. Halb so lang wie ein Güterwagen bestand er aus zwei eleganten Hartholzkisten, eine für den Okularauszug mit Sekundärspiegel und eine für den Hauptspiegel, die mit einem Satz Verstrebungen verbunden waren. Tom und Jack neckten sich gegenseitig mit der Frage, wie der Hauptspiegel am besten zu unterstützen sei. Das ist eine endlose Diskussion unter Teleskopbauern. Tom pries die Vorteile der konventionellen „schwimmenden" Lagerung, und Jack argumentierte, dass gewöhnliche Luftpolsterfolie billiger sei und denselben Zweck erfülle.

Auch wenn er im Ruhestand war, beobachtete Tom noch immer. Dazu schob er seinen 36-Zöller auf einem Betonstreifen durch das Garagentor aus der Werkstatt hinaus. Außerdem war Tom Herausgeber der Zeitschrift „Amateur Astronomy", einer Publikation für Bastler ohne literarische Ansprüche. In der aktuellen Ausgabe hatte er auf Beschwerden geantwortet, die sich auf verschiedene Artikel bezogen hatten: „Wir haben 68 Seiten in jeder Ausgabe zu füllen und drucken jeden Artikel ab, den wir geschickt bekommen. Da ‚Amateur Astronomy' von seinen Lesern gemacht wird, können wir ihnen nicht vorschreiben, was sie schreiben sollen."[1]

Zurück in seiner eigenen Sternwarte fuhr Jack die Computer hoch und begann, CCD-Bilder mit dem 16-Zöller zu machen. Er machte eine Probeaufnahme, sprang mit einem großen Satz hinaus ans Teleskop, um den Fokus zu korrigieren – „Ich werde ihn ein, zwei Tausendstel verstellen" – und schoss anschließend vier Ein-Minuten-Bilder der Spiralgalaxie M 77. Jedes machte er mit einem anderen Farbfilter. Sein automatisches Filterrad war derzeit kaputt, deshalb musste er jedesmal raus aus dem warmen Kontrollraum und am Teleskop herumfummeln. Das tat er ruhigen, gemessenen Schrittes wie ein Maler, der an einem neuen Ölgemälde arbeitet. Jedes neu gemachte Bild inspizierte er am Bildschirm, bearbeitete es mit dem Computer, prüfte das Ergebnis mit dem starren Blick eines Vogels, legte seinen Kopf auf die eine und auf die andere Seite und bearbeitete es dann weiter.

„Jetzt füge ich sie zusammen", sagte er. Er überlagerte die vier Aufnahmen am Computer und ein spektakuläres Farbbild der Galaxie erschien. Ich kannte die Galaxie ganz gut, aber das Bild zeigte einen äußeren Halo, den ich noch nie gesehen hatte. Ich suchte M 77 im *Carnegie Atlas of Galaxies* und stellte fest, dass die auf konventionellem Film am 100-Zoll-Hooker-Teleskop auf Mt. Wilson gemachte Aufnahme keinen Halo zeigte. Das Carnegie-Bild war über ein halbes Jahrhundert alt. Der Vergleich war also nicht ganz fair. Aber Jack hatte zweifellos innerhalb von ein paar Minuten die veröffentlichte Arbeit eines Fernrohrs übertroffen, das damals das größte der Welt war.

Nachdem er einige weitere Deep-Sky-Objekte aufgenommen hatte, steckte Jack eine Barlowlinse ins Teleskop, die die Brennweite verlängerte. Dadurch wurde ein größeres Bild auf den CCD-Chip projiziert. So ausgerüstet, schwenkte Jack auf Jupiter und machte vier kurz belichtete Aufnahmen mit jedem Farbfilter. Umgehend verwarf er die Bilder, die seiner scharfen Überprüfung nicht standhielten. „Ich suche den Moment der größten Luftruhe", sagte er. „Da, das ist besser."

Als er vier saubere Bilder hatte, kombinierte er sie und erhielt ein scharfes, farbenprächtiges Porträt von Jupiter, wie er nur einige Minuten zuvor ausgesehen hatte. „Das ist gut", sagte er glücklich. „Das ist sogar schön! Aber es macht nicht so viel Spaß wie bei Galaxien, oder?"

Nebel stieg langsam vom Golf von Mexiko auf, der in weniger als 16 Kilometer Entfernung von hier im Westen begann. Jacks Heizdrähte um die oberen Enden der Teleskope verhinderten den Taubefall zunächst, doch gegen Mitternacht war der gesamte Himmel milchig geworden. Wir legten die Fernrohre still und schlossen das Dach.

Ich verbrachte die Nacht in einem der Vierbettzimmer des Gästehauses. Die Wände waren mit großen Farbabzügen von Jacks Astrofotos geschmückt und auf dem Nachttisch lag ein Stapel mit Ausgaben von „Amateur Astronomy". Morgens nahmen wir das Frühstück im Esszimmer ein. Die aufsteigende Sonne vertrieb den Nebel, und Alice pries die Vorteile der Amateur-Astronomie, während sie mir Kaffee nachschenkte: „In wie vielen Bereichen der Wissenschaft kannst du noch eine Entdeckung ohne riesige Geldmittel machen?"

Als der Himmel aufklarte, kehrte Jack zur Sternwarte zurück und fotografierte die Sonne. Dazu verwendete er einen Wasserstoff-Alpha-Filter, den er auf den 5-Zoll-Refraktor steckte. Diese Sonnenfilter blockieren die gesamte Strahlung der Sonne außer bei einer rubinroten Wellenlänge, die von Wasserstoffatomen erzeugt wird. Ich schaute durch das Okular und wurde mit dem spektakulären Anblick einer riesigen Protuberanz belohnt. Sie schwebte über einer blutroten Sonnenscheibe, in die dunkle Sonnenflecken eingeätzt waren. Jack drehte einen kleinen Spiegel, um Licht vom Okular weg zur CCD-Kamera zu lenken. Im dunklen Kontrollraum machte er Aufnahmen und durchkämmte sie wie in der Nacht zuvor. Er wählte nur die aus, die in den Momenten der größten Luftruhe entstanden waren und dadurch die meisten Details erkennen ließen. Innerhalb von Minuten hatte er ein bemerkenswertes Portrait geschaffen: rote Protuberanzen, die über dem Rand einer goldenen, turbulenten Sonne hingen.

Zum Vergleich suchten wir eine Sonnenaufnahme heraus, die kürzlich am Big Bear Solar Observatory in Südkalifornien entstanden war. Big Bear ist eines der führenden Sonnenobservatorien der Welt. Dort stehen drei Teleskope auf einem großen, weißen Turm draußen auf dem Big-Bear-See, dessen Wasser die Umgebung kühlt und die atmosphärischen Turbulenzen dadurch auf ein Minimum reduziert. Astronomen überwachen mit diesen Fernrohren die Sonne. Das größte von ihnen ist ein 26-Zoll-Reflektor. Jacks jüngste Sonnenaufnahme war zwar nicht ganz so scharf wie die von Big Bear, aber sie kam dieser schon sehr nahe.

Einige Monate später wurde eine von Jacks Aufnahmen als ganzseitiges Bild in der Zeitschrift „Newsweek" veröffentlicht. „Wenn du Glück hast", sagte Jack, „wenn du richtig scharfgestellt hast, und die Luftruhe und die Neigung des Sonnenfilters passen – ist es fast wie Zauberei!"

Rocky Hill oder wie man ein Observatorium baut

Vierundfünfzig Jahre lang
habe ich den Himmel mit Sternen behängt.
Nun springe ich hinein –
Welch Zersplitterung!

Meister Dogen

Wer hätte gedacht, dass so ein kleiner Raum zu fassen vermag
alle Bilder des Universums?

Leonardo da Vinci über das Auge

Als der Himmel über dem Rocky Hill Observatory dunkler wurde, kontrollierte ich den westlichen Horizont auf Anzeichen von Nebel. Wir sind im kalifornischen Weinland, über 60 Kilometer entfernt von der Küste, aber Nebel kann diese Distanz schneller überbrücken, als man denkt. Er kann plötzlich in Form einer grauen Wand auftauchen und die Sterne so entschieden auslöschen wie ein sich schließendes Augenlid. Oder er deutet sich langsam mit flachen, bettlaken-weißen Fingern an, die sich über das Tal legen, bevor sie die Hänge hinaufkriechen. Den Zenit erwischt es zuletzt, und da ich meistens in der Nähe des Zenits beobachte, bemerke ich manchmal nicht, was passiert. Erst wenn die Sicht im Okular trübe wird, fällt mein Blick auf die nassen Sternkarten und Tischoberflächen. Das Hygrometer zeigt dann 99 Prozent Luftfeuchtigkeit, und die Sternwarte steht praktisch unter Wasser. Aber in dieser Nacht war kein Nebel zu erwarten, weshalb ich einfach den Anblick genießen konnte. Ich sah ein kleines Tal mit einem glucksenden Bach und im Wind schwankenden Weinreben, im Hintergrund lagen die violetten Nordhänge der Sonoma Mountains.

Hier gibt es viele Erdbeben, da die San-Andreas-Spalte direkt vor der Küste liegt. Daher sind diese Hügel wie Kumuluswolken ständig auf Wanderschaft. Die Hügel bestehen meist aus Basalt, der von aktiven Vulkanen vor weniger als zehn Millionen Jahren ausgespuckt wurde. Aber drüben an der Küste liegen Platten aus radiolaritischem Fels, der sich vom Grund des Pazifiks vor hundert Millionen Jahren auf die Reise gemacht hat, und Sandstein, der von Stränden in Zentralamerika stammt. Geologische Zeitskalen sind zwar lang für menschliche Maßstäbe, aber astronomisch gesehen nichts Ungewöhnliches. Mit dem Auge kann man durch das 18-Zoll-Teleskop in Rocky Hill den spektakulären Anblick von Galaxien genießen, deren Licht zehn Millionen Jahre alt ist, und man kann bis in Entfernungen von mehr als 100 Millionen Lichtjahren schauen.

Einige helle Sterne leuchteten am Himmel. Um mich an das Teleskop zu gewöhnen, richtete ich es auf sie und bewunderte wie immer ihre Farben: den orangefarbenen Aldebaran, die gelbe Kapella und die blaue Wega. Als der Himmel ganz dunkel war, schaute ich mir die Galaxie im Dreieck an, die mit einer Entfernung von drei Millionen Lichtjahren für intergalaktische Maßstäbe ein nahes Objekt ist. Ihre weitläufigen Spiralarme waren von leuchtenden Gaswolken durchzogen und reichten über das Gesichtsfeld hinaus. Wie so oft war ich von der Tatsache beeindruckt, dass all diese Dinge, mochten sie auch noch so unvorstellbar groß oder klein oder heiß oder kalt sein, wirklich da draußen waren. Wie ein Riesentintenfisch oder französisches Baguette – und damit im Gegensatz zur Postmoderne oder zu öffentlichen Meinungsumfragen – konfrontieren sie uns mit der Würde des materiell Existenten.

Ich öffnete einen Ringhefter mit Galaxienfotos und kontrollierte anhand des Bildes, was ich sehen konnte. Wenn ein Stern in der Galaxie explodiert, würde er wie ein neuer (*nova*) Stern aussehen. Einer, der zwar im Fernrohr, aber nicht auf dem früher gemachten Foto zu sehen wäre. Es gibt zwei Klassen solcher Sterne: Novae, die gelegentlich ausbrechen und dies eventuell mehrfach tun, und Supernovae, bei denen es sich um Sterne handelt, die ihr Leben mit einer fatalen, gigantischen Explosion beenden. Innerhalb von Tagen kann die Leuchtkraft einer Supernova so steigen, dass sie heller leuchtet als alle hundert Milliarden Sterne einer Galaxie zusammen. Dann wird sie im Lauf von Monaten und Jahren wieder langsam schwächer. Heute Nacht suchte ich nach Supernovae. Das Ziel dabei ist, eine zu entdecken, die gerade heller wird, weil Astronomen sie dann am besten untersuchen können. Die Wahrscheinlichkeit, dass eine Supernova in einer bestimmten Galaxie in einer bestimmten Nacht aufleuchtet, ist kleiner als 1 zu 10 000. Die Jagd nach Supernovae ist also so ähnlich wie Forellenfischen in einem Fluss, in dem ein durchschnittlicher Angler nie Erfolg hat. Aber selbst wenn man nie eine entdeckt, ist die Suche nach Supernovae eine ausgezeichnete Entschuldigung, um eine Galaxie lange anzuschauen.

Würdevoll präsentieren sich Nebelschwaden aus Sternen und Gaswolken dem Auge. Die Farben erinnern dabei an Silber, Holzkohle und Tusche. Eine Galaxie bietet Platz für unendlich viele Geschichten. Obwohl ich in dieser Nacht keine Anzeichen für eine Supernova in der Galaxie fand, verharrte ich noch einen Moment, bevor ich das Objekt wechselte. Einfach nur schauen. Ich war glücklich wie ein Kind, wie die frühen französischen Ballonfahrer, die sich weigerten, wieder herunterzukommen, wenn sie endlich oben waren.

Das Wort „Teleskop“ kommt aus dem Griechischen und bedeutet „weit sehen“. Entfernte Objekte sind im Allgemeinen schwächer als nahe. Um weit zu sehen, muss man viel Licht sammeln und in einem Brennpunkt vereinen. In Refraktoren, für die Ferngläser ein Beispiel sind, wird das Licht von einer großen Objektivlinse gesammelt. In Reflektoren erledigt das ein großer Hauptspiegel. Große Teleskope mögen besser sein als kleine, aber sie sind auch teurer, schwieriger zu transportieren und anfälliger für die Luftunruhe. Die zwei wichtigsten Kenngrößen eines Fernrohrs sind seine Öffnung (die Größe der Licht sammelnden Linse oder des Spiegels) und seine Brennweite. Letztere ist die Strecke, die das gesammelte Licht durchläuft, bevor es im Brennpunkt vereint wird. Das Öffnungsverhältnis berechnet sich aus Öffnung geteilt durch Brennweite. Fernrohre mit kleinen Öffnungsverhältnissen erzeugen im Allgemeinen die schärfsten Bilder, haben aber relativ kleine Gesichtsfelder: Ein Refraktor mit F/12 mag perfekt für die Beobachtung von Planeten sein, weniger jedoch ist er für die Beobachtung von ausgedehnten Nebeln und nahen Galaxien geeignet. Okulare vergrößern das im Fernrohr erzeugte Bild. Diese Vergrößerung berechnet man, indem man die Fernrohrbrennweite durch die Okularbrennweite teilt. Verschiedene Objekte erfordern verschiedene Okulare, deshalb haben die meisten Beobachter mehrere von ihnen, wie auch Fotografen verschiedene Objektive an ihrer Kamera verwenden. Schwach vergrößernde Okulare mit großem Gesichtsfeld liefern den besten Anblick von Galaxien, Nebeln und anderen ausgedehnten Objekten, während mittlere und hohe Vergrößerungen bevorzugt bei Planeten und fernen Galaxien eingesetzt werden.

Alle Teleskope haben Bildfehler. Das Problem beginnt bereits mit der Genauigkeit, mit der die Oberfläche einer Linse oder eines Spiegels der idealen Form folgt (diese ist meist parabolisch). Sie ist erforderlich, damit ein breites Lichtbündel zu einem winzigen Punkt zusammengeführt wird. Der Physiker und Amateur-Astronom Harold Richard Suiter veranschaulichte das Problem an einem hochwertigen 8-Zoll-Spiegel, wie ihn viele erfahrene Amateure von Hand gefertigt haben: Vergrößert man den Spiegel auf einen Kilometer, würde seine Oberflächenform um weniger als 0,2 Millimeter von der idealen Kurve abweichen; ein Fehler von der Dicke einer Spielkarte auf einer Scheibe von einem Kilometer Durchmesser und einer Dicke von 170 Metern.[1] Im gleichen Maßstab hätte eine extrem genau bearbeitete Metalloberfläche, wie sie für Lager in Flugzeugmotoren benötigt wird, Unebenheiten in der Größe von Softbällen. Ein guter Teleskopspiegel besitzt laut Suiter „die genaueste makroskopische, feste Oberfläche, die jemals von Menschen hergestellt wurde“.[2]

Reflektoren werfen das Licht den gleichen Weg zurück, den es gekommen ist, deshalb muss es Mittel geben, um den Lichtkegel auf eine Seite herauszuleiten, damit nicht der Kopf des Beobachters im Weg ist.

(Einige der großen Teleskope, wie das Hale-Teleskop auf Palomar, sind groß genug, dass der Beobachter in einer Kabine im Primärfokus stehen kann. Da inzwischen solche Fernrohre fast ausschließlich für CCD-Aufnahmen genutzt werden, müssen nur noch die Kamera und ihre Kühleinheit im Primärfokus sitzen.) In Newton-Teleskopen, der verbreitetsten Form des Reflektors, erreicht man dies durch einen ebenen Sekundärspiegel in der Nähe des oberen Tubusendes. Die Haltestreben aus Metall bilden die so genannte Spinne. Sie sind möglichst dünn gehalten, damit sie das hereinfallende Licht wenig stören. Der Sekundärspiegel wirft das Licht seitlich aus dem Fernrohr heraus, wo es dann im Fokus auf eine Kamera oder ein Okular trifft. Um das Okular eines auf den Zenit gerichteten Newtons zu erreichen, muss man daher auf eine Leiter – wie auf eine Himmelstreppe – steigen.

Der intergalaktische Raum ist erstaunlich klar, so dass Sternlicht, das hunderte von Millionen Lichtjahre auf dem Buckel hat, üblicherweise in ausgezeichnetem Zustand in unserem Sonnensystem ankommt. Es wurde etwas von interstellaren und intergalaktischen Wolken durcheinander gebracht, ist aber ansonsten so gut wie neu. Was das Sternlicht am meisten verzerrt und beeinträchtigt, ist sein Weg durch die Erdatmosphäre während der letzten zehntausendstel Sekunde seiner Reise. Turbulenzen in der Luft lassen Sterne funkeln, und Fernrohre vergrößern dieses Funkeln mit. Um es zu minimieren, stehen Teleskope meistens auf hohen Bergen, damit sie über so vielen Schichten der Atmosphäre liegen wie möglich, und an Orten, wo die Luft stabil ist.

Rocky Hill Observatory befindet sich auf einem Hügel – keinem Berg – auf lediglich 120 Meter Höhe über dem Meeresspiegel. Aber es ist noch immer ein in Erfüllung gegangener Traum. Um einen guten Standort zu finden, hatte ich mehrere Plätze mit einem transportablen Fernrohr getestet. Schließlich fand ich diesen schönen, ebenen Flecken mit einem, wie man sagt, guten örtlichen Seeing. Es resultiert aus einem ziemlich gleichmäßigen Zufluss von sauberer Pazifikluft von Westen. Die einzige Schwierigkeit war, dass ein Paar großer, alter Eichen den Blick nach Osten größtenteils versperrte. Während ich über das Problem nachdachte, bekam ich den Anruf eines Architekten namens John Miller. Er lud mich zu einem Vortrag beim American Institute of Architects ein. „Wir zahlen kein Honorar“, sagte er, „aber wir können Ihnen eine Kiste guten Wein anbieten.“

„Ich brauche keinen Wein“, antwortete ich, während mein Blick über die Weinberge schweifte.

Aber wir kamen ins Gespräch über meine Absicht, eine Sternwarte zu bauen. Und Miller bot mir als Gegenleistung für den Vortrag eine Beratung an. Wir trafen uns in Kenwood zum Mittagessen. Anschließend ging es zu dem Platz. Miller verfiel schnell in eine scheinbar ziellose und zwecklose Arbeitsweise. Glücklicherweise hatte ich so etwas schon bei einigen wichtigen Künstlern, wie dem Physiker Richard Feynman und dem Maler Donald Kaufmann als Anzeichen von Kreativität kennen gelernt. Miller schlenderte herum, hob hier untätig ein Blatt und da ein Stück Rinde auf und kaute auf einem Zweig. Dann sagte er, dass ich die Bäume fällen müsse.

„Diese Bäume sind mehr als ein Jahrhundert alt. Ich möchte sie nicht fällen", sagte ich.

Miller lächelte, stocherte noch ein bisschen mehr herum und hob dann ein verwittertes Stück Pappe auf, zog einen Bleistift aus der Tasche und machte eine Skizze. Man dürfe die Sternwarte nicht hier bauen, sagte er, sondern drüben am angrenzenden Hang.

Die Skizze alarmierte mich. Was eine einfache, einstöckige Konstruktion werden sollte, war nun an seinem westlichen Ende ein dreistöckiges Gebäude. Ich nahm eine Gartenleiter, stellte sie dorthin, wo die Teleskopsäule sein würde, und stieg hinauf. Alles passte. Es war perfekt.

„Das wird teurer, als ich es geplant hatte", murrte ich, während ich von der Leiter stieg. Miller lächelte wieder. „Natürlich", sagte er. „Was glauben Sie, für was Architekten gut sind?"

Nachdem der Standort feststand, fragte ich erfahrene Sternwartenbauer nach den Spezifikationen für die Konstruktion. Ihre Ratschläge waren meistens ökologischer Natur: Wenn du einen guten Platz gefunden hast, solltest du dort mit so wenig Auswirkungen wie möglich bauen.

Verwende ein Schiebedach und keine Kuppel. Kuppeln sind teuer und neigen dazu, die warme Luft zu halten. Vermeide Dachpappe und freiliegende Betonböden, die die Tageshitze speichern und sie langsam bei Nacht abgeben. Das stört die Luftruhe. Wenn du Beton verwenden musst, verkleide ihn; sonst dampft Kalk aus und greift das Glas im Fernrohr an.

Den entscheidenden Hinweis gab mir Clyde Tombaugh, der Entdecker des Planeten Pluto. Ich besuchte ihn 1991 in Mesilla, New Mexico. Er führte mich hinter sein Haus, das sich direkt neben einem Parkplatz für Anhänger befand, und zeigte mir seine beiden selbst gebauten Teleskope.

Keines hatte irgendeinen Schutzbau. Sie standen seit Jahren Tag und Nacht hier draußen in der Wüstenluft. Keine Beeinträchtigungen durch Kuppeln. „Die Stundenachse von diesem stammt vom Buick meines Vaters aus dem Jahr 1910", sagte Tombaugh und tätschelte sein 9-Zoll-Fernrohr. „Ich stellte den Spiegel im Frühjahr 1928 fertig. Die Smithsonian Institution wollte dieses Teleskop, aber ich sagte ihnen, dass ich das nicht tun könne, weil ich es noch immer benutze."

Er stieg das Gerüst zu seinem 16-Zoll-Teleskop hinauf. Es war eine Konstruktion aus Stahl und Glas, die in der Dunkelheit bedrohlich aussah. Tombaugh war über 80 Jahre alt, ein gebeugter, alter Mann. Aber er kletterte über die Leitern, Plattformen und Stufen des Instruments mit der Gewandtheit einer Spinne. Hier die Gewichte der schwerkraftgetrieben Nachführung hochdrehen, dort den Tubus in die richtige Position bringen. Ich versuchte, ihm auf den Fersen zu bleiben, während ich Notizen machte.

„Sie sollten wenigstens zweieinhalb Meter über dem Erdboden sein", rief er mir zu. „Hier oben sind Ihre Füße fast fünf Meter über dem Boden, wenn Sie im Zenit beobachten. Am besten hat man Holz ums Fernrohr herum. Beton ist tödlich. Ein Gitterrohrtubus eignet sich am besten, um Luftströme im Innern zu vermeiden. Wenn es ein geschlossener Tubus sein muss, sollte er innen mit Kork ausgekleidet werden. Alles hier ist von Hand zusammengefügt, es gibt keine Schweißnähte. Sechs Tonnen Fundament, eine Tonne Stahl. Ich habe die Bolzen auf Passung gesetzt, die Löcher etwas zu eng gebohrt, damit die Bolzen stramm sitzen. Das gesamte Ding kostet ungefähr 500 Dollar."

„Es ist ein prima Teleskop", rief er. „Ein toller Bursche. Mit diesem Fernrohr habe ich Strukturen auf Ganymed gesehen." Ganymed ist ein Jupitermond von der Größe der Erde, aber 2000-mal weiter weg. „Um das zu sehen, muss man eine außerordentliche Luftruhe und eine außerordentliche Optik haben."

Als er bemerkte, dass ich ihn endlich eingeholt hatte, senkte er seine Stimme. „Nur wenige Leute", sagte er ruhig, „haben so viel auf den Planeten gesehen wie ich mit diesem Fernrohr."

Gemäß Tombaughs Ratschlag baute ich meine Sternwarte hauptsächlich aus Holz, mit einem Minimum an Beton in der Nähe des Teleskops. Es klappte. Da das Gebäude sehr gut isoliert war, blieb es innen kühl. Bei geöffnetem Dach passte sich die Luft zügig der Umgebungstemperatur im Freien an. Nur an den heißesten Tagen musste ein Ventilator zugeschaltet werden, um die kalte Luft vom Untergeschoss des Gebäudes nach oben zu transportieren. Auf der zwei Stockwerke hohen Beobachtungsebene bemerkte man nichts von der Luftunruhe in Bodennähe, und ihre niedrigen Wände ermöglichten wunderbar weit reichende Blicke, wie die der alten Sterngucker auf den mesopotamischen Pyramidenhügeln.

Kurz nachdem die Sternwarte fertiggestellt war, baute ich auf der Ebene unter dem Teleskop Regale für alte Astronomiebücher auf, die mir meine Mutter aus Key Biscayne geschickt hatte. Dabei fiel mir ein abgegriffener, blauer Ringhefter in die Hände, der Beobachtungsnotizen und Zeichnungen von Mond, Mars und Jupiter enthielt, die ich als Junge gemacht hatte. Der Einband war von den Wasserfluten des Orkans Betsy im Jahr 1965 ganz verwaschen. Aber der Inhalt war gut erhalten. In einer nostalgischen Anwandlung blätterte ich darin herum, als ein Blatt aus dem hinteren Teil des Ordners herausrutschte und auf den Boden fiel. Darauf war eine Bleistiftzeichnung, die ich mit ungefähr 13 Jahren vom Grundriss einer Sternwarte gemacht hatte. Sie stellte eine einstöckige Konstruktion dar und war nicht schräg an einen Hang gebaut wie die in John Millers Idee. Aber ansonsten war die skizzierte Sternwarte identisch mit dem Gebäude, in dem ich nun stand. Alle Träume beginnen eben in der Kindheit.

Ein weitsichtiger Besuch bei Barbara Wilson

Die Alligatoren bei der Sternwarte waren für Barbara kein großes Problem, aber sie hielten manchmal Besucher ab. Barbara wartete hier am George Observatory auf einen Bus mit Schulkindern, der sich verspätet hatte. Sie war Astronomin und stellvertretende Direktorin dieser öffentlichen Einrichtung hier in den Sümpfen des Brazos Bend State Park, eine Autostunde südlich von Houston. Da der Bus möglicherweise auf der Brücke von einem Alligator aufgehalten wurde, nahm sie einen Rechen und ging zur Brücke hinunter. Tatsächlich lag dort ein Alligator, um sich zu sonnen. Er weigerte sich, Platz zu machen. Die Kinder im Bus pressten ihre Nasen am Fenster des gelben Busses platt, der auf der anderen Seite stand. Barbara verjagte den Alligator, damit die Kinder zum Teleskop kommen konnten.

„Ich habe gelernt, das mit einem gewöhnlichen Gartenrechen zu tun", erzählte sie mir. „Ich kratze damit vor den Alligatoren auf dem Boden. Das mögen sie nicht und verschwinden daher für gewöhnlich. Die Kinder mögen das – sie glauben, du seist cool – aber ihre Eltern und Lehrer sind nicht immer so erfreut darüber."

„Die Männer sind die schlimmsten. Warum sind Männer bei Alligatoren wie gelähmt? Ein zwei Meter langer Alligator taucht auf dem Parkplatz auf, und die Männer tun nichts dagegen. Stattdessen rufen sie mich mit ihren Handys an, damit ich mit meinem Rechen herüberkomme. Kürzlich standen fünf oder sechs ausgewachsene Männer einfach herum, schauten den Alligator an und fragten mich, ob ich ihn vertreiben könne. Also jagte ich ihn ins Unterholz zurück. Die größeren Alligatoren sind nicht so das Problem, weil sie erfahrener sind und etwas Angst vor Menschen haben. Aber die kleinen schnappen nach dir, wenn du sie wegscheuchen willst, und sie neigen dazu, umzukehren und wieder zurückzukommen. Es ist schwierig, sie zu vertreiben. Alligatoren sind interessante Wesen. Es gibt sie seit mehreren hundert Millionen Jahren und die Mütter gehen sehr sanft mit dem Nachwuchs um."

Mit ihrer zurückhaltenden, unkomplizierten Art, ihrer pummeligen Figur, den schlabbrigen, alten Kleidern und den sportlichen Schuhen könnte man Barbara irrtümlicherweise für irgendeine Hausfrau aus Houston halten. Das war sie auch tatsächlich – genauso wie sie Geschäftsfrau und Immobilienmaklerin war, bevor sie am George Observatory arbeitete, das sie mitgegründet hatte. Während ihrer ersten Dienstzeit entdeckten Amateure mit den drei Teleskopen der Sternwarte Dutzende von Asteroiden und machten eine der seltenen optischen Aufnahmen eines Gamma-Ray-Burster. Inzwischen führte Barbara ihre eigenen astronomischen Projekte durch. Eines sah vor, sämtliche 2500 Deep-Sky-Objekte zu beobachten, die William Herschel katalogisiert hat. Ein anderes betraf die Beobachtung aller 147 bekannten offenen Sternhaufen der Milchstraße. (Das 147. Objekt, IC 1257, galt lange als offener Sternhaufen, bis Barbara darauf hinwies, dass es ein Kugelsternhaufen sein könnte. Die Unterscheidung ist wesentlich: Offene Haufen sind viel kleiner, weniger dicht und jünger als Kugelsternhaufen. Barbara und drei weitere Amateure reichten zusammen mit mehreren Berufsastronomen eine Veröffentlichung über IC 1257 ein.)

Im Zuge solcher Unternehmungen verdiente sich Barbara in amateurastronomischen Kreisen einen Ruf als einer der weltweit erfahrensten Beobachter. Sie galt als unersättliche Erforscherin der Tiefen des Alls. Dabei zeigte sie anderen, wie man Objekte sehen konnte, die bislang als unerreichbar für das menschliche Auge galten. Selbst Stephen James O'Meara, ihr größter Konkurrent um den Titel des genauesten Beobachters, bezeichnete ihre Fähigkeiten als „erstaunlich". Wir saßen während eines heißen, sonnigen Nachmittags auf der Texas Star Party an einem Picknicktisch und redeten. Im Hintergrund hörte man Vogelgesang und das Rascheln von Hunderten von Sternguckern, die ihre Sonnenfilter von den Teleskopen entfernten, um sich auf die Nachtbeobachtung vorzubereiten.

Barbara erzählte mir, dass sie „ein Armee-Balg" sei, der in Gorizia in Italien zur Welt gekommen war. Sie wuchs in Deutschland, der Schweiz und den USA auf, „wo eben Papa stationiert war". Während der Dämmerung an einem Abend des Jahres 1956 habe sie Wäsche von der Leine abgehängt, erzählte Barbara. Sie befanden sich zu dieser Zeit in Green Bay, Wisconsin. „Der Himmel wurde dunkelblau, und ich kann mich daran erinnern, dass ich ein brillantes, rotes Objekt im Osten sah. Mein Vater sagte, dass es der Planet Mars sei. Erst Jahre später wurde mir bewusst, dass das die große 1956er-Opposition des Mars war, bei der er der Erde näher als 58 Millionen Kilometer kam. Später, als wir im kalifornischen Monterey lebten, kaufte mir Vater ein Teleskop. Im Offiziersviertel gab es einen Wasserturm mit einer freien Fläche. Ich nahm das Fernrohr dorthin zusammen mit Sternkarten und einer kleinen Lampe mit hinauf, um helle Sterne, den Saturn und solche Sachen zu finden. Dabei war ich immer allein. Ich hatte keinen Kontakt zu anderen Amateur-Astronomen, aber in der siebten Klasse las ich ein wundervolles, kleines Buch über die Rückkehr des Kometen Halley im Jahr 1986. Und ich erinnere mich noch, wie ich dachte, dass ich darauf noch lange warten müsse. Es war schließlich erst Anfang der 60er-Jahre.

„Ich wollte Astronomin werden. Aber nachdem ich in der High School das einzige Mädchen in den Mathe- und Wissenschaftskursen war, und all die Sticheleien ertragen musste, wurde ich gehemmt und entmutigt. Ich wendete mich mit großem Bedauern von den Wissenschaften und der Mathematik ab. Nach der High School landete ich hier in Texas. Ich heiratete einen befreundeten Armee-Balg, wir hatten Kinder und ich beugte mich der Entscheidung, nicht aufs College zu gehen, bis die Kinder in die Schule kamen. Die Ehe scheiterte. Sie war zum Scheitern verurteilt: Wir haben viel zu jung geheiratet. Mein erster Mann war einer von der alten Schule: Er glaubte, dass Frauen zu Hause bleiben sollten, und dass sie nicht dies tun sollten und nicht das tun könnten. Mein zweiter Mann ist da völlig anders, er ermutigt einen sehr. Eines Tages kam er mit einem gebrauchten 6-Zoll-Reflektor nach Hause, und ich entdeckte die Astronomie wieder. Zuvor hatte ich durch die Familie und den Kampf ums Überleben – Arbeit zu finden und solche Dinge – meine Liebe für die Wissenschaft für lange Zeit aus den Augen verloren. Ich fühlte mich damals ziemlich zurückgeblieben."

Angeregt durch William Herschels Arbeit, dessen Beobachtungsbücher Barbara in der Bibliothek der Rice University las, hatte sie es auf die schwachen und fernen Objekte abgesehen, die nur wenige oder kein Beobachter jemals zuvor gesehen hatten. Sie legte ihr Augenmerk auf dunkle Staubwolken in der Milchstraße sowie auf schwache Galaxien, Nebel und Sternhaufen, die kürzlich auf lang belichteten Fotografien und CCD-Aufnahmen entdeckt worden waren. Sie war oft frustriert – „ungefähr in der Hälfte der Fälle scheiterte ich" –, aber sie war oft genug erfolgreich, um so etwas wie eine Legende zu werden. Ich fragte sie nach einigen der Geschichten, die ich gehört hatte. War es beispielsweise wahr, dass sie eine unmenschlich gute Sehkraft bei Nacht hatte, die sie durch das Essen von Karotten und Vitamin A weiter verbesserte?

„Um Himmels Willen, nein", lachte sie und zündete sich eine Zigarette an. „Ich bin etwas weitsichtig, aber ich glaube nicht, dass ich ein besonders gutes Sehvermögen habe. Geduld und der Wunsch, etwas zu sehen, sind die wichtigsten Dinge – und dass man genau weiß, wo man hinschauen muss. Es erstaunt mich, dass Licht, das Äonen durch das Universum gereist ist, in mein Auge fällt – dass es einem vergönnt ist, solche Dinge zu sehen."

Als einige der mit ihr befreundeten Amateur-Astronomen ihr den Spitznamen die „AIN'T NO Queen" verliehen, was für eine fiktive „Association of Invisible Nebulae and Things Nobody Observes" steht, reagierte Barbara mit einer Liste der „AIN'T NO 100" – visuelle Beobachtungen, die alle nahezu unmöglich sind. In dieser Liste stehen Fußspuren auf dem Mond, ein Vorübergang eines Asteroiden vor der Mondscheibe, ein Planet in einem fremden Sonnensystem, durch eine Gravitationslinse verursachte Lichtbögen in Galaxienhaufen („Ich würde meinen Arm opfern, um diese blauen Bögen zu sehen"), den Pulsar mit dem Namen „Schwarze Witwe", der nur einige Kilometer groß ist und Tausende von Lichtjahren entfernt liegt, und den „sonderbaren Jet mit der Form eines Hundebeins in der Galaxie NGC 1097".

„Hast du eines dieser hundert Objekte beobachtet?", fragte ich sie.

„Nein", antwortete sie fröhlich. „Es gibt viele Dinge, an denen ich mich versuche, ohne sie zu sehen. Ich habe schon häufig einen Tritt in den Hintern bekommen. Das Universum *wird* dir einen Tritt in den Hintern verpassen. Das erste Mal, wenn du glaubst, etwas zu wissen, wird dich der Himmel auf deine wahre Größe zurechtstutzen. Aber es ist alles so schön. Diese Fortsetzung und Wiederholung der Muster in der Natur: Du siehst die Spiralstruktur eines Orkans und den Wasserstrudel, der sich in deiner Badewanne beim Abfließen bildet, und die Spiralstrukturen der Galaxien. Und du bist froh, dass du lebst. Alles ist so detailliert, und je genauer du hinschaust, desto detaillierter wird es. Das ist eine wunderschöne Welt, in der wir leben – ein wunderschönes Universum. Für mich ist es eine Bilderwelt, die ich einfach sehen möchte.“

II

BLAUES WASSER

Im Reich der Sonne

Ich empfinde das Meer und den Wald – irgendwie
fühle ich den Erdkreis
selbst rasch im Raume treibend.

Walt Whitman

Schroff klingen die Worte des Merkur nach den Gesängen des Apoll.

William Shakespeare

„Die Sonne ist ein Stern. Der einzige Stern, dessen Phänomene genau untersucht werden können."[1] Diese Worte – einem Mantra gleich – stammen von George Ellery Hale, der als Jugendlicher seine Liebe zur Sonne entdeckte. Mit der Hilfe seines Vaters baute Hale ein Sonnenobservatorium bei ihrem Haus in Hyde Park, Illinois, einem Vorort von Chicago. Es war mit einem 12-Zoll-Refraktor ausgestattet. Hale studierte Physik am Massachusetts Institute of Technology und wurde 1892 zum Professor für Astronomie an der University of Chicago ernannt, obwohl es ihm nie gelang, seinen Doktor zu machen. Eine spektakuläre Karriere folgte: Hale gründete und leitete die Sternwarten von Yerkes, Mt. Wilson und Palomar. Er stellte Astronomen ein, die die Dimensionen des Universums stärker ausweiteten als all ihre Vorgänger zusammen. Sie etablierten, dass die Sonne einer unter mehr als hundert Milliarden Sternen in einer unter Milliarden von Galaxien ist. Und dass sich alles in einem expandierenden Weltall befindet, das Milliarden von Jahre alt ist. Doch trotz dieses Auslotens der Tiefen des Raums verlor Hale nie seine Begeisterung für den uns nächsten Stern. Schließlich wurde er von seinen Ärzten gezwungen, in den Ruhestand zu treten. Er hatte einen Nervenzusammenbruch erlitten, weil die Arbeitsbelastung durch seine eigene Forschungstätigkeit, der Leitung der drei Sternwarten und der anhaltenden Suche nach Sponsoren für weitere Sternwarten zu groß war. Hale vertrieb sich daraufhin die Zeit mit dem Bau eines Sonnenobservatoriums im Garten seines Hauses in Pasadena, Kalifornien, das er mit einem Spektroheliografen ausstattete. Das ist ein Gerät, mit dem man Protuberanzen auch außerhalb von totalen Sonnenfinsternissen fotografieren kann. Hale begann Aufnahmen zu machen. Bald arbeitete er so hart wie immer, ein unverbesserlicher Sonnenanbeter bis zum Ende.

Nur wenige Sterngucker teilen Hales Begeisterung für die Sonne aus ganzem Herzen, aber selbst die gelegentliche Beobachtung der

Sonne ist durchaus sinnvoll und interessant. Sie verdoppelt zum einen die verfügbare Beobachtungszeit und zum anderen können selbst kleine Fernrohre nützliche Ergebnisse liefern. Bevor wir uns damit aber befassen, ist es an der Zeit, jene Warnung auszusprechen, zu der Astronomie-Schriftsteller immer wieder gezwungen sind: *Schauen Sie nie durch ein ungeschütztes Teleskop, das auf die Sonne gerichtet ist! Dies kann eine ernsthafte Schädigung der Augen bis hin zur Erblindung verursachen!* Fernrohre sind so gebaut, dass sie viel Licht in einem kleinen Brennpunkt vereinen. Hält man sein Auge oder ein anderes Körperteil in den Brennpunkt eines Teleskops, das auf die Sonne gerichtet ist, geschieht damit dasselbe wie mit einer Ameise, die unter einer Lupe geröstet wird.

Ein Astronom erzählte mir – nennen wir ihn Jack –, dass er einmal den ziemlich unbeliebten Direktor eines großen Observatoriums beobachtete, wie er für ein doppelseitiges Bild in einer Zeitschrift fotografiert wurde. Der Direktor wählte als Ort dafür die Beobachterkabine im Primärfokus des größten Teleskops der Sternwarte, dem Thronraum von gefeierten Astronomen wie Hubble und Sandage, auch wenn er meistens Verwaltungsaufgaben erledigte und das Fernrohr nur selten benutzte. Damit keine wertvolle Beobachtungszeit verschwendet wurde, wurden die Aufnahmen bei Tag gemacht. Als Jack zuschaute, war der Kuppelspalt geöffnet. Der Fotograf dirigierte das Teleskop und den Spalt in verschiedene Positionen, um die mit der dramatischsten Beleuchtung zu finden. Der Direktor wollte ihm einen Gefallen tun, ignorierte mehrere Warnungen des Computers und bewegte die Kuppel und das Teleskop immer weiter, um die Wünsche des Fotografen zu erfüllen. Wie sich die Szenerie da so entwickelte, dämmerte es Jack, dass der Fotograf unwissentlich eine Beleuchtung erreichen wollte, bei der das Teleskop direkt auf die Sonne gerichtet werden würde. Jack wog die Folgen ab, was passieren würde, wenn er ruhig bliebe. Einerseits könnte das von dem gigantischen Spiegel gebündelte Sonnenlicht den verachteten Direktor möglicherweise töten. Andererseits wären sie ihn dann wenigstens los. Schließlich siegte Jacks Mitgefühl, und er warnte die beiden, bevor es zu spät war.

Als Grundregel sollten keine großen Fernrohre jemals auf die Sonne gerichtet werden. Das *Hubble*-Weltraumteleskop darf nicht einmal den Merkur beobachten, aus Sorge, es könnte versehentlich Sonnenlicht abbekommen. Merkur steht niemals weiter als 28 Grad von der Sonne entfernt. Kleinere Fernrohre können dagegen für die Sonnenbeobachtung verwendet werden, wenn man ausreichende Vorkehrungen trifft. Eine Möglichkeit ist, das Sonnenbild auf einen Schirm zu projizieren. Wenn man die Projektionsmethode ausprobiert, sollte das Sucherfernrohr abgedeckt bleiben. Sonst schaut womöglich jemand durch. Man sollte sich auch bewusst sein, dass bei einem größeren Teleskop die Wärme der Sonne das Okular beschädigen kann. Die bevorzugte Methode ist daher, das Sonnenlicht zum Großteil abzublocken, indem man ein Sonnenfilter vorne auf das Objektiv setzt.[2]

Das Erste, was man auf der Sonnenoberfläche sieht, sind Sonnenflecken. Obwohl sie eigentlich ziemlich heiß und hell sind, wirken sie dunkel. Das liegt daran, dass sie kühler als die Umgebung sind. Jeder Fleck hat eine dunkle Zentralregion, die Umbra, und ist von einer grauen Penumbra umgeben. Schon Hale hatte vermutet, dass Sonnenflecken durch magnetische Wirbelstürme entstünden. Sie tauchen normalerweise in Paaren auf, einer an jedem Ende der magnetischen Schleife, die sie erzeugt. Ein Fleck jedes Paares ist ein magnetischer Nordpol und der andere ein Südpol. Ihre Reihenfolge ist auf den beiden Sonnenhalbkugeln unterschiedlich: Wenn der vorausgehende Fleck (in Bezug auf die Rotationsrichtung der Sonne) in jedem Paar auf der Südhalbkugel ein magnetischer Nordpol ist, ist der vorausgehende Fleck auf der Nordhalbkugel immer ein magnetischer Südpol. Die Sonne dreht sich einmal in 27 Tagen um ihre Achse, so dass Sonnenflecken fast zwei Wochen lang über die Sonnenscheibe ziehen können. In dieser Zeit können Beobachter die Veränderungen in ihrem Aussehen aufzeichnen. Zählungen der Sonnenflecken, meist von Amateuren durchgeführt, haben bestätigt, dass ihre Zahl in einem elf Jahre dauernden Zyklus zu- und abnimmt: Während des Minimums sind teilweise überhaupt keine Sonnenflecken zu sehen. Am Ende eines Zyklus kehrt sich das Magnetfeld der Sonne um – Nordpol und Südpol werden vertauscht – und ein neuer Zyklus beginnt. Zu Beginn eines jeden neuen Zyklus findet man Flecken meistens in höheren solaren Breiten, mit voranschreitendem Zyklus wandern sie immer näher zum Äquator: So ergibt sich das Schmetterlingsdiagramm, das zuerst von dem englischen Amateur Richard Carrington im 19. Jahrhundert entdeckt wurde.

Flares und Protuberanzen kochen von der Sonnenoberfläche hoch in den Weltraum und senden dabei Partikel hoher Geschwindigkeit aus. (Beide Typen von Eruptionen werden vom Magnetfeld der Sonne erzeugt, aber Flares sind meistens heißer und bewegen sich schneller als Protuberanzen.) Wenn die Partikel die Erde erreichen, können sie elektromagnetische Stürme verursachen. Diese stören dann Funkverbindungen oder beeinträchtigen sogar elektrische oder elektronische Geräte. Ein solcher Sturm traf die Erde am 13. März 1989 und überflutete Hochspannungsleitungen, Schienen und eisenhaltige Felsen in Ostkanada mit Elektronen. Alarmierte Ingenieure versuchten vergeblich, das Stromnetz in Quebec am Laufen zu halten. Der plötzliche Stromanstieg durch den Sonnensturm ließ das Netz um 2.44 Uhr schließlich zusammenbrechen. In Montreal und nahezu überall in Quebec gingen die Lichter aus. Inzwischen wurden 6000 Erdsatelliten im All auf niedrigere Umlaufbahnen gezwungen, weil sie durch die Reibung an den Partikeln Energie verloren. Ironischerweise traf es den

Satelliten *Solar Maximum* am schlimmsten, der die Sonne während des Maximus ihres elf Jahre dauernden Zyklus überwachen sollte. Die Sonne drückte den Satelliten in eine niedrigere Umlaufbahn, so dass er bald in die Atmosphäre eintrat und südöstlich von Sri Lanka in den Indischen Ozean stürzte.

Sonnenstürme lösen Polarlichter aus: Sauerstoff- und Stickstoffmoleküle in den oberen Atmosphärenschichten werden durch die ankommenden geladenen Partikel zum Leuchten gebracht. Der Mechanismus ähnelt dabei weitgehend dem Vorgang in einer Neonröhre, wenn sie angeschaltet wird. Wenn „Weltraumwetterstationen" vor den Partikeln eines großen Flares warnen, benötigen die Teilchen noch drei Tage, bis sie die Erde erreichen. Es bleibt also genügend Vorlaufzeit. Viele Sterngucker bereiten dann ihre Foto- und Videokameras vor, um die tanzenden Vorhänge aus Rot, Violett und Grün aufzunehmen. Polarlichter sieht man in mittleren geografischen Breiten nur, wenn die Erde von einem besonders starken Sturm getroffen wird. Der Sturm von 1989, der das Stromnetz in Quebec zum Zusammenbruch brachte, verursachte Polarlichter, die man von den Polen bis nach Bolivien und den Florida Keys am Nachthimmel sehen konnte.

Den spektakulärsten Sonnenanblick hat man mit einem Wasserstoff-Alpha-Filter, wie dem, das Jack Newton für seine CCD-Aufnahmen der Sonne verwendet. Je schmaler die Spektrallinie ist, die das Filter passieren lässt, desto besser ist das Bild: Die besten Filter haben eine Durchlassbreite von weniger als einem Ångström, also einem zehnmillionstel Millimeter. Ein Amateur drängte mich einmal auf einer StarParty dazu, einen Blick durch seinen selbst gebauten, langbrennweitigen Refraktor zu werfen, der mit einem 0,1-Ångström-Filter ausgerüstet war. Es war ein fesselnder Anblick: Magnetisch induzierte schwarze Wirbel um Sonnenflecken standen vor dem gesprenkelten Hintergrund der solaren Granulation aus kleinen Konvektionszellen (typischerweise 800 Kilometer groß); und gebogene Flares und Protuberanzen kletterten über den Sonnenrand hinaus. Man konnte Flares und Protuberanzen sogar direkt auf der Scheibe sehen. Sie ähnelten großen Bäumen, auf die man aus dem Flugzeug hinunterblickt. Flares können sich innerhalb von Stunden entwickeln, aber große Protuberanzen verändern sich langsamer und können daher über einen Tag hinweg wie „eingefroren" wirken. Auf jeden Fall war die pure Bewegungsenergie eines Sterns in dieser Nahansicht wunderbar anzusehen.

Wasserstoff-Alpha-Filter sind teuer, aber Amateure, die sie verwenden, haben damit die spektakulärsten Anblicke fotografiert, die man im Sonnensystem finden kann. Als die mit einer Ausdehnung von einem Viertel der Sonnenscheibe größte eruptive Protuberanz, die jemals gesichtet wurde, im Juni 1956 ins All schoss, konnten nur wenige Beobachter sie sehen. Nachfolgende Protuberanzen sollten jedoch später von Hunderten von Amateuren beobachtbar sein.

Die Sonne bildet die Grundlage allen Lebens, erzeugt Partikelstürme und ist ein perfektes Labor, um Astrophysik zu betreiben. Angesichts dieser Wichtigkeit der Sonne ist es nicht erstaunlich, dass Berufsastronomen sie mit Dutzenden von Raumsonden, Satelliten und Sonnenteleskopen erforschen. Aber es ist ein Irrtum zu glauben, dass Amateur-Beobachtungen deswegen sinnlos sind. Der Himmel über Observatorien ist bewölkt, Satelliten haben Störungen oder versagen. Deshalb ist es immer möglich, dass man weltweit der Erste – oder Einzige – ist, der eine riesige Protuberanz auftauchen oder einen Fleck aus einer „solaren Pore" wachsen sieht. „Nimm nie an, dass du eine Beobachtung auslassen kannst, weil die anderen eh das Gleiche beobachten", rät der US-amerikanische Amateur-Astronom P. Clay Sherrod. „Rechne immer damit, dass deine Beobachtungen die einzigen sein könnten."[3] Der britische Amateur Gerald North formulierte es so: „Es gibt merkliche Lücken in professionellen Überwachungsprogrammen, und es kann passieren, dass gerade du das Entstehen einer Protuberanz beobachtest, wenn kein professionelles Teleskop auf unseren Stern am Taghimmel gerichtet ist."[4]

Trotz all ihrer Wildheit ist die Sonne ein sehr ruhiger Stern. Sie hat bereits fast fünf Milliarden Jahre geleuchtet und dürfte in ihrem Zentrum noch genügend thermonuklearen Brennstoff für weitere fünf Milliarden Jahre Gleichmut haben. Im Anschluss daran schwillt sie langsam zu einem Roten Riesen an, dessen äußere Atmosphärenschichten möglicherweise die Erde verschlucken. (Gerät das zentrale Feuer der Sonne ins Stocken, dauert es aber noch mehrere Millionen Jahre, bis irgendeine Veränderung an der Sonnenoberfläche feststellbar ist.)[5]

Über der Oberfläche der Sonne liegt ihre Atmosphäre, die sich aus der Chromosphäre und der Korona zusammensetzt. Die Chromosphäre („Farbsphäre") leuchtet in einer rosa Farbe, die durch angeregte Wasserstoffatome verursacht wird. Darüber erstreckt sich die viel größere, perlenfarbene Korona, deren zarte Ranken die magnetischen Feldlinien weit hinaus ins All nachzeichnen. Beide Schichten sind bei einer totalen Sonnenfinsternis sichtbar. Der Mond zieht dabei direkt vor der Sonne vorbei und blendet dadurch für einige Minuten ihr Licht aus. Dank eines glücklichen Zufalls haben Sonne und Mond dieselbe scheinbare Größe am Himmel. Zwar ist die Sonne 400-mal größer als der Mond, sie ist aber eben auch 400-mal weiter von der Erde entfernt. Deshalb verdeckt der Mond die Sonnenscheibe exakt, außer wenn er zufällig in der Nähe seines erdfernsten Bahnpunktes steht. In diesem Fall kommt es zu einer ringförmigen Finsternis, bei der Sonnenlicht am Mondrand rundherum vorbeischeint. Der Mondschatten hat zwei Bereiche: einen dunklen, zentralen Kernschatten und einen grauen Halbschatten um ihn herum. Nur diejenigen, die eine Finsternis innerhalb des Kernschattens verfolgen, sehen sie total. Die im Halbschatten sehen nur eine partielle Sonnenfinsternis, und diejenigen außerhalb des Halbschattens sehen überhaupt nichts Ungewöhnliches. Finsternisliebhaber reisen Tausende von Kilometern, um in den Kernschatten zu gelangen. Ist der Himmel klar, werden sie mit einem der eindrucksvollsten Naturschauspiele belohnt.

Erfahrene Finsternisbeobachter schauen sich mehrere Phänomene an – wenn sie überhaupt schauen: Einige sind so mit Fotografieren oder einer anderen Form des Datensammelns beschäftigt, dass sie gar nicht von ihrer Ausrüstung hoch an den Himmel schauen, um die Szenerie auf sich wirken zu lassen. Das Perlschnurphänomen – helle Klümpchen am Sonnenrand, die durch Sonnenstrahlen entstehen, die kurz vor der Totalität noch durch Mondtäler scheinen – wurde erstmals von Edmond Halley im Jahr 1715 registriert. Im Englischen nennt man sie Baily's Beads zu Ehren des Geschäftsmannes Francis Baily, der später Astronom wurde. Er beschrieb sie lebhaft im Jahr 1836. „Plötzlich bildete sich eine Reihe von klaren Punkten wie eine Kette aus hellen Perlen entlang jenes Mondrandes, der sich gerade dem Rand der Sonne näherte", schrieb er. „Sie entstand so schnell, dass sie dem Aussehen einer feinen Spur Schießpulver glich, die soeben gezündet worden war."[6] Die letzten Strahlen, die durch ein einzelnes Mondtal fallen, verursachen den so genannten Diamantringeffekt. In den letzten Augenblicken vor der Totalität sieht man möglicherweise den Mondschatten mit mehreren tausend Stundenkilometern auf sich zu rasen, vorausgesetzt, es gibt genügend freies Gelände um einen herum. Während der Totalität, die typischerweise nur drei Minuten dauert, leuchten die rosa Chromosphäre, die roten Protuberanzen am Rand der Sonne und die perlweiße Korona auf. Planeten und helle Sterne erscheinen am verdunkelten Himmel.

Ich sah meine erste Sonnenfinsternis in North Carolina am 2. März 1970. Zusammen mit zwei Freunden fuhr ich herunter von New York. Als wir die Zentrallinie erreichten, fanden wir zahlreiche über das Ackerland verteilte, weiß glänzende Fernrohre und Kameras vor. Sie markierten quasi den Weg der kommenden Finsternis durch die Landschaft. Wir hielten bei einer kleinen Farm und stellten uns den Besitzern vor: ein Ehepaar mittleren Alters, dessen Vorfahren seit fünf Generationen dieses Land bearbeitet hatten. Sie erlaubten uns freundlicherweise, mein 8-Zoll-Teleskop aufzustellen, weigerten sich aber, durch das Fernrohr durchzuschauen. Die Fernsehnachrichten hatten gesagt, dass ein Blick auf die Finsternis gefährlich sei. (Die Gefahr gibt es natürlich, aber mit einem vernünftigen Objektivfilter kann man getrost durch das Fernrohr schauen. Als ich am 26. Februar 1979 mein Teleskop an einer Landstraße in Montana zur Beobachtung einer Sonnenfinsternis aufbaute, beschwerten sich die Kinder in einem vorbeifahrenden Schulbus darüber, dass sie die Finsternis von drinnen am Fernseher verfolgen mussten, obwohl ihre Schule direkt auf der Zentrallinie lag.)

Während der frühen Phase der Finsternis in North Carolina war das Schwächerwerden des Sonnenlichts nicht auffällig. Wir beobachteten im filtergeschützten Fernrohr, wie der Mond die Sonne bis auf eine Sichel reduzierte. Der Himmel behielt sein brillantes Blau, und das umliegende Ackerland sein lebhaftes Grün und Braun. In den letzten Minuten vor der Finsternis wurde die Welt dann mit Besorgnis erregender Geschwindigkeit kalt und dunkel. Kühe muhten unbehaglich, Hühner setzten sich auf ihre Stange, und auch wir waren zunehmend beunruhigt. Wir ertappten uns bei Sätzen wie „du weißt die Sonne nicht wirklich zu schätzen, bevor sie verschwindet".

Plötzlich verwandelte sich der Himmel in Dunkelheit und ein Dutzend heller Sterne tauchte auf. In ihrer Mitte stand ein schrecklicher, schwarzer Ball, der in Rubinrot eingerahmt und vom apokalyptischen Leuchten der grauen Korona umgeben war. Keine Fotografie wird dieser schockierenden Nacht gerecht: Die Spanne zwischen hell und dunkel ist zu groß, und die Farben sind im wörtlichen Sinne unirdisch. (Das ionisierte Gas der Sonnenkorona ist heißer als irgendetwas auf der Erde, außer der Explosion einer Wasserstoffbombe, und dabei dünner als ein technisch erzeugtes Vakuum im Labor.) Ich wankte wie ein Betrunkener einige Schritte zurück – oder wie Lyder und Meder, die mit dem Kämpfen aufhörten und Frieden schlossen, als eine Sonnenfinsternis 585 vor Christus stattfand. Disziplinierteré Beobachter als ich haben in solchen Momenten schon die Fassung verloren. Der Astronom Charles A. Young von der Princeton University machte sich hinterher Vorwürfe, dass er während der Sonnenfinsternis von 1869 in eine Art Trance verfiel und seine wissenschaftlichen Aufgaben nicht erledigen konnte: „Ich kann nicht das Gefühl von Erstaunen, Scham, persönlicher Geistesschwäche und verpasster Gelegenheit beschreiben, das mich überkam, als das Sonnenlicht schlagartig weg war."[7]

Als ich mich wieder gefasst hatte, zog ich schnell das Sonnenfilter vom Fernrohr herunter und schaute durch. Eine lebhafte rote Protuberanz ragte in einem Bogen hinter dem Mond hervor. Sie hob sich gut vom hauchdünnen, silbernen Hintergrund der äußeren Sonnenatmosphäre ab. Eine oder zwei Minuten später war das Spektakel vorbei. Ein Punkt direkten Sonnenlichts, so weiß wie der Lichtbogen beim Schweißen, schien durch ein Tal zwischen zwei Bergen am Mondrand hindurch. Der Diamantring war zurückgekehrt. Bald wurde er vom Perlschnurphänomen abgelöst. Meine Freunde riefen mir warnend zu, dass ich mein Auge vom Okular entfernen sollte. Aber der Anblick eines Sonnenaufgangs auf dem Mond war so überwältigend schön, dass ich mich nicht losreißen konnte, bis dieses unvergleichliche Licht mein Auge überflutet hatte. Es tat nicht weh – die Netzhaut hat keine Nerven –, aber ich nahm an, dass ich mein rechtes Auge geschädigt hatte.

Als das Sonnenlicht zu den Äckern zurückkehrte, luden uns unsere Gastgeber zum Mittagessen ein. Wir sprachen ein Tischgebet und aßen getoastete Käse-Sandwiches. Als wir uns bei Tisch unterhielten, erwähnte ich beiläufig, dass die Finsternis noch nicht vorbei sei, obwohl das Sonnenlicht zum Fenster hereinfiel. Da man mir keinen Glauben schenken wollte, formte ich mit meinem gekrümmten Zeigefinger ein kleines Loch und projizierte ein Bild der Sonnensichel auf das Tisch-Set vor mir. Ich bedauerte sofort, dass ich das getan hatte. Der Farmer und seine Frau wurden blass und wichen zurück. Sie geleiteten uns mit Anstand und Takt zur Tür, aber es war klar, dass sie von etwas verängstigt worden waren, was ihnen wie Zauberei vorkommen musste.

Zurück in New York bestätigte ein Augenarzt, dass ich mir bei der Beobachtung der ersten Sonnenstrahlen ein kleines Loch in die Netzhaut gebrannt hatte. Außerdem schwammen da noch ein paar schwarze Teile der Netzhaut herum, die ich seitdem ständig sehen kann. Sie bewegen sich wie ein unscharf eingestellter Fisch in einem Unterwasserfilm. Die Netzhaut insgesamt blieb jedoch intakt, so dass ich keine Operation benötigte. Das war eine Erleichterung, da meine Augen nicht allzu gut waren (ich bin kurzsichtig). Ich war kurz vor der Finsternis (fälschlicherweise, wie ich heute weiß) darauf hingewiesen worden, dass die Chancen für einen Netzhautriss bei mir sowieso 50 zu 50 standen, was die völlige Erblindung auf einem oder beiden Augen zur Folge gehabt hätte. Vielleicht veranlasste mich die Aussicht auf ein Erblinden, länger durch das Fernrohr zu schauen als sicher war: Wenn man damit rechnet, dass man eh erblinden wird, kann man wenigstens noch etwas Lohnenswertes anschauen, solange es noch geht. Jedenfalls bereute ich es kaum. Liebesaffären können einen auch fürs Leben zeichnen. Aber was wäre das Leben ohne die Liebe?

Die totale Sonnenfinsternis am 11. Juli 1991 verfolgte ich von einem Golfplatz auf der Insel Hawaii. Tausende waren gekommen, um sie zu sehen. Die Hotelbars servierten Cocktails wie den „Sonnenflare" (Rum, Weinbrand, süß-saurer Mix, Schnaps und Grenadine) und die „Totale Finsternis" (Wodka mit einem Keks). Bleigraue Wolken bedeckten den Morgenhimmel. In unserer Sorge über das Wetter fiel mir auf, dass das Warten auf die Totalität wie das Warten auf die Hinrichtung ist, nur die Gefühle sind umgekehrt: Du willst, dass es schneller geht und endlich passiert, und befürchtest, dass es nicht passiert.

Gerade rechtzeitig gab es ein Wolkenloch, in dem der tiefschwarze Mond sich vor die Sonne schob. Rufe der Begeisterung ertönten aus der versammelten Menge auf dem Golfplatz, und durch mein kleines Fernrohr konnte ich eine Protuberanz sehen, die auf dem Rand der dunklen Scheibe saß. Ein kühler Wind wehte von den Hängen des Mauna Kea herüber und in weiter Entfernung wuchs ein silberweißes Leuchten aus dieser Halbschattenwelt. Dann kehrte das Sonnenlicht zurück und erfüllte uns mit einem nachdrücklichen Gefühl der Dankbarkeit.

In der Nacht baute ich mein Teleskop kurz nach Sonnenuntergang am Strand auf, um die weiße Sichel der Venus anzuschauen. Sie stand hoch am Westhimmel in der Nähe des hellen Sterns Regulus und leuchtete so hell, dass sie Schatten warf. Unter ihr am Horizont stand Merkur. Wie der Mond und die Venus zeigt Merkur Phasen. Zu diesem Zeitpunkt war die Phase etwas über der Hälfte, aber ich konnte kaum etwas auf seiner Oberfläche erkennen. Das ist fast immer so: Die Raumsonde *Mariner 10* fotografierte 1974 die Hälfte der Merkuroberfläche und zeigte, dass sie mit mondähnlichen Kratern übersät ist. Aber nur wenige dieser Strukturen sind von der Erde aus erkennbar, da Merkur einen kleinen scheinbaren Durchmesser hat und sich nie sehr weit von der Sonne entfernt: Man beobachtet den Planeten immer durch turbulente Atmosphärenschichten in der Nähe des Horizonts während der Morgen- oder Abenddämmerung.

Besser klappt es gelegentlich am Taghimmel. Der kanadische Amateur-Astronom Terence Dickinson beschreibt Merkur als cremefarben während des Tages, vergleichbar mit der Farbe des Mondes tagsüber. Dickinson sah eine „vage Struktur, wie feines Sandpapier".[8] Zwei Beobachter des 19. Jahrhunderts – der englische Amateur William Frederick Denning und der große, italienische Astronom Giovanni Virginio Schiaparelli – machten ausgedehnte Merkurbeobachtungen am Taghimmel. Es gelang ihnen aber nicht, die Rotationszeit von Merkur zu bestimmen. (Sie beträgt 58,6 Tage, was zwei Drittel der 88 Tage dauernden Umlaufzeit entspricht. Diese Resonanz wird durch die Gezeitenkraft der Sonne verursacht.) Interessanterweise lässt sich die auffälligste Struktur auf Schiaparellis Merkurkarte – ein großer Fleck in Form einer Fünf – nicht auf den Aufnahmen von *Mariner 10* finden. Sie könnte auf der Seite des Planeten liegen, die nicht von der Raumsonde fotografiert wurde. „Dies ist einer der seltenen Fälle, in denen ein durchschnittlich ausgestatteter Amateur-Astronom noch immer an die Grenze unseres Wissens vorstoßen kann", stellten William Sheehan und Thomas Dobbins von der ALPO fest.[9] Es war für mich eine Herausforderung, diese kleine Welt anzuschauen, bevor sie hinter einer Wolkenbank verschwunden war, die über dem Meer lag.

Einige Minuten später beobachtete ich Galaxien in der Jungfrau, als eine Freundin aufkreuzte. Sie entschuldigte sich dafür, dass sie zu spät kam und fragte, ob sie noch Merkur im Fernrohr sehen könne. Ich erklärte, dass Merkur hinter der tief liegenden Wolkenbank verschwunden sei, aber ich suchte den Horizont trotzdem ab und fand ihn inmitten einer Gruppe von wogenden Gewitterwolken. Sie schaute ihn sich an, und als ich ans Okular zurückkehrte, sah ich etwas Bemerkenswertes. Die Luft über dem Pazifik war so klar, dass Merkur Stück für Stück wie ein Miniaturmond im Meer unterging. Ich hatte diesen Anblick nicht erwartet: Die Atmosphäre in Horizontnähe ist normalerweise zu dunstig, um einen winzigen Planeten untergehen zu sehen. (Die Legende besagt, dass Kopernikus Merkur niemals während seines Lebens sah. Schuld war der Nebel, der vom Fluss in der Nähe seines

Hauses aufstieg.) Aber diese denkwürdige Beobachtung zeigte erneut, dass es nie schadet, einen Blick zu riskieren. Die Fischer sagen: Du kannst keinen Fisch fangen, bevor deine Leine nass ist.

Das beeindruckendste Ereignis bei Merkurs Tanz mit der Sonne ereignet sich, wenn es zu einem Vorübergang des Planeten vor der Sonnenscheibe kommt. Ich blieb von der Schule daheim, um den Vorübergang am 7. November 1960 von Key Biscayne aus zu beobachten. Der Morgenhimmel zeigte ein tiefes, wolkenloses Blau, als ich mein kleines Teleskop mit einem Sonnenfilter versah. Ein Tonbandgerät und ein Kurzwellenradio, das auf den Zeitzeichensender WWV eingestellt war, komplettierten die Ausrüstung. Ich hatte in „Sky & Telescope" gelesen, dass Amateur-Astronomen den Profis helfen konnten, den Durchmesser von Merkur zu bestimmen. Dazu musste man den Vorübergang zeitlich exakt erfassen und diese Daten einschicken. Merkurs Durchmesser war zu dieser Zeit nur auf zehn Prozent genau bekannt. Die Zeitschrift wollte die Zeitpunkte des Vorübergangs veröffentlichen, die sie von ihren Lesern geschickt bekommen würde. Ich war aufgeregt über diese erste Möglichkeit, meine wissenschaftlichen Daten zu veröffentlichen.

Das Tonbandgerät lief, und ich schaute gespannt durchs Teleskop. „Jetzt! Erster Kontakt!", rief ich, als das winzige Merkurscheibchen auftauchte: ein kleiner schwarzer Fleck, der sich durch den Rand der Sonne durchfraß. Der nächste große Augenblick war der zweite Kontakt, als das Merkurscheibchen schließlich vollständig vor der Sonnenscheibe stand. Diesen Zeitpunkt festzulegen, war wegen des „Tropfeneffekts" schwierig, denn das Scheibchen gibt den Sonnenrand nicht schlagartig frei. Vielmehr sieht es so aus, als ob es einen Schwanz hinter sich herzieht. (Möglicherweise sind die Ursachen sich überlagernde Lichtwellen, die aus zwei leicht unterschiedlichen Richtungen kommen. Um das Phänomen zu sehen, kann man Daumen und Zeigefinger so gegen den Taghimmel halten, dass sie nur durch einen kleinen Zwischenraum getrennt sind. Es sieht dann so aus, als ob ein kleiner schwarzer Bereich sie miteinander verbindet.) Der schwarze Tropfen tauchte also auf, und als das erste Silber des Sonnenlichts ihn durchtrennte, rief ich: „Jetzt! Zweiter Kontakt!"

Während der nächsten vier Stunden wanderte Merkur vor der Sonne vorbei. Um 15.09 Uhr – meine Freunde kamen gerade aus der Schule – berührte er den anderen Rand der Sonnenscheibe, und ich rief „Jetzt! Dritter Kontakt!", gefolgt von einem letzten „Jetzt!", als Merkur verschwand. Anschließend schickte ich meine Zeitmessungen weg und wartete darauf, in die Annalen der wissenschaftlichen Forschung einzugehen. Wie versprochen veröffentlichte die Zeitschrift sie, zusammen mit über hundert Ergebnissen anderer Beobachter aus Australien, Neuseeland, Südamerika, Europa und den Vereinigten Staaten. Und: Die Daten halfen dabei, den Wert für Merkurs Durchmesser zu verbessern. Aber der Mut verließ mich, als ich meine Ergebnisse mit denen von erfahreneren Beobachtern verglich. Ihre Zeitmessungen wichen nur wenige Sekunden vom allgemein akzeptierten Wert ab, während meine um zweistellige Beträge abwichen.

Ich war nicht der größte Stümper im Amateurhaufen, aber ich hatte völlig zweitklassige Arbeit geleistet. Beim nächsten Mal hast du mehr Glück, sagte ich mir, aber der nächste Merkurdurchgang würde erst in 40 Jahren stattfinden, am 15. November 1999. Ich war entschlossen, ihn zu beobachten, wenn ich so lange leben würde.

Es stellte sich heraus, dass ich meine Verabredung mit Sonne und Merkur leicht einhalten konnte. Als der Zeitpunkt näher rückte, wohnte ich in San Francisco. Alles, was ich zu tun hatte, war mein transportables Teleskop auf dem Dach meines Hauses aufzubauen und abzuwarten. Das Sonnenfilter war sicher vor dem Objektiv befestigt. Wie ich es 1960 getan hatte, richtete ich das Fernrohr auf den Fleck, wo Merkur die Sonnenscheibe berühren würde, und schaute. In den dazwischen liegenden Jahrzehnten hatten Wissenschaftler genug über Sonne und Merkur gelernt, so dass aus Amateur-Daten nicht mehr viel abgeleitet werden konnte. Aber das machte nichts. Ich war auf einer Reise in die Sentimentalität.

Es war ein fantastischer, windiger Tag. Fahnen flatterten in der Brise und auf den grünen Wellen in der Bucht waren Schaumkronen zu sehen. Vor der Sonne zogen immer wieder große Quellwolken vorbei. Eine Wolke verdeckte die Sonne während des ersten Kontakts, aber um 13.22 Uhr zog sie weiter, und ich konnte Merkur als schwarzen Tropfen sehen, der mit dem Rand der Sonnenscheibe verbunden war. Er war ein auffälliger Punkt, so deutlich wie eine Schrotkugel, mit klaren Konturen aufgrund seiner dünnen oder nicht vorhandenen Atmosphäre. Ich freute mich auf seltsame Weise darüber, dass Merkur sich an die Verabredung gehalten hatte – und das nach all den Jahren. Das Leben ist ungewiss, aber das kosmische Uhrwerk dreht sich weiter.

Rockmusik aus den Sphären: Ein Gespräch mit Brian May

Brian May ist einer der Gründer der britischen Rockband Queen. Bis zu seinem 50. Geburtstag hatte er 22 Hits geschrieben, sogar eine Melodie für eine Autowerbung namens „Driven By You" schaffte es in die britische Hitparade. Er schrieb den Queen-Hit „We Will Rock You", der die Hymne bei Sportereignissen in der gesamten englischsprachigen Welt wurde. Er spielte die berühmten Anfangstakte des Stückes – eine gehaltene Note, die sich scheinbar in der Luft sammelt wie ein Tornado, der auf die Erde niedergeht – auf einer Gitarre, die er und sein Vater von Hand gebaut hatten, als er noch ein Junge war.

Queen galt eher als extravagante Show-Rockband und nicht als intellektuelles Ensemble. Daher überraschte es mich, dass May Astronomie und Mathematik studiert hatte, und dass die anderen Bandmitglieder von Queen Abschlüsse in Medizin, Kunst und Physik hatten. Als ich May in seinem Haus im Süden Englands anrief, sagte er mir – in unerwartet weichem, fast zögerlichem Ton –, dass er im Alter von ungefähr sieben Jahren seine Leidenschaft für Astronomie und Musik entdeckt hatte. Sie ließ ihn nie wieder los. „Mein erstes Fernrohr baute ich mit meinem Vater ungefähr zur gleichen Zeit, als wir auch die Gitarre bauten, die ich noch immer verwende", erzählte May. „Es war nur ein kleiner 4-Zoll-Reflektor auf einer azimutalen Montierung. Aber es war erstaunlich, was man damit sehen konnte. Mein Papa war ein Alleskönner, er war ein Genie in Elektronik und ein fantastischer Handwerker."

Hätte ihm Musik nicht so viel bedeutet, wäre er mit Sicherheit Astronom geworden, so May. „Ich arbeitete nach meinem Abschluss am Imperial College in der Infrarotastronomie. Mein Forschungsgebiet war der interplanetare Staub. Während meiner Doktorarbeit war ich faktisch Berufsastronom. Ich baute die erste britische Baracke auf Teneriffa, die die Basis des Observatoriums bildete, das nun dort steht. O.k., ich baute sie nicht selbst, aber ich organisierte den Bau."

May war enttäuscht über die fehlende Ehrfurcht seiner Kollegen vor der Schönheit des Nachthimmels. „Wenn Astronomen erst mal ihre Ausrüstung aufgebaut haben, schauen sie nicht mehr nach oben und staunen", sagte er. „Aber ich nähere mich der Astronomie wie der Musik eher instinktiv als analytisch. Da ist zunächst das Staunen, der pure emotionale Genussfaktor, sowohl in der Musik als auch in der Astronomie. Du lässt zu, dass dich die Schönheit der Dinge überkommt. Danach kannst du analytisch werden. Aber wenn du nicht zulässt, dass es dich zunächst überwältigt, verpasst du den besten Teil. Wissenschaftler neigen dazu, sich in Dingen zu verlieren, die sie für Erklärungen halten, die aber lediglich Zusammenhänge zwischen Fakten sind. Es gibt vieles jenseits davon, was die Welt ausmacht. Dinge, die mit der Schönheit der Natur und unserem kleinen Platz im Universum zu tun haben. Ich habe viel Zeit einfach damit zugebracht, Bäume und Blumen sowie den Sternhimmel in wunderbar klaren Nächten zu betrachten."

Gelegentlich werde er gefragt, ob sein Interesse an der Astronomie sich in seinen Liedern niedergeschlagen habe, erzählte May. „Ich schrieb ein Lied namens ‚39', das von einem Kerl handelt, der mit relativistischer Geschwindigkeit durchs All reist. Durch die Zeitdilatation der speziellen Relativitätstheorie kehrt er erst hundert Jahre später zurück und ist noch immer gleich alt. Es ist auf dem Queen-Album ‚A Night at the Opera'.

Ich habe ein kleines Teleskop, und ich beobachte – was Berufsastronomen im Allgemeinen nicht tun, sie schauen nicht hinauf. Ich habe auch ein mächtiges Fernglas für Kometen. Wissen Sie, dass man uns die Schönheit des Nachthimmels geraubt hat? Sieht man diese alten Bilder von großen Kometen über London, ist es erstaunlich, was die Menschen von der Straße aus sehen konnten, bevor es so viele Lichter gab. Stünde heute ein großer Komet am Himmel, befürchte ich, dass relativ wenige Leute ihn sehen würden. Ich hoffe, es kommt bald einer! Er ist längst überfällig, oder?"

Venus – der Morgen- und Abendstern

Die Himmel füllen sich mit Sternensaat
und Sterne sind nach aller Weisen Rat
viel göttlicher als Lampen Bogen oder Macht,
zum Funkenspiel und Sprüh'n sind sie erdacht,
nicht aber zu erhell'n das edle Dunkel in der Nacht.

ROBERT FROST, „THE LITERATE FARMER AND THE PLANET VENUS"

... Ich wandte mich zu dir,
du stolzer Abendstern,
in deinem Glanz so fern,
dein Strahl ist so willkommen mir;
Mein Herz füllt sich mit Freude
ob der edelsten Stelle,
die am Himmel du gebierest jede Nacht ...

EDGAR ALLAN POE, „EVENING STAR"

Der Planet Venus ist für das bloße Auge eines der schönsten Objekte am Himmel. Er ist heller als alles außer Sonne und Mond. Sein weißes, reines Licht hat die Menschen schon seit jeher beeindruckt. Kein Wunder, dass Sumerer, Griechen und Römer die Venus alle nach weiblichen Figuren der Verführung benannten.

Ihr faszinierender veränderlicher Anblick und ihre komplizierten Bewegungen am Himmel geben der Venus auch einen intellektuellen Reiz. Sie steht näher bei der Sonne als wir und entfernt sich deshalb bei Sonnenaufgang und -untergang nie weiter von ihr als die halbe Strecke zwischen Horizont und Zenit. Daher kommen ihre Spitznamen: Sie wird Morgenstern genannt, wenn sie vor der Sonne aufgeht, und Abendstern, wenn sie nach der Sonne untergeht. Ihre scheinbare Bewegung im Lauf von ungefähr sechs Monaten bei jeder dieser Erscheinungen verursacht elegante Muster. Diese Bewegung entsteht durch die Umläufe von Venus und Erde auf ihren Bahnen um die Sonne. Einige der Muster sehen schmal aus wie eine Ahle, andere weitläufig wie ein Segeltörn oder schwingende Gitarrensaiten. Einige enthalten rückläufige Bögen wie bei einer Acht, bei denen die Venus ihre eigene Bahnspur kreuzt.

Die Umlaufbahnen von Venus und Erde unterliegen fast exakt einer Fünf-zu-Acht-Resonanz: Venus taucht alle 584 Tage als Morgenstern auf. Multipliziert man 584 mit 5 ergibt das 2920, geteilt durch 8 ergibt

365, die Dauer eines Erdjahrs in Tagen. Als Folge davon wiederholt sich nach 52 Jahren der Zyklus wieder. Venus steht dann zum gleichen Zeitpunkt an der Stelle des Himmels, wo sie 52 Jahre zuvor schon einmal stand. Das geschieht, weil die Venus mit einer Umlaufzeit von 224 Tagen insgesamt 584 Tage benötigt, um wieder zur Erde aufzuschließen. Beobachter vergangener Tage entdeckten diesen Zusammenhang, ohne dass sie etwas über Umlaufbahnen wussten. Die Mayas nannten den 52 Jahre dauernden Vorgang „Kalenderrunde" und maßen ihm große Bedeutung bei. Sie hatten das Observatorium Caracol in Chichen Itza gebaut, das der Beobachtung der Venusbewegung diente und dessen Ruinen eine starke Ähnlichkeit mit einer modernen Sternwartenkuppel haben. Der hellhäutige Gott Quetzalcoatl wird in der Mythologie der Mayas mit der Venus identifiziert. Es hieß, dass er im Osten verschwunden sei, um eine andere Gesellschaft zu finden und eines Tages zurückzukehren. Seine Rückkehr wurde bei der Vollendung eines Kalenderrunden-Zyklus erwartet. Der Glaube an diese Sage erwies sich als verheerend für die Mayas: 1519 – das zufälligerweise ein solches Jahr war – landete der hellhäutige, aber ansonsten ziemlich ungöttliche Eroberer Hernando Cortez in der Neuen Welt. Montezuma leistete keinen Widerstand, da er Cortez für Quetzalcoatl hielt. Nur ein einziges Astronomiebuch der Mayas überstand die darauf folgende rücksichtlose Zerstörung.

Spuren der Verehrung der Venus sind erhalten geblieben: Der Maya-Kalender ist in einigen ländlichen Gegenden Mittelamerikas noch immer in Gebrauch und der Indianerstamm der Skidi Pawnee in Nebraska opferte der Venus eine Jugendliche vor der Morgendämmerung des 22. April 1838. Aber zunehmend sind die Verehrer dieses brillanten Planeten Amateur-Astronomen und keine Schamanen mehr. Zwar ist die Venus während ihrer maximalen Helligkeit bei Tage mit dem bloßen Auge zu sehen (wenn man weiß, wohin man schauen muss), aber am besten lässt sie sich mit dem Fernrohr am Taghimmel beobachten: Sie kann dann untersucht werden, während sie hoch am Himmel steht, wo die Luftunruhe weniger stört, und der helle Hintergrund die Beobachtung erleichtert. Das leuchtende Scheibchen des Planeten kontrastiert sonst zu stark mit dem dunklen Himmel. Eugene O'Connor von der Astronomical Society of New South Wales (Australien) fand heraus, dass er die Venus mit einem Fernglas an jedem Tag des Jahres sehen konnte, vorausgesetzt, er wählte einen Umlauf, bei dem die Venus sich der Sonnenscheibe nicht zu stark näherte oder gar hinter ihr vorbeizog. (Er war vorsichtig genug, sein Fernglas nicht direkt auf die Sonne zu richten.) „Gib den Augen genügend Zeit, um sich bei der Beobachtung auf unendlich einzustellen, und geh davon aus, dass du durch venusähnliche Formen abgelenkt wirst: herumtreibende Samenkapseln, Flugzeuge, umherziehende Pelikane und – kaum zu glauben, aber wahr – vom Wind verwehte Spinnweben."[1]

Die mondähnlichen Phasen der Venus beeindruckten schon Galileo Galilei, der bemerkte, dass sie die Kopernikanische Theorie von den Planeten, die um die Sonne kreisen, stützten. Nachdem er die Venus im Jahr 1610 beobachtet hatte, übermittelte Galilei seine tendenziell ketzerischen Neuigkeiten an Johannes Kepler in Form eines lateinischen Anagramms: *Haec immatura a me iam frustra leguntur – o.y.* – „Dieses noch Unreife wird von mir bislang vergeblich gelesen". Richtig angeordnet heißt es *Cynthiae figuras aemulatur Mater Amorum*, „Die Mutter der Liebenden [Venus] imitiert die Phasen der Cynthia [Mond]". Kommt die Venus der Erde näher, wächst ihr scheinbarer Durchmesser. Dabei verwandelt sich das anfangs nur zehn Bogensekunden große, fast volle Scheibchen bei der unteren Konjunktion – jenem Bahnpunkt, an dem die Venus der Erde am nächsten steht – in eine schmale Sichel mit 58 Bogensekunden Durchmesser. Damit ist sie sogar größer als der mächtige Jupiter.

Die ersten Fernrohrbeobachter sahen Hinweise darauf, dass die Venus eine dichte Atmosphäre hat. Manchmal greifen die Spitzen der Sichel auf die dunkle Seite der Scheibe über, und verschiedene Beobachter haben darüber berichtet, dass die dunkle Seite gelegentlich durch ein schwaches „aschgraues" Licht erhellt wird, ähnlich wie der Erdschein des Mondes. Wie Leonardo da Vinci erkannte, wird der Erdschein auf dem Mond durch das Sonnenlicht verursacht, das von der Erde reflektiert wird: Zeigt uns der Mond eine Sichel, ist die Erde vom Mond aus gesehen fast voll. Aber das aschgraue Licht der Venus muss, wenn es echt ist, auf andere Weise zustande kommen, so dass seine Ursache umstritten bleibt. Einige schlugen vor, dass es durch Airglow verursacht wird. Dabei gibt die obere Venusatmosphäre Energie ab, die durch ionisierende Sonnenstrahlen dort deponiert wurde. Andere halten das aschgraue Licht für eine bloße Täuschung.

Innerhalb einer langen Zeitspanne zieht die Venus zweimal recht kurz hintereinander vor der Sonne vorbei. Die Vorübergänge treten paarweise auf, mit acht Jahren Abstand zwischen den beiden Ereignissen und mehr als 100 Jahren zwischen zwei Ereignispaaren. Ein Transitpaar gab es jeweils im 17., 18. und 19. Jahrhundert, und es wird eines im 21. Jahrhundert geben: am 8. Juni 2004 und am 5./6. Juni 2012. „Als der letzte Vorübergang stattfand, erwachte die intellektuelle Welt aus ihrem jahrhundertelangen Schlummer", schrieb der Astronom William Harkness vom U.S. Naval Observatory 1882, „und diese wundersamen wissenschaftlichen Aktivitäten, die zu unserem heutigen fortgeschrittenen Wissen führten, haben erst begonnen. Nur Gott weiß, wie die Wissenschaft in der nächsten Transit-Saison aussehen wird."[2]

Mikhail Lomonosov, der den Vorübergang von 1761 von der Universitätssternwarte St. Petersburg aus beobachtet hatte, sah einen deutlichen Tropfeneffekt und führte das darauf zurück, dass Venus „eine der Erde vergleichbare oder größere Atmosphäre besitzt".[3] Wiederholt glaubten Beobachter, dass sie Strukturen in den Wolken der Venus sehen konnten. Dies nährte Hoffnungen, dass man die Rotationszeit des Planeten ableiten und vielleicht sogar durch eine Wolkenlücke einen flüchtigen Blick auf die Oberfläche werfen könnte. Aber die meisten dieser Pläne waren vom Unglück verfolgt. Alle veröffentlichten Werte für die Rotationszeit der Venus waren falsch, und obwohl die Wolken leicht zu sehen waren – man sieht auf dem Venusscheibchen nichts anderes als Wolken – erwiesen sich die angeblichen Wolkenstrukturen meist als Täuschung. In der Tat ließen sich fähige Beobachter nicht daran erkennen, dass sie Strukturen sahen. Vielmehr erkannte man sie daran, dass sie die Venus sehr lange diszipliniert beobachteten, ohne Dinge zu sehen, die dort nicht waren. Der wohlhabende deutsche Amateur-Astronom Johannes Schröter verkündete, er habe Sonnenlicht gesehen, das auf einen Gipfel gefallen sei, der aus den Wolken herausgeragt habe. Daraufhin schaute sich William Herschel die Venus lange mit kühlem Kopf an und erklärte den Planeten für strukturlos. Der Planetenbeobachter Bertrand Peek, dem die Gefahren von Täuschungen im Fernrohr bewusst waren, lobte einmal den jungen Alan Heath, Mitglied der British Astronomical Association, für seine Venusbeobachtungen.

„Aber ich habe kaum jemals etwas gesehen", erwiderte Heath.

„Genau das meine ich", sagte Peek.[4]

Eine bemerkenswerte Ausnahme war der französische Amateur Charles Boyer. Als ausgebildeter Anwalt hatte Boyer von 1955 an einen Verwaltungsposten in Brazzaville im Kongo. Die Luft erwies sich dort als ausnehmend ruhig, also baute er einen 10-Zoll-Reflektor und schrieb an einen befreundeten Astronomen, Henri Camichel vom Observatorium Pic du Midi sollte ihm lohnenswerte Beobachtungsprojekte empfehlen. Camichel schlug Boyer vor, die Venus im ultravioletten Licht zu fotografieren. Astronomen hatten nämlich herausgefunden, dass die Venuswolken zwar im Optischen undurchsichtig sind, aber im Ultravioletten dunkle Strukturen zeigten. Jedoch waren die Strukturen zu undeutlich und verwirrend, um daraus eine eindeutige Rotationszeit abzuleiten. Boyers Teleskop fehlte die Uhrwerksnachführung für seine Montierung, die üblicherweise erforderlich ist, um lang belichtete astronomische Aufnahmen zu machen. Also entwickelte er eine Vorrichtung, um stattdessen die Kamera über die Brennebene zu bewegen. Er verwendete einen niedrigempfindlichen Film und ein Violett- anstatt eines Ultraviolettfilters. Seine Aufnahmen der Venus waren nur winzige Flecken auf der Emulsion. Andere hatten Schwierigkeiten, überhaupt irgendwas auf ihnen zu sehen, aber Boyer behauptete, dass er Hinweise auf eine vier Tage dauernde Rotationszeit habe. Camichel sah das auch so. Also verfassten der Berufs- und der Amateur-Astronom gemeinsam einen Artikel über die viertägige Periode, der in der populärwissenschaftlichen Zeitschrift „L'Astronomie" erschien. Außerdem erschienen zwei Veröffentlichungen in technischen Zeitschriften.

Inzwischen beobachtete ein anderer Amateur – Rodger Gordon – die Venus visuell durch ein Ultraviolettfilter. Obwohl er nichts von Boyers Ergebnissen wusste, leitete auch Gordon eine viertägige Rotationszeit ab. Er veröffentlichte darüber einen Artikel im Rundschreiben seines astronomischen Vereins im November 1962. „Ich vertraue meinen Ergebnissen nicht sehr", schrieb er bescheiden. „Es wäre nicht besonders überraschend, wenn ich weit neben dem richtigen Wert liegen würde."[5]

Soweit es die Rotationszeit der Venus betrifft, lagen Boyer, Camichel und Gordon tatsächlich weit neben dem richtigen Wert. 1962 ermittelten amerikanische und sowjetische Wissenschaftler einen Wert von 243 Tagen. Sie verwendeten dazu Radarechos, die an der Venus reflektiert wurden. Der Planet dreht sich retrograd, andersherum als die meisten anderen Planeten. (Die Ursache für diese sonderbare Situation ist unklar. Vielleicht schlug früher ein großes Objekt auf der Venus ein und kehrte ihre Rotationsrichtung um.) „Am liebsten hätte ich in ein Loch kriechen wollen", klagte Gordon. Boyer und Camichel dagegen reichten unbeeindruckt einen Fachartikel über die viertägige Rotationszeit bei „Icarus" ein, einer US-amerikanischen Zeitschrift für Planetenforschung. Aber der damals noch junge Harvard-Astronom Carl Sagan lehnte als Gutachter eine Veröffentlichung ab: „Die viertägige Rotationszeit ist theoretisch unmöglich und zeigt, wie töricht die Arbeit eines unerfahrenen Amateurs sein kann."[6] Boyer, Camichel und ein weiterer französischer Astronom, Bernard Guinot, setzten ihre Beobachtungen der Venus trotzdem fort und ermittelten immer wieder eine viertägige Rotationszeit, in der die Wolkenmuster die Scheibe überquerten.

Die Angelegenheit ruhte bis zum Februar 1974, als die Raumsonde *Mariner 10* an der Venus vorbeiflog und sie im Ultravioletten fotografierte. Die aus den Einzelaufnahmen von *Mariner 10* zusammengestellten Filme zeigten, dass die Venusatmosphäre sich anders als der feste Planet unter ihr tatsächlich einmal in vier Tagen dreht. Die Amateure hatten doch recht gehabt. Das Problem war, dass die Rotation der Wolken nicht mit der des Planeten darunter zusammenpasste.

Venus ist hinsichtlich ihrer groben Eckdaten ein Zwilling der Erde. Ihr Durchmesser beträgt 95 Prozent, ihre Masse 85 Prozent und ihre Anziehungskraft an der Oberfläche 90 Prozent des jeweiligen Wertes der Erde. Der Radius ihrer Umlaufbahn beträgt 70 Prozent des irdischen Wertes, und die Venuswolken ähneln auf den ersten Blick denen der Erde – zumindest mit ihrer hellweißen Farbe. Da man all dies wusste (wegen der Wolken aber auch nicht viel mehr), nahmen einige Wissenschaftler und Gelehrte an, dass die Ähnlichkeiten noch weiter gingen. Diese unbegründete Argumentation wurde 1884 durch Camille Flammarion bis zum Zerreißen gespannt. Flammarion war ein ehemaliger Theologiestudent, der in seinen Werken Amateur- und Berufsastronomie mit einer romantischen Begeisterung für den Nachthimmel vermischte. Das machte seine Bücher sehr beliebt, und gelegentlich ließ er sich davon mitreißen. In „Les Terres du Ciel" argumentierte er, dass wenn die Venus „fast dieselbe Größe, dasselbe Gewicht, dieselbe Dichte und dieselbe Oberflächenschwerkraft" wie die Erde habe, sie auch „dieselbe Länge von Tag und Nacht, dieselbe Atmosphäre, dieselben Wolken und denselben Regen haben" müsse.[7] Die ersten vier Gemeinsamkeiten waren Fakten. Die fünfte hatte damals eine gewisse wissenschaftliche Grundlage, die in den wilden Schätzungen der Rotationszeit wurzelte. Aber Flammarions Mutmaßungen über Atmosphäre, Wolken und Regen wurden durch nichts gestützt und waren grundlegend falsch.

Genauso war es mit Spekulationen, dass die Verhältnisse auf einem wolkenbedeckten Planeten, der der Sonne näher steht, denen in den tropischen Regenwäldern auf der Erde ähneln müssten. Jacques-Henri Bernardin de Saint-Pierre (1737 – 1814), ein Anhänger des Philosophen Jean-Jacques Rousseau, veröffentlichte in einem seiner Bücher einen frei erfundenen Stich, auf dem die Venusbewohner den „glücklichen Insulanern von Tahiti" ähnelten. Der Nobelpreisträger Svante Arrhenius beschrieb die Venus 1918 als einen „tropfnassen" Garten riesiger, kurzlebiger Pflanzen. Garrett Serviss schlug in seinem 1888 erschienenen Buch „Astronomy with an Opera Glas" vor, dass die Venusatmosphäre möglicherweise „Millionen von intelligenten Kreaturen mit Atem versorgt, und dass sie von der Musik der Zungen vibriert, die so ausdrucksstarke Sprachen wie auf der Erde sprechen".[8] Der einflussreiche Sciencefiction-Maler Frank R. Paul (1884 – 1963) nannte die Venus in der Zeitschrift „Fantastic Adventures" „einen Planeten von fast tropischer Vielfalt ... eine junge Welt voller Gefahren und möglicherweise monströsen Lebensformen".[9] Sogar noch in den 1960ern schlug G. Edward Pendray, ein Wissenschaftsjournalist und der Gründer der American Rocket Society, vor, dass „Venus sich als wunderbarer Ort zum Leben erweisen könnte".[10] Die weißen Wolken ähnelten einem unbeschriebenen Blatt, auf das die menschliche Vorstellungskraft fast jede Fantasie projizieren konnte.

Die harte Wirklichkeit zeigten sowjetische und amerikanische Raumsonden, die in den 60er-Jahren eine Reihe von unbemannten Missionen zur Venus schickten. Zufälligerweise ergänzten sich die Missionsstrategien der beiden konkurrierenden Supermächte des Kalten Krieges perfekt: Die Sowjets landeten eine Reihe von *Venera*-Sonden, während die Amerikaner den Planeten mit *Mariner*- und *Pioneer*-Sonden aus dem All fotografierten. 1990 schließlich kartierte der *Magellan*-Orbiter die Venus.

Die *Venera*-Missionen gehörten zu den einfallsreichsten Sonden in der Geschichte der robotergesteuerten Raumflüge, auch wenn sie von der US-amerikanischen Presse wenig gewürdigt wurden. Von 1961 an schickten die Sowjets fast ein Vierteljahrhundert lang bei jedem Startfenster eine neue, verbesserte *Venera*-Sonde zur Venus. (Solche Fenster gibt es alle 19 Monate. Die Sonde wird vor der unteren Konjunktion gestartet, wenn Venus Abendstern ist, und erreicht den Planeten nach der Konjunktion, wenn er Morgenstern ist.) Die ersten Sonden scheiterten vollkommen, *Venera 1* und *Venera 2* gingen auf ihrer Reise verloren. *Venera 3* schlug auf der Venus auf, die Übertragung von Daten hatte aber bereits vorher aufgehört. *Venera 4* sank an einem Fallschirm herunter und meldete alarmierend hohe Werte für Atmosphärendruck und Temperatur, bevor sie in einer Höhe von 25 Kilometern verstummte. Die nächsten drei Missionen scheiterten aus verschiedenen Gründen, aber *Venera 8* gelang es, am 22. Juli 1972 sicher zu landen. Sie überlebte fast eine Stunde. Die zur Erde gesendeten Fotos und Daten zeigten zusammen mit den Untersuchungen, die die US-amerikanischen Sonden und spätere *Venera*-Missionen sammelten, dass Venus nicht Tahiti ist. Ihre Oberfläche ist nicht feucht, sondern trocken – mindestens hundertmal trockener als die der Erde. Ihre Temperatur beträgt unglaubliche 475 Grad Celsius; ihre Oberfläche ist damit heißer als die irgendeines anderen Planeten und heiß genug, um Steine zum Glühen zu bringen. „Siebenmal heißer als sie sein sollte", um einen Satz aus Louis Armstrongs „Shadrach" zu entleihen. Die Atmosphäre besteht zu 97 Prozent aus Kohlendioxid und zu wenig Sauerstoff, um ihn zu messen. Der Druck ist 90-mal höher als auf der Erde in Meereshöhe und entspricht damit dem Druck, den Tiefseetaucher in 900 Meter Tiefe vorfinden. Er ist hoch genug, um einen Tiefseetauchanzug zu zerquetschen. Die Wolken bestehen nicht aus Wasserdampf, sondern aus Batteriesäure. Die Farbe der Umgebung ist dunkelrot, der dominierende Geruch ist der von Schwefel. Sogar einem überzeugten Ungläubigen würde man es verzeihen, wenn er auf der Venus in den wenigen verbleibenden Momenten seines Lebens denken würde, dass er in der Hölle sei.

Folgeuntersuchungen durch *Magellans* Radarmessungen der Oberfläche konzentrierten sich auf die beunruhigende Frage, wie ein der Erde äußerlich so ähnlicher Planet so erschreckend verschieden sein kann. Astronomen mutmaßen, dass die schockierende Hitze und Trockenheit der Venus durch einen außer Kontrolle geratenen Treibhauseffekt verursacht wurden. Das reichlich in der Atmosphäre vorhandene Kohlendioxid hält die Sonnenwärme unter der Wolkenhülle gefangen. Venus und Erde dürften ihre Existenz mit ungefähr derselben Mischung aus chemischen Elementen begonnen haben, da beide aus dem gleichen solaren Urnebel in ähnlichen Entfernungen zur Sonne entstanden sind. Warum haben sie sich dann nicht ähnlich entwickelt? Es gibt einige Theorien dazu, aber die kurze Antwort ist, dass es bislang niemand weiß.

Interessant bei der Frage nach Leben sind zwei Überlegungen. Die erste hängt zusammen mit dem Verhältnis von Wasserstoff zu Deuterium auf der Venus. Es legt nahe, dass die Venus einst Ozeane hatte, die mit denen auf der Erde vergleichbar waren. Planetologen berechneten, dass diese Ozeane die Hälfte der 4,5 Milliarden Jahre währenden Geschichte des Planeten überdauert haben könnten, bevor etwas – vermutlich der außer Kontrolle geratene Treibhauseffekt – dazu führte, dass sie verdampften. Der Wasserdampf stieg in die obere Atmosphäre, wo das Sonnenlicht den Sauerstoff in Kohlendioxidmolekülen band und den Wasserstoff ins All trieb. Die andere Überlegung ist, dass die Venusoberfläche geologisch jung ist, nur 600 Millionen Jahre alt. Dies kann man aus Zählungen der Einschlagskrater folgern: Obwohl die dichte Venusatmosphäre die Oberfläche vor dem Einschlag von Meteoriten schützt, die kleiner als ein Kilometer sind, dürften große Körper mehr als 963-mal einen Krater gerissen haben. Dies ist die Zahl der Krater, die man auf *Magellans* Radarkarten zählte. Möglicherweise durchlief die Venus eine Phase von intensivem Vulkanismus und „kehrte sich selbst von innen nach außen“, so formulierte es der Astronom David Grinspoon.

Wenn Venus aber Meere und ein gemäßigtes Klima über Jahrmilliarden gehabt hat, dann hätte es dort auch Leben geben können. Die anhaltende vulkanische Aktivität wiederum hätte jedoch alle Spuren des Lebens ausgelöscht. Und wenn ein außer Kontrolle geratener Treibhauseffekt an der Klimakatastrophe schuld war, sollte das von großem Interesse für uns sein. Schließlich leben wir auf einem Zwillingsplaneten der Venus im Industriezeitalter: Die Temperatur unseres Planeten steigt – was zumindest teilweise durch die industriell verursachte Zunahme des Kohlendioxidanteils in der Atmosphäre geschieht, wie man heute glaubt. Grinspoon und seine Kollegen schreiben: „Die Bedingungen auf Venus und ihre vergangene Entwicklung dienen als Warnung für die Menschheit ... Die Untersuchung der Venus, so fremdartig sie auch erscheinen mag, trägt wesentlich zu unserem Verständnis der Zerbrechlichkeit oder der Robustheit unseres Heimatplaneten bei.“[11] Die Besorgnis erregende Frage bei der Betrachtung der Venus von unserem verschmutzten Planeten aus ist also, ob sie eine Vision unserer eigenen möglichen Zukunft darstellt.

Das Urgestein: Ein Besuch bei Patrick Moore

Patrick Moore, der Begründer der Popularisierung der Astronomie, schrieb das Buch, aus dem ich zunächst die Beobachtung des Mondes und der Planeten erlernte. Ich befolgte seine freundlichen, knappen Ratschläge im Umgang mit Teleskopen und eiferte seinem Zeichnungsstil nach: schwarze Tusche für Mondkrater, Kohle- und Pastellkreide für die Planeten. Die Vorlage für eine Jupiterzeichenschablone pauste ich so oft aus seinem Buch „The Amateur Astronomer" ab, dass sie fast aus der Seite herausfiel und ein Loch in Jupiterform zurückließ. Sein weltgewandter und trotzdem begeisterter Schreibstil half mir dabei, die Astronomie mit der Kultur im weiteren Sinne in Verbindung zu bringen – besonders mit der britischen Tradition des versierten Amateurismus, einer der treibenden Kräfte der wissenschaftlichen und technologischen Revolutionen, die die Welt veränderten. Mit 16 nahm ich eines von Moores Büchern mit auf eine Seereise nach England zusammen mit meinen Eltern. Ich las es auf Deck an jenem Tag, an dem die grüne Küste bei Southampton zu erkennen war. 40 Jahre später, im Sommer 2000, kam ich in dem Dorf Selsey an der gleichen Südküste an, um Moore zu treffen.

„Ah, da sind Sie ja!", sagte er mit dröhnender Stimme, als er die Tür seines Hauses aus dem 17. Jahrhundert öffnete, in dem er seit 1966 lebte. „Gehen wir Mittagessen?" Er humpelte zu meinem Auto, und wir fuhren einige hundert Meter zu einem Restaurant in der Nähe.

„Das Hinken ist nur vorübergehend, aber es macht mich mürrisch", knurrte er, während wir vor dem Seal Hotel aus dem Auto ausstiegen. „Sonst spiele ich Kricket. Ich bin ein Werfer, der dem Ball einen Drall gibt. Aber zurzeit geht es nicht. Ich laufe herum wie ein 77-Jähriger. Die Tatsache, dass ich 77 bin, spielt dabei keine Rolle. Normalerweise kann ich mit jedem 40-Jährigen mithalten."

Der Anblick des monumentalen Moores, wie er da den Gehweg entlanghumpelte, brachte den Verkehr im Dorf fast zum Erliegen. Ein großer Mann: sein Monokel, sein schlohweißes Haar und die dröhnende, an Churchill erinnernde Stimme – eine großartige Rundfunkstimme, gefühlsbetont und präzise zugleich – waren nationale Wahrzeichen. Moore war lange einer der berühmtesten Männer Großbritanniens. Er war zum Ritter geschlagen worden, und seine BBC-Fernsehsendung „The Sky at Night", die 43 Jahre in Folge jeden Monat ausgestrahlt wurde, steht im Guinness-Buch der Rekorde als die weltweit am längsten laufende TV-Sendung mit dem gleichen Moderator. Wir betraten das Hotel und setzten uns an die Bar. Moore bestellte mir einen doppelten Wodka und für sich einen doppelten Gin. Zuvorkommend bot er auch dem Barkeeper ein Getränk an. Ich befragte ihn nach seiner Jugendzeit, da ich gelesen hatte, dass er nie wirklich zur Schule gegangen sei.

„Ich hatte immer ein kaputtes Herz", sagte Moore vergnügt. „Daher konnte ich zwischen 6 und 16 keine Schule besuchen. Ich genoss aber immer noch mehr Ausbildung als die meisten Jungen. Ich konnte ja nicht viel anderes machen. Zur Astronomie kam ich durch die Lektüre eines Buches meiner Mutter: „The Story of the Solar System" von George F. Chambers, erschienen 1898, Preis: sechs Pence. Ich kaufte eine Sternkarte, bekam ein Fernglas und machte mich mit dem Himmel vertraut. Ich musste mir alles selbst beibringen. Ich brachte mir auch das Schreiben auf der Schreibmaschine meines Großvaters aus dem Jahr 1892 bei. Ich habe sie noch immer, aber inzwischen verwende ich hauptsächlich eine Woodstock von 1908. Auf ihr schaffe ich genau 90 Wörter pro Minute, während ich mit dem Computer nur 50 bis 60 pro Minute schaffe."

Moore trat der British Astronomical Association mit elf Jahren bei, seine erste wissenschaftliche Veröffentlichung erschien, als er 13 Jahre alt war, im „BAA Journal". Thema: Minikrater auf dem Mond. „Ich machte die Beobachtungen mit einem 3-Zoll-Refraktor. Als der Krieg begann, war mir klar, dass ich beim Heer oder der Marine keine zehn Minuten überleben würde. Aber Fliegen würde ich können, nahm ich an, also tat ich das. Ich musste mein Alter auf dem Bewerbungsbogen der Royal Air Force und meine medizinische Untersuchung manipulieren, aber sie nahmen mich. Ich diente als Navigator im Bomberkommando, meistens im Norden Englands. Und ich konnte ein bisschen fliegen, wenn ich musste. Ich musste einmal ein Flugzeug mit fünf Männern an Bord landen, nachdem der Pilot verwundet worden war. Die Deutschen schossen auf uns, und der Pilot wurde verletzt. Sie fanden die Wahrheit über mich heraus, als ich 18 war. Der Offizier, der mich damit konfrontierte, sagte, sie hätten erfahren, dass ich mein Alter und die medizinische Untersuchung manipuliert hätte. Aber, sagte er, ich sei mit 17 zum Luftwaffenoffizier ernannt worden. Das Einzige, was er also tun könne, sei, mich zu einem Drink in die Offiziersmesse einzuladen."

„Setzen wir noch einen drauf?" Moore winkte fast unmerklich zum Barkeeper hinüber und eine weitere Runde mit Drinks tauchte auf.

Da seine Schulausbildung durch den Krieg unterbrochen wurde, besuchte Moore nie eine Universität. Stattdessen trat der britische Partner eines amerikanischen Verlegers an ihn heran mit der Frage, ob er nicht ein Buch über sein Lieblingsthema, den Mond, schreiben wolle. „The Moon" fand eine große Leserschaft und begründete Moores Karriere als Schriftsteller. Er hatte seitdem nach meiner Zählung mehr als 60 Bücher geschrieben. (Als ich Moore fragte, sagte er: „Ich weiß nicht – eine beträchtliche Zahl, nehme ich an.") Die Bücher, die ich von ihm las, beeindruckten mich durch sein enzyklopädisches Wissen über die wissenschaftliche Literatur und seine Kunst, winzigen Teleskopen nützliche und verlässliche Beobachtungen zu entlocken.

Mit einem Monokel im rechten Auge studierte Moore die Speisekarte. Das Monokel fiel prompt heraus, und Moore setzte es gemächlich zurück, wie ein Pfeifenraucher seine Pfeife neu anzündet. „Ich habe immer ein Monokel getragen“, sagte er. „Es ist ein Teil von mir. Ich begann damit, als ich 16 war. Sie wollten mir eine Brille mit einer ebenen Linse geben. Ich fragte sie, wofür die Planlinse gut sein solle.“

Wir gingen hinüber zu einem Tisch. Ein Dutzend neugieriger Blicke richtete sich auf uns. Ein junger Mann tauchte auf und zog ein Blatt Papier heraus. „Entschuldigung, Herr Moore, würden Sie das für mich unterschreiben? Herzlichen Dank. Entschuldigen Sie die Störung. Sie sind ein Star, Sir.“ Eine Flasche Weißwein tauchte auf, dicht gefolgt von zwei Tellern mit Seezunge aus Dover.

Wir diskutierten über Moores Mondbeobachtungen. Seine Karten, obwohl größtenteils an Amateur-Instrumenten gewonnen, waren so zuverlässig, dass sie den Sowjets als Grundlage für die ersten Aufnahmen der Mondrückseite mit der Sonde *Lunik 3* dienten. Und die Amerikaner nutzten sie, um die bemannten *Apollo*-Landungen vorzubereiten. „Ich bin kein Forscher“, sinnierte Moore. „Ich habe nicht das Gehirn. Ich bin ein Mondkartograf und meine Forschungen erfolgten vor Jahren. Aber wenn ich andere Menschen unterstützen kann, mache ich das.“ Verwirrt durch den Respekt, den er ausstrahlte – und durch den Wein, Moore hatte eine weitere Flasche auftauchen lassen –, stellte ich ihm eine dumme Frage: „Sie sind nicht besonders an Entdeckungen interessiert, oder?“

„Ich habe eine Entdeckung gemacht“, sagte Moore sanft. „Mare Orientale am östlichen Rand des Mondes.“

Mir fiel es wie Schuppen von den Augen. Mare Orientale ist der größte Einschlagskrater auf dem Mond, ein böse dreinschauendes Auge von der Größe Nicaraguas. Sein Mittelpunkt liegt knapp außerhalb der sichtbaren Mondseite. Üblicherweise wird davon ausgegangen, dass es von Raumsonden entdeckt wurde, die die Rückseite des Mondes fotografierten. Aber der Rand des Mare Orientale ist gelegentlich wegen der Libration des Mondes von der Erde aus sichtbar: Durch die unterschiedlichen Blickwinkel auf den Mond und durch seine ihm innewohnende wackelnde Bewegung (er schwankt jeden Monat ein bisschen, sowohl in Nord-Süd-Richtung als auch in Ost-West-Richtung, wie jemand der Ja und Nein signalisieren möchte), können wir auf der Erde fast 60 Prozent seiner Oberfläche sehen. Die Voraussetzung dafür ist, dass wir zur richtigen Zeit hinschauen. In den 30er-Jahren kartografierte Moore die Librationsgebiete am Mondrand mit seinem 12,5-Zoll-Reflektor in Sussex. Dabei zeichnete er den Rand des Mare Orientale und erkannte, dass er Teil einer noch unentdeckten Struktur war. Er schlug sogar den Namen vor (der „östliches Meer“ bedeutet), unter dem es heute bekannt ist. Peinlicherweise hatte ich das vergessen.

„Und den Krater namens Einstein“, ergänzte Moore. „Ihn entdeckte ich ebenfalls – an der Grenze des Machbaren. Setzen wir noch einen drauf?“

Moore ergänzte: „Die Astronomie ist eine der wenigen Wissenschaften, in denen Amateure nützlich sein können. Ihre große Stärke liegt in der Kontinuität ihrer Beobachtungen. Wenn ein Staubsturm auf Mars auftritt oder ein neuer weißer Fleck auf Saturn erscheint, wird es ein Amateur sein, der ihn entdeckt. Ich entdeckte 1961 selbst einen weißen Fleck – einen sehr kleinen. Ich sah auch den, den Will Hay 1933 sah. Kaffee?“

„Ja, danke.“

„Irisch?“

Ich ging davon aus, die Rechnung zu bezahlen, aber es tauchte keine auf. „Ziemlich unmöglich“, sagte Moore freundlich. „Das ist Selsey. Sie sind in meinem Reich.“ Wir verließen das Restaurant bei brillantem Sonnenschein und einer belebenden Meeresbrise.

„‚Selsey‘ bedeutet ‚Seehundinsel‘“, legte Moore dar. „Ich habe nie einen Seehund vor dieser Küste gesehen, und es ist keine Insel. Aber so ist es eben. Ich werde diesen Ort nie verlassen. Ich habe das Haus, das ich möchte, an einem Ort, wo ich sein will.“

„Segeln Sie?“

„Nein. Ich lebe am Meer, aber ich verstehe das Meer nicht wirklich. Die Luft verstehe ich. Ich lebe in der Luft, mit den Füßen auf dem Boden.“

Zurück in Moores Haus ließen wir uns in seinem Arbeitszimmer nieder, einem Ort voller Uhrenticken und Geläute, an dem die wenigen freien Flächen der holzgetäfelten Wände, die Moores Bücher nicht verdeckten, mit Zitaten, Plaketten und Ehrendoktorwürden behängt waren. Um das Arbeitszimmer zu erreichen, waren wir zunächst durch die Diele gegangen, die mit kleinen Fernrohren und vier russischen Mondgloben vollgepackt war. Dann führte unser Weg durch Räume, in denen sich Bücher, wissenschaftliche Zeitschriften, Kameras, Ferngläser und Erinnerungsstücke an sowjetische, europäische und amerikanische Raumfahrtprojekte türmten.

Moore zündete sich eine Pfeife an, bot mir eine Zigarre an, und stapelte vor mir eine Auswahl seiner frühen Beobachtungsbücher. Gebundene Ordner waren ordentlich mit „Mars“, „Jupiter“ und „Venus“ beschriftet. Die Seiten enthielten sorgfältig mit Farbstiften auf schwarzem Hintergrund gezeichnete Bilder, neben denen exakte Notizen in schwarzer Tinte standen. Sie riefen in mir ein Gefühl der Neugier hervor, weil ich meinen Zeichenstil von seinem abgeleitet hatte. Er wiederum hatte den Stil teilweise von George Chambers „The Story of the Solar System“ abgeleitet, das er in seiner Jugendzeit gelesen hatte. Dieses Buch war für seine klaren Zeichnungen bekannt. Und da waren Moores Zeichnungen und Kommentare von der Marsopposition des

Jahres 1956, meinem ersten Erlebnis als Fernrohrbeobachter. 8. August 1956: „Der beste Anblick ..., den ich jemals hatte. Phase nun 95 Prozent. Die Kappe hat eine Begrenzung ...“ 18. Oktober: „Vielleicht der beste Anblick während dieser Opposition.“

Moore schenkte mir eine seiner CDs (er hatte zwei Opern und einige Militärmärsche komponiert), als zwei junge Burschen hereinschlenderten und von Moore als Amateur-Astronomen vorgestellt wurden, die sich mit Elektronik auskannten. Es waren Chris Reid, ein heiterer, blonder Mensch, der wenig redete, und Tim Wright, ein dürrer Junge mit Jeans, einem dunkelblauen T-Shirt und einer riesigen Brille, der im kraftvollen Stakkato eines aktiven Erfolgsmenschen redete. Sie erklärten, dass sie hier waren, um eine Dipolradioantenne zu testen, die auf Moores Grundstück aufgestellt war. Teile von ihr sollten bald zum Planetarium nach South Downs gebracht werden. Diese öffentliche Einrichtung wurde gebaut, weil Moore dem nordirischen Armagh-Planetarium einen Projektor abgeschwätzt hatte. Er hatte Armagh gegründet und Jahre zuvor geleitet.

„Wo ist meine Spritze?“, fragte Wright dröhnend. „Ich bin kein Fixer, aber ich muss meine Spritze reinigen.“ Er fand sie in einer Schachtel mit Krimskrams, wusch sie in einem Spülbecken und füllte sie anschließend mit Tinte. Diese spritzte er dann in die Druckerpatrone des zum Radioteleskop gehörenden Kartendruckers, der in einer Ecke des Arbeitszimmers stand. Er prüfte die in der Nacht aufgezeichneten Karten, die aus einem langen Blatt mit Linien aus blauer und roter Tinte bestanden. „Patrick, was liegt bei ungefähr 42,5 Grad Deklination, das stark im Radiobereich strahlt?“, fragte er. Moore las gerade seine Post. Ohne aufzuschauen antwortete er: „Cassiopeia.“

„Wann?“

„Auffallend von Mitternacht bis vier Uhr morgens.“

„O.k., dann ist sie das.“ Das Radioteleskop hatte Cas A erwischt, einen Supernova-Überrest in 11000 Lichtjahren Entfernung. Wright machte eine Notiz auf der Karte. Anschließend studierte er die Karte weiter und kündigte an: „Zwischen 22.30 und 23 Uhr hatten wir entweder eine Supernova oder dein Nachbar hat sein Schweißgerät benutzt.“

Wir gingen auf den weitläufigen Rasen hinaus, um das Radioteleskop anzuschauen. Es bestand aus zwei jeweils 2,4 Meter langen Drähten, die an einen alten Empfänger angeschlossen waren, der bei 60 Megahertz arbeitete. „Die 300 Meter Abstand zwischen den beiden Drähten ergeben eine 300 Meter große Dipolradioantenne“, erläuterte Wright. „Am Ende wird es noch viel größer sein. Einer der Drähte wird am Planetarium in South Downs aufgebaut, während der andere hier in Patricks Garten verbleibt. Wir erhalten die Richtung, in der die Radioquellen am Himmel stehen, indem wir die leicht unterschiedlichen Zeiten messen, die ein mit Lichtgeschwindigkeit reisendes Radiosignal benötigt, um die beiden Antennen zu erreichen. Natürlich bekommen wir auch viele Störungen, unter anderem durch Signale von spanischen, russischen und italienischen Fernsehsendern."

Wir besichtigten auch Moores Fernrohre. Jedes stand in einem separaten Gebäude. Eine große, grüne Wanne mit einem Flachdach ähnelte einem Erdöltank und beherbergte einen 15-Zoll-Newton. Er war 40 Jahre alt, hatte einen Tubus aus Holz und eine riesige Montierung. „Ich gebe zu, dass er sehr altmodisch aussieht", sagte Moore. „Überhaupt keine Elektronik. Die computerisierte Astronomie ist nicht mein Fall. Ich bin ein astronomischer Dinosaurier – ein visueller Beobachter von Mond und Planeten. Alles jenseits der Neptunbahn ist für mich etwas weit weg."

Zehn Meter weiter stand ein großer, massiger Schuppen mit den Ausmaßen des Schornsteins eines Ozeandampfers. In ihm befand sich ein 5-Zoll-Refraktor. Wright richtete ihn nachlässig auf die Sonne und projizierte ihr Bild auf ein vergilbtes Blatt Papier, auf dem Notizen für die Wartung standen. Wir hatten ein Jahr mit maximaler Sonnenaktivität und viele Flecken überzogen die Scheibe. Eine ansehnliche, achteckige Konstruktion aus Hartholz mit Fenstern beherbergte einen 8,5-Zoll-Reflektor. Moore erklärte, dass das Gebäude schön sein sollte, weil es ursprünglich im Vorgarten seines früheren Hauses gestanden hatte. Inzwischen öffneten wir ein weiteres Gebäude, das nicht viel mehr als ein primitiver Schuppen war. In ihm stand ein 12,5-Zoll-Reflektor auf einer einfachen azimutalen Montierung.

„Er hat einen guten Spiegel", sagte Moore. „Wie viele Stunden habe ich mit diesem Teleskop zugebracht? Mein Gott, ich habe keine Ahnung. Zehntausende Stunden, schätze ich. Ich entdeckte das Mare Orientale mit diesem Fernrohr." Mit einem zufriedenen Seufzer lehnte er sich gegen die Schuppentür und starrte in den frühabendlichen Himmel, wo sich eine Wolkenbank bildete. Er schien völlig daheim zu sein, in seiner Haut und in seinem Haus. Aber es bedurfte keiner großen psychologischen Begabung, um in ihm den einsamen Jungen zu erkennen, der von der Schule daheim bleiben musste und draußen bei anderen Welten nach Begleitern suchte. Und man erkannte den Mann, der während des Krieges Details seiner Identität geheim hielt und dann Schriftsteller wurde, was an sich schon eine der einsamsten Beschäftigungen auf der Welt ist. So wohnte er für ein halbes Jahrhundert im Burgverlies seiner Berühmtheit.

„Ich kannte Neil Armstrong sehr gut", bemerkte er. „Und ich traf Orville Wright. Ist Ihnen bewusst, dass der erste Mensch auf dem Mond und der erste Flieger sich hätten treffen können? *Hätten*, denn es passierte nicht. Haben Sie Frau und Kinder?"

„Ja."

„Ich beneide Sie darum. Ich wünschte mir, eine Frau und einen Sohn zu haben, aber es ergab sich nicht. Ich wuchs in einer ungewöhnlichen Zeit auf, wofür ich nichts kann." Sein Gesicht hellte sich auf. „Mein 22 Jahre alter Patensohn Adam, der gerade seinen College-Abschluss macht, wird bei mir wohnen", sagte er. „Ich bin ziemlich glücklich darüber." Er lehnte entspannt und lächelnd an der Sternwarte, während er den dunkler werdenden Himmel betrachtete.

Der Tanz des Mondes

Du Sommernachtsmond –
mit den Händen klatsche ich
der Dämmerung zu

MATSUO BASHO

Bald, wenn die Abendschatten Raum gewinnen,
muss sich der Mond auf seine Mär' besinnen;
von ihrer Rundung und Geburt
erzählt er nachts der Erde, die ihn hört.

JOSEPH ADDISON

Zum Zeitpunkt der Wintersonnenwende des Jahres 1999 saßen einige Dutzend Touristen in Gartenstühlen auf einer Wiese an der Küste von Lana'i auf den Hawaii-Inseln. Sie tranken aus dampfenden Kaffeetassen und verfolgten, wie ein Dozent des Planetariums einen 11-Zoll-Schmidt-Cassegrain auf einer massiven parallaktischen Montierung aufbaute. Das Ziel war der Vollmond. Die Presse hatte auf den Titelseiten über diesen besonderen Vollmond berichtet. Er würde während der längsten Nacht auf der Nordhalbkugel in diesem Jahr zu sehen sein, und da er in der Nähe seines Perigäums stand, kam der Mond auf seiner Umlaufbahn der Erde auch am nächsten. Der Mond würde heute Nacht 50 000 Kilometer näher stehen und dadurch um 14 Prozent größer erscheinen als im Apogäum. Der Dozent, ein kräftiger Mann mittleren Alters in ausgelatschten Laufschuhen, war ein erfahrener Beobachter. Aber der Himmel war bewölkt, und der Mann wurde nervös. Er behauptete fälschlicherweise, dass der Mond in dieser Nacht der Erde näher stehe als zu irgendeinem Zeitpunkt in den vergangenen 130 Jahren. Dabei kommt der Mond der Erde bei jedem Perigäum so nahe. Außerdem stand der Vollmond am 15. Januar 1930 der Erde um 670 Kilometer näher. Ich wäre aber der Letzte gewesen, der ihn korrigiert hätte. Er versuchte, ein unruhiges Publikum bei der Stange zu halten, und hatte bislang nichts, was er hätte zeigen können.

Mir war es schon genauso ergangen. Ich erinnere mich an eine Nacht in den Yellowstone Mountains, in der ich den Nachthimmel einer Horde von Milliardären zeigte. Sie fragten viel. Mir war nicht bewusst, dass ich aufgeregt war. Aber als ich hochschaute, um mein transportables Fernrohr auszurichten, erkannte ich nicht ein einziges Sternbild. Sie schienen so vollständig verschwunden zu sein, als ob wir auf einem fremden Planeten stünden. Panik hilft nicht. Also holte ich einfach tief Luft und wartete einen Augenblick. Die Sternbilder kehrten zurück, und ich legte los. Aber dieses Ereignis hat mich seitdem wie ein schlechter Traum verfolgt.

Heute Nacht unter den Wolken Hawaiis tat ich deshalb alles, um dem Planetariumsmitarbeiter das Leben nicht noch unnötig schwerer zu machen, während er sich durch seinen spontanen Vortrag kämpfte. Als sich gerade einige Zuhörer auf den Weg zu den verlockenden Lichtern ihrer Ressorts machten, gab eine Wolkenlücke den Blick auf den Mond frei. Er war wunderbar hell, aber durch dazwischen liegenden Dunst etwas eintönig. Es sah so aus, als ob ein Silberschmied das Mondgesicht in die Mitte eines ovalen Tabletts eingemeißelt hätte, mit Locken tropischer Wolken als Filigranarbeit. Am Fernrohr bildete sich eine Schlange, und der Dozent entspannte sich während seiner eingeübten Sprüche über Mondkrater und -meere.

Der Mond ist das uns vertrauteste und trotzdem auf gewisse Weise das ungewöhnlichste Objekt am Nachthimmel. Er ist besonders hell und mit einem Viertel des Erddurchmessers der größte aller Satelliten im Sonnensystem – in Relation zu dem Planeten, den er umkreist. (Die einzige Ausnahme ist Charon, der Pluto umkreist. Aber Pluto ist möglicherweise kein Planet.) Deshalb ist der Anblick eines dicken Vollmondes am Himmel – beschuldigt und gelobt für alles, von Schlägereien bis Affären – wirklich etwas Besonderes. Die anderen erdähnlichen Planeten haben keine bekannten Satelliten (Merkur und Venus) oder wie der Mars nur zwei winzige, Phobos und Deimos. Bei ihnen handelt es sich wahrscheinlich um eingefangene Asteroiden. Der Mond ist ein Leichtgewicht, da er eine viel geringere Dichte hat als die Erde. Dies führt einen zu der interessanten Frage, woher der Mond stammt.

Für einige Sterngucker ist der Mond ein langweiliges Objekt, oder sie nehmen an, dass bereits alles über ihn bekannt ist. Aber die lange, verschlungene Geschichte der Erde und ihres Mondes ist weit davon entfernt, vollständig verstanden zu sein. Sie veranschaulicht das Diktum, dass wir unseren Heimatplaneten nicht verstehen können, ohne über ihn hinaus zu gehen.

Für das unbewaffnete Auge sieht der Mond wie eine leuchtende Scheibe aus, die mit dunkleren Regionen gesprenkelt ist, die Maria oder „Meere“. Joseph Ashbrook, ein versierter Beobachter und Popularisierer der Astronomie, merkte an, dass „eine erstaunliche Menge an Details der Mondoberfläche“ mit dem bloßen Auge gesehen werden könne, wenn man den Mond in der Dämmerung betrachte, wenn er weniger blende.[1] Da man diese hellen und dunklen Muster kaum übersehen kann, sollte man erwarten, dass unsere Vorfahren alle Arten von Theorien über sie hatten. Und sie hatten tatsächlich einige. Im ersten

Jahrhundert nach Christi Geburt schrieb Plutarch, ein genauer astronomischer Beobachter, ein Buch mit dem Titel „Über das Gesicht im Mond", das die bekannteren Theorien bewertete.[2] Unter den Erklärungen für die Strukturen auf dem Mond, die laut Plutarch „aktuell und in jedermanns Munde" in dieser Zeit waren, gab es die scheinbar vernünftige Idee, dass der Mond eine Steinkugel und seine Strukturen Kontinente wie die auf der Erde seien. (Es gab auch Behauptungen, wonach der Mond ein Spiegel sei, der das Licht der Erde zurückwerfe.) Aber wenn er eine Steinkugel war, was hielt ihn dann davon ab, auf die Erde herunterzufallen? Das war der Kern des Problems. Der gesunde Menschenverstand sagte einem, dass die Erde der einzige Planet im Universum war. Viele große Denker, unter ihnen Aristoteles, sahen das so. Steine fallen, und wenn also am Himmel irgendwelche Steine wären, müssten sie bereits auf die Erde gefallen sein. Alles da oben musste also aus einer leichteren Substanz bestehen. Dieses „fünfte Element" wurde Äther genannt und man stellte es sich als reine, makellose Substanz vor. Wenn der Mond Strukturen zeigte, mussten sie daher Einbildung sein.

Die Ursache für das Scheitern der alten Denker an einem besseren Verständnis der Mondstrukturen lag nicht in einem Mangel an logischem Denken – Aristoteles und Plutarch waren außergewöhnlich vernünftige Männer –, sondern in einem Mangel an angemessenen Technologien: Sie konnten die Strukturen auf dem Mond nicht richtig untersuchen, weil sie kein Fernrohr hatten. Die Entwicklung der Wissenschaften wird häufig mit einer Entwicklung des logischen Denkens gleichgesetzt. Das trifft zu, sofern man nicht weiter zurückblickt als zu den Zeiten, in denen Hexen verbrannt wurden und Flagellanten sich wegen ihrer Sünden buchstäblich selbst geißelten. Aber wenn wir in die Antike zurückschauen und zu den Zivilisationen Asiens und der arabischen Welt, stellen wir fest, dass es das logische Denken schon lange vorher gab. Auch wenn es nicht sehr verbreitet war. Was die Wissenschaften ermöglichte, war nicht das aufkommende logische Denken, sondern vor allem das Aufkommen der Technologie. Galilei, Herschel und Hubble waren nicht klüger als die großen wissenschaftlichen Denker der Antike; sie waren einfach besser ausgerüstet. Berichte von ihren Heldentaten trugen dazu bei, dass die Bedeutung der technischen Ausrüstung nicht betont wurde. Gerade so, als ob es den Autoren peinlich war zuzugeben, dass berühmte Astronomen gute Resultate viel mehr durch gute Ausrüstung als durch „bloßes" Nachdenken erzielt hatten. Aber da ist nichts, was einem peinlich sein müsste. Ohne Geräte gäbe es die Astronomie nicht.

Die ersten, die ihre Teleskope im Jahr 1609 auf den Mond richteten, waren Thomas Harriot aus England und vor allem Galileo Galilei in Italien. Dabei wurde schnell klar, dass der Mond wie die Erde Berge und Täler besaß. Und vielleicht sogar Meere, wobei der Ausdruck Maria eher einer romantischen Anwandlung als einer echten Überzeugung entsprang, dass sie tatsächlich Wasser enthielten. Der Amateur-Astronom Johannes Hevelius prägte den Begriff „Maria" im Jahr 1647. „Der Mond besitzt auf keinen Fall eine glatte, glänzende Oberfläche, sondern eine raue, unebene, die wie die der Erde überall mit riesigen Vorsprüngen, tiefen Spalten und Windungen übersät ist", berichtete Galilei in seinem viel gelesenen Buch „Sidereus Nuncius" („Der Sternenbote", 1610 erschienen).[3] Darin argumentierte er mit einer Analogie und fragte rhetorisch: Werden auf der Erde vor Sonnenaufgang nicht die Gipfel der höchsten Berge von Sonnenstrahlen beleuchtet, während die Ebenen noch im Schatten liegen? Werden nicht nach einer Weile die mittleren und größeren Teile dieser Berge beschienen und sind nicht schließlich nach Sonnenaufgang sowohl die Ebenen als auch die Berge beleuchtet?"[4]

Gut, zumindest in dieser Hinsicht ist der Mond wie die Erde. Galileis Forschung etablierte den Mond als eine eigenständige Welt – kurz gesagt als Land, das möglicherweise genauso erforscht werden konnte, wie das die europäischen Mächte in Galileis Tagen in der „Neuen" Welt jenseits der Meere taten. Die Siedlung Jamestown war gerade gegründet worden. Die Holländer nahmen den Handel mit Japan auf, und Galilei konnte chinesischen Tee in den Läden Venedigs kaufen. 1610 schrieb Sir William Lower einem befreundeten Mondbeobachter, dass Galilei in seinen Augen „mehr getan hat ... als Magellan, der die Strecken in die Südsee geöffnet hat, oder als die Holländer, die von den Bären in Novaja Zemlja gefressen wurden".[5] Lower hatte den Mond mit einem Fernrohr beobachtet, das ihm Harriot geschickt hatte. Kepler schrieb Galilei, dass eine Reise ins All sich als einfacher herausstellen könnte, als man das bislang geglaubt hatte – genauso wie der Atlantik in einigen Passagen „ruhiger und sicherer" war als der Ärmelkanal. Er würde zum Mond fliegen, scherzte Kepler, und Galilei könne zum Jupiter fliegen.

Der Vergleich zwischen der Erde und dem Mond kann zu weit getrieben werden. Bald taten das Träumer, die zu dem Schluss gekommen waren, dass der Mond, wenn er der Erde ähnele, auch bewohnt sein müsse. Galilei stimmte dem nicht zu, und Keplers Spekulationen über Leben auf dem Mond waren auf seine Sciencefiction-Geschichte „Somnium seu Astronomia Lunari" („Traum oder Astronomie des Mondes") beschränkt. Aber viele waren weniger zurückhaltend. Der deutsche Astronom Johann E. Bode war sich sicher, dass intelligente Wesen den Mond bewohnten: Nutznießer von „speziellen Vereinbarungen mit dem weisen Schöpfer".[6] James Ferguson, der sternguckende Schäfer, argumentierte, dass die Ähnlichkeiten zwischen Erde, Mond und Planeten „uns keinen Spielraum für Zweifel lassen, dass die Planeten und die Monde im Sonnensystem als geräumige Wohnorte für Kreaturen geschaffen wurden, die mit Fähigkeiten ausgestattet sind, um ihren gütigen Schöpfer zu kennen und zu bewundern".[7] Selbst mit dem großen William Herschel, normalerweise ein vernünftiger Empiriker, ging beim Thema Leben auf dem Mond die Begeisterung durch. In einem Brief an den englischen Astronomen Nevil Maskelyne schrieb Herschel: „Ich hoffe und bin davon überzeugt, dass irgendwann sehr eindeutige Lebenszeichen auf dem Mond entdeckt werden." Was er mit einem neuen Fernrohr am 28. Mai 1776 auf dem Mond beobachtete, beschrieb Herschel in seiner Zeitschrift als „einen Wald" und er fuhr mit der Identifikation von lunaren Städten, Kanälen und Mautschranken fort.[8]

David Rittenhouse, der neben Benjamin Franklin als der größte amerikanische Wissenschaftler des 18. Jahrhunderts galt, zog patriotischen Trost aus der Aussicht, dass der Mond außerhalb des erstickenden Griffs der imperialen Mächte lag. „Ihr Bewohner des Mondes", schrieb er in seinem 1775 erschienenen Buch „An Oration", „seid ziemlich sicher vor den habgierigen Fingern der überheblichen Spanier und vor dem herzlosen britischen Krösus".[9] 1822 schlug der Mathematiker Karl-Friedrich Gauss in einem Brief an den Astronomen Heinrich Olbers vor, dass eine Anordnung aus „hundert gemeinsam genutzten einzelnen Spiegeln, jeder 16 Quadratfuß groß ... in der Lage wäre, gutes heliotropes Licht zum Mond zu schicken". Mit diesem Signal, so wurde Gauss zitiert, „kann man mit unseren Nachbarn auf dem Mond in Kontakt treten".[10] Der Harvard-Astronom William H. Pickering überzeugte sich selbst davon, dass er Vegetation, Insektenschwärme und Kanäle auf dem Mond sah: „Ich habe praktisch alles gesehen außer den Mondbewohnern, wenn sie mit Spaten das Wasser in andere Kanäle umlenken", berichtete er in einem Brief an seinen Bruder im Jahr 1912, den er während seiner Arbeit am Harvard-Teleskop auf Jamaika geschrieben hatte.[11]

Der Höhepunkt solcher Fantasien war der große Mondschwindel aus dem Jahr 1835, als die „New York Sun", ein auflagenhungriges Billigblatt, eine Serie von vermeintlich exklusiven Geschichten veröffentlichte. Darin war zu lesen, dass der Astronom John Herschel (Williams Sohn) mit einem neuen Superteleskop, das er angeblich in Südafrika gebaut hatte, exotische Wesen auf dem Mond beobachtet hatte. Unter ihnen gebe es gehörnte Bären, eine „sonderbare amphibische Kreatur in Kugelform, die mit hoher Geschwindigkeit über den Steinstrand rollt" sowie kleine, bärtige „Fledermausmenschen", die lüsterne Verbindungen mit Fledermausfrauen eingingen. Die Leserschaft wuchs drastisch – die „Sun" wurde kurzzeitig zur meistgelesenen Zeitung der Welt –, und eine Broschüre mit Nachdrucken der Artikel verkaufte sich 60 000-mal. Der „New York Times" gelang es nicht, Kontakt mit Sir John aufzunehmen, um ihn selber zu interviewen, und so sprang sie auf den Zug auf: Sie nannte die Berichte „sowohl möglich als auch wahrscheinlich". Zwei Professoren der Yale University wurden nach New York geschickt, um die wissenschaftlichen Veröffentlichungen zu sichten, die in den Artikeln zitiert wurden. (Es hieß, sie seien in dem nicht existierenden „Edinburgh Journal of Science" erschienen.) Aber der Schwindel flog nicht auf, bis der Autor, „Sun"-Redakteur Richard Adams Locke zugab, dass er alles erfunden hatte. Kollegen hatten bei ihm wegen Nachdruckrechten angefragt.

Der Mondschwindel entstand aus einer Verkettung von literarischen Vorstellungen und wissenschaftlicher Begeisterung im dunklen, fruchtbaren Geist des Edgar Allan Poe. Er verdiente keinen Cent daran. Poe war von der Astronomie fasziniert, seit er 16 war. Damals hatte er den Mond mit einem Fernrohr betrachtet, das er im Säulengang des zweiten Stockes im Haus seines Stiefvaters aufgestellt hatte. Dies geschah während einer der seltenen Phasen des Glücks in einem ansonsten notorisch unheilvollen Leben. Möglicherweise hätte Poe das Sterngucken weiter betrieben, wenn er sich jemals selber so etwas Teures wie ein Fernglas hätte leisten können. Aber die Armut war für Poe wie eine zweite Haut. Er trank – so der Dichter Charles Baudelaire – „wie ein Wilder" und verschuldete sich sofort, wenn er eine Aussicht auf Einkünfte hatten. (Poe verdiente nur 100 Dollar an seiner Geschichte „Der Goldkäfer", die sich 300 000-mal verkaufte, und nur neun Dollar für den Überraschungserfolg „Der Rabe".) Da Poe nicht lange zwischen zwei Lohnschecks überleben konnte, schrieb er meist Kurzgeschichten. Im Oktober 1833 war er – wie es ein Bekannter formulierte – „mit einer Reise zum Mond beschäftigt", für die er Bücher über Astronomie, Atmosphärenforschung und Ballonfahrten las.

Poes Mondgeschichte trug den Titel „Die unvergleichlichen Abenteuer eines gewissen Hans Pfaall" und erschien drei Wochen vor dem Schwindel der „Sun" im „Southern Literary Messenger". Poe konnte so überzeugend über Wissenschaft und Technik schreiben, dass Bruchstücke seiner Erzählungen in Zeitungen, in einem Bericht des Senats und in einem Artikel über Wasserstrudel in der neunten Ausgabe der „Encyclopaedia Britannica" zitiert wurden, als ob es sich um Fakten handelte. Die Mondgeschichte war eindeutig kein Tatsachenbericht. Sie war voll von deutlichen, augenzwinkernden Hinweisen, die dem informierten Leser einen Wink gaben. Hans Pfaall – der Name ist ein Scherz über das zischende Geräusch, das ein hochgeworfener Stein macht, wenn er einfach wieder zur Erde zurückfällt – wird als holländischer Flieger dargestellt, der am 1. April mit einem Ballon in den Himmel emporsteigt. Der Ballon wurde „vollständig aus schmutzigem Zeitungspapier hergestellt" und mit „einem Kreis kleiner Instrumente verziert, die Schafglocken ähnelten und die ständig zur Melodie von Betty Martin klimperten". Letzteres ist eine Anspielung auf die englische Redewendung „Alle meine Augen und Betty Martin", was so viel wie „es ist Unsinn" bedeutet. Hans erreichte den Mond und traf auf

„eine große Menge von kleinen, hässlichen Leuten, von denen keiner auch nur eine Silbe murmelte oder wenigstens das geringste Anzeichen von Hilfsbereitschaft zeigte. Sie standen wie Idioten herum, grinsten auf lächerliche Art und beäugten mich und meinen Ballon, die Arme in die Hüften gestemmt. Ich wendete mich von ihnen in Verachtung ab und schaute hinauf zur Erde, die ich so kurz zuvor verlassen hatte, womöglich für immer: Sie stand dort wie ein riesiger, glanzloser Kupferschild mit zwei Grad Durchmesser, der unbeweglich am Himmel über mir befestigt und am einen Ende mit einem sichelförmigen Rand aus brillantem Gold versehen war.“[12]

Enttäuscht davon, dass eine minderwertige Satire Erfolg hatte, während die ursprüngliche und überlegene Version unbekannt blieb, tadelte Poe die Leser der „Sun“ dafür, dass sie auf den Mondschwindel hereingefallen waren: „Dass die Öffentlichkeit wenigstens für einen Moment getäuscht wurde, beweist nur die große Unwissenheit, die bei Themen astronomischer Natur im Allgemeinen vorherrscht“, schrieb er. Poe merkte an, dass selbst wenn John Herschels Teleskop ein Bild 32 000-mal vergrößern könnte, wie es die „Sun“ behauptet hatte, dies einem Anblick des Mondes mit dem bloßen Auge aus knapp neun Kilometer Entfernung entspräche. „Kein Tier kann aus dieser Entfernung erkannt werden.“[13] Aber Poe würdigte auch, wie klug Locke war, als er seine Erfindungen auf John Herschel zurückführte. Aus dessen bekanntem Buch „Treatise on Astronomy“ hatte Poe den größten Teil seines astronomischen Wissens. Poe erkannte, dass Locke eine schonungslose Satire auf alle Astronomen geschrieben hatte, die sich selbst vormachten, dass sie Vieh, Städte und sogar Kapellen in der lunaren Einöde sehen würden.[14]

Als bessere Teleskope auf den Mond gerichtet wurden, wurde schnell klar, dass es auf dem Erdtrabanten weder Leben noch Wasser noch Luft gab. Aber es gab eindeutig viele interessante Dinge zu untersuchen. Der erste Schritt waren genaue Mondkarten. Das war eine dankbare Aufgabe für Amateur-Astronomen, da es keiner besonders großen Fernrohre dafür bedurfte. Unter den Amateuren, die dazu beitrugen, war Johann Schröter, der zwei Sammlungen von Mondzeichnungen in den Jahren 1791 und 1802 veröffentlichte, bevor französische Truppen seine Sternwarte plünderten und zerstörten. Die Mondbeobachtungen von Wilhelm Gotthelf Lohrmann dienten Wilhelm Beer als Grundlage. 1837 veröffentlichte Beer zusammen mit Johann Mädler eine Karte, die fast einen Meter Durchmesser hatte. Sie blieb für Jahrzehnte das Standardwerk. Weitere Amateure waren Johann Nepomuk Krieger, der in den Jahren nach 1800 schöne Zeichnungen von Strukturen auf dem Mond machte, sowie Philipp Fauth, der Mondkarten mit noch nie dagewesener Detailfülle anfertigte. Seinen Ruf besudelte er allerdings durch die Unterstützung der bizarren kosmologischen Vorstellungen von Hans Hörbiger, der behauptete, dass die Sterne aus Eis bestünden. (Später griffen nationalsozialistische Pseudowissenschaftler diese These auf.) Schließlich war da noch Percival Wilkins, der zusammen mit Patrick Moore eine komplexe Mondkarte erstellte, die ganze 7,6 Meter breit war. Danach wurde der Mond hauptsächlich mit fotografischen Aufnahmen kartografiert: von der Erde aus, durch ihn umkreisende Mondsonden und durch die Apollo-Astronauten.

Obwohl das goldene Zeitalter der Mondkartografie vergangen ist, fotografieren und zeichnen auch heute noch Amateur-Astronomen lunare Krater, Berge und Meere. Ein Grund dafür ist die Detailfülle, die der Mond bereithält. Mars hingegen, das nach dem Mond nächste Objekt, bei dem man die Oberfläche sehen kann, kommt der Erde niemals näher als die 150fache Mondentfernung. Mars sieht man bei 150facher Vergrößerung daher lediglich so deutlich wie den Mond mit dem bloßen Auge. Am besten erkennt man Strukturen entlang des lunaren Terminators, der Trennungslinie zwischen Hell und Dunkel. Dort werfen sogar kleine Gebilde lange, klare Schatten und erzeugen dadurch ein auffälliges Relief. Zwei Wochen vergehen zwischen dem Sonnenauf- und dem Sonnenuntergang auf dem Mond. Das führt zu einem faszinierenden Schattenspiel in aufeinander folgenden Nächten: Sonnenlicht fällt auf die Gipfel der Kraterwände wie bei Plato und Archimedes in den nördlichen Hochländern oder Walter und Purbach im Süden; dann wandert es immer weiter hinunter, bis es den Kraterboden überflutet. Isolierte Bergspitzen werfen ihre hoch aufgeschossenen Schatten auf den Boden, und die rätselhaften lunaren Dome werden unsichtbar, wenn die Sonne am schwarzen Mondhimmel höher steigt. Diese Dome dürften vulkanischen Ursprungs sein, allerdings sind die Wissenschaftler uneins darüber, wie sie entstanden. Der Vollmond gilt im Allgemeinen als weniger interessant, obwohl er beeindruckende, fast hypnotisierende Anblicke der hellsten Strukturen bietet. Beispiele dafür sind die kargen, weißen Strahlen der jungen Krater Kopernikus, Tycho und Aristarchus, wo relativ „kurz" zurückliegende Einschläge helleres Material aus der alten, grauen Oberfläche ausgeworfen haben.

Bei der Mondbeobachtung am Teleskop hilft es, den Fortgang der Zeit in Betracht zu ziehen. Der Mond ist nicht einfach eine leblose Steinkugel ohne Luft, sondern ein bunter Teppich der kosmischen Geschichte. Ohne Wind und Wasser erodiert die lunare Oberfläche sehr langsam, weshalb sich ihre Erscheinung während der vergangenen vier Milliarden Jahre kaum verändert hat. Der Hauptmechanismus der Erosion ist die „Bodenauflockerung" durch Mikrometeoriten, die allerdings nur einen Millimeter des lunaren Bodens im Lauf von 50 Millionen Jahren abtragen. Die hellen Hochländer des Mondes sind durch zahlreiche Krater und Trümmer vernarbt, die von Einschlägen verursacht wurden, die im jungen Sonnensystem häufig vorkamen.

Damals wurden Planeten und Satelliten von Felsbrocken bombardiert, die so groß waren wie die, aus denen sie sich gebildet hatten. Die Meere sind etwas jüngere Ebenen, ehemals die größten Einschlagsstrukturen, die durch Lava aufgefüllt wurden und dann erstarrt sind, als das Bombardement endete. Gewundene Rillen sind alte Lavaröhren, deren Decken eingestürzt sind, während die geraden Rillen Verwerfungslinien sind. Je mehr man vom Mond weiß, desto mehr wird man auf ihm sehen.

Aber machen solche Beobachtungen überhaupt Sinn, wenn Raumsonden intensiv (jedoch nicht erschöpfend) den Mond kartografiert, Astronauten der lunaren Oberfläche Proben entnommen haben und Mondgestein zur Erde gebracht wurde? Wenn man es genießt, warum eigentlich nicht? Einige engagierte Amateure fühlen sich schuldig, wenn sie Beobachtungen ohne wissenschaftlichen Nutzen machen. Andere hingegen betrachten die Freude am Beobachten als völlig ausreichende Rechtfertigung. In der Amateur-Astronomie gibt es wie bei so vielen anderen menschlichen Aktivitäten eine gewisse Spannung zwischen Hedonismus und Arbeitsethos. Der Mond bietet dafür ein gutes Ziel. Wenn man zum Spaß beobachten will und es in Arbeit ausartet, kann man sich immer wieder entspannen und sein Teleskop auf den Mond richten. Zumindest dort ist es unwahrscheinlich, dass man sich in echte Wissenschaft verstrickt.

Unwahrscheinlich, aber nicht unmöglich: Echte Entdeckungen sind sogar auf dem Mond noch immer möglich. Nehmen wir z. B. die „Transient Lunar Phenomena“, kurz TLPs. Dies sind Lichtblitze oder rötliche Flecken sowie nebelartige Wolken, die auf dem Mond im Wesentlichen von Amateur-Beobachtern gesichtet wurden. Einige TLPs könnten Phänomene sein, die nichts mit dem Mond zu tun haben: Die Sonnenpaddel eines künstlichen Satelliten könnten im Sonnenlicht aufblitzen, wenn er gerade zufällig vor dem Mond vorbeizieht. Eine andere Erklärung könnte die Explosion von Meteoriten sein, die auf dem Mond einschlagen. Aber nicht alle TLPs lassen sich vollständig erklären. Am 24. Januar 1956 sahen ein Amateur- und ein Berufsastronom mit Teleskopen an verschiedenen Standorten einen Lichtblitz nahe des Terminators im Krater Cavendish. Am 19. Juli 1969, als die *Apollo-11*-Kommandokapsel den Mond umkreiste, benachrichtigte das Kontrollzentrum die Mannschaft, dass Amateur-Astronomen von einem TLP beim Krater Aristarch berichteten. Astronaut Neil Armstrong schaute nach und funkte zurück, dass er ein „Gebiet sieht, das beträchtlich heller ist als die umgebende Region. Es scheint etwas leicht Fluoreszierendes an sich zu haben.“[15] Er war sich über die Position nicht sicher, glaubte aber, dass es Aristarch sei. Der ehemalige NASA-Wissenschaftler Winifred Sawtell Cameron untersuchte TLPs und stellte fest, dass drei Viertel von ihnen nur in einem Dutzend Mondstrukturen auftrat. Im Gebiet zwischen Aristarch, Herodot und dem Schröter-Tal kam es allein zu einem Drittel der Sichtungen. „Die größte TLP-Aktivität tritt an den Rändern der Meere in der Nähe der vulkanischen Strukturen wie Domen, gewundenen Rillen und Kratern mit dunklen Halos oder Böden auf", schrieb er und fügte hinzu, dass „diese Gebiete wie der restliche Mond lange als geologisch inaktiv galten."[16] Aber wenn TLPs real sind, dann besäße der Mond noch immer geologische Aktivität.[17] Der Amateur-Astronom Alan MacRobert bemerkte 1988, dass noch „viele Geheimnisse auf dieser großen, nahen Welt verbleiben".[18]

Eines der seit langem bestehenden Geheimnisse ist das Rätsel um die Entstehung des Mondes. Der Mond hat eine viel geringere Dichte als die Erde. Die Erde hat einen dichten, flüssigen Kern, der aus Eisen und anderen schweren Elementen besteht. Sie sanken ins Zentrum, als unser Heimatplanet noch eine flüssige Kugel war. Den Erdkern umgibt eine leichtere Silikatkruste. Sie besteht aus Materialien, die auf der Oberfläche schwammen und schließlich dort erstarrten. (Kern und Mantel der Erde werden durch den Zerfall radioaktiver Elemente erhitzt und sind dadurch bis heute zum Teil geschmolzen. Deshalb hat unser Planet Vulkane und gilt als geologisch aktiv.) Der Mond hat dagegen eine durchschnittliche Dichte, die der des Erdmantels gleicht. Theoretiker fragten sich, wieso das so sei und ob es etwas mit der ungewöhnlichen Größe des Mondes zu tun habe. In den vergangenen Jahren haben sie eine plausible Erklärung vorgelegt, die als die Große-Impakt-Theorie bekannt ist. Sie könnte den Ursprung des Mondes erklären:

Als sich die Sonne aus dem dunklen Kokon aus Gas und Staub im Herzen des solaren Urnebels vor etwa 4,5 Milliarden Jahren gebildet hatte, wurde sie von einer Scheibe aus Stein- und Eisbruchstücken umgeben. Aus dieser bildeten sich die Planeten heraus. Es ist unwahrscheinlich, dass alle frühen Planeten überlebten. Stattdessen ist es möglich, dass einige in die Sonne stürzten, während andere durch nahe Begegnungen in die äußere Dunkelheit geschleudert wurden. Und wieder andere kollidierten mit einem zerstörerischen – und gelegentlich schöpferischen – Ergebnis. Wären Erde und Mond zur gleichen Zeit entstanden, hätten sie dieselben Dichten. Tatsächlich sieht es so aus, als ob der Mond aus dem Zusammenstoß der jungen Erde mit einem eigensinnigen, marsgroßen Planetesimal hervorgegangen ist, das der Erde einen Seitenhieb verpasste. Die Kollision sprengte einen großen Teil ihrer Kruste und ihres oberen Mantels ab. Das meiste Material fiel wieder auf den geplagten Planeten zurück, der größte Teil des Rests gelangte in eine Umlaufbahn und bildete einen kurzlebigen Ring. Computersimulationen zeigen, dass es nur ein Jahr dauerte, bis sich die Teilchen zum Mond vereint hatten. Dieser stand lediglich in 16000 Kilometer Entfernung am Himmel. Größer als eine ausgestreckte Hand am Himmel schaute dieser glühende Satellit auf die gewaltsame Erde herunter, die von einem Meer aus Lava überflutet war. Da es im Sonnensystem noch immer viele übrig gebliebene Brocken gab, die noch nicht eingefangen worden waren, bombardierten Meteoriten die Erde und den Mond. Der Mond hat diese alten Narben in Form von Kratern behalten. Dagegen haben vulkanische Aktivität, Gebirgsbildung, Erdbeben sowie Erosion durch Wind und Wasser die alten Krater der Erde vor langer Zeit weggewischt.

Als die irdischen Ozeane entstanden, muss der nahe stehende Mond starke Gezeiten verursacht haben. Die Gezeiten führten umgekehrt dazu, dass sich der Mond von der Erde entfernte, so dass die Mondbahn seitdem immer größer wird. Dieser Gezeitentanz von Erde und Mond fasziniert sowohl wegen seiner Auswirkungen auf unseren Heimatplaneten als auch einfach wegen seiner dynamischen Eleganz.

Stellen Sie sich die Erde als große Steinkugel vor, die größtenteils mit Meeren bedeckt ist, und den Mond als kleinere Kugel ohne Ozeane. Jeder Körper erfährt die Massenanziehung des anderen an jedem Punkt seiner Oberfläche. Die Kraft ist umgekehrt proportional zum Quadrat der Entfernung. Wenn also beispielsweise die Stadt Bombay sich direkt unterm Mond befindet, wird sie die stärkste Anziehungskraft und die größten Gezeitenunterschiede erfahren. Unterdessen spüren diejenigen Landmassen eine geringere Anziehung, die vom Mond aus betrachtet am Rand der Erdscheibe liegen – Japan und Westafrika. Sie sind tausende Kilometer weiter vom Mond entfernt als Bombay. Als Resultat wird die Erde zusammengedrückt wie ein Gummiball. Der Planet ist entlang einer Linie von seiner Mitte durch Bombay zum Mond etwas länger als entlang einer dazu senkrechten Linie. (Gezeitenkräfte verformen Felsen und Wasser. Aber da Wasser viel biegsamer ist als Fels, werden die Meere bei Flut auf die Strände gezogen. Die Sonne trägt auch zu den Gezeiten bei, weshalb die höchsten Gezeiten bei Vollmond und Neumond auftreten, wenn Sonne, Mond und Erde auf einer Linie liegen. Aber der Beitrag der Sonne ist viel geringer, weshalb ich ihn hier vernachlässigen werde.) Wenn dieses fiktive Erde-Mond-System statisch wäre, ließen sich die Gezeiten einfach verstehen: Bombay hätte immer Flut, Japan und Westafrika immer Ebbe. Die Ursache dafür wäre offensichtlich. Aber das System ist in Bewegung: Die Erde dreht sich einmal am Tag um ihre Achse in Richtung Osten. Der Mond bewegt sich ebenfalls nach Osten und vollendet alle 27,32 Tage einen Umlauf. Das macht die Gezeiten komplizierter und verursacht eine abstoßende Kraft beim Mond.

Wenn die Erde sich unter dem Mond vorbeidreht, wird sie nicht schlagartig deformiert, sondern hinkt etwas hinterher. Der Grund ist die Trägheit von Felsen und Wasser. Deshalb tritt die Flut in Bombay nicht in dem Moment auf, in dem der Mond über der Stadt steht, sondern ein bisschen später, wenn Bombay sich bereits nach Osten weitergedreht hat. Dadurch liegt die Stelle mit der maximalen Ausbeulung etwas weiter östlich bezogen auf den Mond. Da der Mond auf seiner Umlaufbahn weiter nach Osten eilt, zieht die Ausbeulung den Mond weiter. Das geschieht endlos Tag und Nacht; der Mond holt dabei nie auf. Es ist wie bei der Karotte am Stecken. Die Geschwindigkeit des Mondes wächst.[19] Jedes beschleunigte Objekt in einer Umlaufbahn weicht aber auf höhere Bahnen aus. Dieser Effekt hat den Mond aus seiner ursprünglich niedrigen Bahn in seine heutige Position in rund 384 000 Kilometer Entfernung gebracht. Von der Erde abgefeuerte Laserstrahlen, die von Spiegeln auf der Mondoberfläche reflektiert wurden, belegen dies. Die Spiegel wurden von den *Apollo*-Astronauten dort aufgestellt. Demnach entfernt sich der Mond jährlich um 3,82 Zentimeter von der Erde. Das bedeutet, dass das Spektakel der totalen Sonnenfinsternisse ein Zufall in räumlicher und zeitlicher Hinsicht ist. Vor Jahrmillionen war der Mond so groß, dass er die Sonnenkorona während der Totalität verdeckte. In der Zukunft wird er am Himmel zu klein sein, um die ganze Sonnenscheibe zu bedecken.

Die Energie, um den Mond in eine immer höhere Umlaufbahn zu heben, muss irgendwie bezahlt werden. Sie geht auf Kosten der Rotationsrate der Erde: Der Mond zieht ja auch zurück, während er durch die östliche Beule der Gezeiten beschleunigt wird. Das wirkt wie eine Bremse auf die sich nach Osten drehende Erde. Dieser Effekt wurde mittels geologischer Analysen überprüft. Dazu wurden durch Gezeiten verursachte Strukturen untersucht, die sich in geologischen Schichten abgelagert hatten. Die Ergebnisse belegen, dass vor 900 Millionen Jahren ein Tag auf der sich schnell drehenden Erde nur ungefähr 18 Stunden dauerte.

Dieselbe Bremskraft wirkt sich genauso auf den Mond aus. Dort hat sie aber schneller gearbeitet, da der Mond nur ein Prozent der Erdmasse besitzt. (Es ist leichter, einen sich drehenden Basketball anzuhalten, als eine rotierende Marmorkugel.) Im Ergebnis vollführt der Mond seit langer Zeit eine „gebundene Rotation“ und weist seitdem der Erde immer die gleiche Seite zu. Theoretisch sollte die Gezeitenreibung die Rotation der Erde schließlich auch anhalten. Aber da diese Kraft mit der wachsenden Entfernung des Mondes schwächer wird, wird die Erde in den nächsten 15 Milliarden Jahren nicht „gebunden“ rotieren. In dieser Zeit wird sich die Sonne längst zu einem Roten Riesen entwickelt haben, dessen Radius an die Erdbahn heranreicht. Nach diesem Stadium schrumpft die Sonne zu einem Weißen Zwergstern zusammen.

Ein anderes altes Rätsel ist als „Mondtäuschung“ bekannt. Der aufgehende Vollmond wirkt riesig, doch wenn er einige Stunden später hoch am Himmel steht, scheint seine silberne Scheibe deutlich geschrumpft zu sein. Quantitative Untersuchungen belegen, dass Menschen den Mond beim Aufgang als zwei- bis dreimal größer wahrnehmen, als wenn er über ihnen steht. Misst man ihn an diesen beiden

Positionen objektiv, bleibt der Durchmesser des Mondes unverändert. Dazu kann man ihn beispielsweise zu beiden Zeitpunkten mit einem Teleobjektiv fotografieren und dann die Negative überlagern.

Der Grund für die Mondtäuschung wurde lange unter Astronomen und Wahrnehmungspsychologen diskutiert. Claudius Ptolemäus führte im zweiten Jahrhundert das an, was man heute die Theorie der Refraktion nennt: Der Mond wirkt in Horizontnähe größer, weil eine dicke Schicht feuchter Luft sein Bild vergrößert. „Genauso wie die scheinbare Vergrößerung von Gegenständen unter Wasser", so Ptolemäus.[20] Die Theorie der Refraktion scheint schlüssig, und man hört diese Erklärung noch heute. Aber sie ist falsch. Hätte Ptolemäus seine Theorie überprüft, indem er etwa den scheinbaren Monddurchmesser bei geringen und großen Höhen durch Röhren verschiedenen Durchmessers gemessen hätte, hätte er festgestellt, dass die Lichtbrechung keine Rolle bei der Täuschung spielt. Als dieses Experiment schließlich im 17. Jahrhundert durchgeführt wurde, zeigte sich, dass der Durchmesser der Mondscheibe in jeder Höhe gleich ist. Benedetto Castelli, ein Student Galileis, schrieb, nachdem er dieselben Messungen am Großen Wagen gemacht hatte: „Ich stellte immer fest, dass er denselben Raum einnahm und bin mir daher sicher, dass ein solches Phänomen ... notwendigerweise ein Irrtum in Urteil und Verständnis sein muss."[21]

Täuschungen können entstehen, wenn das System aus Auge und Gehirn mit Gegenständen umgehen muss, die außerhalb der Reichweite unseres räumlichen Sehens liegen. Da das Gehirn dann keinen direkten Weg hat, um die Entfernung – und damit die Größe – zu berechnen, trifft es eine wohlbegründete Annahme über die Größe ferner Gegenstände, die auf verschiedenen indirekten Hinweisen beruht. Aus irgendwelchen Gründen können sich solche Annahmen mit großer Beharrlichkeit festsetzen. Das haben Wahrnehmungspsychologen an überzeugenden Beispielen wie der Ponzo-Illusion nachgewiesen, die von dem italienischen Psychologen Mario Ponzo im Jahr 1913 beschrieben wurde. In einer Zeichnung liegen zwei Häuser auf Eisenbahnschienen, die auf einen Fluchtpunkt zulaufen. Obwohl sie identische Größen haben, sieht es so aus, als ob das Haus am vorderen Ende der Schienen kleiner sei als das Haus, das weiter hinten auf den Schienen liegt. Das Gehirn vermutet, dass das weiter hinten liegende Haus größer sein muss als das im Vordergrund. Nur so kann es so groß aussehen, wie es wirkt, obwohl es „weiter weg" ist. Deshalb nehmen wir das obere Haus als viel größer wahr als das untere – sogar noch nachdem wir wissen, dass wir uns täuschen. Offensichtlich können solche perspektivischen Effekte zur Mondtäuschung beitragen. Das hat bereits der arabische Astronom Abu Ali al-Hasan ibn al-Haytham im elften Jahrhundert vermutet. Aber das ist noch nicht die ganze Geschichte. Der auf- oder untergehende Mond sieht auch ohne offensichtliche perspektivische Anhaltspunkte aufgebläht aus – beispielsweise wenn man ihn über eine strukturlose Meeresoberfläche hinweg von Bord eines Schiffes sieht. Warum?

Zwei aufschlussreiche Testergebnisse aus jüngerer Zeit helfen, eine Antwort zu finden. Der Psychologieprofessor Lloyd Kaufmann und sein Sohn James, ein gelernter Physiker, der als Computerwissenschaftler arbeitet, produzierten ein Stereobild des Vollmondes auf einem Notebook. Schaute man schielend auf den Bildschirm, konnte man den Mond dreidimensional im Raum schweben sehen. Eine Animationssoftware bewegte dann eines der Bilder, so dass es aussah, als ob der Mond in der Ferne verschwinde. Man könnte meinen, und viele Forscher hatten das angenommen, dass die Testpersonen dem verschwindenden Mond eine geringere Größe attestieren würden. Stattdessen tat das Gehirn genau das Gegenteil: Während das stereografische Computerbild des Mondes sich entfernte, wirkte es größer. In dem anderen Experiment forderten die Kaufmanns ihre Testpersonen auf, einen Punkt in der Mitte zwischen Horizont und Zenit zu finden, also eine Höhe von 45 Grad. Fast alle legten den Punkt viel zu nahe an den Horizont. Offensichtlich nehmen wir den Himmel nicht als Halbkugel, sondern als abgeplattetes Gewölbe wahr. Der höchste Punkt scheint dadurch viel näher bei uns als der Horizont. Das Gehirn nimmt an, dass der Mond in der Nähe des Zenits nicht so groß zu sein braucht, da er nicht so weit weg steht. Aber wenn der Mond in Horizontnähe steht, folgert das Gehirn, dass er wirklich groß sein muss. Schließlich steht er weiter weg als all die anderen Vordergrundobjekte.[22]

Der Mond übersteigt also die Vorstellungskraft des Verstandes. Das veranschaulicht auch Goethes geflügeltes Wort: „Ein denkender Mensch hat eine sonderbare Eigenschaft: Wenn er mit einem ungelösten Problem konfrontiert wird, erfindet er gerne ein fantastisches Gedankenbild. Eines, dem er nie entkommen kann, auch wenn das Problem gelöst ist und die Wahrheit gefunden."[23] Nichts davon überrascht, wenn man es von einem entwicklungsgeschichtlichen Standpunkt aus betrachtet. Erstaunlich ist aber, dass durch die Wissenschaften die Menschheit in der Lage gewesen ist, die eigene Begrenztheit der Wahrnehmung zu überwinden. Man weiß heute, wie weit der Mond weg ist, wie groß er ist und aus was er besteht.

Trotzdem halten viele an der Vorstellung fest, dass die wissenschaftliche Untersuchung des Mondes und seine Erforschung durch die *Apollo*-Astronauten unserem Trabanten seine alte Romantik geraubt haben. Bereits Bob Dylan formulierte: „Die Menschen haben sich sein Schicksal ausgedacht, als der erste Fuß den Mond berührte."[24] Aber mir kommt es nicht so vor, als ob Himmelskörper weniger verlockend werden, wenn wir mehr über sie erfahren oder sie erforschen. Der echte Mars und die echte Sonne sind heute aufregender als damals, als sie nur Himmelslichter mit mythologischer Bedeutung waren. Und man tut der Kunst keinen Gefallen, wenn man meint, dass Romantik

Unwissen erfordert. Der Dichter James Dickey sagte: „Poesie entsteht, wenn die größte Realität und die größte Merkwürdigkeit zusammentreffen.“[25]

Die künftigen Mondträume gehören der Jugend, den Erben der Tatsachen und Fantasien. Eines Nachts in der Sternwarte zeigte ich den Mond einem halben Dutzend Achtjähriger. Als sie nacheinander die kleine Trittleiter hinaufstiegen und durchs Okular schauten, passierte etwas Bemerkenswertes. Durch das kalte Mondlicht – eine Art Scheinwerferlicht, das ein unscharfes Porträt des Mondes auf das Auge, die Augenhöhle und einen Teil der Brauen und Backen warf – schien jedes Kind in einen Erwachsenen verwandelt zu werden. Nini wurde mit ihren roten Haaren und Sommersprossen zu einer Frau in den Vierzigern. Die Blütezeit ihrer beträchtlichen Sportlichkeit war vorbei, aber ihr sprudelnder Geist war unverändert. Der schüchterne, attraktive Nion war plötzlich ein schicker, gebieterischer Mann, der Direktor einer Stiftung oder Chef einer Fluglinie hätte sein können. Die immer zu Streichen aufgelegte Kathryn wirkte konzentriert, fähig und sachlich – vielleicht eine Selbstständige. Mein Sohn sah nur ein bisschen jünger aus als ich. Souverän und ernst wirkend bot er mir einen Blick in eine Zeit, in der ich selbst nur noch in der Erinnerung existieren würde. Alles, was wir am Himmel sehen, gehört der Vergangenheit an. Die Lichtgeschwindigkeit ist schnell – 300 000 Kilometer pro Sekunde –, aber endlich: Wir sehen den Mond, wie er vor 1,3 Sekunden war, die Sterne vor Jahrzehnten oder Jahrhunderten und die Galaxien vor Jahrmillionen. Kinder mit ihren Gemeinsamkeiten und Unterschieden zu uns stehen für die Zukunft. Wir Älteren verschwinden in der Vergangenheit, wie die Blätter der Bäume im Herbst, und die Jungen verschwinden aus dem Elternhaus, wenn sie in die Tiefen der Zukunft eintauchen.

Das Fernrohr und das Grab: Ein Besuch bei Percival Lowell

Um Mitternacht während der letzten Wintersonnenwende des zweiten Jahrtausends beobachtete ich Jupiter und Saturn mit dem 24-zölligen Clark-Refraktor am Lowell Observatory in Flagstaff, Arizona. Nach und nach wurde ich vom Geist seines Gründers, Percival Lowell, in Beschlag genommen, dessen blauweißes Marmorgrab außerhalb der Kuppel dieses klassischen Teleskops nur ein paar Schritte entfernt beunruhigend im Sternlicht lag. Lowell starb 1916, aber seine Präsenz ist noch so groß, dass die Astronomen der Sternwarte von ihm noch immer als „Percy" reden. Gerade so, als ob er jeden Moment auftauchen könnte. Lowell entschied sich für Flagstaff wegen des sauberen, dunklen Himmels und der vernünftigen Höhe von 2000 Metern und weil es eine gute Anbindung an die transkontinentale Eisenbahn gab. Auch jetzt noch wurde meine Beobachtung von dem Hupen und Quietschen der nächtlichen Frachtzüge begleitet, die in den Güterbahnhöfen beladen wurden, sowie vom schwächer werdenden Rattern großer Dieselloks, die fertig beladen die Strecke nach Santa Fe hinunterrollten.

Lowell war ein vornehmer Herr, sein Bruder Abbott der Präsident der Harvard University, seine Schwester die Dichterin Amy Lowell. Seine Familie verewigte sich mit der Witzelei, dass „die Lowells nur mit den Cabots reden, und die Cabots reden nur mit Gott". Die Sternwarte belegt seinen Reichtum und guten Geschmack, neben seinem typischen Talent für Amateur-Experimente. Sie kostete Lowell 20 000 Dollar im Jahr 1896, was heute einer halben Million Dollar entsprechen würde. Dafür bekam er einen guten Gegenwert. Das gewölbte Kuppeldach wurde von zehn Arbeitern in nur zehn Tagen aus von Hand geschlagenen Kiefernhölzern errichtet. Entworfen hatte es der Maschinenschlosser Godfrey Sykes, ein ehemaliger Cowboy. Innen ähnelt es einer Landkirche: Es gibt einen quietschenden Holzboden und einen erhöhten Beobachtungsstuhl, um das Okular zu erreichen, wenn das Fernrohr in Horizontnähe zeigt. Der Stuhl sieht wie eine Kanzel aus, die auf die Ankunft des Pfarrers wartet. Das Teleskop war einer der großen Planetenrefraktoren des 19. Jahrhunderts und wurde von Alvan Clark gebaut. Er war ein Nachfahr von Walfängern und begann als Porträtmaler, bevor er die Herrlichkeit der Astronomie durch seine spätere Frau Maria Pease entdeckte. Pease wiederum lebte als Schülerin im Haus des Ministers und Amateur-Astronomen Edward Hitchcock. Der große Komet von 1843 erweckte Clarks Interesse am Teleskopbau – genauso wie das seines Sohnes George. George hatte an der Phillips Academy in Andover studiert. Als die Essensglocke der Schule zerbrach, schmolz er sie ein und baute aus dem Metall einen Reflektor.

Clarks Refraktoren waren in diesen Tagen die besten der Welt. Lowell setzte drei von ihnen auf eine Montierung: einen 24-, einen 12-

und einen 6-Zöller. Jeder von ihnen hätte als Hauptfernrohr in einer Schulsternwarte fungieren können. Zusatzteleskope werden üblicherweise Leitfernrohre genannt, da man mit ihnen die Nachführung während lang belichteter Aufnahmen korrigieren kann.

Aber die Sichtbedingungen begünstigen häufig kleine Fernrohre. Der wichtige Faktor dabei ist das Verhältnis von Objektivdurchmesser zur Größe der Konvektionszellen, die die Luftruhe zu einem gegebenen Zeitpunkt stören. Ich vermute, dass Lowell seine Leitfernrohre als alternative Instrumente verwendete, um Mars zu untersuchen: Dabei wechselte er wohl von einem zum anderen, um die Kombination aus Vergrößerung und Objektivdurchmesser zu finden, die bei der jeweiligen Gelegenheit am meisten leistete. Auf jeden Fall nutzte ich die Teleskope so.

Die gängige Weisheit unter Sternguckern besagt, dass nichts einen großen, langbrennweitigen Refraktor bei der Planetenbeobachtung schlagen kann. Aber mein erster Blick durch den Clark auf Jupiter war enttäuschend. Der Planet war von roten und blauen Höfen umgeben, was an der chromatischen Aberration lag. Um den Bildfehler zu verkleinern, hatte das Personal der Sternwarte das Fernrohr abgeblendet. Dadurch wurde das Fernrohr in etwas Seltenes verwandelt: einen 9-Zoll-Refraktor mit einem Öffnungsverhältnis von F/44 (das heißt, die Brennweite war 44-mal größer als der Durchmesser der lichtsammelnden Linse). Da das Abblenden des Objektivs die chromatische Aberration trotzdem nicht beseitigt, drehte ich den großen Messingknopf der zehn Meter langen Stange, die die Blende steuert, und öffnete sie vollständig. Das vergrößerte die Bildfehler noch weiter, aber jenseits der falschen Farben war der Anblick ziemlich gut. Die Scheiben der Jupiter- und Saturnmonde waren deutlich zu sehen, und die Wolkenbänder der Riesenplaneten enthüllten während Momenten großer Luftruhe eine Fülle an Details. Ich verfolgte fasziniert, wie Jupiters Mond Ganymed neben dem Riesenplaneten auftauchte, bevor er 19 Minuten später in dessen Schatten verschwand. Dann, zwei Stunden und acht Minuten später, tauchte er wieder auf.

Die regelmäßige Bewegung der Jupitermonde und ihre Ähnlichkeit mit Drehreglern in Uhrwerken blieben frühen Beobachtern nicht verborgen. Beispielsweise schlug Galilei vor, die Uhren auf Schiffen mit Jupiters Hilfe zu stellen. Die Sichtung des Jupiter mit einem Fernrohr vom schwankenden Deck eines Rahseglers aus erwies sich jedoch als nicht machbar. Aber das Verfahren wurde von französischen Kartografen auf Land genutzt, um den Erdumfang zu bestimmen. Der dänische Astronom Ole Römer machte 1676 trickreich Gebrauch von Jupiters Uhrwerk, als er aus der Zeitmessung der Jupitermondfinsternisse auf die Geschwindigkeit des Lichts schloss. Römer hatte bemerkt, dass die Bedeckungen Ganymeds und anderer Jupitersatelliten früher eintreten, wenn die Erde näher bei Jupiter steht, und später, wenn die zwei

Planeten weiter auseinander stehen. Er erkannte, dass sich der Unterschied mit der endlichen Geschwindigkeit des Lichts erklären lässt. Steht die Erde auf der Seite ihrer Umlaufbahn, die am weitesten von Jupiter entfernt ist, treten die Bedeckungen „zu spät“ ein. Das Licht muss dann ja fast noch den gesamten Durchmesser der Erdbahn zurücklegen, bevor es in unsere Fernrohre gelangt. Wenn man also den Erdbahndurchmesser kennt, kann man die Lichtgeschwindigkeit aus der Differenz der beobachteten Bedeckungszeiten bei größter und kleinster Jupiterentfernung ermitteln. Roemers Ergebnis – 225 000 Kilometer pro Sekunde – lag bewundernswert nahe am richtigen Wert von 300 000 Kilometer pro Sekunde.

Mit voranschreitender Nacht kam ich mit dem alten Clark immer besser zurecht. Durch seine Verwendung über ein Jahrhundert hinweg war er etwas arthritisch geworden, verhielt sich aber abstammungsgemäß. Der Uhrwerkmechanismus arbeitete ziemlich gut, obwohl er ein paar tote Punkte hatte, an denen er kurzzeitig ins Stocken geriet. Dann driftete der Planet aus dem Gesichtsfeld. Die mechanischen Feinbewegungen fehlten: Um Nachführfehler auszugleichen oder um von Jupiter auf Saturn zu wechseln, bewegte ich das große Fernrohr einfach wie einen Dobson. Weil die ursprüngliche Kuppeldrehung unzuverlässig gearbeitet hatte, hatte man sie vorübergehend durch ein sonderbares System aus Schwimmern ersetzt. Dieses scheiterte ebenfalls. Die vergangenen 50 Jahre war die Kuppel auf Rädern und Reifen eines Oldtimers aus dem Jahr 1954 gelagert: Bei einem Platten hob man die Kuppel an und flickte den Reifen. Die drei Blenden, die den Kuppelspalt bedeckten, wurden ursprünglich wie bei einem Segelboot über eine Takelung gesteuert. Nur noch die oberste Blende arbeitete nun nach diesem Prinzip. Bei den beiden anderen handelte es sich um alte, elektrisch betriebene Fahrwerksklappen eines Flugzeugs. Diese Änderungen mochten die künstlerische Integrität des Observatoriums gemindert haben, aber sie lenkten nicht von der lebhaften, historischen Atmosphäre ab. Es war eine Freude, hier zu sitzen: Saturns fahle Kugel und eisige Ringe, das Ticken der Uhrwerksnachführung und der melancholische Ruf der Frachtzüge. Man konnte sich vorstellen, wie Lowell hier viele Nächte zubrachte und die Kanäle zeichnete, von denen er dachte, dass er sie auf Mars sah. Lowell war der bekannteste Amateur-Astronom seiner Zeit.

Das ständige Gefühl, dass er anwesend war, wurde noch durch eine Schublade verstärkt, in der eines seiner ursprünglichen Okulare lag. Es war riesig, fast so dick wie mein 2,4-Zöller, den ich als Junge benutzt hatte. Vermutlich war es von Clark gebaut worden, der ihm eine elegante ockerfarbene Tönung gegeben hatte – die Farbe des Mars. Ich blies den Staub herunter und bestaunte das klare, schwere Glas. Wenn man die moderne Vorrichtung vom Ende des Fernrohrs entfernte, konnte man das Okular in den Tubus hineinschieben. Offensichtlich hatte es seit Jahren niemand verwendet. Was würde ich zu sehen bekommen?

Es war atemberaubend. Saturn sah makellos und scharf aus. Der Anblick war besser als mit dem neuen und technisch fortgeschritteneren Okular, das ich bislang verwendet hatte. Da Saturn hoch am Himmel in der Nähe des Meridians stand, war der Okulareinblick allerdings hochgradig unbequem. Ich musste auf der Seite am Boden liegen und meinen Nacken in eine schmerzhafte Haltung bringen. Aber ich hielt durch und erfreute mich des Anblicks – fest entschlossen, mich nicht durch Verrenkungen abhalten zu lassen, die Lowell selbst regelmäßig ertragen hatte.

Ich hatte eine ganze Weile in diesem Traumzustand alleine beobachtet, als eine frische Brise die Sternwartentür aufdrückte. Sie öffnete sich langsam mit einem gespenstischen Knarren. Ich drehte meinen Kopf zum Eingang – das Licht vieler Sterne fiel herein – und hörte mich selbst flüstern: „Percy?“

Mars – der rote Planet

Jahr über Jahre
legt die Maske des Affen
den Affen ganz bloß

MATSUO BASHO

Fragen ist schon halbes Wissen.

RUMI

Auf dem Highway 159 nach Kalifornien konnte ich die Mondsichel in der Morgendämmerung entdecken. Es war der 20. Juli 1976, und der Mond stand bei den glänzenden Plejaden am Südosthimmel. Die Fahrbahn war heute Nacht voller exotischer Autos: von Mietwagen wie meinem bis zu donnernden Lotus-Autos und Ferraris. Alle trafen in ungewöhnlicher Eile am Jet Propulsion Lab der NASA zusammen. Die Glaswände des Gebäudes waren in der sonst gottverlassenen Gegend oberhalb Pasadenas hell erleuchtet. Der Mars war die Attraktion, wegen der wir kamen. Er war damals nicht am Himmel zu sehen, da er auf der anderen Seite der Erde stand, aber wir würden ihn sehen. Es war jene Nacht, in der *Viking 1* landen und die allerersten Bilder von der Marsoberfläche senden sollte.

Im Laboratorium waren fast alle unruhig, angespannt und mit Koffein vollgepumpt. Zu diesem Zeitpunkt war *Viking 1* entweder sicher gelandet oder hatte versagt. Es würde 19 Minuten dauern, bis die Signale der Sonde mit Lichtgeschwindigkeit die Erde erreicht haben würden. Daher lag ihr Schicksal, das auf Mars bereits entschieden war, bei uns noch in der Zukunft. Das Ereignis ähnelte also der Situation an einem Wahlabend: Es gab ein Ergebnis, aber bislang kannte es noch keiner. Durch die Zeitverzögerung konnte die Flugkontrolle von der Erde aus nicht den Abstieg des Landers steuern. Er ähnelte einem grauen, insektenähnlichen Roboter von der Größe eines Tourenmotorrads. Der Lander musste seinen feurigen Eintritt in die Marsatmosphäre selbst steuern: den Fallschirm auslösen und abwerfen, seine drei Bremsraketen zünden und schließlich sanft auf der Oberfläche landen. Wenn er einen Felsbrocken treffen oder an einer steilen Kraterwand landen würde, wäre er verloren.

Gentry Lee war ein ernster, junger Mann mit einer Stirnglatze. Seine restlichen Haare hatte er in einer Art Fächer wachsen lassen, der über seinen Schultern schwebte. Er interpretierte die Rohdaten, die auf den Computerbildschirmen auftauchten: „2600 Fuß! 500 Fuß! 200 Fuß!“ Dann Landung. „Das hat geklappt!“, rief Rex Sjostrom, Leiter der Lander Performance and Analysis Group.

Einige Minuten später traf die erste Aufnahme als eine Reihe von senkrechten Streifen ein. Eine verblüffend klare, schwarzweiße Ansicht der felsigen, hügeligen Landschaft von Chryse Planitia, der Ebene des Goldes.

„Unglaublich“, flüsterte Thomas „Tim“ Mutch, der Leiter des Lander Imaging Team und eine der treibenden Kräfte des *Viking*-Projekts. (Nachdem Tim am 7. Oktober 1980 beim Klettern im Himalaya tödlich verunglückte, wurde der *Viking-1*-Lander zu seinen Ehren in „Mutch Station“ umbenannt.) Fernsehzuschauer in Asien gingen spät zu Bett, um die historische Live-Übertragung zu sehen, in Australien standen sie früh auf und in Europa unterbrachen sie ihre Arbeit. Doch obwohl das Bild in den USA passend zum Frühstücksfernsehen kam, spielte es niemand ein. Die Verantwortlichen sagten, dass die Öffentlichkeit nicht interessiert sei.

Der Mars hat die Menschen schon vor dem Zeitalter des Fernrohrs fasziniert. Damals war nicht viel mehr von ihm bekannt, als dass er ein wandelnder, ockerfarbener Punkt am Himmel war, dessen Bewegung sich einer exakten Erklärung widersetzte. (Johannes Kepler schloss aus der Aufzeichnung dieser Bewegung, dass sie sich durch den Umlauf des Mars und der Erde auf elliptischen Bahnen um die Sonne erklären ließ.) Der Beginn des Teleskopzeitalters entfachte die alte Romantik. William Herschel identifizierte auf dem Mars während der Opposition von 1783 die schneeweiße Südpolkappe und erkannte anhand ihrer Position, dass Mars eine geneigte Rotationsachse hatte. Also musste es auf dem roten Planeten auch Jahreszeiten geben. „Die Ähnlichkeit zwischen Mars und Erde ist vielleicht bei weitem die größte im gesamten Sonnensystem“, schrieb er. „Wir stellen fest, dass die Polargebiete der Erde gefroren und mit Bergen aus Schnee und Eis bedeckt sind, und dass sich diese Flecken verkleinern, wenn sie der Sonne ausgesetzt werden.“[1] Er hatte Recht, aber die Frage, bis zu welchem Grad der Mars der Erde ähnelt, löste unter Amateur- und Berufsastronomen kontroverse Debatten aus, die bis heute andauern. Vor allem die Frage nach Leben auf dem Mars wird heiß diskutiert.

Der Anblick des Mars im Teleskop hat etwas von einem Schleiertanz: Selten ist man sicher, was man genau gesehen hat, aber es reicht, um die Neugier zu wecken. Mehrere Aspekte in Mars‘ Verwandtschaft mit der Erde haben sich miteinander verschworen, um diese verlockende Situation zu schaffen.

Zunächst einmal kommt Mars der Erde nur einmal innerhalb von zwei Jahren nahe. Diese Annäherungen heißen Oppositionen, weil sie eintreten, wenn die Sonne am Himmel dem Mars gegenübersteht.

Dies geschieht durchschnittlich alle 780 Tage, wenn die auf der Innenbahn umlaufende Erde den langsameren Mars einholt.[2] Die Intervalle zwischen den Oppositionen variieren etwas, da die beiden Planeten sich mit veränderlichen Geschwindigkeiten bewegen: Kepler entdeckte, dass sich jeder Planet in Sonnennähe schneller bewegt und langsamer, wenn er weit von der Sonne weg steht. Außerdem sind nicht alle Oppositionen gleich. Die Umlaufbahn des Mars ist exzentrischer als die der Erde. Tritt die Opposition zur Zeit des Marsperihels ein (wenn Mars der Sonne am nächsten steht), kommen wir dem roten Planeten auf 56 Millionen Kilometer nahe. Dagegen kommt Mars nicht näher als 98 Millionen Kilometer, wenn er bei der Opposition im Aphel steht (der Abstand zwischen Mars und Sonne ist dann am größten). Nur während Oppositionen, wenn wir also neben dem roten Planeten herziehen, kann man auf ihm viele Details im Teleskop sehen. Die meiste Zeit beläuft sich die Distanz zwischen Mars und Erde auf mehr als 160 Millionen Kilometer. Dann zeigen selbst die besten Fernrohre nicht mehr als einen kleinen, fleckigen Klecks mit einem Spritzer Weiß am Pol.

Die Erdatmosphäre spielt eine besonders unruhige Rolle während der Marsbeobachtung. Der beste Teil des Himmels zum Beobachten ist über einem, in der Nähe des Zenits. Aber auf den geografischen Breiten, auf denen die meisten Beobachter leben, kommt Mars nie so hoch. Wie die anderen Planeten umkreist er die Sonne in der Ekliptik, die nur für Beobachter hoch am Himmel steht, die nicht weiter als 23,5 Grad vom Äquator entfernt leben. Diese 23,5 Grad entsprechen der Neigung der Erdachse gegen ihre Umlaufbahn. Man muss sich also südlich von Miami und nördlich von Rio oder südlich von Kairo und nördlich von Pretoria befinden, wenn man Mars im Zenit sehen möchte. Dummerweise schließt das die meisten der größten Teleskope der Welt aus.

Mars hat eine eigenständige Atmosphäre. Sie ist dünn und lässt die Sicht daher kaum verschwimmen. Aber infolge von Staub, der durch Winde aufgewirbelt wird, ist sie nie vollständig klar. Ein „blauer Dunst" umhüllt den ganzen Planeten (mit einem Rotfilter kann man ihn besser durchdringen), und Eiswolken bilden sich in den höheren Atmosphärenschichten. Örtlich tritt Bodennebel in Schluchten und anderen tief liegenden Gebieten auf, und mächtige Staubstürme können monatelang den ganzen Planeten verdunkeln. Die Tage auf Mars dauern 24 Stunden und 37 Minuten, weshalb ein Beobachter mit einem Teleskop in aufeinander folgenden Nächten immer einen etwas anderen Teil der Marskugel sieht: Vertraute Merkmale gehen jede Nacht 37 Minuten später unter. Daher sieht es so aus, als ob der Mars sich rückwärts dreht – nach rund 40 Tagen ist der Ausgangszustand wieder erreicht.

Beobachter früherer Zeiten wurden durch diese Kompliziertheit verwirrt und mussten schwere Einschränkungen durch die begrenzte Leistungsfähigkeit ihrer Fernrohre hinnehmen. Trotzdem gelang es ihnen, verlässliche Dossiers über den Mars anzulegen. Sie kartierten die wesentlichen Oberflächendetails, von denen es sich bei den meisten um große, dunkle Gebiete handelte, die sich gut von den rötlichen Wüsten abhoben. (Auffallend unter ihnen waren die klar konturierte, breite Pfeilspitze von Syrtis Major, die runden Strukturen Argyre und Solis Lacus, die lange, gezackte Linie des Valles Marineris sowie der helle Fleck, den Schiaparelli 1879 entdeckt und vorausschauend Nix Olympica genannt hatte – den „Schnee des Olymp".) Die damaligen Beobachter bemerkten, dass einige der Strukturen sich in ihrer Auffälligkeit veränderten: Gelegentlich stachen sie deutlich hervor, während sie ansonsten blass blieben. Solis Lacus war so gut im Verschwinden, dass Schiaparelli ihn „das Land der Wunder" taufte. Einige der beobachteten Veränderungen schienen von der Jahreszeit abzuhängen. Es gab da eine „Welle des Dunkelwerdens", die während des Marsfrühlings die jeweilige Halbkugel überzog. Dies geschah zeitgleich mit dem Zu- und Abschmelzen der Polkappen.

Aber wie es so läuft, wenn man etwas weit Entferntes lange und intensiv anschaut, sahen die Beobachter auch Dinge, die dort nicht waren. Das beste Beispiel dafür sind die berüchtigten Marskanäle: Die Kanäle sind eine optische Täuschung. Das Gehirn neigt dazu, verschwommene Flecken durch Linien zu ersetzen. Sie sind vielleicht dazu in der Lage, diese Linien selbst zu sehen. Beleuchten Sie ein gutes, scharfes Foto des Mars mit einer hellen Lampe, und stellen Sie es ans andere Ende des Zimmers. Wenn Sie die richtige Entfernung gewählt haben, und Ihr Gehirn dazu neigt, gerade Linien zu ziehen, werden Kanäle sichtbar. Bei den meisten Menschen funktioniert das, denn die verantwortlichen Gehirnregionen sind so programmiert, dass sie gerade Linien identifizieren können. Eine ganze Zahl fähiger Astronomen sah Kanäle auf Mars, aber die meisten von ihnen beurteilten ihre Realität eher skeptisch. Unter ihnen waren Angelo Secchi und Giovanni Schiaparelli, die sie „canali" nannten. Der Begriff bezeichnet im Italienischen natürliche Strukturen wie Flüsse. Vincenzo Cerulli, ein fähiger Marsbeobachter, berichtete, dass er während der Beobachtung von seiner privaten Sternwarte aus sah, wie ein Kanal namens Lethes sich in einem Moment hervorragender Luftruhe in ein „System winziger Punkte" auflöste. Ein deutlicher Hinweis darauf, dass die Kanäle eine optische Täuschung waren. Schiaparelli schrieb in einem Brief an Cerulli, dass das Auge zufällig verteilte Punkte zu geometrischen Mustern verbinden könne. Das Phänomen trete beispielsweise auf, wenn man eine Buchseite aus der Entfernung betrachte. „Der naive Glaube in die Regelmäßigkeit der Linien [canali] ist erschüttert", schrieb Schiaparelli und prophezeite, dass „mit besser werdenden Optiken die Angelegenheit als Halluzination oder Illusion erkennbar wird".[3]

Solche Einsichten machten auf Percival Lowell wenig Eindruck. Er besaß ein besseres Teleskop, als es Schiaparelli jemals verwendet hatte, und sah weiterhin Marskanäle. Lowell war ein überzeugender Autor mit einer großartigen, aber ungebändigten Vorstellungskraft. Seine Bücher und Artikel waren überzogene Vermutungen in einem zurückhaltenden, weltgewandten Stil. („Dass Mars von Wesen der einen oder anderen Art bewohnt wird, können wir mit derselben Gewissheit annehmen, wie die Ungewissheit, wer diese Wesen sein mögen.")[4] Er glaubte weiterhin, dass die Kanäle von einer fortgeschrittenen Marszivilisation zur Bewässerung gebaut worden waren. Er glaubte, dass die dunklen Kontinente des roten Planeten mit Vegetation bedeckt waren. Die von den Jahreszeiten abhängige „Welle des Dunkelwerdens" war in seiner Vorstellung die Erneuerung dieses Pflanzenlebens durch die Rückkehr des polaren Schmelzwassers im Frühling. Schiaparellis Kanäle waren graziös geschwungen. Auf den Karten, die Lowell an seiner Privatsternwarte in Flagstaff erstellte, wurden die Kanäle dagegen zu geraden Linien. Sie liefen an Stellen zusammen, die an Pumpstationen erinnerten. Lowell war bewusst, dass es seinem Teleskop an Auflösungsvermögen fehlte, um einen Kanal direkt zu erkennen. Deshalb argumentierte er damit, dass es sich bei den gesichteten Linien um die örtliche Vegetation handele. Das Wasser entstamme den Kanälen, die die Landstriche entlang der Ufer bewässerten.

Es passte alles zusammen. Lowells anmutig geschriebene Darlegungen seiner Theorie begeisterten Millionen mit der berauschenden Vorstellung einer Marszivilisation. Einige Berufsastronomen waren über Lowells rasch zunehmende Popularität verbittert. Sie sahen in ihm einen Egomanen, dessen extravagante Behauptungen den Ruf legitimer Untersuchungen des Mars verdarben. Der Astronom W. W. Campbell vom Lick Observatory lehnte es demonstrativ ab, Lowells Veröffentlichung über spektroskopische Methoden zu lesen, mit denen man nach Wasserdampf in der Marsatmosphäre suchen könnte. Und das, obwohl Campbell sich selbst mit solchen Untersuchungen beschäftigte – und das vor der Presse geheim hielt, weil „Reporter davon nichts verstehen".[5] Der Astronom und Historiker Donald Osterbrock schreibt: „In Campbells Vorstellung war Lowell nicht nur ein Amateur, sondern auch so skrupellos, dass er seine rhetorischen Argumente so zu präsentieren versuchte, als ob es sich um wissenschaftliche Forschung handelte. Als Solcher war er ein Geächteter ... Wissenschaftler treffen keine Schlussfolgerungen und bauen dann Sternwarten, um sie zu beweisen; und sie veröffentlichen auch keine gekonnt geschriebenen Artikel, die nur die eine Seite der Medaille in Hochglanzmagazinen darstellen, die sich an Nicht-Spezialisten wenden."[6] Aber der Fairness halber sollte man zugeben, dass die Wissenschaft Platz für beides bietet: für Lowells Begeisterung und für Campbells Schärfe.

Unsere Augen können uns tatsächlich etwas vorspielen – vor allem, wenn wir etwas zu verstehen versuchen, das so undeutlich ist wie ein zitterndes Marsbild im Teleskop. Der ungewöhnlich scharfäugige Astronom Edward Emerson Barnard machte während der 1894er-Marsopposition mit dem 36-Zoll-Refraktor des Lick Observatory die bis dahin besten Beobachtungen des roten Planeten – und hatte keine Kanäle zu bieten. Er wies aber auch darauf hin, dass „der Mensch beim Schlüsseziehen zu schnell ist. Sieht er auch nur undeutlich etwas oder ist sogar unentschlossen, ob er tatsächlich etwas sieht, wird er trotzdem mit dem Theoretisieren beginnen und immense Burgen von Mutmaßung auf einer Grundlage errichten, von deren Richtigkeit er keinesfalls überzeugt ist.“[7] Hätte Lowell sich diesen Ratschlag zu Herzen genommen, hätte er es vermieden, sich selbst und seine Leser in die Irre zu führen.

Andererseits wurden mehr Entdeckungen von Wissenschaftlern gemacht, die eine hochgeschätzte Theorie beweisen wollten, als von neutralen Beobachtern, die sich zurücklehnten und das Universum fragten: „Nun, was kannst du mir zeigen?“ Die meisten Theorien sind fehlerhaft oder falsch. Aber es ist besser, Mars in der Hoffnung zu beobachten, dass man Städte oder Büffelherden sieht, als dass man ihn lustlos betrachtet: Ein Moorhuhnjäger wird in der Morgendämmerung im Wald mehr sehen als ein Tourist, selbst wenn er kein Moorhuhn findet. Wäre Lowell nicht von seiner Vorstellung eines bewohnten Mars besessen gewesen, hätte er nicht das Lowell Observatory gebaut, wo wertvolle Marsbeobachtungen gemacht und der Pluto entdeckt wurde.

Als ich als Junge Mars von Key Biscayne aus beobachtet hatte, wurden die Kanäle noch immer lebhaft diskutiert. Das damalige Wissen über den roten Planeten war größtenteils darauf beschränkt, was man während der Opposition mit Refraktoren wie denen von Lowell und Barnard erkennen konnte. Dann folgte die für die Menschheit einzigartige Zeit, in der Raumsonden zu anderen Planeten geschickt wurden. Unsere Beobachtungen aus der Ferne wurden durch viel schärfere Bilder ersetzt, die aus großer Nähe aufgenommen worden waren. Aus den Daten, die diese Roboter sammelten, lernten wir mehr über Mars, als aus der gesamten vorherigen Menschheitsgeschichte bekannt war. Damals dachte ich, dass damit das Ende der Epoche erdgebundener Marsbeobachtungen eingeläutet worden war. Doch damit lag ich falsch.

Die erste Raumsonde, die Mars erreichte, war *Mariner 4*. Am 14. Juli 1965 näherte sie sich dem roten Planeten bis auf 9844 Kilometer. Ihre Fernsehkamera übertrug 22 Bilder mit einer quälend langsamen Geschwindigkeit zur Erde: Der Empfang eines einzelnen Bildes konnte zehn bis zwölf Stunden dauern. Daher arbeiteten die Wissenschaftler im Jet Propulsion Lab die Nacht über durch, um die ersten Aufnahmen interpretieren zu können, auf denen man fast nichts sah. Schließlich warteten Reporter vor den Toren, die mit jenen Marsstädten auf den Bildern rechneten, die die Regierung ständig verheimlichte. Glücklicherweise waren die späteren Aufnahmen der Serie deutlicher. Jene, die an Lowells Vorstellungen glaubten, wurden leider enttäuscht: Die

Bilder zeigten große Krater auf Mars. „So viel zu Lowells Kanälen und saisonalem Vegetationszyklus“, erklärte der Planetenwissenschaftler Bruce Murray.[8]

Große Krater waren schlechte Nachrichten. Sie legten nahe, dass der Mars dem Mond ähnelte. Die vorherrschende Annahme war, dass der Mond Krater hatte und sowohl geologisch als auch biologisch tot war. Und da Mars Krater hatte, war er ebenfalls tot. Dass die Logik fehlerhaft war, tat ihrer Popularität keinen Abbruch. Die „New York Times“ nannte Mars in einem Editorial des Jahres 1965 „den toten Planeten“.

Ein Andersdenkender in dieser allgemeinen Übereinstimmung war der Planetenwissenschaftler Carl Sagan. „‚*Mariner 4*‘“, bemerkte er, „hat 20 Aufnahmen des Planeten gemacht, auf denen die feinsten Details einen Kilometer Ausdehnung haben. Wenn man 20 Bilder der Erde mit einem Kilometer Auflösung macht, gibt es keine Chance, auf ihnen Leben zu entdecken. Und trotzdem sagen Leute, dass der Planet tot sein muss, weil sie nichts auf ihm sehen. Was für eine schreckliche Logik!“[9] Wer Sagans Ansicht teilte, wurde von den beiden nächsten Sonden – *Mariner 6* und *Mariner 7* – wenig ermutigt. Sie flogen 1969 am roten Planeten vorbei und schickten Bilder zurück, die noch mehr Krater zeigten. 1968 warnten Sagan, Clark Chapman und James Pollack davor, dass wir noch immer zu wenig über Mars wüssten, um ihn definitiv als tote Welt zu bezeichnen. „Wenn sich bedeutende, durch Wasser verursachte Erosionsstrukturen – wie etwa ein Flusstal – in vergangenen Zeiten auf Mars gebildet haben, sollten wir nicht erwarten, dass wir von ihnen irgendeine Spur auf den *Mariner 4*-Aufnahmen sehen können, wenn sie nicht größer als die typischen Strukturen auf der Erde sind“, schrieben sie.[10] Aber dies war nur die Ansicht einer Minderheit.

So blieb die Lage unverändert bis 1971, bis *Mariner 9* als erste Sonde in eine Umlaufbahn um einen anderen Planeten einschwenkte. Als Mars-Orbiter konnte sie im Gegensatz zu einem schnellen Vorbeiflug über eine längere Zeit hinweg den – wie Sagan ständig betonte – großen Planeten beobachten. (Mars ist nur halb so groß wie die Erde. Aber da er keine Meere hat, sind seine Landmassen mit denen der Erde vergleichbar. Die *Mariner*-Missionen *4*, *6* und *7* hatten nur zehn Prozent davon fotografiert.) Die ersten Aufnahmen, die *Mariner 9* übertrug, waren außer der Südpolkappe und vier sonderbaren dunklen Flecken am Äquator strukturlos. Ein globaler Staubsturm hatte den Anblick des Mars verdeckt.[11] Wochen vergingen. Dann lösten sich die ockerfarbenen Wolken auf, und der Vorhang ging auf für einen neuen Akt im alten Drama zwischen Mars und dem menschlichen Geist.

Als die Atmosphäre wieder aufklarte, erwiesen sich die vier Flecken als kraterähnliche Ringe mit 65 bis 70 Kilometer Ausdehnung. Aber was hatten Krater auf einem Gebirge zu suchen? Denn um so etwas musste es sich handeln, da der Staub ja nach unten sank. Die Antwort lautete, dass es Kalderen von riesigen Schildvulkanen waren. Das kam völlig unerwartet, vor allem für jene, die dachten, dass der Mars wie der Mond sei. Unser Trabant hat aber keine offensichtlichen Vulkane. Das Nächste, was der sich setzende Staub freigab, war eine riesige Schlucht: fünf Kilometer tief, bis zu 160 Kilometer breit und lang genug, um von Los Angeles bis New York zu reichen. Der zu Ehren von *Mariner 9* Valles Marineris getaufte Canyon ist der größte des Sonnensystems. Als die restlichen Wolken sich vollends aufgelöst hatten, sah man gewundene Täler, von denen manche fächerförmig von Nebenflüssen gespeist worden waren. Diese alten Flussbetten oder Überflutungsgebiete legten den Schluss nahe, dass dort einst Wasser geflossen war. Wenn das zutrifft, hätte Mars damals eine viel dichtere Atmosphäre haben müssen. Der rote Planet ist heute kalt und seine Atmosphäre vergleichbar mit der irdischen in einer Höhe von 35 Kilometer. Unter solchen Bedingungen verdunstet Wasser direkt. „Unsere Meinung über Mars hat sich völlig geändert – wieder einmal", schrieb Bruce Murray. „Lowells erdähnlicher Mars ist für immer weg, aber auch den mondähnlichen Mars gibt es nicht mehr, den wir nach unseren ersten drei Vorbeiflügen beschrieben hatten."[12] Mars war zu einer völlig eigenständigen Welt geworden. Seine einzigartige Geschichte war in seiner riesigen und auf subtile Weise schönen Landschaft niedergeschrieben. Diese Geschichte konnte jedoch nicht durch einige wenige, kurze Blicke entschlüsselt werden.

Mariner 9 machte mehr als 73 000 Bilder vom Mars. Die beste Auflösung lag bei hundert Metern (was bedeutet, dass man nichts erkennen konnte, das viel kleiner als ein Baseballstadion war). Die beiden Zwillings-Lander und -Orbiter, die als *Viking*-Sonden 1976 den Mars erreichten, legten noch einen drauf: Sie machten 46 000 hochauflösende Aufnahmen aus der Umlaufbahn, darunter einige mit einer besseren Auflösung als zehn Meter, und tausende weitere Bilder von den zwei Landeplätzen. Es waren genug, um die ganze Herrlichkeit des Mars zu erfassen. In diesen Zeiten vor dem Siegeszug des Internets wurden die *Viking*-Bilder ausgedruckt, in Notizbücher mit Ringbucheinlagen geheftet und in 13 kleinen Bibliotheken archiviert. Diese so genannten Regional Planetary Image Facilities waren über die gesamten USA verteilt. Ich besuchte diese Zentren regelmäßig und brütete über den Fotos. Es verblüffte mich, dass ich zu einem so historischen Zeitpunkt lebte. Man konnte nun sehen, dass Argyre und Syrtis Major Kraterfelder waren und ihre dunkle Färbung nicht durch die Vegetation hatten, sondern vom Sand, der durch den Wind verteilt wurde. Solis Lacus, Lowells Verteilstation für die Kanäle, war ein Gebiet mit tief hängenden Wolken und Nebel. Aber Schiaparellis Nix Olympica war tatsächlich ein schneebedeckter Berg: der riesige Vulkan Olympus Mons.

Mariner und *Viking* ließen viele Fragen unbeantwortet, genauso wie die späteren Missionen *Mars Pathfinder* und *Mars Global Surveyor*. Es blieb unklar, falls es einmal fließendes Wasser in größerem Ausmaß gegeben haben sollte, ob dieses Seen, Flüsse und Bäche bildete oder vielmehr als sintflutartige Regenfälle in kurzen Wärmephasen niederging. Man weiß auch nicht, wohin das Wasser verschwand: Das meiste sollte noch immer da sein, denn kein bekannter Mechanismus könnte es seitdem komplett in den Weltraum befördert haben. Vielleicht ist es im Boden als Permafrost eingeschlossen. Es ist auch nicht bekannt, was Mars vor ungefähr einer Milliarde Jahre gefrieren ließ. Aber die Wahrscheinlichkeit, dass Mars einst flüssiges Wasser hatte, nährt Hoffnungen, dass es dort früher Leben gegeben haben könnte. Hinweise darauf könnten eines Tages gefunden werden – in Form von Fossilien oder Mikroorganismen, die im Boden Winterschlaf halten.

Unser Nachbarplanet Mars hat Jahreszeiten und ein sich ständig änderndes Wetter. Ein besseres Verständnis davon könnte uns auch zeigen, wie unser Heimatplanet funktioniert. Um das Wettersystem kennen zu lernen, muss man Daten von so vielen Orten wie möglich sammeln. Raumsonden haben dazu aber nur bruchstückhaft beigetragen. Die *Viking*-Mission machte zwei Jahre lang Aufnahmen vom Mars. Der *Pathfinder*-Lander schickte drei Monate lang Bilder und Daten von einer Stelle. *Mars Global Surveyor* wurde jahrelang betrieben und machte über 70 000 Aufnahmen aus der Umlaufbahn, aber seine hochauflösenden Bilder von kleinen Gebieten ließen sich nur schwer in ein allgemeines Wettermuster einbinden. Das *Hubble*-Weltraumteleskop untersucht die Tiefen des kosmischen Raums und hat nur selten Zeit für einen Blick auf Mars.

Was uns wieder zurück zu den Amateur-Astronomen bringt und dazu, warum ich falsch mit meiner Einschätzung lag, dass ihre Planetenbeobachtungen durch Raumsonden überflüssig werden.

Amateure haben Mars schließlich seit Jahrhunderten beobachtet und dabei oft spektakuläre Ergebnisse erzielt. Die beiden winzigen Satelliten Phobos und Deimos z. B. wurden durch Asaph Hall im Jahr 1877 entdeckt. Er war ein verarmter Amateur, der seine Universitätsausbildung in Astronomie aufgeben musste, weil er sie sich finanziell nicht leisten konnte. Trotzdem hatte er am U.S. Naval Observatory (wo Präsident Abraham Lincoln eines Nachts alleine aufkreuzte, um über Astronomie zu reden) eine Anstellung gefunden. Amateure beobachteten Marsvulkane und Teile des Valles Marineris Jahrzehnte vor deren Entdeckung durch Berufsastronomen auf den *Mariner*-Bildern. Natürlich konnten sie sie nicht so deutlich sehen, um definitiv zu sagen, um was es sich dabei handelte. Es gibt aber sogar einen Bericht über Beobachter, die Marskrater im 19. und frühen 20. Jahrhundert gesehen haben wollen.[13] Mit dem beginnenden Raumfahrtzeitalter wurde dann ein neues Kapitel in der Marsforschung aufgeschlagen. Aber das änderte nichts an der Tatsache, dass viele der besten Amateurbeobachter mehr Erfahrung mit der Untersuchung des roten Planeten am Fernrohr hatten als die Berufsastronomen.

Und die Amateure hatten genügend Beobachter und Teleskope, um Mars unter breiter und lang anhaltender Überwachung zu halten. Mithilfe einiger verständnisvoller Berufsastronomen hatten sich Amateure bereits in den 60er-Jahren in Beobachtergruppen wie der International Mars Patrol zusammengeschlossen. Sie wurde von Charles F. „Chick" Capen Jr. organisiert. Die beteiligten Beobachter verfolgten Mars mit privaten Fernrohren intensiv auf der ganzen Welt. Ihre Berichte trugen mehr als alles andere vor den *Mariner-* und *Viking*-Missionen dazu bei, dass Mars eine eigenständige Welt wurde. Blättert man durch Capens Berichte, bekommt man ein Gefühl dafür, wie wertvoll es sein kann, das sich ständig ändernde Marswetter zu überwachen. Während der Opposition der Jahre 1964/65 erstellte er am Table Mountain Observatory in Big Pines, Kalifornien, jede Nacht Wetterberichte, um in seinen Worten „atmosphärische Trends und Oberflächenkonditionen während der Begegnung von *Mariner 4* mit dem Mars wahrzunehmen".[14]

Weitere Amateurbeobachtungen: „Die Nordpolkappe war klar und hell zu sehen und schrumpfte schnell während des Marsfrühlings. Der nördliche Polsaum war ungewöhnlich schwach." „Von einem ausgedehnten Morgendunst am Rand im blauen Licht wurde berichtet." „Die Marsatmosphäre enthielt viel sichtbare Feuchtigkeit während dieser Phase der Beobachtung. Von einer großen Wolke im blauen und violetten Licht über dem Elysium-Plateau wurde berichtet. Ein dünner, schmaler Ausläufer von Morgennebel wurde am Ostrand der Chryse-Wüste bemerkt." „Frost wurde in den Wüsten Libya, Crocea, Cenotria und Aeria gesehen, die an das Südende von Syrtis Major angrenzen." „Die Nordpolkappe war deutlich, scharf und weiß. Die antarktische Polhaube wurde weiterhin schwächer."[15]

Statt durch die Nahaufnahmen der Raumsonden entmutigt zu sein, verdoppelten die Amateure ihre Anstrengungen – mit neuer Begeisterung, weil sie nun häufig ein besseres Gefühl dafür hatten, nach was sie suchen mussten. Ein großer Staubsturm auf Mars im Juni 1988 wurde fast ausschließlich von Amateuren beobachtet. „Es war ein kurzlebiger Sturm, weshalb die Berufsastronomen, obwohl sie von ihm wussten, nicht kurzfristig Teleskopzeit bekamen oder schlechte Sicht hatten", berichtete der Arzt und Amateur-Astronom Don Parker. „Die Amateure haben uns gerettet, und Berufsastronomen sind darüber sehr glücklich."[16] Stephen James O'Meara stellte fest, dass Amateur-Astronomen „überwachten, wann und wo er begann und aufhörte; sie zeichneten auf, wie stark der Staub die Oberfläche veränderte, und sie dokumentierten seinen Fortgang mit Videos, Fotografien und Zeichnungen."[17] 1990 wurden drei große Marsstaubstürme von Amateuren aus sieben Nationen beobachtet – und von keinem einzigen Profi. Mit CCD-Kameras ausgerüstete Amateure wiesen in der Opposition der Jahre 1992/93 nach, dass die nördliche Kappe des Mars schneller schrumpfte, als von den Berufsastronomen vorhergesagt worden war. Die Amateure fanden auch ungewöhnlich wasserreiche Dampfwolken auf Mars. Dies zeigte, dass die Atmosphäre des Planeten außergewöhnlich feucht wird, während die Polkappe schrumpft.

„Die möglicherweise aufregendsten Wolken waren äquatornahe Bandwolken, die sich aus Kohlendioxid und Wassereis zusammensetzten", berichteten Don Parker und Richard Berry. „Vor dieser Sichtbarkeitsphase" – um die Monate der Opposition – „glaubten Beobachter, dass Wolken sehr selten seien, aber während der letzten Hälfte der Sichtbarkeit wurden äquatoriale Bandwolken bei mehreren Gelegenheiten gesichtet und dokumentiert. Viele Bilder in dieser Sichtbarkeitsphase wurden mit CCD-Kameras gemacht. Da sauber kalibrierte CCD-Aufnahmen sehr genau sind, können Strukturen verstärkt werden, die nur ein bis zwei Prozent heller als der Planet selbst sind. Dank der elektronischen Bildverarbeitung können wir diese Wolken nun deutlich sehen."[18] Gegen Ende des vergangenen Jahrhunderts hatte die International Mars Patrol mehr als 30 000 Beobachtungen gesammelt, die 15 Marsoppositionen abdecken. Die Daten werden weltweit von Berufsastronomen genutzt.

Nicht dass die Amateur-Berichte fehlerfrei wären: Dunkle Marsstrukturen wie Syrtis Major wurden oft als „grün" beschrieben, was Lowells Vorstellung von Vegetation unterstützen würde. Dabei ist es eine optische Täuschung, die durch den Kontrast zwischen dunklen, neutral gefärbten Gebieten und der roten Scheibe entsteht. Bis hinein in die 1960er-Jahre redeten einige Beobachter noch unbekümmert von „Kanälen", obwohl bereits viele den Ausdruck „kanal-ähnliche Merkmale" verwendeten und anmerkten, dass diese unter optimalen Sichtbedingungen verschwanden. Aber mit einer Kombination aus harter Arbeit, Zusammenarbeit, High-Tech-Geräten und einer improvisierten internen Qualitätskontrolle kam auch den Amateur-Astronomen eine wesentliche Rolle in dem andauernden Versuch der Menschheit zu, sich einen Reim auf Mars zu machen.

Wie der Mond ist auch der Mars geologisch differenziert in Hoch- und Tiefländer. In den Hochländern haben viele alte Krater überdauert; in den Tiefebenen haben jüngere Lavaströme die älteren Krater aufgefüllt. Hochländer dominieren auf der Südhalbkugel, Tiefebenen im Norden. Das verleiht dem Mars ein erstaunlich asymmetrisches Aussehen. Die Ursache dieser Asymmetrie ist unbekannt. Die großen Vulkane liegen auf dem Rand eines hervorquellenden Gebiets namens Tharsis. Es ist größer als Nordamerika und ungefähr neuneinhalb Kilometer hoch. (Valles Marineris beginnt als ein Riss am einen Ende der

Tharsis-Region.) Selbst wenn sie jung wären, deutet die schiere Größe der Vulkane an, dass der Mars nicht genügend innere Wärme für eine Plattentektonik besitzt. Stattdessen war er seit langem ein „Ein-Platten-Planet“: Die Vulkane konnten sehr groß werden, weil die Platte, auf der sie ruhten, niemals die sie erzeugende Magmaquelle verlassen hatte. Es liegt die Vermutung nahe, dass das katastrophale Ereignis, das die glückliche Zeit des warmen Marswetters beendete, mit dem Mangel an ausreichender innerer Wärme zusammenhing, um die Vulkane zu speisen. Aber niemand weiß bislang, wie das genau vor sich ging. Um das Rätsel zu lösen, muss man womöglich vor Ort geologische Grabungen durchführen. Ich fragte einmal die Astronautin Kathryn Sullivan, wie lange sie bereit wäre, auf dem Mars zu bleiben. „Wie lange würden Sie mich lassen?“, entgegnete sie mit leuchtenden Augen. „Setzen Sie mich auf Tharsis für ein Jahr ab, und ich werde Ihnen den Schlüssel zum Planeten liefern.“[19]

Die Polkappen stellen ein weiteres Geheimnis dar. Beide Pole sind während des örtlichen Winters mit Trockeneis bedeckt, die Temperaturen fallen dabei unter minus 125 Grad Celsius. Ansonsten sind sie sehr verschieden voneinander. Schmilzt die Trockeneiskappe am Südpol, gibt sie den Blick auf eine darunter liegende permanente Kappe frei. Von ihr nimmt man an, dass sie aus einem Gemisch aus Trocken- und Wassereis besteht. Am Nordpol sublimiert das Trockeneis im Spätsommer dagegen vollständig und gibt dann eine Kappe aus Wassereis frei, die so groß wie Irland ist. Die Ursache für diesen Unterschied ist unbekannt, sie könnte aber mit grundlegenden Veränderungen der Marsjahreszeiten im Lauf der Geschichte zusammenhängen.

Drei Aspekte der Marsdynamik – die Neigung der Rotationsachse des roten Planeten, seine Präzession und die Gestalt seiner Bahn – verursachen zusammen langfristige Veränderungen der Jahreszeiten. Zurzeit ist die Rotationsachse des Mars um 25,2 Grad geneigt, ziemlich ähnlich wie die 23,5 Grad der Erde. Man geht aber davon aus, dass sie im Lauf der Zeit zwischen 15 und 35 Grad geschwankt hat. Schuld daran ist die Anziehungskraft der Riesenplaneten Jupiter und Saturn.[20] (Mars ist diesen Einflüssen besonders ausgesetzt, weil die Massenkonzentration in der Tharsis-Region ihn dynamisch instabil werden lässt – wie einen Kreisel, auf den ein Gummipfropfen geklebt ist.) Die Jahreszeiten werden größtenteils durch die Achsneigung verursacht, wobei die zu einer bestimmten Zeit zur Sonne zeigende Halbkugel Sommer hat. Die Jahreszeiten des Mars waren bei starker Achsneigung ausgeprägter als bei eher aufrechter Stellung. Die Präzession macht diesen Vorgang noch komplizierter. Hierbei handelt es sich um ein langsames, kreisförmiges Wackeln der Achse, vergleichbar der Bewegung eines langsamer werdenden Kreisels. Bei Mars dauert die Präzessionsbewegung 173 000 Jahre für ein Wackeln, bei der Erde 25 800 Jahre.

Außerdem ist die Marsbahn elliptischer als die Erdbahn, und ihre Exzentrizität hat sich im Lauf der Zeit stärker geändert als die der irdischen. Die Exzentrizität ist ein Maß für die Abweichung einer Ellipse von einem Kreis.[21]

Mars hatte bereits sehr unterschiedliche Jahreszeiten: War die Nordhalbkugel zu der Zeit auf die Sonne gerichtet, zu der ihn seine elliptische Bahn am nächsten zur Sonne führte, waren die Jahreszeiten sehr ausgeprägt. Dazwischen lagen dagegen Phasen mit schwach ausgeprägten Jahreszeiten, wenn sich die Effekte der Achsneigung und der Sonnennähe teilweise kompensierten. Man nimmt an, dass die Erde unter solchen Dingen viel weniger zu leiden hatte. Teilweise liegt das daran, dass der Mond als Schild gegen das gravitative „Pumpen" der jupiterähnlichen Planeten fungierte.

Starke saisonale Unterschiede verursachten auf Mars Staubstürme. Der Staub, der sich während des örtlichen Sommers auf der Polkappe ablagerte, wurde dort eingefangen, indem frisches Eis über ihm erstarrte. Die Südpolkappe des Mars zeigt im Sommer ein komplexes Muster aus langen Eis- und Staubfingern. Dieses geschichtete Gelände könnte bei künftigen Untersuchungen detaillierten Aufschluss darüber geben, wie sich die Marsjahreszeiten im Lauf der Zeit geändert haben.

Die genaue Geschichte des Marswassers muss erst noch geschrieben werden. Es gibt geologische Spuren von Kanälen, die möglicherweise durch Fluten ausgewaschen wurden, und von unterirdisch gespeisten Strömen sowie Nebenflüssen, die – wie es der Planetologe David Morrison formulierte – „zeigen, dass Mars einst frei fließende Flüsse hatte und das Wunder des Regens erfahren durfte".[22] Da diese Strukturen nur in den Hochländern zu finden sind, trat die tropische Epoche des Mars möglicherweise in der ersten Jahrmilliarde seiner Existenz auf, noch bevor die Tiefländer durch Lavaströme bedeckt wurden. Vielleicht haben die gleichen Ereignisse, die Tharsis aufwölbten, die Vulkane erzeugt. Diese wiederum könnten dann die Überflutung ausgelöst haben, indem sie Wasser aus dem gefrorenen Boden freisetzten. „Eine Erwärmung durch Vulkane könnte das Wasser in dramatischen, vorübergehenden Überschwemmungen freigesetzt haben", schreibt Morrison. „Vielleicht dauerte jede dieser Überschwemmungen nur Tage oder Wochen. Möglicherweise verdunstete oder gefror das Wasser in größeren Höhen wieder schnell. Oder vielleicht bildeten sich in Becken wie Chryse zeitweilig eisbedeckte Seen oder Meere. Wir wissen es nicht."[23]

Wie bei der Venus ist die Suche nach dem Schlüssel zum Mars nicht nur eine Sache reiner wissenschaftlicher Neugier, sondern auch im menschlichen Eigeninteresse. Unser Überleben hängt vollkommen von der Erde ab. Jedoch verstehen wir ihren Ursprung, ihren aktuellen Zustand und ihre Zukunft nicht vollständig. Wir wissen nicht, was die

Eiszeiten verursachte, was die häufige Umkehr des irdischen Magnetfeldes auslöste und welche Auswirkung eine globale Erwärmung auf das menschliche Leben und das Ökosystem hat. Da Forschung am besten funktioniert, indem man das eine mit dem anderen vergleicht, erfährt man durch die Untersuchung ähnlicher Planeten am besten, wie die Erde funktioniert. Das passende Objekt für solche Untersuchungen ist der Mars. Diese Anstrengung erfordert alle Hilfe, die man bekommen kann – sowohl von Amateur- als auch von Berufsastronomen. Und es muss zügig vorangehen, wenn wir nicht die hässlichen Überraschungen erleben wollen, die uns derzeit drohen. Denn wir machen uns an einem Planeten zu schaffen, dessen Prozesse wir gerade erst zu verstehen beginnen. Es bedarf mehr als ein Leben, um eine Welt in den Griff zu bekommen.

Am Ende des ersten langen Tages des *Voyager 1*-Aufenthalts auf Mars saßen Carl Sagan und ich nebeneinander auf einer Couch in der Wohnung, die wir während des Aufenthalts in Pasadena gemietet hatten. Wir hatten unsere Köpfe über ein 50 Zentimeter langes, schwarzweißes Foto des Landers zusammengesteckt. Dazu hatten wir es so gewölbt, dass es unser Blickfeld wie eine Kinoleinwand ausfüllte. Das Positiv war weniger als zwei Stunden alt und noch feucht vom Fixierbad.

„Konzentriere dich völlig darauf“, drängte Carl. „Stell dir vor, du wärst selbst dort.“

Wir betrachteten das Bild lange schweigend. Im Vordergrund war die Spitze des Landers zu sehen. Im Mittelgrund warfen hunderte von verstreuten Steinen ihre langen Schatten eines vorabendlichen Sommertages auf Mars. Am Horizont, vielleicht 500 Meter entfernt, erhob sich eine kreideweiße Felsnase. Carl deutete mit seinem Zeigefinger auf diesen Fleck. „Schau dir das an“, sagte er. „Was siehst du?“

Ich starrte die Felsnase an. Mein Verstand hungerte nach Informationen, und ich verwob die Felsnase in eine Fantasterei aus Tausend und einer Nacht: eine winzige Oase mit einem schimmernden See, an dessen Ufern Mangroven wuchsen, und eine einsame Palme, die sich vom Himmel abhob.

„Ich hatte genau die gleiche Halluzination“, entgegnete Carl.[24]

Das Licht am Rande der Dunkelheit: Zu Besuch bei James Turrell

Ihn habe es in der Nacht des 25. Februar 1942 gepackt, erzählt der US-amerikanische Künstler James Turrell. In dieser Nacht hatten seine Eltern die Fertigstellung eines Raumes gefeiert, den sie an ihr Haus in Pasadena, Kalifornien, angebaut hatten.[1] Das Zimmer besaß drei Fensterfronten, die über einer ein Meter hohen Wandvertäfelung begannen. Durch die Fenster konnte Turrells Vater Vögel beobachten und sie durch das Imitieren des Vogelgesangs hereinlocken. Der 25. Februar war die Nacht des „großen Luftangriffs auf Los Angeles“: Flugabwehrgeschütze feuerten in den leeren Himmel, nachdem falsche Radarechos aufgefangen worden waren. Wie in so vielen anderen Kriegsnächten mussten die Fenster auch in dieser Nacht mit dichten Vorhängen verhängt werden. Turrell, ein ungeplantes Kind älterer Eltern, wuchs in diesem fensterreichen Zimmer auf. Bald fing er an, die dicken Vorhänge zu durchstechen, um die Position der Sterne darin zu markieren.

„Als ich sechs Jahre alt war, nahm ich eine Nadel und stach in die Vorhänge Sternmuster und Sternbilder – quasi um meine Anwesenheit in diesem Raum sichtbar zu machen“, erinnerte er sich. „Ich machte einfach größere Löcher für hellere Sterne. Zog man die Vorhänge zu, konnte man die Sterne mitten am Tag sehen. Das waren nicht nur Löcher im Vorhang, das waren Löcher in der Realität. Indem man die Wirklichkeit des Zustands des Tages änderte, konnte man weiter hinaus in den Raum zu den Sternen schauen. Diese waren ja tatsächlich da, eben nur vom Sonnenlicht überlagert.“[2]

„Es faszinierte mich, dass man die Sterne nicht bei Tag sehen konnte – dass Licht uns blind machen konnte“, erzählte mir Turrell kürzlich. „Die Vorstellung, dass Licht nicht notwendigerweise etwas erhellt, sondern dass es etwas überstrahlt, was du sehen möchtest. Es war die Erklärung, warum ich keine Sterne sehen konnte. Ich ergänzte weitere Teile des Himmels, wodurch es ein etwas kreativer Himmel wurde – aber der wirkliche Himmel ist ja so ähnlich.“[3]

Turrell arbeitet in seinen Werken mit Licht – ohne optische Hilfen – und möchte „uns behutsam dazu bringen, selbst zu erkennen, wie wir sehen“.[4] In seinen Installationen gelangt eine genau dosierte Lichtmenge in einen abgegrenzten Bereich – eine Reminiszenz an das mit Vorhängen verhängte Zimmer seiner Kindheit. Diese Einschränkung einer bedeutungsvollen Dunkelheit verdeutlichen Turrells wichtigste konzeptionelle Bilder: Platos Höhle und die Camera Obscura (wörtlich „dunkler Raum“, eine Kammer, in der durch ein stecknadelkopfgroßes Loch ein Bild der Außenwelt projiziert wird). Sie beschwören Assoziationen herauf an das rätselhafte Innere des menschlichen Schädels, wo in der Dunkelheit alles gesehene Licht zusammentrifft.

Turrell gestaltete eine ehemalige Tankstelle in Los Angeles um. Er verwandelte sie in eine Kammer mit einer Öffnung im Dach, die, wie er es formulierte, „die Fähigkeit hat, den Himmel direkt zu dir herunter zu bringen".[5] Er hat lange Tunnels so beleuchtet, dass die Besucher nicht sagen konnten, wie weit die Lichtquelle entfernt ist, während sie auf sie zugehen. In gewisser Weise ähnelt das dem eigenen Lebensweg.

Schaut man sich solche Werke an, kann das desorientierend wirken.[6] Turrell wurde 1982 von einer Frau verklagt, die sich ihr Handgelenk verletzt hatte: Während ihres Besuchs des Whitney Museum of American Art in New York wollte sie sich an eine Wand lehnen, die allerdings nicht real war, sondern von Turrell lediglich aus einem Nebel aus Licht gestaltet worden war. Einige von Turrells Installationen sind so schwach beleuchtet, dass die Augen 15 bis 20 Minuten brauchen, bevor man überhaupt etwas erkennen kann. Selbst dann ist man oft nicht sicher, wie viel von dem, was man sieht, tatsächlich da ist. (Turrell ist davon überzeugt, dass Licht als „Auslöser dient, um das Sehen vom Innern des Kopfes aus zu starten". Geboren wurde diese Vorstellung bei ihm, als die Polizei im kalifornischen Orange County seine Ausstellung schloss, an deren Eingang ein schwaches, einfaches Rotlicht mit einem blauen Halo hing: Es gab Beschwerden, dass er Pornografie zeige.) Es ist wie beim Sterngucken: Es wird einem bewusst, dass man an die Grenzen des Schädels gebunden ist, wenn man die objektive Welt aus flackernden Schatten hervorzaubern möchte.

Turrells Vater war Flugzeugingenieur, der eigene Flugzeuge baute. Seit seiner Kindheit war Turrell daher Pilot und verdiente sich später seinen Lebensunterhalt als Luftkartograf. 1974 sah er zum ersten Mal den Roden-Krater, einen erloschenen Vulkan am Rande der Painted Desert in der Nähe von Flagstaff, Arizona. Er hatte die Idee, den Krater in ein riesiges Kunstwerk zu verwandeln. Würde man den Kraterkegel mit schwerem Gerät bearbeiten, würde das seine Konturen verfeinern – es ergäbe sich jene abgeflachte Kugelform, die wir auch beim Blick an den Himmel wahrnehmen. (Die Kaldera hat einen Durchmesser von 240 Meter und ist fast perfekt kreisförmig. Es brauchten also nur ihre inneren Hänge neu gestaltet zu werden.) Von den Pyramiden bekannte Tunnel würden „Lichtobservatorien" miteinander verbinden, durch die der Himmel in die Dunkelheit eindringt. Wie bei den Pyramiden wären diese Schächte auf Sonne, Mond und Sterne ausgerichtet.

Es war ein fast abwegig ehrgeiziges Projekt für einen einzelnen Künstler. „Ich blicke heute zurück und frage mich, was ich mir dabei gedacht hatte?", grübelte Turrell.[7] Doch er überzeugte eine Kunststiftung davon, das Land zu kaufen und machte sich ans Werk. Einige Jahre später geriet die Stiftung in finanzielle Schwierigkeiten. Um die Zustimmung der Banken für die Übernahme der Hypothek zu erhalten, musste Turrell zwei benachbarte Farmen kaufen und in die Rinderzucht einsteigen. Nun besaß er eine Farm mit 400 Quadratkilometern, die mit 1,7 Millionen US-Dollar belastet war. Seine Frau verließ ihn, und Skeptiker schrieben ihn als einen weiteren tragischen Künstler ab, dessen Ansprüche seine Möglichkeiten bei weitem überstiegen hatten.

Turrell kamen dagegen keine Zweifel. „Der Größenwahn der Künstler!", sagte er einem Journalisten. „Du zeichnest dir die Sachen auf Papier auf, verformst die Spitze ein bisschen und stellst fest, dass du 20 000 Kubikmeter Erde bewegen musst, nur damit das Ding die richtige Form kriegt. Und du hast damit das verdammte Ding kaum verändert!"[8] Es dauerte 25 Jahre, aber Turrell zahlte die Hypothek ab – „dank meiner schönen Kühe", wie er sagte. Und: Er stellte das Roden-Krater-Projekt fertig, das nun eines der größten und womöglich langlebigsten Kunstwerke ist, das in der jüngeren Zeit geschaffen wurde.

Am Nachmittag der Wintersonnenwende des Jahres 2000 fuhr mich Turrell zum Roden-Projekt. Der Krater sollte in ein paar Monaten offiziell eröffnet werden. Turrell war ein großer, bärtiger Mann. Jeder Zentimeter von ihm war der aktive Künstler, der aber seinen Sinn für Humor darüber nicht verloren hatte. Mit meinem gemieteten Geländewagen bretterte er die rötlichen, unbefestigten Straßen mit einer Vertrautheit entlang, die zeigte, dass er sie schon häufig gefahren war. Auf der Fahrt redeten wir über das Fliegen. „Ein Freund bat mich, ihn zum Fallschirmspringen mitzunehmen. Also steckte ich ihn in einen Doppeldecker, ohne ihn festzuschnallen. Dann drehte ich das Flugzeug auf den Kopf", schrie Turrell über das laute Dröhnen des Motors hinweg. „Ich kann Ihnen sagen, der *plumpste* einfach aus dem Ding raus, so schnell wie ein Steinway-Flügel. Es war erstaunlich, das zu verfolgen."

Roden-Krater tauchte auf. Er überragte ein Gebiet aus mehr als hundert anderen Vulkankratern, seine Konturen hoben sich von den leuchtenden Pastelltönen der Painted Desert ab. Außer der Straße selbst gab es nichts zu sehen, das so aussah, als hätte es sich in den vergangenen 10 000 Jahren stark verändert. „Das sieht doch wie ein Planet aus, oder?", sagte Turrell. „Natürlich *ist* es ein Planet."

Wir stellten das Auto an einem Eingang auf der einen Seite des Vulkans ab. Dann betraten wir eine Kammer, die in einen schräg nach oben verlaufenden Tunnel in Form eines Schlüssellochs überging: vier Meter breit und 300 Meter lang. An seinem anderen Ende befand sich eine vollkommen kreisförmige Öffnung, durch die die Scheibe der Nachmittagssonne zu erkennen war. Der Tunnel ist nach dem „Stillstand" des Mondes ausgerichtet, jenem Punkt, an dem der Mond nicht mehr entlang des Horizonts kriecht, sondern für ein paar Tage aufgeht, bevor er wieder umkehrt. Folglich ist der Tunnel damit auch ungefähr auf den Stillstand der Sonne ausgerichtet.[9]

Ähnliche Ausrichtungen gibt es bei vielen historisch bedeutsamen Bauwerken: unter anderem den Pyramiden in Ägypten, Borobudur auf

Java und Stonehenge in England. Ich versuchte den dunklen Tunnel mit seinem Kreis aus reinem weißen Licht am anderen Ende zu fotografieren, aber das Belichtungsprogramm der Kamera spielte verrückt und blockierte zum ersten Mal in den acht Jahren, in denen ich die Kamera verwendet hatte.

Wir wanderten den langen Tunnel nach oben in Richtung des Lichtkreises. Als wir oben in der Kammer angekommen waren, stellten wir fest, dass es kein Kreis, sondern eine Ellipse war. Sie war so geneigt, dass sie aus der Perspektive des Tunnels wie ein Kreis aussah. Ich lachte laut, als ich mir Keplers Freude vorstellte, wie er nach Jahren der Arbeit herausgefunden hatte, dass die Planetenbahnen nicht kreisförmig, sondern elliptisch waren. In solchen Momenten scheint die Kunst wie die Wissenschaft weniger ein anspruchsvolles, intellektuelles Konstrukt als ein direktes Werkzeug zu sein: ein Schraubenschlüssel, um uns aus der herkömmlichen Art der Wahrnehmung herauszudrehen.

Wir durchquerten den Raum und tasteten uns durch pechschwarze Tunnel zum Auge im Zentrum des Kraters vor. Die Öffnungen dieser Tunnel, durch die später Licht in einer bestimmten Form hereinfallen würde, waren in dieser letzten Phase des Ausbaus abgedeckt. In der Kratermitte gingen wir wieder ins Licht hinaus und legten uns auf den Rücken, um nach oben zu schauen. Der Nachmittagshimmel schien heruntergezogen und am Kraterrand befestigt worden zu sein. Er erinnerte an eine Linse. Wir gingen rückwärts den sanft ansteigenden Hang der Kaldera hinauf und verfolgten, wie der Rand scheinbar schrumpfte. Nichts war, wie es schien – oder besser: nichts würde lange mit herkömmlichen Modellen übereinstimmen. Turrells gigantisches Observatorium funktionierte bereits, obwohl es noch gar nicht fertig war.

Die Sonne war untergegangen, und der Westhimmel war in eine Palette aus vergänglichen Rot- und Violetttönen getaucht. Wir fuhren vom Krater weg, um ein Glas kaltes Bier in einem Lokal für Drachenflieger zu trinken. „Wir definieren Zivilisationen anhand ihrer Kunst und Architektur. Aus deren Überbleibsel versuchen wir wiederum ihr kosmologisches Verständnis abzuleiten. Ein ziemlich großer Schritt – ich würde sogar sagen, das ist ein Sprung!", sagte Turrell. „Aber vergessen Sie nicht, dass wir erst im letzten Jahrhundert verstanden haben, was eine Galaxie ist. Und es ist auch nicht allzu lange her, dass wir die Existenz des Sonnensystems entdeckt haben. Wir feiern diese Ereignisse nicht, obwohl wir das tun sollten. Das sind große Momente, große Gedankensprünge. Es erstaunt mich, dass wir sie nicht feiern."

Meteorite – Steine vom Himmel

Auf steinernen Mauern mein Blick stets verweilt,
nur in der Nacht zum Himmel hinauf er eilt,
wo Meteorenschauer den Himmel teilt.

Robert Frost

In Nächten, wenn Meteore spielen,
und den Tanz der Brecher überstrahlen ...

Herman Melville

Am Abend des 9. Oktober 1993 sehen Tausende von Zuschauern der High-School-Football-Spiele im Nordwesten der USA einen brillanten Meteor – einen „Feuerball" – über sich vorbeiziehen und in der Luft zerbrechen. Sekunden später trifft ein footballgroßes Stück des Meteors den rechten hinteren Kotflügel eines 1980er Chevy Malibu. Er parkt vor dem Haus der 18-jährigen High-School-Abgängerin Michelle Knapp. Sie hört den Krach, geht hinaus in den Regen und findet den Meteorit in einem Krater von der Größe einer Waschwanne unter dem Loch, das er in ihr Auto geschlagen hat.

31. August 1992: In Noblesville, Indiana, pfeift ein kleiner Meteor in der Dämmerung an Brodie Spauldings rechter Schulter vorbei und durchpflügt einige Meter entfernt das Gras. Brodie ist 13 Jahre alt und hat sich gerade mit dem neunjährigen Brian Kinzie unterhalten. „Wenn ich mich hinsetze und darüber nachdenke", sagt Brodie, „war es schon Furcht erregend."

30. November 1954. Annie Hodges macht ein Nickerchen daheim in Sylacauga, Alabama, auf ihrer Couch. Da schlägt ein vier Kilo schwerer Meteorit durch Dach und Dachboden, reißt ein Loch in die Decke, zertrümmert das Radio, springt durch das Zimmer, trifft sie am Bein und hinterlässt einen schmerzhaften Bluterguss.

14. September 1511: In Italien trifft und tötet Berichten zufolge ein Meteorit einen Mönch und mehrere Hoftiere.

14. Januar 616: Meteoriten fallen auf ein Armeecamp in China und töten „mehr als zehn Menschen".

Konstantinopel 472: Ein Meteor, der heller als die Sonne ist, zieht über den Himmel und explodiert. Die Druckwelle wirft Menschen auf der Straße um, bringt im Hafen liegende Segelboote zum Kentern, drückt geschlossene Fensterläden ein und überzieht die Stadt mit einer Wolke aus schwarzem Staub.

Yucatan-Halbinsel, Mexiko, vor 65 Millionen Jahren: Ein mehrere Kilometer großer Komet oder Asteroid trifft die Erde und hüllt den Planeten in eine Staubwolke ein, die sich mit dem Rauch von Millionen von Waldbränden vermischt. Das Ökosystem bricht zusammen. Die Dinosaurier und die meisten anderen irdischen Lebensformen sterben aus.[1]

Fast alles, was Sterngucker beobachten, ist weit weg und bleibt weit weg. Die einzige Ausnahme sind Meteoriten, Steine, die auf die Erde fallen. Meteoriten kommen per Definition an. (Sie heißen *Meteoroide*, solange sie im All sind, *Meteore*, wenn sie in der Erdatmosphäre aufleuchten und *Meteoriten*, wenn sie auf Landmassen oder Meere aufschlagen.) Die Erde sammelt jeden Tag Hunderte von Tonnen meteoritischen Materials auf. Zum größten Teil besteht dies aus Teilchen von der Größe eines Staubkorns, die auf die Oberfläche heruntersinken, ohne dass es jemand bemerkt. (Fahren Sie mal mit dem Finger über einen staubigen Kaminsims: Ein Teil von dem, was Sie aufsammeln, stammt von Meteoriten. Es gibt einen Astronomen in Pasadena, der interplanetaren Staub untersucht, indem er zufällig abgelagerte Staubschichten durchsiebt, die der Luft ausgesetzt waren.) Hundert Millionen Partikel dieser täglichen Dosis sind etwa so groß wie ein Sandkorn oder eine Erbse – und damit groß genug, um die hellen Sternschnuppen zu verursachen, die uns nachts jubeln lassen. Ihr Leuchten entsteht durch atmosphärische Reibung, die sie aufheizt. Typischerweise geschieht das in einer Höhe von 80 Kilometern. Ihre Anfangsgeschwindigkeit beträgt mindestens 40 000 Stundenkilometer, die Geschwindigkeit beim Verlöschen etwa 500 Stundenkilometer. Meteore, die massiv genug sind, um den feurigen Ritt ohne vollständiges Verdampfen zu überstehen, hören meist auf zu leuchten, wenn sie abgebremst wurden. Die Atmosphärenreibung erzeugt dann nicht mehr genug Wärme, da die Meteoriten sich dann nur noch mit der Geschwindigkeit eines gewöhnlichen Passagierflugzeugs bewegen. Sie fallen dann mehrere Minuten einfach durch die Luft, weshalb man diesen Abschnitt ihrer Reise „dunklen Fall“ nennt. Massive Meteore werden weniger stark abgebremst als kleine, weshalb viele in der Luft explodieren oder auf dem Boden ohne vorhergehende Dunkelphase aufschlagen.

Meteore, die heller werden als die Venus, nennt man Feuerbälle oder Boliden. Sie können Schatten werfen und Geräusche verursachen, die von einem Dröhnen bis zu einem Donnern oder Knistern reichen. Man hört die Geräusche von den untersten Teilen des Fallweges zuerst, das Donnergrollen dagegen erst nach Sekunden, da es von höheren Punkten entlang der Fallbahn stammt.

Fast zehntausend Meteoriten sind zurzeit in Museen oder in der Hand von privaten Sammlern. Die große Mehrheit von ihnen wurde an Stellen gefunden, wo sie leicht erkennbar waren: auf antarktischen Eisfeldern, in der Sahara und in der Nullarbor Plain in Südwestaustralien. Wissenschaftler untersuchen sie, um mehr über die Zusammensetzung von Kometen und Asteroiden zu erfahren, denn von diesen Objekten stammen die meisten Meteoriten ab. Dadurch soll die Frage geklärt werden, ob die komplexen organischen Moleküle, die man in ihnen findet, eine Rolle bei der Entstehung des Lebens auf der Erde gespielt haben könnten. Die Verunreinigung durch terrestrische Einflüsse ist dabei ein Problem. Zum Zeitpunkt der Entdeckung kann beispielsweise ein typischer Antarktis-Meteorit bereits Zehntausende oder Millionen von Jahren im Schnee liegen. Dann fällt die Unterscheidung schwer, welche Chemikalien er aus dem All mitgebracht hat und welche er nach und nach auf der Erde aufsammelte. Wissenschaftler nehmen daher jede Gelegenheit wahr, Meteoriten möglichst direkt nach dem Fall einzusammeln.

Glücklicherweise sind einige in leicht erreichbaren Gebieten niedergegangen. Am 30. September 1984 zog ein brillanter Feuerball über den Vormittagshimmel im australischen Perth. Wenige Sekunden später hörten zwei Sonnenanbeter am Binningup-Strand – 130 Kilometer weiter südlich – ein Pfeifen, dem ein lauter, dumpfer Aufschlag folgte. Als sie sich aufsetzten, sahen sie einen 500 Gramm schweren Meteoriten nur dreieinhalb Meter entfernt im Sand liegen. Zehn Tage später trat der Vietnamveteran Don Richardson in der Nähe von Claxton, Georgia, aus seinem Anhänger und zuckte zusammen, als er ein pfeifendes Geräusch hörte. Dann schlug ein Meteorit im Briefkasten seines Nachbars ein. Vital Lemay fütterte am Abend des 14. Juni 1994 Füchse auf seinem Bauernhof nordöstlich von Montreal. Plötzlich schauten die Füchse hoch. Als er ihrem Blick folgte, sah er „einen Rauchball, wie von einem Feuerwerk“, dann hörte er ein zischendes Geräusch und einen dumpfen Aufprall. Ein Nachbar namens Stéphane Forcier schaute nach und fand eine Gruppe von Kühen, die im Kreis standen und auf einen schwarzen Meteorit von der Größe einer Grapefruit in einem fußgroßen Krater glotzten.[2] Nach der Explosion eines Meteors am 14. August 1992 über Uganda regnete es Steine auf Mbale, eine Stadt mit 50 000 Einwohnern. Einer der Steine sprang auf einen Öltank, andere trafen eine Baumwollfabrik, eine Kläranlage, einen Bahnhof und ein Gefängnis. Ein Junge aus Doko wurde von einem vier Gramm schweren Fragment am Kopf getroffen, zum Glück überlebte er es. Wissenschaftler sammelten Dutzende der Mbale-Meteoriten für weitere Untersuchungen: Alle hatten eine „schwarze Schmelzkruste“, die darauf hinwies, dass sie von einem in großer Höhe explodierten Meteor abstammten. Seine Fragmente wurden einzeln durch die Atmosphärenreibung während des Falls geröstet. (Berichte, dass frisch gefallene Meteoriten „handwarm“ seien, gelten aber als zweifelhaft. Schließlich wird nur eine dünne Oberflächenschicht des Meteors erhitzt, während das Innere kalt bleibt.)

Solche besonderen Fallsituationen sind allerdings selten, weshalb die Wissenschaftler häufiger Berichte der Spur eines aktuellen Feuerballs sammeln und dann versuchen, das wahrscheinliche Gebiet des Falls so weit einzuschränken, dass man dort effektiv suchen kann. Die dafür erforderliche Dreiecksberechnung funktioniert, wenn Amateur- oder professionelle Beobachter an zwei oder mehr Orten den Feuerball gleichzeitig fotografieren oder auf Videofilm bannen. Aber frische Bruchstücke ließen sich gelegentlich auch mit nicht mehr als ein paar Beobachtungen von Augenzeugen finden, die die Sterne so gut kannten, dass sie die Flugbahn genau beschreiben konnten. Jim Brook, Abenteurer und Pilot im Yukon-Gebiet mit einem Interesse an Geologie, stieß am 25. Januar 2000 auf dem Eis des Tagish-Sees auf Bruchstücke eines Feuerballs, der eine Woche zuvor in der Atmosphäre zerbrochen war. Da er davon gehört hatte, „suchte ich sorgfältig nach Meteoriten und erkannte die Bruchstücke auch gleich, als ich sie sah", erinnerte er sich. „Zunächst ließ ich mich jedoch mehrfach durch Wolfsdreck täuschen."[3] Er packte mehrere Dutzend Bruchstücke ein und achtete darauf, dass er sie nicht berührte. Wissenschaftler stellten später fest, dass sie minimale Mengen an organischen Molekülen enthielten, die so alt waren wie das Sonnensystem.

Wenn die Bahn eines hellen Meteors genau trianguliert wird, ist es Wissenschaftlern manchmal möglich, auch seine Bahn im All zu berechnen. Diese Daten können die Frage klären helfen, woher der Meteorit kam. Die Zusammensetzung einiger Meteoriten deutet darauf hin, dass sie vom Mond oder gar vom Mars stammen. (Ein Meteorit, der am 28. Juni 1911 einen Hund im ägyptischen Nakhla tötete, kam ursprünglich von der Marsoberfläche. Eine Altersbestimmung des berühmten Marsmeteoriten, in dem Wissenschaftler winzige, auf Mikroorganismen hindeutende Strukturen fanden, hat ergeben, dass er durch einen Einschlag auf Mars vor 16 Millionen Jahren freigeschlagen wurde. Ungefähr 11 000 v. Chr. fiel er auf die Erde.) Meteoriten sind quasi eine kostenlose Untersuchungsmöglichkeit von Asteroiden, Kometen, dem Mond und dem Mars auf der Erde.

Asteroiden, die Vorfahren der meisten Meteoriten, sind bis knapp tausend Kilometer groß. Die größten wie Ceres mit 930 und Pallas mit 600 Kilometer sind größer als Großbritannien. Viele haben aber auch lediglich die Größe von Bürogebäuden oder Autos. 90 Prozent von ihnen befinden sich im Kleinplanetengürtel, einem flachen Band aus Bruchstücken zwischen den Umlaufbahnen von Mars und Jupiter. Einige Asteroiden enthalten viel Nickel, Eisen und andere Metalle (das könnte eines Tages für den Bergbau interessant sein), während andere aus leichterem, steinigem Material oder aus einer Mischung von Steinen und Metallen bestehen.

Kometen sind die andere Hauptquelle der Meteoriten. Sie enthalten Metalle und Steine, aber auch viel Eis. Diese vom US-Astronomen Fred Whipple als „schmutzige Schneebälle" bezeichneten Objekte sind schwarz wie Ruß und daher schwer zu beobachten, bevor sie sich der

Sonne nähern.[4] Bei der Annäherung erwärmt dann das Sonnenlicht das Eis, das direkt als Gas ins kalte Vakuum sublimiert. Andere Gase, die im Kometeneis gefangen sind, werden erwärmt, expandieren, brechen aus dem Kometen hervor und spritzen ins All.

Diese Jets können Eis- und Felsstücke aus dem Kometenkern mitreißen und „ausspucken". Das kann die Kometenbahn unvorhersehbar verändern. Das entwichene Gas erzeugt eine leuchtende kugelförmige Koma, die den Kern umgibt, und einen Schweif, der sich Dutzende Millionen Kilometer weit erstrecken kann. Aus dem Kern entweichender Staub verursacht einen zweiten Schweif. Gas- und Staubpartikel verhalten sich allerdings unterschiedlich im Sonnenwind (geladene Teilchen, die die Sonne aussendet), so dass Gas- und Staubschweif häufig in verschiedene Richtungen zeigen. Der Großteil des Staubes und Eises, das der Komet verliert, verbleibt entlang seiner Bahn wie bei der Schleimspur einer Schnecke. Durchquert die Erde diese Spur, gibt es einen ungewöhnlich kräftigen Meteorschauer. Mehrmals im Jahr passiert die Erde solche Kometenspuren, was zu den regelmäßigen Meteorschauern wie z. B. den Perseiden im August führt.

Unter den Kometen gibt es zwei Gruppen: kurz- und langperiodische. Kurzperiodische Kometen umkreisen die Sonne innerhalb von zwei Jahrhunderten oder weniger. Sie befinden sich in der Nähe der Ekliptik – der Ebene, die durch die Umlaufbahn der Erde definiert ist – und bewegen sich in dieselbe Richtung wie die Planeten und Asteroiden. Langperiodische Kometen können dagegen Tausende oder Millionen von Jahren brauchen, um einmal um die Sonne zu laufen. Sie nähern sich von allen Seiten und zeigen keine bevorzugte Umlaufrichtung. Aufgrund dieser Unterschiede vermutete man schon lange verschiedene Ursprünge der beiden Kometenfamilien. Jüngste astronomische Entdeckungen bestätigten diese Hypothese.

Heute nimmt man an, dass die meisten kurzperiodischen Kometen aus dem Kuiper-Gürtel stammen. Er ist eine größere und weiter entfernte Variante des Kleinplanetengürtels und liegt jenseits der Neptunbahn. Die Existenz eines solchen Gürtels wurde erstmals von K. E. Edgeworth 1943 postuliert. Gerard Kuiper verfeinerte diese These im Jahr 1951, aber kein Objekt des Gürtels wurde bis in die 90er-Jahre beobachtet. Kuiper-Objekte sind dunkel, viel kleiner als Planeten und leuchten nur durch das reflektierte Licht der weit entfernten Sonne. Astronomen wissen noch nicht, wie viele Objekte es im Kuiper-Gürtel gibt oder wie ausgedehnt der Gürtel ist. Manche Schätzungen gehen von Milliarden von kometenähnlichen Objekten aus, von denen Zehntausend größer als hundert Kilometer sind. Damit wäre der Kuiper-Gürtel viel größer und reicher an Objekten als der Asteroidengürtel. In anderen Schätzungen ist der Gürtel ziemlich schmal und reicht nur bis zum äußeren Rand von Plutos exzentrischer Bahn. (Pluto selbst ist vielleicht ein Objekt des Kuiper-Gürtels.) Eine Herkunft der kurzperiodischen Kometen aus dem Kuiper-Gürtel würde erklären, warum sie in der Ekliptik in derselben Richtung umlaufen wie die Planeten.

Die langperiodischen Kometen dürften dagegen aus der Oortschen Wolke kommen – einer ausgedehnten, kugelschalenförmigen Ansammlung von vielleicht einer Billion Kometen, die sich möglicherweise bis zur halben Entfernung zum nächsten Stern ausdehnt. Die Oortsche Wolke ist nach dem dänischen Astronomen Jan H. Oort benannt, der ihre Existenz 1950 vorschlug. (Der estnische Astronom Ernst Öpik hatte fast die gleiche Idee gehabt, aber die Namensgebung in der Astronomie ist eine nicht-exakte Kunst. Deshalb haben wir nun diesen Namen und keinen Edgeworth-Gürtel und keine Öpik-Wolke.)

Oort untersuchte die Umlaufbahnen von 19 langperiodischen Kometen und berechnete, dass der innere Rand der Wolke vielleicht 1000-mal weiter entfernt als Neptun von der Sonne liegt. Das wäre ein Drittel Lichtjahr. Die Entfernung der äußeren Grenze berechnete Oort zu zwei Lichtjahren. Wäre die Erdumlaufbahn der Rand einer Espresso-Tasse inmitten eines runden Esstisches, wäre der Asteroiden-Gürtel so groß wie eine Salatplatte. Der Kuiper-Gürtel würde am Rand des Tisches beginnen und mindestens bis zu den Lehnen der Stühle reichen, die um den Tisch stünden. Der innere Rand der Oortschen Wolke würde in diesem Modell dann an der Stadtgrenze liegen.

Objekte des Kuiper-Gürtels sind im Allgemeinen zu schwach, als dass sie von Amateuren untersucht werden könnten. Aber eine dramatische Ausnahme von der Regel belegt die Maxime des Sternguckers, dass man nie weiß, was man beobachten kann, bis man es nicht versucht hat. Hughes Pack, der Naturwissenschaften an der Northfield Mount Hermon School in Northfield, Massachusetts, unterrichtet, entdeckte im Oktober 1998 wider Erwarten einen „Transneptun". Pack beaufsichtigte ein Asteroidenprojekt seiner Schüler Heather McCurdy, Miriam Gustafson und George Peterson. Im Rahmen eines praxisorientierten Astronomieprojekts beobachteten die Schüler via Internet mit einem Teleskop der University of California, Berkeley. Sie verglichen dazu CCD-Bilder, die den gleichen Himmelsbereich zu verschiedenen Zeiten zeigten. So konnten sie erkennen, ob sich irgendwas gegenüber den Sternen bewegt hatte, wie das bei Kleinplaneten der Fall ist. Auf diese Weise hatten sie bereits zwei Asteroiden des Kleinplanetengürtels gefunden und die Entdeckung von Asteroiden erschien ihnen schon „fast profan", erinnerte sich Pack. „Tatsächlich war es alles andere als profan", ergänzte er. „Stellen Sie sich vor, der einzige Mensch auf dem Planeten Erde zu sein, der einen noch unbekannten Kleinplaneten beobachtet."

„Ungefähr nach der Hälfte des Projekts sagte eines der Suchteams, dass es einen weiteren Kandidaten gefunden habe. Fast gelangweilt verlangte ich von ihnen, dass sie mit dem Prozedere weitermachen sollten und jede Information über das neue Objekte sammeln sollten, derer sie habhaft werden könnten. Wenn ich mich an die Szene erinnere, ärgert es mich etwas, dass ich die mögliche neue Entdeckung kaum gewürdigt hatte.“

Pack schaute den Schülern über die Schulter, während sie das verdächtige Punktepaar am Computerbildschirm inspizierten. Möglicherweise waren sie durch den Einschlag kosmischer Strahlen auf dem CCD-Chip verursacht worden. Dann sah Pack ein weiteres Punktepaar, das die Schüler bislang noch nicht registriert hatten. „Meine Nackenhaare sträubten sich vor Schreck und Aufregung“, erinnerte er sich. „Dieses Punktepaar zeigte genau die Merkmale eines transneptunischen Objekts! Ich hatte von diesem Augenblick seit Jahren geträumt und war mir voll bewusst, auf was ich achten musste. Wir hatten von Anfang an gedacht, dass solche Objekte auf einigen unserer Bilder sein mussten. Das bedeutete: Wenn wir die Bildbearbeitung und -untersuchung nur sorgfältig genug durchführten, sollten wir in der Lage sein, die Asteroiden in ihren Verstecken draußen jenseits von Neptun und Pluto finden zu können.

Mit aller Selbstdisziplin, die ich aufbringen konnte, hielt ich mich unter Kontrolle und spielte meine Rolle als Lehrer. Meine Hände hatte ich hinter dem Kopf verschränkt, damit ich nicht auf den Bildschirm zeigen konnte. Ich zwang mich dazu wegzugehen, und sagte ihnen, dass sie weitermachen sollten. Zu meinem großen Entzücken hatte ich nicht mehr als drei oder vier Schritte gemacht, als sie mich zurückriefen. Meine Gedanken und Gefühle der Hochstimmung in diesem Moment sind schwer in Worte zu fassen. Ich drehte mich auf der Stelle um und kehrte mit einem breiten Lächeln zurück. ‚Jaaa‘, sagte ich aufgeregt. Das war einfach ein besonderer Moment in meinem Leben als Lehrer.“[5]

Pack fragte die Schüler, ob sie erklären könnten, warum die beiden Punkte – zwei Bilder eines sich bewegenden Objekts, die zu verschiedenen Zeiten aufgenommen wurden – so nahe beisammen lägen. Bei den Asteroiden, die sie zuvor fotografiert hatten, war der Abstand viel größer. Sie sagten richtigerweise, dass das Objekt sich langsamer bewege als ein Asteroid und dass es deshalb viel weiter entfernt von der Sonne stehen müsse. Als Pack mir die Geschichte erzählte, standen Tränen in seinen Augen. Das eisige Objekt, das sie entdeckt hatten, hat einen Durchmesser von 160 Kilometer und trägt nun die Bezeichnung 1998 FS 144. Inzwischen haben Astronomen es ausgiebig untersucht.

Kometen in der Oortschen Wolke sind so dunkel wie Objekte des Kuiper-Gürtels, nur viel weiter entfernt. Derzeit kann man sie nur entdecken, wenn sie zufällig direkt vor einem Stern vorbeiziehen. Der Stern wird dadurch für einen Augenblick schwächer. Wenn aber ein Komet ins innere Sonnensystem gelangt und durch die Sonnenwärme immer heller wird, lässt er sich direkt beobachten. In gewissen Zeitabständen können ausgewachsene Kometen oder Asteroiden auf der

Erde einschlagen. Ein Sterngucker, der mit dem Fernrohr nach bislang unentdeckten Kometen oder Asteroiden sucht, verfolgt daher gleichzeitig zwei Missionen: eine Untersuchung unseres Ursprungs und eine Art Fernaufklärung, die eines Tages zu unserem Überleben beitragen könnte.

Die Beobachtung von Meteoren ist eine der einfachsten und schönsten Tätigkeiten beim Sterngucken – und sie erfordert keine Ausrüstung. Man legt sich einfach auf eine Decke oder setzt sich in einen Gartenstuhl, genießt den sternklaren Himmel und wartet auf einen vorbeiziehenden Meteor. Das menschliche Auge kann nur zehn bis zwölf Prozent des Himmels überblicken. Je mehr Sterngucker mitmachen, desto besser ist es also. Früher wurden quasi alle organisierten Meteorbeobachtungen von Amateuren gemacht. Einige versammelten sich in Gruppen, um die Zahl der Meteore genau zu ermitteln. Jeder Beobachter bekam dabei ein quadratisches Stück Himmel zugewiesen, das gelegentlich durch Drahtrahmen auf Halterungen markiert wurde. Damit dem Beobachter kein Meteor in seinem Feld entging, musste er es ständig überwachen und durfte sich nicht durch „Ahs" und „Ohs" der anderen ablenken lassen, wenn diese einen besonders schönen Meteor in ihrem Feld sahen. Heutzutage werden Meteore über Reflexionen von Radarstrahlen und mit lang belichteten Aufnahmen erfasst. Daher ist der Druck weg, und Meteorbeobachter können sich entspannen und amüsieren. Wenn sie einen Beitrag zur Wissenschaft leisten wollen, können sie Kameras aufstellen. Explodiert ein Feuerball, sind solche Aufnahmen nützlich, um das Fallgebiet zu bestimmen, wo man eventuell frische Teile des Meteoriten finden kann.

Ein oder zwei herumstreunende Meteore lassen sich in jeder dunklen Nacht beobachten. Aber die beste Zeit, um Meteore zu sehen, ist während einer der periodischen Schauer. Sie treten auf, wenn die Erde die Bahn eines Kometen kreuzt. Meteorströme werden nach dem Sternbild benannt, aus dem sie zu kommen scheinen: Verlängert man alle Meteorspuren nach hinten, schneiden sie sich ungefähr in einem Punkt am Himmel. Man muss beim Beobachten nicht auf diesen Radianten schauen, denn die meisten Meteore leuchten erst an einer anderen Stelle des Himmels auf. Wenn man jedoch weiß, wo der Radiant liegt, kann man zwischen einem zufälligen Eindringling und einem Strommeteor unterscheiden. Mondlose Nächte eignen sich am besten, da der Mond sonst die schwachen Meteore überstrahlt. Außerdem hat man nach Mitternacht mehr Chancen, viele Meteore zu sehen, denn dann hat uns die Erdrotation – vom Nordpol aus gesehen erfolgt sie im Gegenuhrzeigersinn – auf die Seite des Planeten gebracht, die in die Richtung der Erdbewegung auf ihrer Umlaufbahn zeigt. Die Erde sammelt mehr Meteore auf dieser als auf ihrer abgewandten Seite auf: Aus demselben Grund wird die Windschutzscheibe eines schnell fahrenden Autos nasser als die Heckscheibe.

Der Meteorschauer der Perseiden hat sein Maximum um den 12. August und ist damit ideal für eine angenehme Sommerbeobachtung von der Nordhalbkugel aus. Während der Perseiden habe ich in vielen Sommernächten im Freien geschlafen. Wenn ich in meinem Schlafsack aufwachte, was so ungefähr jede Stunde geschah, sah ich ein paar Meteore, bevor ich wieder einschlummerte. Man kann die Zeit ja ziemlich gut anhand der wandernden Sterne abschätzen. Die Perseiden treten in Erscheinung, wenn die Erde der Trümmerspur begegnet, die der Komet 109P/Swift-Tuttle zurückgelassen hat. Der Komet wurde 1862 von dem Amateur-Astronomen Lewis Swift entdeckt, der tagsüber einen Haushaltswarenladen betrieb. Drei Tage später sichtete Horace Tuttle den Kometen unabhängig von Swift am Harvard College Observatory. Der Komet hat eine Umlaufzeit von ungefähr 120 Jahren, aber seine Trümmer sind ziemlich gleichmäßig entlang seiner Bahn verteilt. Dadurch sind die Perseiden ein recht zuverlässiger Schauer.

Die meisten der anderen jährlich auftretenden Schauer werden durch weniger homogen verteilte Kometenüberreste verursacht und sind daher hinsichtlich ihrer Aktivität weniger vorhersagbar. Die Quadrantiden (3. – 4. Januar) können spektakulär sein, aber die Trümmerspur ist so schmal, dass das Schauermaximum nur ein paar Stunden dauert. Die Orioniden (16. – 27. Oktober) stammen vom Schweif des Kometen Halley und haben Schauer verursacht, die von weniger als zehn Meteoren pro Stunde und Beobachter (im Jahr 1900) bis zu 35 pro Stunde (im Jahr 1922) reichten. (Ein ordentlicher Schauer sollte 20 Meteore oder mehr pro Stunde erzeugen.) Die Leoniden, die mit dem Kometen 55P/Tempel-Tuttle zusammenhängen, sind häufig enttäuschend: Einzelne Beobachter sehen dann nur acht bis zehn Meteore pro Stunde. Aber es gibt zumindest eine große Staubansammlung im Leonidenstrom, die die Erde in der Nacht des 12. Novembers 1833 traf. Die Astronomie-Autorin Agnes Clerke beschrieb das Ereignis wie folgt: „Der Himmel war in jeder Richtung mit leuchtenden Spuren überzogen und von majestätischen Feuerbällen erleuchtet. In Boston schätzte man, dass die Häufigkeit der Meteore mit der Hälfte der Flocken in einem durchschnittlichen Schneesturm zu vergleichen war." In der Morgendämmerung leuchteten schätzungsweise 10 000 helle Meteore pro Stunde am Himmel auf. Ihre gewaltige Zahl verdeutlichte sehr gut, dass der Radiant im Löwen lag und dass er im Verlauf der Nacht mit den Sternen nach Westen wanderte. Diese Entdeckungen führten noch vorhandene aristotelische Vorstellungen, dass Meteore in der Atmosphäre entstehen, endgültig ad absurdum. (Wegen dieser ehrwürdigen Annahme wird die Erforschung des Wetters noch immer „Meteorologie" genannt.)

Die historischen Aufzeichnungen legen den Schluss nahe, dass die Erde alle 32 bis 33 Jahre durch den dichten Teil des Leoniden-Meteorstroms zieht. Aber begierige Beobachter, die bei solchen Gelegenheiten die ganze Nacht hindurch aufblieben, wurden häufig enttäuscht. Als die Astronomen mit Radarstrahlen die Trümmer der Leonidenspur kartierten, wurde klar, warum der Schauer so unregelmäßig ist: Der dichte Teil des Stroms ist nur 35 000 Kilometer dick. Dadurch hält sich die mit 106 000 Stundenkilometer auf ihrer Umlaufbahn dahinrasende Erde weniger als eine Stunde in ihm auf. Befindet sich in dieser Phase zufällig der Pazifische Ozean auf der in Bewegungsrichtung liegenden Erdseite, so werden den Schauer nur Wenige mitbekommen.

Für 1999 sagten Meteorexperten voraus, dass die Leoniden für Osteuropa spektakulär und für Westeuropa sehr gut sein würden. Dagegen würde ihre Aktivität bereits abklingen, wenn die USA auf die in Bewegungsrichtung der Erde liegende Seite gewandert seien. Diese Vorhersage erwies sich als sehr genau. Das Leoniden-Feuerwerk leuchtete über Osteuropa auf: Die Beobachter dort waren außer sich vor Freude, ein Spektakel mit bis zu 3000 Meteoren pro Stunde zu sehen. Aber von meinem Wohnort in Kalifornien aus konnte man nur ein paar Nachzügler sehen, die tief am Osthorizont entlang zogen: Sie zeigten lange, flache Bahnen, wie Artilleriesalven einer fernen Schlacht.

Tagsüber eintreffende, unsichtbare Meteore lassen sich ebenfalls von Amateur- und Berufsastronomen nachweisen, indem diese den Sendungen ferner Rundfunksender lauschen. Wird gewöhnlicher UKW-Rundfunk an den ionisierten Meteorbahnen reflektiert, können Sender, die man normalerweise nicht empfangen kann, mit einem gewöhnlichen Radio empfangen werden – wenn auch nur für kurze Zeit. Man dreht den Senderwahlknopf einfach so lange, bis man nichts hört und wartet. Drei Amateur-Radioastronomen – Moh'd Alawneh, Moh'd Odeh und Tareq Katbeh von der Jordanischen Astronomischen Gesellschaft – berichteten über den Nachweis von solchen an Meteorspuren reflektierten UKW-Sendern von der Al-Azraq-Wüste aus. „Die an einem Meteor reflektierten Signale lassen sich von anderen – beispielsweise Flugzeugen – unterscheiden: Die reflektierten Signale eines Meteors treten urplötzlich auf, sind meistens laut und klar und werden allmählich leiser.“[6]

Über Jahrhunderte haben Menschen gelegentlich Phänomene gesehen, die aussahen wie Blitze durch auf dem Mond einschlagende Meteoroide. Ein Mönch in Canterbury namens Gervase berichtete, dass am 25. Juni 1178 in der Dämmerung „rund fünf oder mehr Männer, die den Mond anschauten“, sahen, wie ein Horn seiner Sichel „sich in zwei teilte“ und dass „vom Mittelpunkt der Teilung eine flammende Fackel hervorsprang, die über eine beachtliche Entfernung Feuer, heiße Kohlen und Funken spieh“. Danach „nahm der Mond von Horn zu Horn über seine ganze Länge ein schwärzliches Aussehen an“.[7] Beobachter haben im Teleskop Blitze auf der dunklen Seite des Mondes gesehen, und eine Aufnahme aus dem Jahr 1953 zeigt etwas, das so ähnlich aussieht. Aber Berufsastronomen bezweifeln die Berichte. Was wie ein

Blitz auf dem Mond aussehe, so die Begründung, könnte das Blinklicht eines Flugzeugs oder ein Filmfehler gewesen sein.

Erst 1999, als die Leoniden den Himmel über Osteuropa aufleuchten ließen, konnte das Rätsel gelöst werden. In der Nacht des 17. Novembers sah Brian Cudnik, ein Amateur-Astronom aus Houston, einen orangefarbenen Blitz auf der dunklen Seite des Mondes in seinem 14-Zoll-Teleskop. Er informierte den Sterngucker David Dunham, der beruflich die Bahnen von Raumfahrzeugen berechnete. Dunham überprüfte ein Videoband, das er in Mount Airy, Maryland, während des Schauers mit seinem 5-Zoll-Teleskop vom Mond gemacht hatte – und stellte fest, dass auch darauf ein Blitz aufgezeichnet worden war. Die Position stimmte überein mit der, die Cudnik gemeldet hatte.[8] Insgesamt ließen sich mit den zwei Videobändern dieser Nacht fünf Einschläge von Leoniden auf dem Mond nachweisen. Diese Pionierarbeit von Amateuren bestätigte, dass Lichtblitze auf dem Mond tatsächlich von Meteoreinschlägen verursacht und von der Erde aus beobachtet werden können. Letztlich könnte es möglich sein, anhand von Spektralaufnahmen solcher Blitze die Zusammensetzung des Mondbodens zu analysieren und so nach Wasser auf dem Mond zu suchen.

Dunham ist einer der Gründer der Iota, der International Occultation Timing Association, einer Amateur-Organisation. Bedeckungen treten auf, wenn ein Objekt im Vordergrund, wie der Mond oder ein Asteroid, vor einem weiter entfernten Objekt – meistens ein Stern – vorbeizieht. Sternbedeckungen durch den Mond treten unvermittelt auf, da der Erdtrabant keine Atmosphäre besitzt. Die Zeitbestimmung liefert also exakte Daten über den Ort des Mondes. Die Beobachtung „streifender“ Sternbedeckungen, bei denen Sterne nur kurzzeitig hinter einzelnen Mondbergen verschwinden, hat dazu beigetragen, die im Allgemeinen nur ungenau bekannten Konturen der lunaren Polregionen genauer zu kartieren.

Die Vorhersage von Sternbedeckungen durch Asteroiden ist kompliziert. Eine Bedeckung tritt ein, wenn der lange, dünne Schatten eines Kleinplaneten, den ein ferner Stern wirft, seine schmale Spur über die Erdoberfläche zieht. Hunderte von Bedeckungen sind jedes Jahr beobachtbar, allerdings ist es infolge von Fehlern in den katalogisierten Positionen der Asteroiden und Sterne leicht, einen Fehler bei der Vorhersage des genauen Schattenverlaufs zu machen. Beobachter solcher Bedeckungen sind häufig fast fanatisch begeistert. Ein astronomisches Handbuch warnt sie daher davor, das Teleskop auf Bahngleisen aufzubauen, aus Sorge, sie könnten zu sehr auf den geschätzten Stecknadelkopf fixiert sein. Und leicht zieht man ihren Zorn auf sich, wenn man sie voller Vorfreude in eine entlegene Gegend schickt und sie dann nichts sehen.

Die aus Bedeckungen ermittelten Daten können Informationen über die Größe, Form und Zusammensetzung eines Kleinplaneten liefern. Asteroiden „haben eine Vielzahl von Formen; manche ähneln Eidechsenköpfen, Gartenbohnen, Backenzähnen, Erdnüssen oder Schädeln", bemerkte der Planetenwissenschaftler Erik Asphaug.[9] Es gibt Überlegungen, dass viele Asteroiden keine massiven Körper sind, sondern Schutthaufen. Solche Kleinplaneten können nicht sehr schnell rotieren, sonst würden sie durch die Zentrifugalkraft auseinander gerissen werden. Tatsächlich gibt es erste Hinweise darauf, dass es eine klar definierte obere Grenze bei den Rotationszeiten von Kleinplaneten gibt. Diese legt nahe, dass zumindest einige der Asteroiden Schutthaufen sind und keine Felsbrocken.

Aber nur eine Handvoll Asteroiden wurde bislang mit ausreichender Genauigkeit untersucht, um dies endgültig zu klären. Daher können Amateure die Datenbasis verbessern, indem sie bei Bedeckungen die Form weiterer Kleinplaneten kartieren. Dunham leitete beispielsweise die Silhouette des Hauptgürtelasteroiden Kleopatra aus der Bedeckung eines Sterns neunter Größenklasse am 19. Januar 1991 ab: Er kombinierte die Daten aus seinen Videoaufnahmen dazu mit den Ergebnissen anderer Beobachter im Nordosten der USA. Danach hat Kleopatra die Form einer Erdnuss oder eines Hundeknochens mit einer Größe von ungefähr 240 mal 70 Kilometer. Dieses ungewöhnliche Ergebnis konnte durch Astronomen bestätigt werden, die mit dem Arecibo-Radioteleskop Radarstrahlen an Kleopatra reflektierten. Aufnahmen mit dem 3,6-Meter-Teleskop der Europäischen Südsternwarte auf La Silla in Chile zeigten die Umrisse des Kleinplaneten.[10] Aus diesen Bildern ließ sich eine Rotationsdauer für Kleopatra ableiten, die mit der Vorstellung eines Schutthaufens vereinbar ist.

Der beste Weg, um neue Asteroiden zu entdecken, ist die Suche nach schwachen Lichtpunkten entlang der Ekliptik, die sich gegenüber den Hintergrundsternen bewegt haben. Amateur-Beobachter haben mit dieser Methode seit Jahrzehnten Kleinplaneten entdeckt. Joel H. Metcalf, von Beruf Minister, hatte bis zu seinem Tode im Jahr 1925 insgesamt 150 von ihnen gefunden. Seit CCD-Aufnahmen Fotografien ersetzen, stieg die Entdeckungsrate von Amateur- und Berufsastronomen. Takao Kobayashi aus dem japanischen Oizumi entdeckte hundert Asteroiden innerhalb eines Monats. Er setzte dazu eine CCD-Kamera in Verbindung mit einem 10-Zoll-Teleskop ein. Und das war nur ein Zehntel der Entdeckungsrate der größten professionellen Projekte zur Kleinplanetensuche. Aber es zeigt, dass bei Kleinplaneten mit durchschnittlicher Ausrüstung noch wertvolle Arbeit geleistet werden kann.

Der Amateur-Astronom und Wissenschaftsautor Dennis di Cicco entdeckte zufällig acht Asteroiden auf CCD-Bildern, die er aus anderen Gründen gemacht hatte, und fragte sich, was er erreichen könnte, wenn er sein Augenmerk darauf legen würde. In einer Oktobernacht des Jahres 1995 war der Mond zu hell, als dass man viel anderes hätte machen können, also machte di Cicco CCD-Bilder von fünf sich überschneidenden Gebieten in den Fischen. Allein im ersten Feld fand er drei Asteroiden. „Einer entpuppte sich als bekannter Kleinplanet, der etwas abseits der vorhergesagten Position stand", berichtete er, „aber die beiden anderen waren neu, und die Entdeckung wurde mir zugeschrieben. War das einfach nur Glück? Nicht wirklich. Bis Jahresende hatte ich an weiteren acht Abenden gesucht, und in allen Nächten bis auf eine war ich erfolgreich. 21 Entdeckungen kamen dadurch hinzu."[11] Di Ciccos Veröffentlichung ermutigte andere Amateure, selbst ihr Glück zu versuchen. Unter ihnen waren Jeff Medkeff und David Healy, die ein Computerprogramm schrieben, um Asteroiden automatisch zu finden. In den ersten drei Nächten entdeckten sie damit drei Kleinplaneten auf CCD-Bildern, die durch ein Teleskop gemacht wurden, während sie schliefen.

Viele neu entdeckte Asteroiden gehen wieder verloren, da nicht genügend Folgebeobachtungen gemacht werden, um eine genaue Bahn abzuleiten. Kleinplaneten bekommen erst dann einen Namen und eine Nummer, wenn ihre Bahnen genau genug bekannt sind, dass man sie auch Jahre später wiederfinden kann. Aber selbst unter den Objekten mit Namen und Nummern gingen Asteroiden wieder verloren. Der im Jahr 1911 entdeckte Kleinplanet 719 Albert galt 89 Jahre als verschollen, bevor ihn Mitglieder des Spacewatch-Teams am Kitt Peak wieder entdeckten. 878 Mildred galt 75 Jahre lang als vermisst, bevor sie 1991 wieder gefunden wurde. Amateure können bei solchen Problemen helfen, indem sie neu und wieder entdeckte Asteroiden weiter verfolgen. „Anders als Berufsastronomen, die es sich selten leisten können, neue, aber ansonsten typische Kleinplaneten weiter zu verfolgen, ist es für Amateure ein Leichtes, sich ihrer neu entdeckten himmlischen Immobilien anzunehmen", bemerkte di Cicco. „Beobachtet man ein neues Objekt in mehreren Nächten im Lauf eines Monats oder so, gibt es immer eine Chance, dass die daraus resultierende Bahn ausreichend genau ist, um sie mit früheren Beobachtungen zu verknüpfen."[12]

Um Kometen zu entdecken, benötigt man nichts Komplizierteres als ein Fernglas oder ein kleines Fernrohr mit großem Gesichtsfeld. Die empfohlene Methode ist, den Himmel in der Morgen- und Abenddämmerung abzusuchen. So lassen sich Kometen finden, die hell genug, bislang aber noch nicht entdeckt worden sind, da sie zu nahe bei der Sonne standen. Am wichtigsten ist dabei, dass der Beobachter an einem dunklen Standort steht, mit dem Himmel vertraut und – beharrlich ist.

Beobachtet man nicht von einem dunklen Platz aus, wird ein Komet, den man ansonsten möglicherweise entdeckt hätte, zuerst von jemand anderem an einem dunklen Beobachtungsplatz entdeckt. William Liller, ein ehemaliger Berufsastronom, der in seinem Ruhestand unter die Amateure ging, gibt folgenden Rat für die ernsthafte Kometensuche: Man sollte in der Lage sein, mindestens Objekte bis herunter zur zwölften Größenklasse zu sehen. So schwache Sterne kann man noch mit einem dreizölligen Fernrohr erkennen, vorausgesetzt man hat einen dunklen Himmel und eine saubere Optik. Der verschwommene Fleck eines unbekannten Kometen kann allerdings noch ein etwas größeres Lichtsammelvermögen erfordern, vor allem, da man nicht weiß, wo man nach ihm suchen muss.

Eine Vertrautheit mit dem Nachthimmel beschleunigt die Suche, da man dann nicht jedes Mal die Sternkarte zu Rate ziehen muss, wenn man auf einen Nebelfleck stößt. Der Messier-Katalog enthält eine Liste mit über hundert diffusen Objekten des Nordhimmels, die Charles Messier im 18. Jahrhundert zusammengestellt hat, damit andere Kometenjäger diese nicht fälschlicherweise für Kometen halten. Diese Liste deckt die meisten hellen Nebel, Sternhaufen und Galaxien ab, aber wenn man Dinge der zwölften Größenklasse beobachtet, stößt man auf zehnmal so viele Objekte. Die meisten tragen NGC-Nummern: Sie sind im „New General Catalog“ aufgeführt, den Johann Dreyer 1888 anhand von John Herschels Daten veröffentlichte. Es ist nicht sehr schwierig, sich mit ihnen vertraut zu machen – man muss sozusagen nur ihre Gesichter kennen lernen, nicht ihre Namen. Und es macht Spaß, wie wenn man lernt, sich in Londons Straßen zurechtzufinden.

Im Schnitt muss man 300 Stunden beobachten, bis man einen Kometen entdeckt. Beharrlichkeit ist also eine notwendige Tugend. Lewis Swift gelang zwischen 1877 und 1881 durchschnittlich eine Kometenentdeckung pro Jahr. Obwohl er wegen einer Hüftfraktur übel humpelte, stand er regelmäßig vor der Dämmerung auf. Dann machte er sich auf den Weg zu Duffys Apfelmosterei in Rochester, die optischen Teile seines Fernrohrs in einer Einkaufstasche verpackt. Dort angekommen kletterte er drei Leitern aufs Dach hinauf und suchte den Himmel ab, bevor er zur Arbeit ging. „Man kann keinen Kometen entdecken, wenn man im Bett liegt“, sagte er einmal.[13]

George E. D. Alcock war ein pensionierter Englischlehrer mit angeschlagener Gesundheit. Er beobachtete durch das geschlossene, doppelt verglaste Fenster seines Schlafzimmers, als er den Kometen IRAS-Araki-Alcock 1983d mitentdeckte.[14] Es war Alcocks fünfter Kometenfund, aber sein erster nach fast 18 aufeinander folgenden Jahren ergebnisloser Suche.

David Levy suchte in der Morgendämmerung des 19. März 1988 den Himmel ab, als er etwas sah, „das anscheinend eine Galaxie war, auf die man von oben blickt ... länglich, aber diffuser, als ich es von einer Spiralgalaxie erwartet hätte“. Als er in der nächsten Nacht zu dem Fleck zurückkehrte, „war die Galaxie weg. Aber etwas weiter nördlich stand eine andere Spiralgalaxie mit einem klar definierten, zentralen Kern. Da sie nicht dem ersten Objekt ähnelte, zeichnete ich ihre Position auf, scholt mich, weil ich die Position der anderen Galaxie völlig falsch eingezeichnet hatte und ging ins Bett." In der dritten Nacht schaute Levy wieder nach. An der ersten Stelle fand er nichts Nebliges, während an der zweiten Stelle statt des „zentralen Kerns einer Galaxie" nun eindeutig ein Stern ohne Nebel stand. „Da muss ein Komet vor einem Stern gestanden haben", dachte ich. „Ich blickte weiter durchs Fernrohr und stellte fest, dass dies ein besonderer Augenblick war. Wenn meine Überlegungen stimmten, würde ein leichter Schwenk des Teleskops um weniger als ein Grad nach Norden mich zu einem Kometen führen. Ich hielt den Atem an und zitterte, während ich den 16-Zoll-Reflektor nordwärts schubste. Da war er, ein neuer Komet, der gerade beim Versteckspiel verloren hatte. Er wurde in angemessener Weise als Komet Levy 1988c bekannt gegeben."[15]

Gelegentlich haben Beobachter Kometen entdeckt, während sie gerade einen anderen Kometen beobachteten. Yuji Hyakutake war ein galanter, ehemaliger Zeitungs-Klischeehersteller, dessen Verhalten zu seinem Nachnamen passte, der „die Ritterlichkeit der hundert Samurai" bedeutet. Er beobachtete gerade Komet C/1995 Y1, den er vor fünf Wochen entdeckt hatte, als er in der Nähe einen neuen Kometen in einer Wolkenlücke erblickte. „Ich sagte mir, dass ich bestimmt träumte", erinnerte er sich. Hyakutake beobachtete mit einem riesigen 25 x 150-Fernglas, das auf einer Säule montiert war. „Ich ging eine Weile vom Fernglas weg, um mich zu beruhigen. Dann zeichnete ich das kometenähnliche Objekt in Relation zum Hintergrund auf." Hyakutake C/1996 B2 wurde schließlich zu einem spektakulären Kometen für das bloße Auge, der wissenschaftliche Untersuchungen auslöste und viel Ehrfurcht und Staunen auf der Welt hervorrief. Und er veränderte das Leben seines Entdeckers. „Ich fragte mich, warum ich den Kometen finden konnte, da ich doch niemand bin, der sich ganz in sein Hobby einbringt", sagte Hyakutake. Er beobachtete mit Rücksicht auf seine Familie nur ein paar Stunden pro Woche. „Meine Frau kann nicht mehr telefonieren, weil das Telefon ständig läutet. Die ganze Aufmerksamkeit, die ich bekomme, überrascht mich etwas, denn dem Kometen steht eigentlich die Ehre zu."[16]

Der Berufsastronom Alan Hale, der extrasolare Planeten untersucht, entdeckte Komet Hale-Bopp fast gleichzeitig mit dem Amateur Tom Bopp, der in der Ersatzteilabteilung einer Baufirma in Phoenix arbeitete. Die beiden beobachteten an Standorten in Arizona und New Mexico, die 145 Kilometer auseinander lagen. Sie kannten sich nicht. Hale hatte den Kometen Clark kurz vor Mitternacht beobachtet. Dann wartete er auf den Aufgang des Kometen D'Arrest:

Ich entschied, mir die Zeit mit der Beobachtung einiger Deep-Sky-Objekte im Schützen zu vertreiben. Als ich meinen 16-Zöller auf den Kugelsternhaufen M 70 richtete, bemerkte ich sofort das diffuse Objekt im Gesichtsfeld, das vor zwei Wochen bei meiner letzten Beobachtung von M 70 noch nicht da war. Nachdem ich überprüft hatte, dass tatsächlich M 70 eingestellt war und nicht einer der vielen anderen Kugelsternhaufen in diesem Bereich des Himmels, überprüfte ich verschiedene Deep-Sky-Kataloge. Dann startete ich das Kometenerkennungsprogramm auf dem Computer des IAU-Zentralbüros in Cambridge, Massachusetts. Ich schickte Brian Marsden und Dan Green vom Zentralbüro eine E-Mail, in der ich sie über die mögliche Entdeckung eines Kometen informierte ... Ich verfolgte den Kometen insgesamt drei Stunden lang, bis er im Südwesten hinter den Bäumen unterging. Dadurch konnte ich einen detaillierten Bericht per Mail schicken, der auch zwei Positionsbestimmungen enthielt.[17]

Zur gleichen Zeit beobachtete auch Tom Bopp M 70 mit dem selbst gebauten 17,5-Zoll-Dobson eines Freundes. Wie die meisten Dobsons hatte das Teleskop keine Nachführung. Während Bopp also den Kugelsternhaufen betrachtete, driftete er aus dem Gesichtsfeld, und der Komet wanderte herein.

Der Ruhm der Kometenentdecker kann sich ins Gegenteil verwandeln, wenn ein Komet versagt, den Astronomen zuvor als „groß“ bezeichnet haben – also als eigentlich leicht mit bloßem Auge sichtbar. Dem für 1973 mit großem Tamtam angekündigten Kometen Kohoutek ging im wahrsten Sinne des Wortes die Puste aus. Er wurde keine eindrückliche Erscheinung. Der Nachname seines Entdeckers, des Tschechen Lubos Kohoutek, wurde dadurch zum Synonym für überzogene Erwartungen. Ich kann ohne Sorge vorhersagen, dass Kohoutek beim nächsten Mal auffälliger sein wird, wenn er sich der Sonne nähert – ohne Sorge, weil das in den kommenden 70 000 Jahren nicht wieder passiert.

Auf Fotografien scheinen alle Kometen fast gleich auszusehen. Schaut man sie mit dem Fernrohr an, erweist sich dagegen jeder als einzigartig und seine Erscheinung kann sich innerhalb von Stunden verändern. Man verwendet schwach vergrößernde Okulare, um den himmlischen Schweif des Kometen zu sehen, und höhere Vergrößerungen, um seinen brillanten Kern zu untersuchen. Als ich am 4. April 1997 Hale-Bopp vom Rocky Hill Observatory aus beobachtete, war ich erschreckt darüber, bei hohen Vergrößerungen eine eindeutige Spiralstruktur im Staub um den Kern zu sehen. (Der Komet hatte einen großen Kern mit mehr als 40 Kilometer Durchmesser, der bei der Annäherung an die Sonne gewaltige Gaswolken ausspuckte.) Da ich so etwas noch nie gesehen hatte, nahm ich zunächst an, dass die Spirale eine optische Täuschung war. Aber das Teleskop verhielt sich normal, wenn man es auf nahe Sterne richtete, und die Spirale blieb erhalten, wenn man sie durch verschiedene hoch vergrößernde Okulare betrachtete. Spätere Bilder des *Hubble*-Weltraumteleskops zeigten, dass die Spirale die Folge eines einzelnen, stabilen Jets war, der den Staub aus dem rotierenden Kern wie ein Rasensprenger ausstieß.

Kometen flitzen nicht über den Himmel wie Meteore. Aber sie bewegen sich typischerweise vor den Hintergrundsternen so schnell, dass man lang belichtete Aufnahmen auf den Kometen und nicht auf die Sterne nachführen muss. Je näher sie der Erde kommen, desto auffälliger wird die Eigenbewegung. Komet IRAS-Araki-Alcock 1983d zog in weniger als fünf Millionen Kilometer Entfernung an der Erde vorbei, womit dies die nächste Begegnung unseres Planeten mit einem Kometen seit 1770 war. Während ich den Kometen mit einem transportablen Fernrohr mitten aus den hellen Lichtern Hollywoods heraus beobachtete, konnte ich seine Bewegung vor den Hintergrundsternen innerhalb von Minuten sehen.

Kurzperiodische Kometen – die also mit den kleinen Umlaufbahnen, die der Sonne alle paar Jahre oder Jahrzehnte nahe kommen, statt erst nach Jahrhunderten – bieten den Beobachtern die Gelegenheit, ihre Erscheinung und ihr Verhalten bei aufeinander folgenden Annäherungen zu vergleichen. Das ganze ist so ähnlich wie bei alten Schulfreunden, die man später immer nur bei Klassentreffen sieht. Der Prototyp des kurzperiodischen Kometen ist Halley. Er ist nicht nach Edmond Halley benannt, weil dieser ihn etwa entdeckt hätte, sondern weil Halley seine Bahn berechnet und mit historischen Aufzeichnungen verglichen hat. Er konnte daraus ableiten, dass es sich bei den drei scheinbar verschiedenen Kometenerscheinungen der Jahre 1531, 1607 und 1682 in Wirklichkeit um mehrere Besuche des gleichen Kometen handelte. (Dank der löblichen Aufzeichnungen früherer Sterngucker in vielen Teilen der Welt konnten inzwischen Beobachtungen von jeder Wiederkehr des Halleyschen Kometen seit dem Jahr 239 v. Chr. identifiziert werden.)

Die 76 Jahre dauernde Umlaufzeit des Kometen ist kürzer als manches Menschenleben. Wer also zur richtigen Zeit geboren wurde, kann ihn möglicherweise zweimal sehen. Mein Sohn ist so jemand. Geboren am 23. März 1986 war er nur wenige Wochen alt, als ihn seine Mutter und ich zu den dunklen Wüsten des Joshua Tree National Monument mitnahmen. Dort hielten wir ihn hoch, so dass er Halley bei seiner größten Annäherung an die Erde sehen konnte. (Natürlich erinnert er sich nicht. Aber ich erinnere ihn immer wieder daran, damit er mit 76 wenigstens noch weiß, dass man ihm erzählt hat, er habe den Kometen gesehen.) Mark Twain wurde geboren, als Halley am Himmel stand, und er prophezeite 1909, dass sein Leben enden werde, wenn der Komet wiederkehrt. „Ich trat zusammen mit dem Halleyschen Kometen 1835 ins Leben. Er taucht nächstes Jahr wieder auf, und ich gehe davon aus, dass ich mit ihm zusammen die Erde verlasse“, schrieb er. „Der Allmächtige hat zweifellos gesagt: ‚Hier sind diese zwei verantwortungslosen Irren; sie kamen zusammen, sie müssen auch wieder zusammen gehen.‘“[18] Twains Prophezeiung trat ein. Er starb am 21. April 1910, einen Tag, nachdem Halley sein Perihel durchlaufen hatte.

Kometen galten lange als Schicksalsboten. In gewisser Hinsicht eilt ihnen dieser Ruf zu Recht voraus, wie wir im nächsten Kapitel sehen werden. Denn Kometen- und Asteroideneinschläge haben offensichtlich im Lauf der Zeit auf der Erde häufig Verwüstungen angerichtet. Und Meteorite wurden traditionell als göttliche Abgesandte verehrt. Das ägyptische Wort für Eisen bedeutet „Blitzschlag des Himmels“, die Hethiter und Sumerer nannten das Eisen „Feuer vom Himmel“ und die Assyrer „Himmelsmetall“. Ein Dolch, den man im Grab des Pharaos Tutankhamen fand, wurde offensichtlich aus einem eisenhaltigen Meteoriten geschmiedet. Einige Wissenschaftler glauben sogar, dass die frühen Metallschmiede versuchten, ihre Schmiedefeuer jenseits des Schmelzpunktes von Kupfer am Schmelzpunkt des Eisens zu betreiben, also von 1080 auf 1535 Grad Celsius zu erhöhen, wenn sie Waffen für Zeremonien herstellen sollten. „Meteoriten läuteten die Eisenzeit ein“, folgert der Astronom Bradley E. Schaefer.[19] Wenn dem so ist, wurden die Fundamente der menschlichen Zivilisation teilweise mit Steinen vom Himmel gelegt.

Kometen auf der Spur: Ein Besuch bei David Levy

Als ich David Levy zum ersten Mal im November 1991 besuchte, war er im engeren Kreis der amateurastronomischen Gemeinschaft als fähiger Kometenjäger bekannt, ansonsten nirgends. Drei Jahre später war sein Name ein geläufiger Begriff geworden. Dazwischen lag die Entdeckung des Kometen Shoemaker-Levy-9 durch Levy, zusammen mit den Astronomen Gene und Carolyn Shoemaker, sowie das fulminante Ableben des Schweifsterns mit einer Reihe von Einschlägen auf den Planeten Jupiter, die Levy beschrieb als „das Dramatischste, das jemals auf einer anderen Welt gesehen wurde".

Levys kleines Haus am äußeren Rand von Tucson, Arizona, war durchschnittlich: unauffällig und abgelegen wie ein Komet im Aphel, mit groben Holzwänden, die hier und dort aufgestellt waren, um örtliche Lichtquellen abzublocken. Auf dem Dach befand sich eine Beobachtungsplattform, von der aus Levy einen Kometen in der ersten Nacht nach ihrer Fertigstellung durch einen ortsansässigen Bastler entdeckte. „Wenn ich einen Kometen finde, haben sich die Ausgaben gelohnt, sagte ich zu ihm", erzählte Levy. „Sie haben sich gelohnt."

Seine Fernrohre standen in einem beengten Schuppen dicht beisammen wie Stalltiere im Winter. Nicht beeindruckend. Ein weißer Reflektor war auf eine kleine, zehn Dollar billige Bank montiert, auf der Levy immer wie ein schüchterner Freier saß und die Nachführung des Teleskops über eine Angelrolle kontrollierte. Einen 16-Zoll-Dobson, den Levy „Miranda" getauft hatte, schmückte ein blauer Papptubus und ein gebrauchter Sucher für drei Dollar. Ein elegant aussehendes Paar Schmidt-Kameras vervollständigte die Ausrüstung. Der einzige Luxus war ein ausgeklügelter motorisierter Stuhl, durch den Levy sitzen bleiben konnte, während er die Weiten des Himmels durchstreifte. Für ihn hatte er ein antikes Fernrohr verkauft. Mit dieser bescheidenen Ausrüstung hatte Levy bis zum Jahr 2001 insgesamt 21 Kometen entdeckt, was ihm den dritten Platz unter den erfolgreichsten Kometenjägern aller Zeiten einbrachte. Messingplaketten auf seinem Dobson zeugten von seinen Entdeckungen, unter ihnen „1984t, 13. November", „1989r, 25. August" und „1990c, 20. Mai", die als Levy-Rudenko 1984t, Okazaki-Levy-Rudenko 1989r und Levy 1990c bekannt sind.

Levy wurde in Montreal geboren und litt unter schwerem Asthma. Mit 14 Jahren wurde er ins Jewish National Home for Asthmatic Children nach Denver, Colorado, geschickt. Er nahm ein kleines Fernrohr mit, das er geschenkt bekommen hatte, und begann damit zu beobachten. Seine nächtlichen Aktivitäten blieben auch seinem Arzt nicht verborgen, der ihn fragte, warum er nachts ständig aufwache."

„Ich wache nicht auf", antwortete der junge Levy. „Ich gehe raus, um mit meinem Teleskop den Planeten Neptun zu beobachten." Der

Arzt dachte kurz nach und sagte dann: „Als dein Arzt verordne ich dir, Neptun weiter zu beobachten. Dein Asthma sollte dich nicht davon abhalten, etwas zu tun, was du tun möchtest."

Levy beobachtete weiter und entdeckte am 13. November 1984 nach 15 Jahren der Suche seinen ersten Kometen. Er hatte an diesem Tag mit einer Freundin, Lonny Baker, zu Abend gegessen. Sie wurde ungeduldig, als er ständig über ihre Schulter durchs Fenster nach draußen starrte. Dort klarte der Himmel nach vielen bewölkten Tagen endlich wieder auf. Morgen- und Abenddämmerung sind die besten Zeiten für die Kometensuche, da dann neue Kometen gefunden werden können, die bislang durch die Sonne überstrahlt worden sind. Als er es nicht mehr länger aushielt, brach Levy das Abendessen schließlich ab und stürzte hinaus.

„Also gut, dann gib mir einen Korb", rief Lonny ihm nach, „aber du tust gut daran, heute Nacht einen Kometen für mich zu entdecken."

Er tat es. Nach nur einer Stunde und sieben Minuten der Suche sichtete er einen diffusen Fleck am Himmel in der Nähe des Sternhaufens NGC 6709 im Adler. „Der Gegensatz zwischen dem Sternhaufen und dem Nebelfleckchen war so schön, dass mir klar war, dass etwas nicht stimmte. Denn eine solche Schönheit wäre längst in irgendwelchen astronomischen Bildbänden aufgetaucht", sagte er. „Innerhalb von zehn Minuten hatte ich dann auch die Antwort gefunden, da sich das diffuse Objekt bewegt hatte!" Er meldete den Kometen (später als Komet Levy-Rudenko 1984t bezeichnet) nach Harvard und rief dann Lonny an. „Hast du jetzt einen Kometen für mich gefunden?", fragte sie. Sie lachte, als er ja sagte. „Als ich ihr die Helligkeit nannte, lachte sie wieder. Erst als ich ihr Position, Bewegungsrichtung und Geschwindigkeit sagte, hörte sie mit dem Lachen auf und meinte: ‚Oh Gott, du meinst es ernst.'"[1]

Als ich Levy traf, hatte er bereits über ein Dutzend Kometen entdeckt, einige mit seinen eigenen Fernrohren und andere – in jüngerer Vergangenheit und mit zunehmender Geschwindigkeit – auf Fotoplatten, die er mit den Shoemakers am 0,46-Meter-Schmidt-Teleskop auf dem Mount Palomar aufgenommen hatte. Eine typische Beobachtungsperiode in diesem „Palomar Asteroid and Comet Survey" genannten Projekt dauerte sieben Nächte und ergab mehr als 300 Aufnahmen. Levy belud dafür sein verbeultes Auto, fuhr nach Palomar, arbeitete eine Woche lang jede Nacht und fuhr wieder heim. Seine Reisekosten wurden ihm ersetzt, aber er bekam keine Bezahlung.

Obwohl er nie Astronomieunterricht gehabt oder in der Wissenschaft gearbeitet hatte, nahm Levy seine Beobachtungen sehr ernst. „Auch wenn wir Amateure nicht von der Astronomie leben, ist sie mit Sicherheit nicht nur ein Hobby für die meisten von uns", sagte er einmal einem Reporter. „Sie ist ein Teil unserer Natur ... Wenn du Berufsastronom bist, ist die Astronomie deine tägliche Tätigkeit, um Geld zu verdienen. Daran ist nichts verwerflich, und die Tatsache, dass du Berufsastronom bist, hält dich nicht davon ab, auch Amateur zu sein."[2]

Levys Bibel war „Starlight Nights: The Adventures of a Star-Gazer". Dabei handelte es sich um die enthusiastischen Memoiren Leslie Peltiers, den Harlow Shapley vom Harvard College Observatory einmal als „den größten nichtprofessionellen Astronomen der Welt" bezeichnet hatte. Im Zuge seiner Amateurkarierre, die in seiner Jugendzeit begann, entdeckte Peltier zwölf Kometen und sechs Novae und machte 132 000 Helligkeitsschätzungen von veränderlichen Sternen. Levy hatte eine Ausgabe der „Starlight Nights" so viele Jahre mit sich herumgetragen, dass er das Buch neu binden lassen musste. Dabei ließ er leere Seiten einfügen, auf denen er jeden seiner Vorträge notierte, in denen er aus dem Buch zitierte.[3] Es stellte sich heraus, dass es nahezu alle Vorträge waren.

Während meines Aufenthalts in Tucson nahmen Levy und ich an einem Treffen von Amateur-Astronomen teil, bei dem der Vortragende nicht auftauchte. Also hielt Levy einen spontanen Vortrag. Er zog sein allgegenwärtiges Exemplar der „Starlight Nights" heraus und las eine Passage vor, in der Peltier, der mit Mitte zwanzig noch auf der Farm seiner Eltern in Ohio wohnte, die Sichtung eines Kometen mit seinem 6-Zoll-Teleskop beschrieb. An diesem 13. November 1925 fuhr Peltier nachts mit dem Fahrrad zu einem Signalturm an der Eisenbahnlinie in der Stadt und gab ein Telegramm nach Harvard auf, das den Kometen beschrieb. Auf der Heimfahrt fragte er sich, was mit der Nachricht passieren würde. Würde Harvard sie weiterleiten, so dass die großen Teleskope in Kalifornien den Kometen in dieser Nacht finden konnten? Oder würde das Telegramm in Cambridge ankommen und dort mit arrogantem Tonfall kommentiert werden: ‚Hier ist eine gute Geschichte. Ein Bursche draußen in Ohio hat gerade den Kometen gefunden, von dem vor sechs Wochen berichtet worden ist.'[4]

Es war eine echte Entdeckung – Peltiers erste –, und er schnitzte den Namen des neuen Kometen, „Peltier", zusammen mit dem Jahr, 1925, in den Holzpfeiler seines Fernrohrs. Levy las diese Textstelle mit großem Enthusiasmus vor, und als der Vortrag vorbei war, notierte er pflichtbewusst Ort und Datum mit blauer Tinte in sein Glück bringendes Exemplar der „Starlight Nights".

„Kometenjäger sind wie Wachmänner", erzählte mir Levy, als er seine Sternwarte öffnete. „Du musst fast jede Nacht draußen sein. Du kannst jederzeit nach Kometen suchen, aber wenn du welche finden möchtest, musst du ständig suchen. Üblicherweise suche ich bei einer Beobachtung ungefähr eine Stunde am Stück, wobei ich jedes Gesichtsfeld eine oder zwei Sekunden anschaue. Mein Rekord liegt bei neun Stunden und 40 Minuten ohne Unterbrechung."

Er schaltete ein altes Kurzwellenradio an, das ein Geschenk seines Großvaters war. Die Röhren leuchteten bernsteinfarben und kamen langsam auf Betriebstemperatur. Nach ein oder zwei Minuten ertönten schmachtende Rock-Oldies. Der Himmel wurde dunkel, und wir schauten durch den großen blauen Dobson die Andromeda-Galaxie, den Krabben-Nebel und die Galaxiengruppe Stephen's Quintet an. Eine Handvoll Meteore zog ihre Leuchtspuren am Himmel – Abgesandte des spärlichen, aber anhaltenden Tauriden-Stroms. Der Wüstenhimmel war kohlrabenschwarz, und wir konnten ohne weiteres den bleichen Dolch des Zodiakallichts sehen. Ich dachte an all das Zeug da draußen, das die Sonne umkreiste – Kleinplaneten, Kometen, Staubkörner, unzählige Steine und Schneebälle ...

„Diese Dinge anzuschauen hat etwas – etwas Magisches", meinte Levy nachdenklich. „Amateur-Astronomie bedeutet, dass du es mit dem Herzen betreibst, dass du es tun *musst*. Es verbindet dein Herz und deine Seele mit dem Himmel."

Zuletzt beobachteten wir Jupiter, den David Levy mit zwölf Jahren als erstes Objekt in einem Fernrohr angeschaut hatte. Obwohl es noch niemand wusste, gab es da in dieser Nacht einen Kometen in einer Umlaufbahn um Jupiter, der zu schwach war, als dass wir ihn sehen konnten, der aber für etwas Großes bestimmt war. Als Levy und die Shoemakers ihn 16 Monate später entdeckten, richtete die ganze Welt ihre Aufmerksamkeit auf ihn. Mit diesem Kometen und seinem fulminanten Einschlag auf den Planeten Jupiter wurde unser Gefühl für kosmische Sicherheit – unsere Annahme, dass all das Zeug da draußen auch da draußen bleiben würde – für immer erschüttert.

Das Ungeziefer des Himmels

Du trittst ganz zögerlich hervor, still, staunend,
nachsinnend über die Dinge, die dir am liebsten sind,
Nacht, Schlaf, Tod und die Sterne.

Walt Whitman

Am Himmel tummeln sich ebenso viele Kometen
wie Fische im Meer.

Johannes Kepler

NASA-Hauptquartier, Washington, D. C. An einem Spätnachmittag des zu Ende gehenden Jahrtausends saßen wir zu acht an einem Tisch in einem voll verglasten Konferenzraum, von dem aus man den Feierabendverkehr auf dem Freeway sehen konnte. Dies war das jährliche Treffen des NASA-Lenkungsausschusses für erdnahe Objekte – Asteroiden und Kometen, die womöglich auf unseren Planeten stürzen könnten und groß genug sind, um ernsthaften Schaden anzurichten. (Wir lenkten keine Kometen und Kleinplaneten – niemand hat das bislang versucht –, sondern die Aktivitäten anderer relevanter Ausschüsse.) Wir hielten uns dort schon fast acht Stunden auf. Der Kaffee hatte in dieser Zeit eine gefährliche Dichte in der Kanne erreicht, so dass niemand mehr von ihm trank, nicht einmal ein schwedischer Astrophysiker, der noch ein Brötchen gefunden hatte und nun unschlüssig auf ihm herumkaute. Der Referent war fast der letzte des Tages. Er diskutierte den Asteroiden 1998 OX4 – ein Objekt, dessen Position am Himmel nur ein paar Mal ermittelt worden war, bevor es verloren ging. Dass Kleinplaneten wieder verloren gehen, liegt am schlechten Wetter, am Vollmond oder an einer zu großen Annäherung an die Sonne am Himmel. Häufig lassen sie sich später nicht mehr wiederfinden, weil die unzureichende Kenntnis ihrer Bewegung es nicht erlaubt, auf ihre künftige Bahn zu schließen.

Asteroid 1998 OX4 konnte nur über einen Zeitraum von neun Tagen verfolgt werden; und das wenige, das wir über seine Bahn wussten, war unbefriedigend. „Er hat noch immer eine Einschlagwahrscheinlichkeit größer als Null", erinnerte uns der Sprecher. Das bedeutete, dass die Möglichkeit nicht auszuschließen war, dass 1998 OX4 früher oder später die Erde traf. Es hatte niemand eine Vorstellung davon, wo man nach ihm suchen sollte: Inzwischen, zwei Jahre nachdem er verloren gegangen war, konnte er überall in einem Areal stehen, das fast die Hälfte des gesamten Himmels ausmachte. Man könnte berechnen, bemerkte der Vortragende, wie die Bahn des Asteroiden aussähe, *wenn* er die Erde träfe. Extrapoliert man diese Bahn zeitlich zurück bis 1998 OX4 hell genug wäre, um ihn zu finden, könnte man dort nach ihm suchen. Wenn er dort nicht zu finden ist, könnte man aufatmen. Aber solche Schritte wurden bislang nicht unternommen. Wir diskutierten über den Sinn, Amateur-Astronomen nach solchen verlorenen Kleinplaneten suchen zu lassen, und kamen zu dem Schluss, dass es hilfreich wäre, wenn mehr Amateure Fernrohre der Ein-Meter-Klasse hätten. Aber nur wenige Amateure haben so große Instrumente, die gut genug montiert sind, um zuverlässig nach Kleinplaneten in bestimmten Himmelsbereichen zu suchen. Damit gingen wir zum nächsten Tagesordnungspunkt über.

Asteroiden und Kometen gelten bei Astronomen als „Ungeziefer des Himmels“. Für sie sind sie meist nur unwillkommene Störenfriede. Asteroiden hinterlassen unansehnlich lange Spuren auf lang belichteten Aufnahmen von Deep-Sky-Objekten. Kometen gelten zwar als auffällig, aber auch von nur begrenztem Interesse, so ähnlich wie fotogene Filmstars, die aber leider schlechte Schauspieler sind. Die Öffentlichkeit hat keine Meinung zu Asteroiden, da kaum jemand einen jemals gesehen hat. Dagegen galten Kometen als Überbringer schlechter Nachrichten, „ein verbreiteter Tod für Menschen und Tiere“, wie es der englische Mathematiker Leonard Digges im 16. Jahrhundert formulierte.[1] Solche Behauptungen, die auf nicht viel mehr als der oberflächlichen Ähnlichkeit eines Kometenschweifs mit einem bedrohlichen Schwert beruhten, wurden von Wissenschaftlern zu Recht als bloßer Aberglaube abgetan. Als kleine Ironie der Geschichte zeigen jedoch jüngste wissenschaftliche Erkenntnisse, dass Kometen und Asteroiden in einer Hinsicht in Einklang mit ihrem Ruf leben: Sie können tatsächlich Killer sein.

Die Erde wird durch kein Dach geschützt. Im Lauf der Jahrtausende wurde unser Heimatplanet daher von sehr vielen Asteroiden und Kometen getroffen, die groß genug waren, um bedeutende Schäden anzurichten. Und es gibt immer noch mehr als genug große Felsbrocken da draußen. Ein Kleinplanet mit 100 Meter Durchmesser kann eine Stadt platt machen; einer der Kilometerklasse kann die Uhr der menschlichen Zivilisation ins Mittelalter zurückdrehen; und ein zehn Kilometer großer Komet würde das meiste irdische Leben auslöschen. Die gute Nachricht lautet, dass große Einschläge viel seltener sind als kleine: Zehn Kilometer große Objekte, wie dasjenige, das die Dinosaurier ausgelöscht hat, treffen die Erde nur einmal in 100 Millionen Jahren, während kilometergroße Objekte vielleicht einmal in einer Million Jahren zuschlagen. Kleinere, aber noch immer ernst zu nehmende Brocken gibt es dagegen häufig. Kometen- und Asteroidenbruchstücke von der Größe eines Supertankers und der Zerstörungskraft eines Nuklearsprengkopfes treffen die Erde ein- bis zweimal im Jahrhundert. Eines explodierte im Jahr 1908 über der sibirischen Taiga und knickte Bäume auf einer Fläche von 2000 Quadratkilometern um. Wäre der Brocken vier Stunden später gekommen, hätte er womöglich St. Petersburg zerstört.

Jeden Tag zischt ungefähr ein Dutzend Felsbrocken von der Größe eines Bungalows an der Erde vorbei und verfehlt uns um eine Strecke, die kleiner ist als die Entfernung des Mondes. Ein paar Brocken davon treffen jedes Jahr die Erde und fallen für gewöhnlich in die Ozeane oder explodieren über ihnen. Im Jahr 1994 wurde eine solche Explosion in der Atmosphäre über dem Pazifik von niemandem gesehen, sie löste aber das militärische Frühwarnsystem der USA aus. Immerhin wurde der Explosion so viel Aufmerksamkeit geschenkt, dass der Präsident und der Vizepräsident morgens um 4 Uhr geweckt wurden, um darüber informiert zu werden. Ein Objekt vergleichbarer Größe schlug am 22. November 1996 im Westen von Honduras ein, erzeugte einen 50 Meter großen Krater und setzte Kaffeeplantagen in Brand. Es verfehlte die Innenstadt von Bangkok oder Manila um ungefähr zehn Stunden.

Der Furcht erregende Einschlag eines zehn Kilometer großen Objekts kann den Gang der irdischen Evolution nachhaltig verändern – und solche Ereignisse hat es offensichtlich in der Vergangenheit bereits gegeben. Meist sind die Folgeschäden die schlimmsten: Der einschlagende Körper und ein beachtlicher Teil des Einschlagsgebietes verdampfen und die resultierende Explosion schleudert geschmolzene Felsbrocken überall hin. Einige von ihnen gelangen wie Interkontinentalraketen auf suborbitale Bahnen, um dann auf der anderen Seite des Planeten einzuschlagen. Diese brennenden Fackeln legen weltweit Feuer. Der Ruß der Feuer und der Staub des Einschlags hüllen die Erde auf Monate in Dunkelheit. Das dem Sonnenlicht beraubte Ökosystem kollabiert, was den meisten Lebewesen an Land und in den gewöhnlich sonnenbeschienenen seichten Stellen der Meere zum Verhängnis wird. Der Einschlag auf Yucatan vor 65 Millionen Jahren beendete nicht nur die Herrschaft der Dinosaurier, sondern führte gleichzeitig zum Aussterben der Mehrzahl aller lebenden Arten. Beim Artensterben an der Perm-Trias-Grenze vor 250 Millionen Jahren, das ebenfalls durch einen Einschlag ausgelöst worden sein könnte, wurden 85 Prozent aller Meereslebewesen ausgerottet. Die Todesrate an Land war sogar noch höher.

Gegen Ende des 20. Jahrhunderts, als die wissenschaftliche Forschung die brutale Wahrheit über Impakte ans Licht brachte, machten Amateur- und Berufsastronomen eine Verwandlung durch: Wie Superman, der seine Kleider in einer Telefonkabine wechselt, wurden sie von langweiligen Beobachtern himmlischer Schädlinge zu heldenhaften

Wachposten, die die Welt eines Tages vor der Gefahr eines Todes von oben bewahren könnten. Die Geschichte, wie es dazu kam, hilft dabei, das Zusammenspiel zwischen Amateuren, Berufsastronomen und Aberglauben zu verstehen.

Jahrhundertelang wurden Berichte über Meteoritenfälle von ausgebildeten Professoren als falsch bezeichnet, weil sie überzeugt davon waren, dass Steine nicht vom Himmel fallen können. Als am 24. Juli 1790 die Bewohner des französischen Ortes Barbotan berichteten, dass ein Meteoritenschauer auf ihren Äckern niedergegangen sei, wurden sie im „Journal des Sciences Utiles" verhöhnt. Für Augenzeugenberichte vom Fall des großen Meteoriten in Weston, Connecticut, am 14. Dezember 1807 verbürgten sich zwei Yale-Professoren, die das Ereignis untersucht hatten. Trotzdem wurden die Berichte so einmütig abgetan, dass populärwissenschaftliche Bücher noch bis heute die zweifelhafte Geschichte von Thomas Jefferson erzählen, wie er hochmütig sagte, dass „man leichter daran glauben kann, dass zwei Professoren lügen, als dass Steine vom Himmel fallen".[2] Erzählungen von aufrichtigen Bauern, die die Meteoriten in ihren schwieligen Händen hielten, wurden von den Autoritäten verächtlich weggewischt und genüsslich von denen weitergetragen, die die Wissenschaft einfach für eine weitere Religion hielten, deren Priester jeden Beweis ablehnten, der das vorherrschende Dogma über den Haufen geworfen hätte.

Aber die Wahrheit ist noch komplizierter. Wissenschaftler des 18. Jahrhunderts taten Berichte über Meteoritenfälle ab, der Grund dafür war jedoch kein provinzieller Dogmatismus. Vielmehr hatten sie eine alternative Theorie: Die versengten Steine, die die Dorfbevölkerung anschleppte, waren nach ihrer Meinung vom Blitz getroffen worden. Die Theorie passte gut in eine Zeit, die im Zeichen von Ben Franklins Experimenten des Jahres 1752 stand. Was über den Himmel ziehende Meteore betraf, verließen sich gelehrte Professoren auf Aristoteles' Autorität, dessen „Meteorologie" die Meteore als Feuerstrahlen in der Atmosphäre beschrieb.[3] Zum Ende des 18. und zu Beginn des 19. Jahrhunderts kamen unter den Wissenschaftlern jedoch Zweifel an diesen Theorien auf, da neue Berichte die aufleuchtenden Meteore in der Nacht mit dem Fund von Steinen am Morgen verbanden. Goethe, der mehr wissenschaftliche Studien als Gedichte und Theaterstücke geschrieben hat, kam 1801 zu dem Schluss, dass Meteoriten von außerhalb der Atmosphäre stammen mussten. Unter den weiteren Bekehrten waren die einflussreichen, französischen Wissenschaftler Jean-Baptiste Biot, Pierre-Simon de Laplace und Siméon-Denis Poisson. Sie untersuchten im Auftrag der französischen Akademie der Wissenschaften Berichte vom Fall hunderter Steine am 23. April 1803 in L'Aigle in der Normandie und bezeichneten sie als zutreffend.

Wissenschaftler pflegen natürlich eine notwendige professionelle Skepsis. Und es war diese Skepsis und kein unbeirrtes Festhalten an einem Dogma, die viele an den Berichten über Meteoriten zweifeln ließ. Thomas Jeffersons Meinung zu Meteoriten war ebenfalls nuanciert. Im Fall des Meteoriten von Weston, dem die beiden, von Jefferson angeblich der Lüge bezichtigten Yale-Professoren einen extraterrestrischen Ursprung bescheinigten, schrieb er an Daniel Salmon, der ein Bruchstück des Meteoriten besaß: „Wir können sicherlich nichts ablehnen, was wir nicht erklären können. Es gibt täglich tausend Phänomene, die wir nicht erklären können, aber wenn Erklärungen vorgeschlagen werden, zu denen es keine Analogien im Rahmen der bislang bekannten Naturgesetze gibt, erfordert der Beweis ihrer Richtigkeit viel Mühe."[4] Fasziniert von Berichten aus England und Frankreich über einen Meteorfall am 12. November 1799 schrieb Jefferson dem Vermesser und Amateur-Astronomen Andrew Ellicott:

Ich wüsste nicht, dass das gegen die Naturgesetze verstößt und sage daher nicht, dass es unmöglich ist. Aber da es so untypisch für jeden Naturvorgang ist, den wir jemals beobachtet haben, verlangt es nach ebenso starken Belegen ... Ein hoch geschätzter, vernünftiger und die Wahrheit sagender Freund von mir gab mir einen ausführlichen Bericht über einen Schwarm fliegender Fische, dessen Augenzeuge er wurde. Ich wusste, dass er nicht die Unwahrheit sagen würde. Wie er sich in dieser Angelegenheit hätte täuschen können, war für mich genauso schwer vorstellbar, wie dass es das Ereignis tatsächlich gegeben hat. Ich entschied mich daher dafür, die Entscheidung ruhen zu lassen, bis neue Schwärme fliegender Fische auftauchen würden, um es zu bestätigen.[5]

Steine – und offensichtlich auch Fische, wenn sie durch Wasserhosen in die Luft gerissen werden – fallen vom Himmel. Und schließlich wurde der extraterrestrische Ursprung der Meteoriten von Wissenschaftlern anerkannt. Aber viele wiesen die Vorstellung zurück, dass die Erde jemals von so großen Felsbrocken getroffen worden war, dass geologische Strukturen verändert oder Arten ausgerottet worden waren. Dieser konservativen Haltung lag der professionelle Widerwille gegenüber der Katastrophentheorie zugrunde. Religiöse Gegner Darwins vertraten nämlich die Ansicht, dass die Erde nur ein paar Tausend Jahre alt sei und dass die geologischen Spuren der großen Veränderungen in dieser kurzen Zeitspanne durch verschiedene Katastrophen entstanden seien, wie die Flut, die Noah und seine zoologische Mannschaft überstanden. Mit dem Gerede über den Tod von oben wollten sich Wissenschaftlicher kaum auseinander setzen, denn es war mit einer ignoranten Ablehnung des Darwinismus verbunden.

Kometen galten bei vielen als Unheilbringer. Ihnen wurden so schreckliche Ereignisse wie die Londoner Seuche von 1665 und der Tod berühmter Personen – von Julius Cäsar im Jahr 44 v. Chr. bis zu Karl dem Kahlen im Jahr 877 – zugeschrieben. „Kometen sind niederträchtige Sterne", schrieb Li Ch'un Feng im siebten Jahrhundert. „Jedesmal, wenn sie auftauchen ... passiert etwas, das das Alte auslöscht und das Neue schafft." Eine Liedstrophe aus einem Kinderlied lautet:

Acht Dinge gibt es, die ein Komet mit sich bringt,
wenn er mit entsetzlicher Wut heranrast:
Stürme, Hungersnöte, Seuchen und den Tod des Königs,
Krieg, Erdbeben, Überschwemmungen und traurige Verwüstungen.[6]

Kirchgängern wurde gesagt, dass dieses vom Himmel geschickte Unglück die Bestrafung für ihre vielen Sünden sei. Der Lutheraner-Bischof Andreas Celichius stellte 1578 aufgrund dieser Behauptungen eine Art moralische Astrophysik zusammen. Darin war zu lesen, dass Kometen aus dem „dichten Rauch der menschlichen Sünden" gemacht seien, die „jeden Tag vor Gottes Antlitz aufgehen, jede Stunde, jeden Moment voller Gestank und Schrecken und sich allmählich so verdichten, dass ein Komet entsteht".7 Als der große Komet des Jahres 1680 wie ein Geisterschiff über den Nachthimmel zog, warnte der Theologe Christopher Ness, dass der Komet „ein Zeichen des Himmels ist, das für Dürre steht und auf einen Krieg hindeutet"[8]. Es glaubten ihm so viele Gläubige, dass der Philosoph Pierre Bayle sich darüber beklagte, dass seine Arbeit ständig durch besorgte Anfragen verängstigter Sünder unterbrochen werde.

Unterdessen sah der Amateur-Astronom Edmond Halley von Bord eines Schiffes im Ärmelkanal ebenfalls den großen Kometen. Als er Frankreich erreichte, traf er sich mit dem Berufsastronomen Jean-Dominique Cassini. Die beiden diskutierten darüber, dass Kometen keine von Gott geschickten Raketen seien, sondern interplanetare Objekte, die vorhersagbaren Bahnen folgten, und dass manche Kometensichtung der Vergangenheit die Wiederkehr des gleichen Kometen gewesen sein könnte. Zurück in England gelang es Halley, ein Gespräch mit dem im Allgemeinen unnahbaren Isaac Newton zu arrangieren. Als Halley ihn wegen der Kometenbahnen fragte, sagte Newton, dass er dieses Problem bereits vor langer Zeit gelöst habe. Halley drängte Newton dazu, dass er seine Erkenntnisse aufschrieb und organisierte die Veröffentlichung des resultierenden Buches. Die „Philosophiae Naturalis Principia Mathematica" elektrisierte die gebildete Welt und löste die Aufklärung aus. In der „Principia" zeigte Newton, dass Kometen tatsächlich interplanetare Reisende sind, die vorherbestimmten Bahnen folgen. Halley konnte diese Erkenntnis auf großartige Weise bestätigen, als er die Bahn des Kometen berechnete, der nun seinen Namen trägt. Er sagte voraus, dass der Komet 1758 wiederkehren werde. Die Bestätigung erlebte er nicht mehr, der Komet erschien erst 16 Jahre nach Halleys Tod wieder.9

Durch die Anstrengungen von Newton und Halley wurden Kometen zum Mittelpunkt des Konflikts zwischen Wissenschaft und Aberglaube. In der damaligen Zeit war dies eine ernst zu nehmende Sache, da es nur wenige Anhänger der Wissenschaften gab. Der Streit spitzte sich sogar soweit zu, dass Mitglieder der Royal Society in London Zaubersprüche sprachen, um zu zeigen, dass sie nicht funktionierten. So wie heute die Meinung zur Astrologie war im 18. Jahrhundert die Ansicht über Kometen ein Signal für die Ernsthaftigkeit des Verstands. War man unwissend und abergläubisch, sah man in Kometen gefährliche Vorboten eines Verhängnisses; war man wissenschaftlich belesen, verstand man, dass sie vorhersagbare Teile eines Uhrwerkuniversums waren, und man sich nicht vor ihnen fürchten musste.

Der Kampf dieser Kulturen erreichte seinen Höhepunkt mit der Rückkehr des Halleyschen Kometen, und die Wissenschaft gewann schließlich die Oberhand. Halleys Erscheinung im Jahr 1910 löste ebenso mehr Wissenschaft als Dummheit aus, obwohl ein Sheriff in Oklahoma bei einer Gruppe Fanatiker intervenieren musste, die eine Jungfrau opfern wollten, um den Kometen zu beruhigen. Als Halley 1986 zurückkehrte, war keine Jungfrau gefährdet. Vielmehr wurde der Komet von einer Armada aus sechs Raumsonden untersucht. Die gemeinsam von ESA und NASA gestartete Sonde *Giotto* schickte so scharfe Bilder des porösen Kerns, dass man seine Größe bestimmen konnte: Er ist rund 16 Kilometer lang und acht Kilometer breit.

Als Astronomen im 18. Jahrhundert die Bahnen von Kometen in der Hoffnung bestimmten, noch weitere periodische Objekte zu identifizieren, stellten sie fest, dass einige Kometen der Erde unangenehm nahe kommen. Zwischen 1702 und 1797 wurden acht Kometen beobachtet, die der Erde näher als 32 Millionen Kilometer kamen. Der Komet 1770 I Lexell schrammte sogar nur in einer Entfernung von zwei Millionen Kilometer an der Erde vorbei. Seine Koma schwoll am Himmel auf das Fünffache der Vollmondscheibe an. Ein Frontalzusammenstoß war also, wie Halley selbst bemerkte, „keineswegs ausgeschlossen".[10] Voltaire griff diese Aussichten in seinem populären Buch „Elemente der Newtonschen Philosophie" auf, indem er fragte, was für eine Katastrophe es für unsere Erde sein würde, wenn sie sich unglücklicherweise am gleichen Punkt wie ein Komet befände: „Die Vorstellung von zwei Bomben, die beim Zusammenstoß in der Luft explodieren, ist noch unendlich weit davon weg, was wir von einer solchen Begegnung zu erwarten hätten."[11] Der Mathematiker Pierre-Simon de Laplace merkte an, dass der Einschlag eines Kometen, „alle Lebensformen und alle industriellen Zeugnisse zerstören könnte".[12] Ein französischer Cartoon aus dem Jahr 1857 zeigte einen unmenschlich dreinschauenden Kometen, wie er die Welt in Stücke riss, während ein grimmiger Mond wie bei einem Rennen zuschaute, bei dem sich die Fahrzeuge gegenseitig rammen.

Dagegen spielten Astronomen die Gefahr herunter, dass ein Komet die Erde treffen könne. Lehrbücher betonten die geringe Chance eines Einschlags in einem bestimmten Jahr. Sie führten – fälschlicherweise – aus, dass Kometen Eis enthielten und ein Zusammenstoß mit ihnen daher nicht schlimmer sei, als von einem Schneeball getroffen zu werden. (Kometen ähneln eher gefrorenen Schneebällen mit Steinen, und große wie Halley können kräftig zuschlagen.) Auf der Grundlage naher Begegnungen wie der von 1770 I Lexell konnten Wissenschaftler berechnen, dass ein großer Komet die Erde in der Vergangenheit alle zehn Millionen Jahre getroffen haben sollte. Aber damals glaubten die wenigsten, dass es die Erde bereits so lange gegeben hatte.

Das alles änderte sich im 20. Jahrhundert, als verbesserte astronomische und geologische Verfahren zur Altersbestimmung verdeutlichten, dass die Erde Milliarden von Jahre alt ist: Auf dieser Zeitskala muss es erschütternde Einschläge wie den Dinosaurier-Killer, die nur einmal in hundert Millionen Jahren auftreten, wiederholt gegeben haben. Bei der Untersuchung von Luftbildern und Aufnahmen aus der Umlaufbahn stellten Wissenschaftler fest, dass die Erde durch zahlreiche Krater zernarbt ist. Die meisten Krater waren so stark erodiert, dass sie bislang als solche nicht erkannt worden waren. Mehr als 150 irdische Einschlagskrater konnte man schließlich identifizieren. In Manicouagan in der Provinz Quebec erwies sich ein 100 Kilometer großer Ring, der aus zwei Seen besteht, als ein 212 Millionen Jahre alter Krater. Die Seen dienen als Rückstaubecken für ein Wasserkraftwerk. Der Ring war vom Boden aus unerkannt geblieben, er sprang aber auf den Bildern aus der Umlaufbahn ins Auge. Im Vienne-Tal in Zentralfrankreich stellte sich heraus, dass Rochechouart und zwei benachbarte Städte innerhalb eines 23 Kilometer großen Kraters liegen. Die Steine eines schicken Landsitzes in Rochechouart bestehen aus Material, das durch den Feuerball dieses Einschlags vor 186 Millionen Jahren verschmolzen wurde. Die Welt sah zunehmend unsicherer aus, und Kometen und Asteroiden wirkten plötzlich weniger gutartig.

Der letzte Stein im Mosaik einer möglichen Katastrophe wurde in der Nacht des 23. März 1993 im Rahmen eines Beobachtungsprojekts der Astronomen Eugene und Carolyn Shoemaker und des Amateur-Astronomen David Levy gefunden. Die drei hatten den Himmel in den vergangenen zehn Jahren auf Kometen und Asteroiden hin überwacht. Diese Nacht war zu bewölkt, um eine Fotoplatte zu verschwenden. „Es kostet uns jedes Mal fast vier Dollar, wenn wir eine Fotoplatte ins Teleskop einsetzen", sagte Gene zu Carolyn und David. „Wir können es uns einfach nicht leisten, in einer schlechten Nacht wie dieser Fotoplatten zu verschwenden." Aber auf Levys Initiative hin machten sie doch ein paar Aufnahmen und verwendeten dazu Platten, die einen Schleier bekommen hatten, weil sie versehentlich dem Sonnenlicht ausgesetzt worden waren.

Als Carolyn Shoemaker die Aufnahmen zwei Tage später untersuchte, sah sie einen sonderbaren Schmierer in der Nähe von Jupiter. „Ich weiß nicht, was das ist", sagte sie damals, „aber es sieht wie ein zerquetschter Komet aus."[13] Es war tatsächlich ein Komet, einer der von Jupiter um das Jahr 1929 eingefangen worden war und der den Planeten seitdem unentdeckt umkreist hatte. Die Gezeitenkräfte des Riesenplaneten hatten den Kometen in Stücke gerissen, weshalb er jetzt wie eine Perlenkette aussah. Die Perlen blühten als kleine Kometen auf – angeordnet in einer geraden Linie, und jede mit ihrem eigenen leuchtenden Schweif. Sie waren nicht allzu klein; die größten maßen mehr als fünf Kilometer im Durchmesser. Alles in allem ein Anblick, der einzigartig in der Geschichte der Sternbeobachtung war.[14]

Der japanische Amateur-Astronom Shuichi Nakano berechnete daraufhin, dass Shoemaker-Levy auf den Planeten Jupiter stürzen würde. Und als Paul Chodas vom Jet Propulsion Lab der NASA ein Programm zur Vorhersage von Einschlägen mit den Daten des Kometen fütterte, ließen ihn die Berechnungen am Bildschirm erstarren. „Ich hatte immer nur Nullen gesehen", sagte er. „Plötzlich tauchte da eine Zahl von 50 Prozent auf."[15] Chodas ging zum Abendessen heim, um seine Frau bei der Betreuung ihres vier Monate alten Babys zu unterstützen. Sein Kollege Donald Yeomans blieb und ermittelte indessen die weiteren Zahlen. Yeomans bestätigte, dass die Perlen Shoemaker-Levys tatsächlich bald Jupiter treffen würden.

Und genau das passierte 16 Monate später. Beginnend am 16. Juli 1994 schlugen die Kometenbruchstücke ein – eins nach dem anderen, wie Lastwagen bei einer Massenkarambolage auf einer vereisten Landstraße. Die Fragmente explodierten in Jupiters oberen Atmosphärenschichten als auffällige, aufsteigende Feuerbälle. Sie hinterließen in den lachs- und sandfarbenen Wolkenbändern des Riesenplaneten eine Reihe von tiefschwarzen Klecksen, die wochenlang erhalten blieben. Nur wenige, die Zeuge dieses beispiellosen Anblicks wurden, konnten sich einem Gefühl der Bedrohung durch Kometeneinschläge auf der Erde entziehen. Kurz vor dem großen Kometenabsturz hatte Kevin Zahnle, ein Astronom am Ames Research Center der NASA in Mountain View, Kalifornien, gesagt, dass „die Beseitigung dieses Kometen das Sonnensystem zu einem etwas sichereren Ort für uns alle macht".

„Aber es ist gar nicht so", meinte Zahnle nach dem Absturz nachdenklich. „Das Sonnensystem scheint nicht mehr so weit entfernt zu sein wie zuvor. Wir stehen nahe am Abgrund und nur eine dünne, blaue Linie schützt uns vor den enormen Ausmaßen des Universums. Der Tag wird kommen, an dem der schützende Himmel mit einer fast unvorstellbaren Macht auseinander gerissen wird. Es ist bereits in der Vergangenheit passiert. Fragen Sie einen Dinosaurier, wenn Sie einen treffen. Dies ist ein gefährlicher Ort."[16]

Vor dem Einschlag von Shoemaker-Levy-9 war die Zahl der Berufsastronomen, die den Himmel nach Asteroiden und Kometen absuchten, „kleiner als die Belegschaft einer McDonald's-Filiale", erinnerte sich der NASA-Planetenwissenschaftler David Morrison.[17] Danach wurden es mehr, ausgelöst durch eine Art Eigennutz, von der jedoch alle Seiten profitieren. Der Großteil der Suche konzentrierte sich auf Kleinplaneten, da sich eine große Zahl unbekannter Objekte mit vorhandenen Teleskopen erfassen ließ. Selbst die US-Luftwaffe war von der Vorstellung beseelt, den ganzen Planeten verteidigen zu müssen. Daher gewährte sie Beobachtungszeit an einem zuvor streng geheim gehaltenen Fernrohr auf dem Raketenversuchsgelände in White Sands. Dieses Observatorium war gebaut worden, um die ungefähr zehntausend künstlichen Objekte zu verfolgen, die die Erde umkreisen: von Spionagesatelliten und Kameras bis hin zu Werkzeugen, die Astronauten bei Außeneinsätzen verloren hatten. Innerhalb von zehn Monaten entdeckten Astronomen mit diesem Teleskop 19 000 Asteroiden, von denen 26 eine Größe von mindestens einem Kilometer hatten.

Zum Ende des Jahrtausends hatten Astronomen schätzungsweise die Hälfte aller erdnahen Objekte gefunden, die einen Kilometer oder größer sind. (Solche „Near Earth Objects", NEOs, sind per Definition Kleinplaneten und Kometen, die sich auf ihren Bahnen der Erde auf mindestens 45 Millionen Kilometer nähern können.) Die andere, weniger auffällige Hälfte der Objekte zu finden, gilt als schwieriger. Die Jagd auf Asteroiden ist wie das Suchen nach Ostereiern: Die dicksten und hellsten findet man zuerst. Unter den verbleibenden Kleinplaneten gibt es viele, die lichtschwach sind, entweder weil sie dunklere Oberflächen besitzen oder weil sie sich gerade im äußeren Bereich ihrer relativ lang gezogenen Ellipsenbahnen befinden. Auf den jährlichen Besprechungen des NEO-Lenkungsausschusses der NASA diskutierten wir den Punkt, dass größere Fernrohre weiterhelfen würden, aber die Zeit für ihren Bau könnte vielleicht besser genutzt werden, indem man an den bereits vorhandenen Teleskopen längere Belichtungen machen würde.

Das bedeutet, dass Amateur-Astronomen zu den Bemühungen nur beitragen können, wenn sie große Teleskope besitzen, besonders hartnäckig sind oder einfach Glück haben. Einer der Hartnäckigen war Len Amburgey, ein Lehrer für Astronomie und Umweltwissenschaften an der Leominster High School in Fitchburg, Massachusetts. Amburgey hatte sich die unspektakuläre, aber notwendige Aufgabe gestellt, neu entdeckte Asteroiden abzulichten, um ihre Bahnbestimmung zu verfeinern. Eines Nachts machte Amburgey beim Eintippen der Koordinaten eines Kleinplaneten einen Fehler, weil er durch die Unterhaltung zweier Amateure, die ihn besuchten, abgelenkt worden und außerdem müde war. Seine vier Jahre alten Zwillinge weckten ihn meistens um 6.30 Uhr, wenn er nach seinen Beobachtungsnächten nur zu einer oder zwei Stunden Schlaf gekommen war. Das resultierende CCD-Bild zeigte einen unerwarteten Strich, den Amburgey zuerst für den Einschlag eines kosmischen Teilchens hielt. Als er die Stelle am Himmel nochmals mit der CCD-Kamera belichtete, war der Strich wieder zu sehen, stand aber inzwischen fast am Bildfeldrand. Amburgey meldete die Entdeckung an Brian Marsden vom Minor Planet Center des Harvard-Smithsonian Center for Astrophysics in Cambridge. Marsden bestätigte, dass Amburgey einen erdnahen Asteroiden gefunden hatte. Weitere Untersuchungen durch Amburgey und Berufsastronomen ergaben, dass der neue Asteroid 2000 NM keine Gefahr für die Erde in der kommenden Million Jahre darstellen würde. Alle konnten also aufatmen. Marsden vermutete, dass die Berufsastronomen den Kleinplaneten nicht gefunden hatten, weil er im Sommer in Opposition, der Sonne also gegenüber stand. (Asteroiden sind dann am hellsten, wenn sie am zur Sonne entgegengesetzten Teil des Himmels stehen.) Während dieser Zeit regnet es aber in Arizona und New Mexico, wo die meisten professionellen Suchprojekte angesiedelt sind, derart häufig, dass die Einheimischen von der „Regenzeit“ sprechen und Beobachtungen nahezu unmöglich sind.

„Was für ein Abenteuer!“, sagte Amburgey rückblickend, nachdem seine Entdeckung zusammen mit einer Animation und einem Bild der Bahn auf Webseiten von Berufsastronomen veröffentlicht worden war. „Scheinbar waren die entscheidenden Faktoren Geduld und Hartnäckigkeit. Wenn man etwas zur Astronomie beitragen will, sollte man so oft wie möglich beobachten. Tut man dies oft genug, wird man auf etwas stoßen.“[18]

Ein anderer Amateur-Astronom namens Roy A. Tucker entdeckte einen seltenen Aten-Asteroiden mit einem 14-Zoll-Teleskop und einer CCD-Kamera von seinem Garten in Tucson aus. (Aten-Asteroiden halten sich die meiste Zeit innerhalb der Erdbahn auf.) Tucker suchte den Himmel zwischen 20 und 40 Grad von der Ekliptik entfernt ab, um „das Durcheinander gewöhnlicher Hauptgürtel-Kleinplaneten zu umgehen“. Als er zum ersten Mal den Strich des Aten-Asteroiden auf einer CCD-Aufnahme sah, wusste er wegen der Länge der Spur, dass der Kleinplanet sich schnell bewegte, also nahe war. Er erschrak so sehr, dass er sich zunächst selbst beruhigen musste. „Entspanne dich für einen Augenblick. Hol tief Luft. Unterdrücke deine Aufregung. Vor dir liegt Arbeit. Es dauert nur noch eineinhalb Stunden bis die Morgendämmerung einsetzt, und es sind zusätzliche Beobachtungen erforderlich, sonst ist das Ding weg.“ Es gelang ihm, dem Asteroiden auf den Fersen zu bleiben, und innerhalb von ein paar Nächten hatten Beobachter aus Japan, Australien, Tschechien und Italien den Kleinplaneten ebenfalls gesichtet. Im folgenden Jahr entdeckte Tucker zwei weitere Asteroiden mit erdkreuzenden Bahnen. „Die großen Suchprogramme erweisen sich als harte Konkurrenz“, merkte Tucker an. „Aber“, ergänzte er, „Amateure blicken auf eine lange Tradition astronomischer Entdeckungen zurück, und ich weigere mich, dies nun komplett den Berufsastronomen zu überlassen“.[19]

Frank Zoltowski aus dem südaustralischen Woomera entdeckte den möglicherweise gefährlichen Asteroiden 1999 AN 10 mit einem 12-Zoll-Teleskop von seinem Vorgarten aus. „Das ist das erste bekannte Objekt, das sich möglicherweise auf Kollisionskurs mit der Erde befindet und groß genug ist, um eine Katastrophe weltweiten Ausmaßes auszulösen“, sagte er einem Reporter des „Sydney Morning Herald“. „Wenn AN 10 einschlagen würde, würde er genug Dreck in die Atmosphäre schleudern, um einen Impaktwinter zu verursachen.“[20] Glücklicherweise zeigten Folgebeobachtungen, dass der Kleinplanet die Erde verfehlen wird.

Die Gefährlichkeit eines Kometen oder Asteroiden hängt von drei Größen ab: seiner Bahn, der Einschlagsgeschwindigkeit und der Masse. Zunächst ergibt sich aus der Bahn, ob das Objekt die Erde überhaupt treffen kann. Die Einschlagsgeschwindigkeit hängt von der Flugbahn ab: Ein Komet oder Kleinplanet, der die Erdbahn kreuzt, bewegt sich typischerweise mit einer Geschwindigkeit von ungefähr 42 Kilometer pro Sekunde bezogen auf die Sonne. Da die Bahngeschwindigkeit der Erde 30 Kilometer pro Sekunde beträgt, schlägt ein frontal die Erde treffendes NEO mit rund 72 Kilometer pro Sekunde ein. Dagegen bringt es ein Objekt, das die Erde erst einholen muss, auf nur relativ langsame 12 Kilometer pro Sekunde. Durch die Masse des NEO ist der mögliche Schaden festgelegt, den es bei einer bestimmten Einschlagsgeschwindigkeit anrichten kann: Asteroiden bestehen fast vollständig aus Stein, Kometen dagegen enthalten auch Eis, das nicht so dicht ist wie Stein. Daher muss ein Komet ungefähr zweimal so groß wie ein Kleinplanet sein, um dieselbe Masse zu haben. Es kommt aber im Wesentlichen nur auf die Größe an. Ein 100 Meter großes NEO jeglicher Art kann eine Stadt auslöschen, ein kilometergroßes kann eine Nation zerstören, und ein zehn Kilometer großes Objekt wie in Yucatan bedeutet so ziemlich das Ende der Welt, zumindest was deren gegenwärtige Bewohner angeht.

Um das Risiko zu berechnen, multiplizieren Wissenschaftler die Wahrscheinlichkeit eines Einschlags mit der Masse des einschlagenden Körpers, woraus sich die so genannte Turiner Skala ableiten lässt. Sie ist nach der italienischen Stadt benannt, wo die Skala entwickelt wurde. Die Turiner Skala beziffert das Risiko mit einer einzigen Zahl – vergleichbar der Richter-Skala für Erdbeben. Ein Objekt mit einer Turin-Zahl von null ist entweder zu klein, um Schaden anzurichten, oder bewegt sich auf einer Bahn, auf der es der Erde niemals nahe kommt. (Die Sandkörner, die durch die Atmosphäre zischen, während sie lesen, haben eine Turin-Zahl von null. Genauso ist es beim Gasplaneten Uranus, der eine Katastrophe auslösen würde, wenn er uns treffen würde, was zum Glück nicht passiert.) Die Turin-Zahl eins beschreibt Objekte, die „sorgfältige Überwachung verdienen". Einige Near Earth Objects gehören in diese Kategorie: Sie werden uns auf absehbare Zeit nicht treffen, aber wir wollen ihre Bahnen besser kennen lernen, um ganz sicher zu gehen, denn sie sind groß genug, um Schaden anzurichten. Die Turin-Klassen zwei bis vier – „Ereignisse, die Besorgnis erregend sind" – beschreiben Objekte, die so groß sind, dass sie „regionale Verwüstungen" auslösen und mindestens eine Wahrscheinlichkeit von einem Prozent für einen Einschlag haben. „Bedrohliche Ereignisse" der Turin-Klassen fünf bis sieben beschreiben Objekte, die sowohl eine gefährliche Bahn haben als auch groß genug sind, um eine weltweite Katastrophe auszulösen. Turin-Klassen von acht bis zehn beschreiben die „sicheren Kollisionen" großer NEOs. Die Explosion über der Tunguska im Jahr 1908 war ein Ereignis der Turin-Zahl acht („lokal begrenzte Zerstörungen"). Dasselbe gilt wahrscheinlich für die Explosionen, die 1930 im brasilianischen Urwald, 1947 in Sikhote-Alin in Kamchatka und 1972 über dem Südwestpazifik beobachtet wurden. Einschläge der Klasse neun („regionale Verwüstungen") ereignen sich statistisch alle 1 000 bis 10 000 Jahre. Ereignisse der Turin-Klasse zehn sind selten, aber verheerend. Die Herrschaft der Dinosaurier wurde durch einen solchen Einschlag beendet.

Zum Glück ist noch kein Komet oder Asteroid gefunden worden, der eine Turin-Zahl größer als eins hat. (Asteroid 1999 AN 10 wurde als „Turin eins" klassifiziert, nachdem ihn Frank Zoltowski entdeckt hatte, dann wurde er auf null zurückgestuft, als seine Bahn genauer berechnet worden war.) Aber es ist nur eine Frage der Zeit, bis ein Amateur- oder Berufsastronom einen Asteroiden mit einer großen Turin-Zahl findet – ein NEO, das groß und tödlich ist und uns fast mit Sicherheit treffen wird. Was werden wir dagegen tun?

Die Antwort hängt zunächst davon ab, ob es sich um einen Kleinplaneten oder um einen Kometen handelt.

Asteroiden sind wie Ihr Nachbar am Ende der Straße: Wenn Sie ihn vorbeigehen und winken sehen, können Sie davon ausgehen, dass er bereits früher vorbei gegangen ist und Sie ihn nicht gesehen haben. Ein die Erde bedrohender Kleinplanet hat sich unserem Heimatplaneten vermutlich schon mehrmals zuvor genähert, so dass Astronomen ausreichend Gelegenheit hatten, seine Bahn zu berechnen – vorausgesetzt, sie wissen, dass er da ist. Dann können sie die Gefahr erkennen, und einen Raketenmotor zu ihm schicken, der ihm dann vorsichtig und langsam eine sichere Richtung gibt. (Solche Raumsondenmissionen könnten auch profitabel sein: John S. Lewis vom gemeinsamen Space Engineering Research Center der NASA und der University of Arizona schätzt, dass der kleinste bekannte Asteroid – 3554 Amun mit einem Kilometer Durchmesser – Kobalt, Nickel, Eisen und Platin im Wert von 3,5 Billionen Dollar enthält.)[21]

Dagegen sind Kometen wie mysteriöse Onkel, die man jahrelang nicht gesehen hat und die dann plötzlich auftauchen, beeindruckend aussehen, fremdartige Geschichten von fernen Orten erzählen und den Hauch der Bedrohung mit sich bringen. Ein langperiodischer Komet, der zum ersten Mal die Oortsche Wolke verlässt oder nach einer Abwesenheit von Tausenden von Jahren zurückkehrt, wäre in den meisten Teleskopen erst sichtbar, wenn er in der Nähe der Jupiterbahn stünde. Wenn er auf Kollisionskurs mit der Erde wäre, hätten wir dann womöglich nur ein paar Monate Zeit, um unsere Abwehrstrategien vorzubereiten. Ein kurzperiodischer Komet, der bei seiner letzten Beobachtung eine sichere Bahn beschrieben hat, könnte sich bei seinem nächsten Besuch als tödlich erweisen. Dazu müsste er nur durch eine gravitative Störung durch Jupiter oder einen der anderen Riesenplaneten auf eine andere Bahn gelenkt worden sein. Im Allgemeinen beschützt uns Jupiter, indem er Kometen aus dem inneren Sonnensystem herausschleudert, aber gelegentlich wirft er auch einen Ball überraschend in unsere Richtung.[22] Komet 1770 I Lexell, der sich der Erde ja bis auf 2,1 Millionen Kilometer näherte, hatte ursprünglich eine sicherere Bahn. Aber irgendwann nach 1767 kam er Jupiter zu nahe und wurde auf eine neue, gefährlichere Bahn geschickt. Eine weitere Begegnung mit Jupiter störte die Bahn erneut, diesmal anscheinend zu unserem Vorteil. Aber wir können uns nicht darauf verlassen, denn die aktuelle Position von 1770 Lexell ist unbekannt.

Newtons „Principia“ legte den Grundstein für das Uhrwerkmodell des Sonnensystems, das die Bahnen von Planeten, Asteroiden und Kometen als vorhersagbar beschrieb. Aber mit der Entdeckung des Kuiper-Gürtels, den ständig zunehmenden Daten über Kleinplaneten und Kometen sowie durch den Computereinsatz zur Bestimmung von Bahnveränderungen wurde deutlich, dass auch chaotische Ereignisse dem Sonnensystem ihren Stempel aufgedrückt haben. Es gibt beispielsweise Lücken im Kuiper- und Asteroidengürtel. Untersuchungen zeigen, dass diese Lücken Zonen darstellen, in denen die Gravitation keine stabilen Umlaufbahnen zulässt. Objekte, die sich in diesen Regionen früher bewegt haben, wurden inzwischen auf engere oder weitere Bahnen befördert. Anscheinend patrouilliert Neptun schon lange durch die inneren Bereiche des Kuiper-Gürtels und hat dabei genauso an ihm geknabbert wie Jupiter dies am äußeren Rand des Asteroidengürtels tut. Eine Computersimulation zeigt, dass Kometen, die Jupiter umlaufen, einst Kuiper-Objekte waren, die durch Instabilitäten im Gürtel eine nahe Begegnung mit Neptun hatten und dadurch auf neue Bahnen gelangten. Die Bewegungsenergie, die sie dabei aufnehmen, kann ausreichen, um sie bis hinaus zur Oortschen Wolke zu befördern. Aber ihr Perihel – der sonnennächste Punkt ihrer Umlaufbahn – bleibt in der Nähe des Neptunorbits. Früher oder später begegnen sie also wieder Neptun, worauf ihre Bahnen erneut nach dem Zufallsprinzip geändert werden. Einige werden an Uranus, dann an Saturn und schließlich an Jupiter weitergereicht, der sie wieder zurück in die Oortsche Wolke werfen oder als Objekte des inneren Sonnensystems zur Ruhe bringen kann: als Kometen der Jupiter-Familie. Dass so viele Schritte notwendig sind, um die Bahn eines kurzperiodischen Kometen zu formen, erklärt, warum vorhersagbare Kometen wie Halley so selten sind.

Das Sonnensystem hat also auch eine chaotische Seite: Asteroiden, Kometen und in früherer Zeit sogar mächtige Planeten wurden hin- und hergeworfen. Dieser Abschied von der reinen Vorstellung einer regelmäßigen Uhr erinnert uns daran, dass die ruhige Gleichmäßigkeit der meisten Naturabläufe im All, wie angenehm sie für uns auch sein mag, nicht die ganze Wahrheit ist. Die Natur hat auch eine kreative Seite – gefährlich, aber auch wunderbar. Deshalb weiß ein Beobachter, der sein Teleskop in den Garten schleppt, niemals, ob ein bislang unentdeckter Komet in dieser Nacht durchs Gesichtsfeld zieht oder wie aufgefächert und filigran ein schon bekannter Kometenschweif heute Nacht am Himmel stehen wird.

Mit dem Auge der Kamera: Ein Besuch bei Don Parker

In der ersten Hälfte des 20. Jahrhunderts wurde die Planetenfotografie von Berufsastronomen dominiert. Ihre Fachkenntnis und Erfahrung sowie ihr Zugang zu Spezialkameras und fotografischen Emulsionen machten sie fast unschlagbar, wenn es darum ging, scharfe, hochauflösende Bilder von Mars, Jupiter und Saturn zu machen. Dann begannen die Amateure aufzuholen. Sie setzten überzählige Kameras des Militärs auf selbst gebaute Fernrohre, bestückten sie mit den neuen, empfindlicheren Filmen, die nach und nach zu kaufen waren, und machten gute Bilder. Andere experimentierten mit Videokameras und mit Restlichtverstärkern aus militärischen Nachtsichtbrillen. CCD-Kameras komplettierten den Wandel. Sie sind empfindlich genug, um einen hellen Planeten mit kurzen Belichtungszeiten aufzunehmen; so lassen sich die flüchtigen Momente großer Luftruhe ausnutzen. Zeichnende Beobachter sind auf solche Augenblicke angewiesen, waren aber dadurch gezwungen, Stunden am Fernrohr zuzubringen, um Stück für Stück eine Zeichnung zu erstellen. Mit einer CCD-Kamera erzielt man womöglich bei Dutzenden von Aufnahmen nur ein scharfes Bild, aber auf diesem sieht man dann häufig Details über das ganze Planetenscheibchen. Es war also nur eine Frage der Zeit, bis ein Amateur Optik, Beobachtungsbedingungen und CCD-Kamera so kombinierte, dass die Resultate mit den besten Aufnahmen der Planetenwissenschaftler konkurrieren konnten.

Trotzdem passierte es schneller, als man erwartet hatte: Der Amateur-Astronom Don Parker begann ganze Serien von Planetenaufnahmen zu machen, die Bildern von großen Teleskopen ebenbürtig oder überlegen waren. Das *Hubble*-Weltraumteleskop war noch besser und auch einige der am besten gelegenen Observatorien, aber wegen der begrenzten Teleskopzeiten konnten diese nur gelegentliche Schnappschüsse aufnehmen. Parker dagegen fotografierte die Planeten Nacht für Nacht.

Ich traf Don zum ersten Mal im Jahr 1992 auf einer Star Party: Er war ein großer, zäher Mann mit einem Lachen, das wie Donnergrollen klang, und der ständig Witze über sich selbst machte. (Über seinen Beruf als Anästhesist am Mercy Hospital in Miami witzelte er: „Warum nur habe ich mich bloß für einen Beruf entschieden, den ich nicht einmal buchstabieren kann?“) Aber hinter diesem Poltern steckte ein kluger, aufmerksamer Geist und ein ständiger Hang zum Perfektionismus. Da ich neugierig war, wie er zu seinen außergewöhnlichen Aufnahmen kam, besuchte ich Don acht Jahre später in seinem Haus in Gables By The Sea – einem Ort, der an einem der Schifffahrtswege in Süd-Miami lag. Die gewundene Einfahrt vor seinem großen, zweistöckigen Haus war mit Autos und Sportfahrzeugen übersät. Ein fast neun Meter langes einmastiges Rennboot schaukelte sanft am Anlegeplatz hinterm Haus.

Don schwankte heraus, um mich zu begrüßen. Dabei stützte er sich auf einen Spazierstock, da er neben den Verletzungen aus seiner aktiven Football-Zeit für die Loyola Academy in Chicago auch noch Arthritis in den Knien hatte. (Damals waren ihm Football-Stipendien von Notre Dame und der Air Force Academy angeboten worden, aber sein Hausarzt überzeugte ihn davon, dass ein angehender Mediziner ein gesünderes Freizeitvergnügen wählen sollte.) Während wir hineingingen, erzählte mir Don, dass er sich seit den Fünfzigern zur Astronomie hingezogen fühle. Populärwissenschaftliche Bücher und Sciencefictionfilme waren der Auslöser. Die Planetenbeobachtungen in seiner Jugend mit einem einfachen „Ofenrohr-Fernrohr" wurden durch Medizinstudium, Wohnortwechsel, Praktika, Heirat und eine Verpflichtung bei der Marine unterbrochen. Aber als er sich wegen der Aussicht auf Tauchen und Schnorcheln in Südflorida niederließ, holte er sein altes Teleskop wieder heraus, richtete es auf Mars – und war erstaunt darüber, was er sah. „Ich konnte es nicht glauben", erzählte er mir. „Schöne, stabile Bilder! Ich hatte angenommen, weil das ja jeder sagte, dass der Himmel hier furchtbar sei, weil die Luft zu feucht ist. Aber wir haben hier eine Luftruhe der Weltklasse. Die Leute sagen, ‚Oje, es bewölkt sich', aber sie bemerken gar nicht, wie klar es *zwischen* den Wolken ist. Wir haben eine gute Strömung ohne Turbulenzen, schöne ruhige Luft und – das ist das wichtigste – eine gute Optik."

Wir stiegen die Stufen in den zweiten Stock zum Schlafzimmer hinauf und gingen nach draußen zu Dons Sternwarte, einen in einen Kontrollraum umgewandelten Abstellraum, der sich zu einer schmalen Veranda hin öffnete, auf der das Teleskop montiert war. Da ich wusste, dass fähige Beobachter nicht unbedingt eine neue Ausrüstung verwenden, erwartete ich nicht viel. Aber die Realität war doch etwas erschreckend. Der schwarze Tubus des Teleskops war vernarbt wie ein alter Frachter und mit Kuriositäten geschmückt: eine Sammlung behelfsmäßiger Spannriemen drückte die CCD-Kamera gegen den Okularauszug, hielt einen selbst gebauten Rahmen mit einem Ventilator gegen den Hauptspiegel sowie einen Schrittmotor, der laut Don „ein Zahnradgetriebe mit einer Untersetzung von 1000 zu 1" hatte, „das aus dem Analogcomputer eines Flugsimulators der Eastern Air Lines stammt". Die Montierung bestand aus einer Schar von Stahlachsen sowie Gegengewichten aus Roheisen. Sie sah wie etwas aus, das man aus einem unterseeischen Dreckloch gezogen hatte. Der Computer war ein 486er mit DOS als Betriebssystem und hätte in ein Museum im Silicon Valley gehört; der Bildschirm ähnelte den Fernsehgeräten, die man in den 50er-Jahren in Motels vorfand. Ich studierte diesen Aufbau so intensiv wie ein Musikstudent, der sich unvermittelt mit der Davidoff Stradivarius von 1712 des Künstlers Yo Yo Ma konfrontiert sieht.

„Teleskope sind zum *Durch*-, nicht zum *An*schauen", sagte Don vergnügt. „Das ist ein 16-zölliger F/6-Newton, mit einem wirklich kleinen, nur zwei Zoll großen Fangspiegel. Manche Teile an ihm stammen aus dem Jahr 1956."

Das Haus versperrte die Sicht auf den gesamten Nordhimmel, aber man hatte freien Blick auf die Ekliptik, wo Saturn, Jupiter und Mars in der einsetzenden Dämmerung auftauchten. Tief im Westen lag die Sichel des einen Tag alten Mondes wie ein Brandzeichen, Merkur stand direkt neben ihm. Don durchstöberte eine Schublade, die voller Okulare war, tauchte mit einem in der Hand wieder auf und verkündete überschwänglich: „Hier habe ich ein sauberes Okular!" Wir richteten das Fernrohr auf Mars, der weit entfernt war – 312 Millionen Kilometer – und in der noch warmen Luft am Westhimmel flackerte. Er zeigte kaum Details. „Ich schaue ihn trotzdem immer an", sagte Don. „Ich beobachte Mars seit 1954. Es ist wie beim Scotchtrinken – ein gewohnter Geschmack, der Praxis erfordert. Am Anfang seiner Sichtbarkeitsperiode kann ich kaum etwas auf dem Planeten sehen. Es dauert drei oder vier Nächte, bis ich wieder gelernt habe, etwas auf ihm zu wahrzunehmen."

Don schwenkte das Teleskop zu Jupiter. Der Anblick im Okular war so klar, dass ich fast von der Trittleiter gefallen wäre. „Lass uns eine höhere Vergrößerung ausprobieren, kostet ja nichts", sagte Don. „Ich habe an diesem Fernrohr schon mit 1600facher Vergrößerung beobachtet. Man sagt immer, man kann das nicht machen. Aber was soll's. Ich hatte damals nicht besonders aufgepasst, welche Vergrößerung ich gerade verwendete, aber plötzlich hatte ich einfach keine Okulare mehr mit höherer Vergrößerung."

Als nächstes war Saturn dran. „Saturn langweilt mich nie", sagte Don, während er das Bild scharf stellte. „Ich glaube, das wird dir gefallen." Ich sah eine orangefarbene Kugel, die von blassen Wolkenbändern umhüllt wurde, einen Satz scharfer, feiner Ringe und zahlreiche Monde. „Das ist ein gutes Teleskop", sagte ich.

Ich bat Don, mir seine Bildaufnahmetechnik vorzuführen, worauf er bereitwillig einging. Er steckte Kabel zusammen und zog Spannriemen fest, um die Kamera und sein selbst gebautes Filterrad auszurichten. „Bei mir ist alles abnehmbar, damit ich es reparieren kann, wenn etwas kaputtgeht. „Das reicht für die Ansprüche von Amateuren." Er zog einen überzähligen Gummiriemen über die behelfsmäßig zusammengebaute elektrische Fokussiereinheit und als „Gegengewicht" zu Kamera und Filterrad oben klatschte er ein orthopädisches Band, wie man es in der Rehabilitation verwendet, auf einen Doppelklebestreifen an das untere Teleskopende. „Es funktioniert", sagte er. „Wenn man etwas einfach machen kann, sollte man es auch so tun. Ich verfuhr in der Medizin genauso. Wenn man Hufschläge hört, sollte man nicht an Zebras denken."

Nachdem die CCD-Kamera nun am Okularauszug befestigt war, schaute Don die Positionsdaten von Jupiter in einem alten DOS-Programm nach und schwenkte das Fernrohr an die Stelle, indem er die Koordinaten an den beiden altertümlichen, bleigrauen Teilkreisen der Montierung einstellte. („Ich habe sie selbst in meiner Garage gebaut.") Er stöhnte und murmelte vor sich hin („Los jetzt, Parker"). Dann huschte er zurück in den Steuerschuppen und zentrierte Jupiter im Gesichtsfeld der Kamera, während er einen Blick auf den Motel-Fernseher warf. Die CCD-Kamera, informierte er mich, sei eine der ersten, die jemals gebaut worden sei. Ihr Chip habe nur eine Fläche von einem Zehntel eines Quadratzolls. Aber mehr brauche er nicht für die Planeten, meinte Don. „Also, wo bist du? Da bist du, du Teufel! Mal sehen, Jupiter, was machen wir da ... ich schätze ungefähr drei Sekunden."

Don saß an der kleinen Konsole; Jupiter stand an der richtigen Stelle. Alles war bereit. Dons Finger tanzten in einer kontinuierlichen Bewegung über die Tastatur. Er machte drei Bilder, je eines im Roten, Grünen und Blauen, um sie zu einem Farbbild zusammenzusetzen. Das musste schnell gehen, damit sich die Strukturen auf Jupiter infolge der Rotation nicht schon zu stark weiter bewegt hatten. Don arbeitete mit erstaunlicher Geschwindigkeit, wobei er sich ständig dafür entschuldigte, so langsam zu sein. Ich merkte an, dass die Rotaufnahme des Jupiter ziemlich anders aussehe als die Blau- und Grünaufnahme. „Die tieferen Schichten der Atmosphäre haben manchmal eine deutlich blaue Farbe", erklärte Don.

„Bei den Planeten geht es um Quantität, nicht um Qualität. Ich habe vielleicht 20 000 Planetenbilder gemacht. Wenn du willst, kann ich sie dir zeigen.", sagte er mit einem schelmischen Grinsen. Ich fragte, ob diese Bilder den größten Bestand an kontinuierlichen Aufzeichnungen der Planeten Jupiter und Mars darstellten, die es irgendwo gebe. „Es gibt einen Burschen in Japan, Isao Miyazaki, der möglicherweise so viele hat wie ich", antwortete Don. „Wir sind harte Konkurrenten. Er ist der Leiter der Jupiter-Sektion der Oriental Astronomical Society, ein wirklich angenehmer Bursche und ein guter Fotograf. Wir haben fast identische Teleskope und Kameras, und wir sind Co-Autoren bei einigen wissenschaftlichen Veröffentlichungen. Sein Ding ist Jupiter, meines ist Mars. Er nutzt meine Daten und ich seine; das ist es, was Wissenschaft ausmacht."

„Ich habe einige Digitalbilder von Jupiter gemacht, als er nur zwölf Grad von der Sonne entfernt stand. Die Betreiber der *Galileo*-Mission hatten sie gebraucht. *Galileo* warf eine Sonde in die Jupiteratmosphäre ab. Da die Hauptsonde einen defekten Bandrekorder hatte, wollten sie ihn nicht zu vorhandenen Jupiterbildern zurückspulen, aus Angst, dass er stehen bleiben könnte und die Daten der Sonde dann verloren wären. Also brauchten sie Bilder vom exakten Zeitpunkt, zu dem die Sonde in die Atmosphäre eintrat, um zu wissen, was auf Jupiter zu sehen war. Die Aufnahmen gelangen uns, exakt zum Zeitpunkt des Eintritts."

„Ich fotografiere alle Planeten, aber Mars ist meine wirkliche Leidenschaft. In der ALPO haben wir mehr als 7000 Marsbeobachtungen aus aller Welt gesammelt. Unser Hauptziel ist die Beobachtung der Marsatmosphäre – der Wolken – und meine Spezialität ist die nördliche Polkappe. Es gelang uns, Berufsastronomen davon zu überzeugen, dass sich das Aussehen der Nordpolkappe von Sichtbarkeitsperiode zu Sichtbarkeitsperiode verändert. Zuvor war in Stein gemeißelt gewesen, dass sie immer gleich aussieht. Ich habe hier und dort darüber geschrieben: Rund 150 wissenschaftliche Veröffentlichungen mit meinem Namen darauf in 15 oder 20 Wissenschaftsjournalen."

Große, weiße Wolken zogen über den Himmel, wie weidende Rinder. Während wir darauf warteten, dass Jupiter wieder sichtbar wurde, erzählte mir Don, wie er und andere Amateure aus Europa und Asien Berufsastronomen dabei halfen, dass das *Hubble*-Weltraumteleskop den Mars zur richtigen Zeit aufnahm, und wie sie einen schweren Staubsturm auf dem roten Planeten fotografierten, der von den meisten Berufsastronomen übersehen worden war. „Sie schickten mir eine wissenschaftliche Veröffentlichung, die auf Französisch war. Dort stand, dass sie das großartigste Bild des Mars aufgenommen hatten, das jemals von den besten Astronomen mit dem größten Teleskop gewonnen worden sei. Und dass Amateure dies nicht sehen könnten. Alles was ihre CCD-Bilder dann zeigten, waren einige kleine Wolken. Das heißt, sie hatten das ganze verdammte Ding verpasst." Er lachte. „Seither haben wir ihnen geholfen, ihre Daten zu überarbeiten."

Die vorbeiziehenden Wolken gaben Jupiter abwechselnd frei und verdeckten ihn wieder. „Ich fühle mich nicht so gut", sagte Don, der sich gerade von einer Erkältung erholte. „Ich werde wohl heute Nacht keine Bilder mehr machen." Dann rissen die Wolken wieder auf, und Jupiter erschien erneut. „Wahnsinn, das sieht nicht so schlecht aus", sagte er. „Vielleicht versuche ich noch ein paar mehr." Seine Finger flogen erneut über die Tastatur.

Jupiter – der König der Planeten

Herauf aus dem Dunkel
wo gierige Wolken, die Totengräber, in schwarzen Massen anschwellen,
in der Tiefe düster und schnell quer herüber und den Himmel herab,
mitten in dem kristallklaren Ätherband, noch unverletzt im Osten,
steigt herauf groß und erhaben der Herrscher-Stern Jupiter.

Walt Whitman

Unter unseres heiligen Herrschers Himmel
stellt sich alles auf den Frühling ein.

Su Tung-Po

Da ich an diesem warmen Frühlingsabend des Jahres 1993 nur einige Minuten Zeit zum Beobachten hatte, nahm ich ein transportables Fernrohr mit in den Garten und stellte Jupiter ein. Dick wie eine Hummel hing der Riesenplanet tief im Südosten, wo die Wärme der Berghänge die Luft in Unruhe versetzte. Bei niedriger Vergrößerung hoben sich die vier Galileischen Monde sofort deutlich ab: Kallisto, Ganymed und Io standen links, Europa rechts. Mit einer höheren Vergrößerung inspizierte ich Jupiters abgeplattete Scheibe. Zunächst waren nur wenige Strukturen sichtbar, aber als die Luft für ein paar Augenblicke zur Ruhe kam, sah ich sofort, dass etwas nicht stimmen konnte. Besser: Da war etwas Unerwartetes, nämlich ein dunkler Fleck, von dem eine gewundene Linie in Form eines Hakens ausging. Beide Strukturen grenzten an das südliche Äquatorband. Was konnte das sein? Mangels einer Kamera oder eines Zeichenbretts begnügte ich mich damit, mir die Strukturen so gut wie möglich einzuprägen.

Am nächsten Tag sah ich auf ein paar astronomischen Webseiten nach und bekam die Bestätigung, dass etwas passiert war: Ein Ausbruch in Jupiters undurchsichtiger Atmosphäre kündigte die „Wiederbelebung", den Helligkeitsanstieg des südlichen Äquatorbandes an. Der Ausbruch war von Amateuren in Spanien und in den USA entdeckt worden, später hatten ihn Berufsastronomen am Observatorium Pic du Midi in den französischen Pyrenäen fotografiert. Der Haken war eine Ausbeulung des ursprünglich ovalen Ausbruchs, die vom Wind des Strömungsgebietes herausgesaugt worden war, das an das Band angrenzte. Laut José Olivarez von der Jupiter-Sektion der Association of Lunar and Planetary Oberservers, „war der ursprüngliche Ausbruch sehr blau, und das blieb auch bei der schrägen Girlande so, die sich später entwickelte". Im Lauf der Zeit verloren die Strukturen dann ihre blaue Farbe. „Meiner Ansicht nach sind fast alle blauen Strukturen in Jupiters oberer Wolkendecke frisch von unten gekommen und wärmer als ihre Umgebung – zumindest am Anfang", theoretisierte Olivarez. „Als Beleg für diese Sichtweise führe ich an, dass die Temperaturen der Flecken am Fuß der blauen Girlanden, die am Südrand des nördlichen Äquatorbandes gefunden wurden, die wärmsten auf Jupiter gemessenen Temperaturen sind. Daher neige ich dazu zu glauben, dass der ursprüngliche Beginn der Wiederbelebung des südlichen Äquatorbandes, das ich beobachtet habe, durch von unten aufsteigendes Material ausgelöst wurde."[1]

Ich las die Nachricht mit jenem Gefühl des Entzückens, das mich ursprünglich zum Sterngucken gebracht hatte. Ist nicht gerade das Wunderbare an der Astronomie und der Wissenschaften im Allgemeinen, dass wir direkt von der Natur lernen können, ohne auf das Urteil von Priestern, Prinzen oder anderen Autoritäten jenseits unserer sorgfältigen und fundierten Beobachtung warten zu müssen? Jupiter ist nach dem obersten römischen Gott benannt, aber er spricht zu allen gleich. Seine Erscheinungen sind für alle erreichbar, die ein Fernrohr auf ihn richten. Nichts ist egalitärer als der Nachthimmel.

Jupiter patroulliert entlang der Grenze zwischen dem warmen, inneren Sonnensystem und den eisigen Bereichen jenseits davon. Es ist kalt da draußen: Jupiter ist fünfmal weiter von der Sonne entfernt als die Erde, und da das Sternlicht wie die Gravitationskraft mit dem Quadrat der Entfernung schwächer wird, erreichen jeden Quadratmeter auf Jupiter nur noch vier Prozent des Sonnenlichts, das die Erde trifft. Dies erklärt, warum die äußeren Planeten Gasriesen sind. Als das Sonnensystem entstand, hatte die Scheibe, aus der die Planeten kondensierten, die gleiche Mischung wie überall im Universum. Das heißt, sie bestand hauptsächlich aus Wasserstoff und Helium. Aber die leichten Gase konnten sich in der Nähe der Sonne nicht halten: Sonnenlicht und Sonnenwind trieben sie weg. Deshalb bildeten sich die inneren Planeten hauptsächlich aus den verbleibenden schwereren Elementen – aus Steinen und Silikaten. Im äußeren Sonnensystem war das Sonnenlicht dagegen zu schwach, um Wasserstoff und Helium wegzublasen. Die Planeten, die sich dort bildeten, enthalten also auch leichte Materialien. Diese Gruppe von Planeten hat einen steinigen Kern, der von großen, ausgedehnten Hüllen flüssigen Wasserstoffs und Heliums umgeben ist, an die sich ganz oben Gasatmosphären anschließen.

Daher sehen wir beim Blick auf Jupiter keine feste Oberfläche, sondern die oberen Schichten seiner hohen und komplexen Atmosphäre. Die Scheibe wird von mehreren parallel verlaufenden Bändern und Zonen überzogen, die von einer dunkleren Nord- und Südpolregion begrenzt werden. Komplexe Strukturen – Girlanden, Spaltungen, Kerben, Knoten und Flecken genannt – können zwischen und innerhalb der Bänder und Zonen gesehen werden. Nahaufnahmen von Raumsonden wie *Cassini* zeigen, dass die Bänder und sogar die Zonen voller Aktivität stecken. Es ist wie bei den meisten astronomischen Objekten: Je besser man sie sehen kann, desto schöner sehen sie aus.

Alle Planeten des Sonnensystems finden in Jupiter Platz und hätten noch genügend Raum, um darin herumzupurzeln. Weil er so groß ist, kann man ihn leicht beobachten, zumal er heller als jeder Stern am Himmel ist. Seine abgeplattete Scheibe hat einen Durchmesser von mehr als 40 Bogensekunden, Mars bringt es dagegen nur auf 18 Bogensekunden bei einer mittleren Opposition. Jupiters Masse ist mehr als doppelt so groß wie die von allen anderen Planeten zusammen und übt ein erdrückendes Gewicht auf den Kern des Riesenplaneten aus. Das erwärmt den Kern aus demselben Grund, aus dem ein Nagel beim Einschlagen heiß wird. Daher kommt der Großteil der Wärmeenergie des Planeten nicht von der Sonne, sondern aus seinem Innern. Wäre Jupiter 100-mal massereicher, wäre sein Kern heiß genug, um eine thermonukleare Kettenreaktion auszulösen. Die Sonne würde dann einem Doppelsternsystem angehören und Jupiter wäre der zweite Stern. So gehört der Planet jedoch zu einer Objektklasse, die etwas masseärmer ist als ein „Brauner Zwerg“, dessen Leuchten durch die Gravitation und nicht durch thermonukleare Reaktionen verursacht wird. „Jupiter ist eine kühle Sonne“, sagte der Astronom Eugene Antoniadi im Jahr 1926.[2]

Könnten wir einen Ballon durch Jupiters farbige Wolken den ganzen Weg hinein ins Zentrum des Planeten lenken, würden die Astronomen Folgendes erwarten (erforderlich wäre eine Kapsel, die einen Druck vom mehr als dem Zweieinhalbfachen unseres normalen Gewichts aushält):

Zuerst würden wir die riesigen, gelben, lachsfarbenen, purpurnen, braunen und grauen Wolkenbänke der oberen Atmosphäre passieren. Darunter läge ein blauer Himmel, der sich bis zu einem Tausende von Kilometern entfernten Horizont erstrecken würde. Das Umgebungslicht würde sich in ein eintöniges Rot verwandeln, während wir tiefer sinken: Erst begegneten wir Ammoniakeiswolken, dann einer Kombination aus Ammoniak und Hydrogensulfid, und schließlich Wassereis und Regen. Nach und nach würde sich die Temperatur der eines Frühlingstages auf der Erde annähern, während der Atmosphärendruck auf den Wert stiege, der in irdischen Ozeanen in einer Tiefe von 100 Metern auftritt. Es würde dunkel werden. Bei einer Tiefe von weniger als 1000 Kilometer – ein Bruchteil der 71 000 Kilometer langen Reise zum Zentrum – würde die Atmosphärendichte so weit ansteigen, dass Gas flüssig würde. Wenn unser Gefährt durch den resultierenden, 15 000 Kilometer tiefen Ozean absteigen könnte, sollten wir darunter einen zweiten Ozean finden. Er wird aus metallischem Wasserstoff und Helium gebildet, aus denen Jupiter im Innern zum größten Teil besteht. Schließlich kämen wir an einem steinigen Kern an, der ungefähr die Größe der Erde hat, aber zehnmal massereicher ist.

Die von *Galileo* im Dezember 1995 ausgesetzte Atmosphärensonde trat mit 171000 Stundenkilometer in Jupiters Atmosphäre ein. Sie wurde mit alarmierenden 230 g (also der 230fachen Erdbeschleunigung) abgebremst, sendete aber fast eine Stunde lang. Sie drang in dieser Zeit 600 Kilometer tief in die Atmosphäre ein, was mehr als der Hälfte der Strecke zu dem Niveau entspricht, bei der der Übergang zu flüssigem Wasserstoff erfolgt. Bevor die Sonde ausfiel, maß sie Temperaturen von mehr als 150 Grad und einen Atmosphärendruck vom 23fachen des irdischen auf Meereshöhe. Durch die Hilfe von Amateuren, die Jupiter von der Erde aus beobachteten, gelang es Wissenschaftlern, den Eintrittspunkt der Sonde zu bestimmen. Er lag in der Nähe eines Infrarot-Hot-Spots, einer trockenen jovianischen „Wüste", die womöglich nicht typisch für den Planeten insgesamt ist. Aber die Daten lieferten trotzdem wertvolle Informationen über den Planeten. Unter den Überraschungen waren schwächere Blitzschläge als erwartet, dafür stärkere Winde und unerwartete Spuren von Argon, Krypton und Xenon. Jupiter hat diese Edelgase nur in extremer Kälte aufsammeln können: bei Temperaturen, die niedriger sind als die auf Pluto und denen des entfernten Teils des Kuiper-Gürtels entsprechen. Entweder war der protosolare Nebel bei Jupiters Entstehung viel kälter als bislang angenommen, oder Jupiter war ursprünglich viel weiter von der Sonne entfernt als er heute ist. Seitdem wäre er dann langsam auf seine heutige Bahn gewandert, vielleicht, weil er an Drehmoment verloren hat, indem er Milliarden von Kuiper-Gürtel- und anderen Objekten hinaus ins All schleuderte.

Jupiter dreht sich rasch, ein Tag dauert am Äquator nur 9,8 Stunden. Visuelle Beobachter müssen daher schnell sein, wenn sie detaillierte Zeichnungen seiner Strukturen machen wollen. Sonst verschwinden die Strukturen am Rand, und neue tauchen auf der anderen Seite auf.[3] Man kann dieses Problem aber umgehen, indem man Streifenkarten erstellt, die die Zonen und Bänder entlang des ganzen Planetenumfangs darstellen. Die Erstellung einer vollständigen Karte erfordert dann mehrere Beobachtungsnächte. Steht Jupiter ideal am Himmel, so kann eine gesamte Umdrehung im Lauf einer terrestrischen Nacht verfolgt werden. Die schnelle Rotation und die Tatsache, dass Jupiter hauptsächlich aus Flüssigkeit und Gas besteht, hat ihn stark abgeplattet: Das Verhältnis zwischen polarem und äquatorialem Durchmesser ist 14 zu 15.

Wie Galilei im Jahr 1610 bei seinem ersten Blick durchs Fernrohr feststellte, ähnelt Jupiter einem Miniatursonnensystem. Die vier Galileischen Monde – Kallisto, Ganymed, Europa und Io – könnte man mit dem bloßen Auge sehen, wenn sie nicht von Jupiters hellem Licht überstrahlt werden würden.[4] Einige scharfsichtige Personen können wenigstens einen der Galileischen Satelliten mit dem bloßen Auge sehen, und alle vier lassen sich problemlos mit einem Fernglas beobachten. In mittelgroßen Teleskopen zeigen sie Scheibchen und in großen Fernrohren werden Spuren von Oberflächenstrukturen erkennbar. Dem Planetenwissenschaftler John B. Murray gelang es, mit dem 105-Zentimeter-Reflektor des Observatoriums Pic du Midi auf allen vier Monden Strukturen zu fotografieren. Allerdings bestätigte er, dass „die Schwierigkeit, solche Flecken auf diesen Satelliten zu beobachten, nicht überbetont werden kann".[5]

Jeder Galileische Mond ist eine eigenständige Welt mit ihrer eigenen Geschichte.

Kallisto hat die größte Entfernung zu Jupiter und die Größe des Planeten Merkur. Der Satellit ist geologisch tot. Wie Merkur ist er mit Kratern übersät, deren Existenz zeigt, dass es nur wenig geologische Aktivität auf Kallisto gab, seitdem das Bombardement im jungen Sonnensystem zu Ende gegangen ist. Der helle Krater Asgard, der Kopernikus auf dem Mond ähnelt, ist auffällig genug, um von der Erde aus unter günstigen Bedingungen wahrgenommen werden zu können.

Europa ist etwas kleiner als der Erdmond, hat aber nur zwei Drittel seiner Masse. Die Eisoberfläche des Satelliten ist nur von wenigen Kratern verunstaltet und zeigt keine Spuren ursprünglichen Materials, wie es auf der Oberfläche unseres Mondes dominiert. Das deutet darauf hin, dass die Oberfläche geologisch gesehen jung ist. Mehrere Theorien und Hinweise legen den Verdacht nahe, dass sich unter Europas Eispanzer ein Ozean aus flüssigem Wasser verbirgt. Aber was hält den Ozean vom Gefrieren ab? Vermutlich hat Europa einen geschmolzenen Kern, der von der Gezeitenwechselwirkung mit Jupiter und mit den benachbarten Satelliten ständig durchgeknetet wird und dadurch die ganze Zeit über warm gehalten wurde. In unterseeischen heißen Quellen auf der Erde fanden zahlreiche Lebensformen eine Nische zum Überleben, so dass sie inzwischen sogar als Entstehungsort des irdischen Lebens vorgeschlagen worden sind. Daher könnte es auch auf Europa einige maritime Lebensformen geben.

Io ist ein besonders drastisches Beispiel dafür, wie eine kleine Welt im Jupitersystem geologisch aktiv gehalten wird, indem ihr Kern von Gezeitenkräften durchgewalkt wird. Der innerste der Galileischen Monde hat eine größere Umlaufbahn als der Erdmond, aber Jupiters starkes Gravitationsfeld treibt ihn alle 1,8 Tage einmal um ihn herum. Dabei komprimieren Gezeitenkräfte Ios Kern, genauso wie ein starker Mann einen Gummiball zusammendrückt. Die Folge: Io ist der vulkanisch aktivste Körper des Sonnensystems, Dutzende aktiver Schlote ragen aus seiner dünnen, löchrigen Kruste heraus. Die sich langsam bewegenden Auswürfe der Vulkane platschen wieder auf die schwefelgelbe und granitgraue Io-Oberfläche zurück, während Ejekta, die schneller als die Fluchtgeschwindigkeit des Satelliten sind, einen auf Ios Bahn den Jupiter umkreisenden Plasmatorus auffüllen. Auf der Oberfläche treiben Granitschollen auf Seen aus geschmolzener Lava. „Das ist eine Welt, die Sciencefiction-Vorstellungen übertrifft", schrieb der Molekularbiologe und Amateur-Astronom John H. Rogers.[6]

Einblicke in Ios feurige Natur bot eine wissenschaftliche Veröffentlichung von drei Physikern: S. J. Peale von der University of California, Santa Barbara, sowie P. Cassen und R. T. Reynolds vom NASA-Ames Research Center. Mit einem perfekten Timing gelang es ihnen, dass der Artikel drei Tage vor der Ankunft von *Voyager 1* bei Jupiter erschien, der ersten Gelegenheit für einen intensiven Blick auf Io. Sie hatten berechnet, dass die durch die Gravitationswechselwirkung mit den anderen Jupiter-Satelliten verursachte Bahnexzentrizität „zu starken Gezeitenkräften durch Jupiter" führt. Und dass Io der „am stärksten geheizte erdähnliche Körper im Sonnensystem" sei, überzogen mit „weit verbreitetem und sich wiederholendem Oberflächenvulkanismus ..., der zu ausgedehnten Differenzierungen und Ausgasungen führt".[7]

James Secosky, ein High-School-Lehrer für Naturwissenschaften und Amateur-Astronom aus Bloomfield, New York, bekam in den frühen 90er-Jahren Beobachtungszeit am *Hubble*-Weltraumteleskop zugeteilt, um Io zu untersuchen. Secoskys Vorschlag lautete, den rauchenden Mond in den ersten 15 Minuten zu fotografieren, nachdem er aus dem Jupiterschatten aufgetaucht war. Seit den 60er-Jahren berichten Beobachter, dass Io in diesen Minuten 10 bis 15 Prozent heller werde. Möglicherweise gefriert das Schwefeldioxid, wenn Io in den Schatten gerät, und sublimiert, wenn es wieder ins Sonnenlicht gelangt. Am Vorabend seiner Beobachtungszeit verbrachte Secosky eine schlaflose Nacht in einem Hotelzimmer in Baltimore in der Nähe des Space Telescope Science Institute. „Ich bin etwas besorgt", sagte er einem Reporter damals. „Vielleicht hat jemand einen Fehler gemacht, vielleicht ich. Es bedarf nicht viel, um alles zu vermasseln ... Es ist wie in der Nacht, bevor ein Sportler an den Olympischen Spielen teilnimmt oder ein Pilot eine F-16 fliegt. Es ist der größte Tag deines Lebens. Für mich gibt es nichts Größeres als das. Ich setze ein 1,5 Milliarden Dollar teures Instrument ein. Das ist wirklich absolut jenseits meiner wildesten Vorstellungen."[8]

Am Institut konnte Secosky sein Beobachtungsprojekt auf den Computerbildschirmen angekündigt sehen, zusammen mit so bedeutenden Astronomen und Astrophysikern wie James Westphal vom Caltech, Reta Beebe von der New Mexico State University, Sandra Faber von der University of California und John Bahcall vom Institute for Advanced Study in Princeton. Als er dran war, gab es für Secosky nichts zu tun, denn das Weltraumteleskop arbeitet eigenständig, nachdem die Computerbefehle zuvor übermittelt worden sind. Er drehte Däumchen. Als dann das erste Io-Bild auftauchte, gab er seine quasi-professionelle Zurückhaltung auf und sagte „*Hello!*". Die Daten waren leider negativ, da keine signifikante Aufhellung aufgenommen wurde. Das legte wiederum den Schluss nahe, dass das Phänomen entweder eine Täuschung oder das Resultat von Vulkanausbrüchen war. Trotzdem half Secoskys Arbeit bei der Untersuchung von Ios Atmosphäre weiter. „Der Amateur-Astronom Jim Secosky machte Aufnahmen von Io im nahen Infrarot (7100 Ångström), die neue Beschränkungen für Ios Oberflächenzusammensetzung offenlegen", lautete die Ankündigung der NASA, und Secosky wurde Co-Autor einer wissenschaftlichen Veröffentlichung in „Icarus".[9]

„Es war wirklich eine großartige Erfahrung, dort zu sein und diese Daten ankommen zu sehen", sagte Secosky rückblickend. „Ich war sehr aufgeregt. Schließlich wusste ich etwas, das niemand anderer wusste, beziehungsweise sah etwas, das niemand anderer zuvor gesehen hatte – etwas, das das Wissen ein bisschen voranbringt."[10]

Riccardo Giacconi war Direktor des Space Telescope Science Institute und verantwortlich für das Amateur-Programm. Er stellte dazu Zeit aus seinem Budget zur Verfügung, das er in seiner Eigenschaft als Direktor willkürlich zugeteilt bekommen hatte. Giacconi gab zu, dass es „etwas Kritik wegen des Amateur-Programms gegeben hat. Schließlich kostete es zigtausend Dollar, das Teleskop hoch zu bringen. Wie konnte es da jemand wagen, es Amateuren zur Verfügung zu stellen. Aber Amateure sind genauso klug wie jeder andere, manchmal sogar klüger … . Das Gesicht dieses Burschen zu sehen, wie er hier im Büro einen halben Meter über dem Boden schwebte … Die Wissenschaft wäre furchtbar, wenn wir sie nicht mit anderen teilen könnten und sie Teil unserer Kultur werden würde. Astronomie sollte einen zum Staunen und Träumen bringen, sonst bestünde sie nur aus Zahlen."[11]

Neben den Galileischen Monden besitzt Jupiter weitere „Mondfamilien". Die innerste besteht aus vier kleinen Körpern – Metis, Adrastea, Amalthea und Thebe. Drei von ihnen wurden durch *Voyager* entdeckt, während der vierte zuerst von Edward Emerson Barnard im Jahr 1892 am 36-Zoll-Refraktor des Lick Observatory gesehen wurde: Amalthea, ein unregelmäßig geformter Körper mit fast 150 Kilometer Länge. Außerhalb der Bahnen der Galileischen Satelliten läuft eine weitere Mondfamilie um Jupiter mit den vier Hauptvertretern: Leda, Himalia, Lysithea und Elara – alle deutlich kleiner als 100 Kilometer. Die 14,8 Größenklassen helle Himalia entfernt sich am Himmel bis zu einem Grad von Jupiter. Dann kann sie von scharfsichtigen Sternguckern in leistungsfähigen Fernrohren gesehen werden. Schließlich gibt es eine weit draußen liegende Familie, deren hellste Vertreter Ananke, Carme, Pasiphae und Sinope sind. Diese winzigen Monde laufen auf retrograden Bahnen, das heißt, dass sie Jupiter umgekehrt zur normalen Richtung umrunden. Vermutlich handelt es sich um eingefangene Asteroiden oder Kometenbruchstücke.

Jupiter hat auch einen schwachen Ring. Er besteht aus Staubteilchen, die von den inneren Monden durch Mikrometeoriteneinschläge freigeschlagen wurden. Die Staubkörner sind so klein wie die Partikel im Rauch einer Zigarre. Der Ring hat drei Teile: einen inneren Halo, der sich bis zur Hälfte des Weges zu Jupiters Wolkenoberfläche erstreckt, einen Hauptring, der zwischen den Umlaufbahnen von Adrastea und Metis gefangen ist, und ein Paar extrem dünner äußerer Ringe, um die Amalthea beziehungsweise Thebe patrouillieren. Der Jupiterring wurde von *Voyag*er entdeckt und nach und nach auch von der Erde aus fotografiert, indem man große professionelle Teleskope an ihren Leistungsgrenzen betrieb. Aber soweit ich weiß, hat ihn bislang kein Amateur beobachtet – noch nicht.

Um ein Gespür für die Dimensionen des Jupitersystems zu bekommen, kann man die Erde in Gedanken mal an Jupiters Platz stellen. Unser Mond würde sich dann innerhalb der Io-Umlaufbahn bewegen, während die Entfernung zu Sinope einem Drittel der Strecke zum Mars entspräche. Jupiter hat eine Magnetosphäre. Sie ist der wespenförmige Bereich, in dem das Magnetfeld des Planeten über die geladenen Teilchen des Sonnenwindes dominiert. Sie reicht in Bewegungsrichtung mehr als elf Millionen Kilometer weit hinaus. Dort bildet sie eine Barriere gegen den Sonnenwind, die man Magnetopause nennt. Nach hinten dehnt sich die Magnetosphäre teilweise so weit aus, dass sie sich sogar gelegentlich auf Saturn auswirkt. Wäre die Magnetosphäre für unsere Augen sichtbar, hätte sie die vierfache Größe des Vollmondes am irdischen Himmel. An den Jupiterpolen, wo die Magnetfeldlinien zusammenlaufen, tanzen Polarlichter, die größer als die Erdoberfläche sind. Riesige Gewitter toben in den oberen Atmosphärenschichten. Meteore stürzen mit einer Häufigkeit in die Jupiteratmosphäre, die die täglichen 400 Tonnen auf der Erde armselig erscheinen lassen. Im Laufe seiner Existenz hat der Riesenplanet Millionen von Kometen verschlungen.

Tausende von Nahaufnahmen des Jupiter durch die *Voyager*- und *Galileo*-Missionen haben die Amateur-Astronomen womöglich entmutigt, den Riesenplaneten weiter zu untersuchen. Wie sollten sie mit solchen Ergebnissen konkurrieren können? Hinsichtlich der Beobachtung der Jupitersatelliten war diese Haltung bis zu einem gewissen Grad gerechtfertigt. Wagemutige Beobachter wie Edward Holden Anfang des 19. Jahrhunderts, Percy Molesworth in den 1920ern, Eugene Antoniadi in den 1930ern, Bernard Lyot in den 1950ern und Audouin Dollfus in den 1980ern hatten dies versucht. Doch mit den erstaunlich detaillierten Bildern, die von Raumsonden zur Erde gefunkt wurden, verblieben nur wenige Beweggründe für terrestrische Beobachter, die Oberflächen der Monde zu zeichnen. Immerhin haben einige der genannten Beobachter bemerkenswert gute Arbeit geleistet: Beispielsweise scheinen sie Anzeichen für vulkanische Aktivitäten auf Io gesichtet zu haben, und Lyots am Pic du Midi entstandene Ganymedkarte passt gut zu einigen Bereichen der viel detaillierteren *Voyager*-Karten dieser eisigen Welt. Auf lange Sicht spornten die Ergebnisse der Raumsonden die Amateure aber doch an, noch ausgedehntere und fundiertere Jupiterbeobachtungsprojekte anzugehen. Sogar wenn sich dort eine Sonde in der Umlaufbahn befindet, kann die Zusammenarbeit zwischen Berufsastronomen und Amateuren zu einem vollständigeren Bild von Jupiter führen, das sonst nicht erreichbar wäre.

Außerdem macht es viel Spaß, Jupiter anzuschauen. Auf dem Planeten wird das Wettergeschehen sichtbar – ähnlich wie bei Orkanen und Gewitterwolken auf der Erde beim Blick aus der Umlaufbahn, nur größer, länger andauernd und bunter. Die vorherrschende Farbe auf dem Riesenplaneten ist ein blasses Gelb. Beobachter sind sich über die Details uneins, aber in meinen Augen sind die Bänder braun mit einer Tendenz zum Roten und Lachsfarbenen, während die Zonen meistens blassgelb oder gebrochen weiß sind. Die Farbe der Atmosphäre geht zumindest in Teilen auf die Anwesenheit von Phosphorverbindungen in den Wolken zurück. Sie werden durch Strahlung oder Blitze erzeugt und von starken vertikalen Winden und anderen heftigen Mechanismen verteilt. Untersuchungen im Infraroten zeigen, dass die Farben der Wolken ihre Höhen verraten: Blaue Wolken liegen am tiefsten (und können daher nur gesehen werden, wenn der Himmel über ihnen klar ist), während braune Wolken die nächsthöheren sind; darüber liegen dann die weißen und ganz oben die roten. Da Jupiter nach innen wärmer wird, sind die höchsten Wolken auch die kältesten. Die Bänder sind beispielsweise niedriger und wärmer als die Zonen.

Welche Mechanismen die Zirkulation der Jupiteratmosphäre antreiben, ist nicht vollständig verstanden. Eine davon ist mit Sicherheit die durch die Rotation des Planeten verursachte Corioliskraft, durch die sich Zirkulationszellen mit Zyklonen und Antizyklonen ausbilden.[12] Der Erdäquator bewegt sich mit knapp 39 000 Stundenkilometer. Die durch diese Corioliskraft erzeugten Zirkulationszellen sind dicke Ovale, höher als breit, die wie Flugzeugfenster aussehen und deren Ende in den höheren Breiten nach Osten geneigt ist. Auf Jupiter rast der Äquator mit rund 88 000 Stundenkilometer dahin, wodurch die Corioliskraft stärker ist, und die Zellen in Längsrichtung verformt werden: dünne, abgeflachte Ovale, die einem zwischen zwei Fingern gedehnten Gummiband ähneln. Schnelle Winde in großer Höhe, so genannte Jetstreams, wehen an jedem Rand der Jupiterbänder und -zonen in die jeweils entgegengesetzte Richtung. Die im Fernrohr sichtbaren Flecken auf dem Riesenplaneten sind Wirbel, die wie Wasserstrudel an den Grenzen zwischen entgegengesetzten Winden entstehen. Da die Atmosphäre so gewaltig und träge ist, bleiben Wirbel und andere Wettermuster auf Jupiter viel länger erhalten als auf der Erde. Die Lebensdauer der großen terrestrischen Orkane wird in Tagen oder Wochen gemessen. Der größte und langlebigste Wirbel auf Jupiter, der Große Rote Fleck, wütet seit Jahrhunderten und ist größer als die Erde.

Der Große Rote Fleck bewegt sich entlang einer ausgefransten Linie, die das breite, dunkle südliche Äquatorband von der helleren südlichen tropischen Zone trennt. Thermische Messungen durch *Voyager* legen den Schluss nahe, dass der Große Rote Fleck nur 200 Kilometer in die Atmosphäre hineinreicht. Damit wäre er hundertmal breiter als hoch. (Irdische Orkane sind typischerweise zehn- bis zwanzigmal breiter als hoch.) Wie fast alle Flecken und Ovale auf Jupiter ist der Große Rote Fleck ein Antizyklon, also ein Sturm, der in einem Hochdruckgebiet liegt. Solche Antizyklone sitzen etwas über den sie umgebenden Wolken, wie ihre weiße oder rote Färbung zeigt.

Unter den ersten Beobachtern, die Flecken auf Jupiter erkennen konnten, waren Robert Hooke aus England im Jahr 1664, Giuseppe Campani aus Rom im Jahr 1665 und Jean-Dominique Cassini in Bologna und Paris. Aus ihren Zeichnungen und Beschreibungen kann nicht sicher abgeleitet werden, dass eines der Objekte, das sie sahen, tatsächlich der Große Rote Fleck war. Eine liebevolle Zeichnung von Donato Creti von ungefähr 1700 zeigt etwas, das anscheinend der Große Rote Fleck ist. In diesem Fall wäre der Sturm mindestens 300 Jahre alt. Die erste eindeutige wissenschaftliche Aufzeichnung stammt jedoch aus den 1830ern, 1879 wurde der Fleck schließlich als langlebige Struktur erkannt. Die historischen Beschreibungen zeigen, dass der Große Rote Fleck seine Helligkeit verändert: Manchmal ist er ziemlich rot, dann wieder sehr blass und in gewissen Phasen reicht es zu nicht viel mehr als einer farblosen Ausbuchtung, die sich in das südliche Äquatorband eingräbt. Diese Veränderungen sind offenbar mit dem Aussehen des südlichen Äquatorbandes gekoppelt: Es wird schwach, wenn der Fleck rot ist, und wieder kräftiger, wenn der Fleck blass wird. Die Ursachen sind kaum verstanden.

Der Große Rote Fleck ist am besten zu sehen, wenn er die Verbindungslinie zwischen den Jupiterpolen überquert, also nahe des Zentrums der Scheibe steht. Bei der Zeitbestimmung von diesen Durchgängen durch den Zentralmeridian haben Generationen von Amateur-Astronomen mitgewirkt und wertvolle Daten gesammelt, um den Verlauf des Jupiterwetters aufzuzeichnen. Die Beobachtungen belegen, dass die Wirbel teilweise unabhängig wie Lager auf einem Ölfilm durch die Atmosphäre treiben, und sich manchmal gegenseitig verschlucken. Diese Informationen halfen den Wissenschaftlern dabei, flüssigdynamische Modelle der Jupiteratmosphäre zu entwerfen. In ihnen kann man das Auftauchen und Überleben der Wirbel als Beispiele für das spontane Auftreten von Inseln der Ordnung in einem Ozean des Chaos verstehen. Langfristig wird die Beobachtung des Wetters auf Jupiter und den anderen Riesenplaneten dabei helfen, das Wetter auf der Erde zu modellieren und vorherzusagen.

Seit dem Beginn des CCD-Zeitalters können scharfe Aufnahmen von Jupiter gemacht werden, mit denen sich Veränderungen im Detail über längere Zeitspannen dokumentieren lassen. Raumsonden und Teleskope in der Umlaufbahn wie *Hubble* machen die schärfsten Bilder, aber Amateur- und Berufsastronomen ergänzen diese Schnappschüsse durch ihre kontinuierlichen Beobachtungsprojekte. Wie Don Parker mit seinem Fernrohr vor dem Schlafzimmer bewies, kann ein fähiger Amateur-Fotograf CCD-Bilder von Jupiter machen, die mit denen der Weitwinkel-Planetenkamera des *Hubble*-Teleskops hinsichtlich der im Bild steckenden Informationen konkurrieren kann. Und da *Hubble* viele andere Aufgaben erledigen muss, sind Amateure über die Jahre gesehen bei der Sammlung von Jupiterdaten überlegen. Im Dezember 2000 machten die Raumsonde *Cassini* und der portugiesische Amateur-Astronom António Cidadão Aufnahmen von Jupiter, die nur 30 Stunden auseinander lagen. Die Bilder von *Cassini* zeigten etwas mehr Details – wie man es erwartet, wenn eine Raumsonde zehnmal näher bei Jupiter steht als die Erde –, aber ansonsten sahen die beiden Aufnahmen fast identisch aus. „Berücksichtigt man, dass eines dieser Bilder mit einem serienmäßigen 10-Zoll-Schmidt-Cassegrain von einem Appartementbalkon in Portugal aus aufgenommen wurde und das andere von einer Milliarden Dollar teuren Raumsonde, erscheinen die Unterschiede fast trivial", bemerkte der kanadische Amateur-Astronom und Teleskopbauer Gary Seronik. „Jedes neue Bild bestätigt die Tatsache, dass Amateure wie niemals zuvor zu immer besserer Auflösung und immer schwächeren Strukturen vordringen."[13]

Die vier Galileischen Monde ziehen manchmal vor Jupiter vorbei. In kleinen Teleskopen sind sie nur schwierig vor dem Hintergrund der Jupiterscheibe zu sehen, vor allem, wenn sie vor einer hellen Zone und nicht vor einem dunklen Band vorbeiwandern. Ihre Schatten sind jedoch auffälliger.[14] Vor der Opposition gehen die Schatten den Satelliten voran, sie tauchen also vor der Jupiterscheibe auf, bevor der Vorübergang beginnt. Nach der Opposition folgen die Schatten erst nach den Monden. Der Schatten eines äußeren Satelliten kann auch auf einen inneren Mond fallen und ihn verfinstern. Und manchmal zieht ein Satellit direkt vor einem anderen vorbei, er bedeckt ihn also. Amateure können mit genauen Zeitmessungen dieser so genannten „gegenseitigen" Ereignisse zu einem genaueren Erfassen der Mondbahnen beitragen, die durch Gezeiteneffekte verkompliziert werden. Diese Informationen sind für die Festlegung der Bahnen von Raumsonden wichtig.

Auch Amateur-Radioastronomen beobachten Jupiter. Der Planet zeigt in mehreren Frequenzbändern Radioausbrüche. Von diesen erfassen Amateure meistens das kontinuierliche Rauschen bei Dezimeterwellen, das durch geladene Teilchen erzeugt wird, die in Jupiters Magnetfeld gefangen sind, sowie das periodische Dekameter-Rauschen, das durch die Wechselwirkung des Mondes Io mit seinem Torus entsteht. Millimeterwellen werden als Teil der thermischen Energie der Jupiteratmosphäre ausgestrahlt. Ein simpler Empfänger mit einer Antenne, die aus einem einfachen Draht besteht, der zwischen drei Polen gespannt ist, reicht aus, um Radiobeobachtungen von Jupiter zu machen. Es hat etwas Unheimliches, dem Radiorauschen Jupiters zu lauschen. „L-Ausbrüche", lang anhaltende Emissionen des Io-Torus, ähneln dem Geräusch einer riesigen, weit entfernten Metallplatte, die in der Luft hin und her gewedelt wird. Es hört sich an wie eine Mahler-Sinfonie hinter der Bühne. Die viel schnelleren „S-Ausbrüche" wecken dagegen Erinnerungen an Frachtzüge, die durch Verladebahnhöfe rattern. Verlangsamt man einen S-Ausbruch so stark, dass eine halbe Sekunde Daten eine Minute Abspielzeit erfordert, ist das Ergebnis eine Reihe von seltsamen, absteigenden Pfiffen, die wie der Ruf außerirdischer Vögel klingen.

Lässt man die Ästhetik beiseite, können solche Daten auch wissenschaftlich wertvoll sein. Als der zerbrochene Komet Shoemaker-Levy-9 auf Jupiter stürzte, nahmen Studenten des Tri-County Technical College in Pendleton, South Carolina, Radiosignale auf, die offensichtlich zumindest von zwei Einschlägen stammten. Sie schickten die Daten an Astronomen in Berkeley und der University of Florida und stellten sie auf Tagungen der Association of Lunar and Planetary Observers sowie der Society of Amateur Radio Astronomers vor. Ihre Antenne bestand aus einer 45 Zentimeter langen Schleife in einer drei Meter großen Parabolantenne. Der Entwurf stammte aus einem Zeitschriftenartikel. „Wir hatten ein RG-8-Kabel sehr hoher Qualität im Einsatz, bis mein Hund „Jupiter" das fünf Meter lange Kabel fraß, das aus dem Boden kam", berichtete der Projektleiter John D. Bernard. „Nachdem sie mit Lachen aufgehört hatten, ersetzten Mitarbeiter der Northland Cable Company aus Liberty das Kabel kostenlos durch Verbindungsstücke."

Die Amateure „sammelten auch einzigartige, unerklärliche Signale von der SL9-Jupiter-Kollision", berichtete Bernard: „Profi-Astronomen meinten, dass wir nachmittags etwas hören könnten, wenn in Jupiters Magnetosphäre die Kometenfragmente heftig einschlagen, vor allem bei höheren Frequenzen. Es geschah, während wir vor den Empfängern saßen, die auf feste Frequenzen eingestellt waren: Der Spektrumanalysator leuchtete auf wie ein Weihnachtsbaum und ein tiefes Grollen ertönte 40 Minuten lang aus den Empfängern. Es erschreckte uns so sehr, dass wir hinaus gingen und nach dem Düsenjäger über uns suchten ... Wir wollen nicht über den Ursprung dieses Signals spekulieren (das überlassen wir den Berufsastronomen), aber ... man kann die Frage stellen, ob in diesen Wellen seismische Informationen enthalten sind. Wir haben die Daten, werden aber die theoretische Erklärung den Profis überlassen ... Als Jäger haben wir einige interessante Daten heimgebracht; alles, was wir nun zu tun haben, ist für ihre Erklärung zu sorgen."[15]

So geht es den Amateuren oft. Wenn sie wertvolle Beobachtungen gemacht haben, sind sie auf professionelle Hilfe angewiesen, um die Daten zu interpretieren.

Die Beobachtung der heftigen und doch schönen Wettermuster auf Jupiter und der endlose Tanz seiner Satelliten sind Gründe genug, um ein Teleskop zu kaufen. Aber Jupiter ist nicht allein im Eispalast des äußeren Sonnensystems. Da draußen gibt es noch drei weitere Riesen.

Stürme auf Saturn: Ein Besuch bei Stuart Wilber

Stuart Wilber aus Las Cruces, New Mexico, ist ein sanfter Bursche, der sagt, was er fühlt. Als wir sein Fernrohr an einem warmen Abend des Jahres 1992 in seinen Garten hinausschleppten, spielte seine vier Jahre alte Tochter Rigel im Gras. Sie war nach dem hellsten Stern im Orion benannt. Stuart beobachtete sie und flüsterte: „Ist das Leben nicht etwas erstaunliches?"

Unser Ziel war Saturn. Den zehnzölligen F/7-Newton hatte Stuart selbst gebaut und den Spiegel eigenhändig geschliffen. Ein selbst geschriebenes Computerprogramm hatte ihm geholfen, die Form des Spiegels während des Schliffs zu kontrollieren. Der hoch glänzende weiße Tubus war auf einer vereinfachten Dobson-ähnlichen Box aus Padouk – einem feinen afrikanischen Hartholz – montiert. Die Enden waren aus schwarzem Walnussholz. „Lass uns von dieser Nacht alles in Erfahrung bringen, was wir können", sagte Stuart ruhig. „Es ist erstaunlich, was man von seinem Garten aus machen kann, wenn man eine kleine optische Hilfe hat. Ich liebe es einfach, den Himmel anzuschauen."

Auf Stuarts Aufforderung hin schaute ich durch das Okular und sah, wie Saturn schnell durch das Gesichtsfeld driftete. (Das für wenig Geld gebaute Teleskop hatte keine automatische Nachführung, um die Erdrotation auszugleichen.) Die Ringe waren messerscharf, und die Planetenkugel war überzogen mit sand-, pflaumen- und rostrotfarbenen Girlanden, die wie Frauenhaare im Wind wehten. In gewöhnlichen Fernrohren sehen Planeten wie Bilder aus. In einem überragenden Teleskop wie diesem wirken sie wie Welten.

Stuart war Mathematiklehrer auf Teilzeitbasis an einem örtlichen Gemeindecollege. Er durfte nicht Vollzeit unterrichten, weil er keinen akademischen Abschluss hatte. Aus finanziellen Gründen konnte er sich nicht mehr als zwei Fortbildungskurse pro Jahr leisten. „Ich befasse mich gerade mit Vektorgleichungen", sagte er mit dem Enthusiasmus eines hungrigen Mannes, der sich ein Steak bestellt. „Schon bald werde ich die Besselfunktionen in Angriff nehmen."

Am 24. September 1991 untersuchte Stuart Saturn bei 300facher Vergrößerung. Ungefähr gegen 20.30 Uhr bemerkte er „einen weißen, stecknadelkopfgroßen Fleck" in der Nähe der Mitte der Planetenscheibe. Er rief seine Frau in den Garten und fragte, ob sie etwas Ungewöhnliches auf dem Planeten erkennen könne. „Ich sehe einen weißen Fleck", sagte sie und bestätigte die Position. Stuart war erleichtert, dass er „nicht einfach Dinge sah", die es nicht gab, und rief seinen Nachbar Clyde Tombaugh an, den Entdecker von Pluto. Tombaugh schlug vor, dass Stuart die Astronomin Reta Beebe von der New Mexico State University anrufen solle, die auf Riesenplaneten spezialisiert war. Auf ihre Anregung hin schaute sich auch Scott Murrell, ein Beobachter der Universität am 24-Zoll-Teleskop am Toruga Mountain Observatory den Planeten an.

„Scott kam etwas zu spät", erzählte Stuart. „Der Fleck war bereits auf die erdabgewandte Seite gewandert." Ein Saturntag dauert 10,2 Stunden. Deshalb kehrt ein Fleck, der auf die Rückseite des Planeten rotiert ist, normalerweise nicht vor dem irdischen Sonnenaufgang am nächsten Morgen zurück. Und bis Sonnenuntergang am nächsten Abend ist er wieder auf die abgewandte Seite des Saturns gewandert. Die Folge davon ist, dass Saturnbeobachter Drei-Tages-Zyklen durchleben. „Drei Tage später rief mich Scott wieder an und sagte, dass mein Fleck wieder aufgetaucht sei", sagte Stuart. „Ich muss ihn ganz am Anfang seiner Entstehung gesichtet haben."

Saturn ist eine Kugel aus Gas und Flüssigkeit, so massereich wie 95 Erdkugeln, aber mit einer so geringen Dichte, dass er in Wasser schwimmen würde. Saturn ist nach Jupiter der zweitgrößte Planet im Sonnensystem mit einem Durchmesser von 120 000 Kilometern, was mehr als dem Neunfachen des Erddurchmessers entspricht. Gewaltige Turbulenzen treten in den Tiefen des Planeten auf, die von seinem kleinen Felsenkern bis zur Obergrenze der Atmosphäre hinaufreichen. Sehr selten bilden sich in der Tiefe auch riesige Blasen, die dort möglicherweise durch einen Anstieg der Opazität der Wolkendecke zurückgehalten werden, bis sie eines Tages wie Gewitterstürme hindurchbrechen. Sie sind mit weißem Eis aus Ammoniak und Wasser überzogen. Der erste dieser großen weißen Flecken wurde 1933 von Will Hay beobachtet, einem britischen Film-, Radio- und Bühnenkomödianten. Stuart Wilber hatte den dritten entdeckt.

Der Fleck hatte bei Stuarts Beobachtung weniger als 16 000 Kilometer Durchmesser. Als er auf die Höhenwinde in Saturns Atmosphäre traf, verwandelte er sich in ein lang gezogenes, auffälliges Oval. Astronomen in aller Welt richteten ihre Teleskope auf ihn. Reta Beebe sagte mir fast neun Jahre später: „Wir untersuchen nun, wie sich die Atmosphäre von dem Sturm erholt. Die Kombination aus Amateur- und *Hubble*-Beobachtungen lieferte uns beachtliche Daten. In der dokumentierten Geschichte der Saturnbeobachtung traten drei Stürme dieser Stärke auf. Anscheinend vergehen von der Entstehung des Sturms bis zur Regeneration der Atmosphäre rund 50 Jahre. Saturns Umlaufzeit beträgt 30 Jahre. Es könnte also sein, dass solche Stürme ungefähr alle zwei Saturnjahre auftreten ... Wir wissen es nicht genau. Schließlich beobachten wir den Planeten erst seit vier Saturnjahren."

Sie fügte hinzu, dass sie inzwischen ziemlich darauf angewiesen sei, dass Amateure die Riesenplaneten hinsichtlich des Auftretens solcher großen Stürme überwachten. „Diese Stürme sind ohne weiteres in kleinen Teleskopen zu sehen. Amateure besitzen meist Fernrohre mit sechs bis zwölf Zoll Öffnung, und sie haben gute Chancen den Planeten durch eine Turbulenzzelle in der Erdatmosphäre zu sehen. Zieht man das schnelle Reaktionsvermögen des menschlichen Auges in Betracht, ist es fast unschlagbar, was ein Amateur-Beobachter für einen Augenblick sehen kann. Und ein Augenblick genügt, damit ein Beobachter feststellen kann, dass gerade etwas Seltsames passiert."

Als Stuart den weißen Fleck entdeckte, stand Saturn nur 15 Grad über dem Westhorizont. „Das ist keine ideale Position. Berufsastronomen würden dann keine Beobachtungen durchführen, da sich zu viel Erdatmosphäre zwischen so niedrig stehenden Objekten und dem Beobachter befindet", sagte Beebe. „Aber es ist eine großartige Position für Amateure, die die Schönheit des Planeten genießen wollen, wenn er kurz nach Sonnenuntergang auftaucht. Ich halte ihre Beobachtungen für sehr wertvoll. Wenn ich an einem bestimmten Problem arbeite, gehe ich stillschweigend davon aus, dass Amateure da draußen sind und die anderen Planeten für mich beobachten."[1]

Die äußeren Riesenplaneten

Frühlingsnacht – eine Stunde ist kostbarer als tausend Goldstücke ...

Su Tung-Po

Die verborgene Harmonie ist edler als die offensichtliche.

Heraklit

An einem feuchten Dezemberabend des Jahres 1997 baute ich ein kleines Fernrohr auf der Veranda meines Hauses in San Francisco auf, um den Vorübergang des Mondes vor Saturn zu beobachten. Das ist ein alter Zeitvertreib für Sterngucker, der mindestens bis ins Jahr 650 v. Chr. zurückreicht, wovon eine Keilschrift babylonischer Astronomen berichtet.[1] Die Bedeckung in der kommenden Nacht war für 23.18 Uhr Ortszeit vorausberechnet. Es sah so aus, als ob Saturn bereits vorher hinter dem Haus verschwinden könnte, ich konnte aber die senkrechte Stahlleiter nicht mit dem Teleskop in der Hand hinauf steigen, und es war zu rutschig, als dass ich meine Frau oder meinen Sohn um Hilfe gebeten hätte. Also ließ ich das Fernrohr, wo es war, zeigte meinem Sohn Saturn im Teleskop und erklärte ihm die Bedeckung, die ich beobachten wollte, wenn er ins Bett gegangen war. Seine Reaktion war erfreulich undoktrinär: „Was würden wir denken, wenn Saturn vor dem Mond vorbeiziehen würde und nicht umgekehrt?“

Als die angekündigte Zeit näher rückte, waren Mond und Saturn tatsächlich hinter dem Haus verschwunden. Aber indem ich das Fernrohr in die nordöstlichste Ecke der Veranda stellte und die Stativbeine zu ihrer vollen Länge auszog, konnte ich zwischen dem Dach und den Ästen eines Baumes hindurchschauen. Weil eine nahe Straßenlampe blendete, presste ich das Auge dicht ans Okular, um möglichst viel Streulicht abzuhalten.

Da stand Saturn mit seinem unvergleichlichen Ring. Die feuchte Luft hatte seine Farbe in die einer alten Goldmünze verwandelt, die man durch braunes Flusswasser anschaut. Der majestätisch kaltweiße, fast volle Mond stand direkt neben ihm. Augenblicke später wurde das westliche Ende der Ringe von der totalen Schwärze der dunklen Seite des Mondes verschluckt. Bald knabberte der Mond auch am Planetenscheibchen selber wie an einem runden Keks – und dann war die Saturnscheibe weg. Als auch das letzte Stückchen Ring verschwunden war, gab es nichts mehr außer dem Mond zu sehen. Ich schaute auf die Uhr: Es war exakt zum richtigen Zeitpunkt geschehen. Wie hätte uns

Johannes Kepler doch um die modernen astronomischen Berechnungen beneidet.

Während ich diese Zeilen an einem kühlen Novemberabend des Jahres 2000 niederschreibe, stehen die Riesen am Himmel. Draußen vor dem Fenster kann ich den gleichmäßig bronzefarbenen Saturn zusammen mit Jupiter sehen, der mit nur 20 Minuten Zeitabstand im Osten hochsteigt. (Eine so nahe Konjunktion der beiden größten Planeten des Sonnensystems ereignet sich nur ungefähr einmal in 20 Jahren. Ich war an der High School, als ich zum ersten Mal eine sah, mit 37 Jahren erlebte ich die zweite, inzwischen bin ich emeritierter Professor mit Frau und Sohn. Wenn ich lange genug lebe, um eine weitere Konjunktion zu sehen, gehe ich auf die 80 zu.) Uranus und Neptun nähern sich im Westen gerade ihrem Untergang. Ihre langsam gehenden Uhrwerke erinnern mich daran, dass Uranus als Gott des Himmels auch Vater der Zeit war.

Saturn benötigt fast 30 Jahre, um einmal die Sonne zu umkreisen, Uranus 84 und Neptun 165 Jahre.[2] Diese Dinger sind schon wirklich weit weg, wenn wir unseren kleinen Kompass des menschlichen Lebens als Maßstab nehmen, der in den immer weitläufiger werdenden Rahmen aus Zeit und Raum eingebettet ist.

Der Anblick von Saturn in einem Teleskop hat mehr Menschen in Sterngucker verwandelt als irgendetwas anderes. Zumindest ist dies mein Eindruck, nachdem ich viele Amateur- und Berufsastronomen im Lauf der Jahre gefragte habe, was ihr Interesse am Nachthimmel weckte. Die Reaktionen beim ersten Blick auf die Saturnringe reichen von „Oh, mein Gott!“ über „Erstaunlich!“ bis zu „Ist das echt?“ Einige sagen, Saturn sei zu schön, um wahr zu sein – was immer das heißen mag.

Wie Jupiter ist Saturn ein gasförmiger Planet, aber etwas kleiner – seine Masse beträgt nur ein Drittel der Jupitermasse – und er ist nur halb so dicht. Daher führt seine Rotationsgeschwindigkeit, obwohl sie mit der von Jupiter vergleichbar ist, zu einer noch stärkeren Abplattung. Daraus folgt auch, dass Saturn in seinem Innern weniger metallischen und mehr molekularen Wasserstoff als Jupiter hat. Wie Jupiter erzeugt Saturn intern mehr Wärme, als er von der Sonne empfängt. Da er aber weniger massereich und fast doppelt so weit von der Sonne entfernt ist, herrschen auf dem Planeten geringere Temperaturen.

Im Fernrohr zeigt Saturn wie Jupiter Bänder, Zonen und Antizyklone, die Strukturen sind aber zarter. Sie versinken unter kälteren hohen Atmosphärenschichten, wo gefrorene Ammoniakkristalle in der Hauptwolkenschicht unseren Blick auf die darunter liegenden Wolken verschleiern. Saturns größere Entfernung verschlechtert ebenfalls den Anblick. Wären da nicht die Ringe, wäre Saturn einfach eine kleinere, schwächere und zartere Ausgabe des Jupiter – ein Objekt für Kenner, das hauptsächlich Berufsastronomen und fortgeschrittenen Amateuren vorbehalten bliebe.

Aber Saturn hat Ringe: eine spektakuläre, goldene Reihe von Ringen, deren Ausdehnung von Kante zu Kante so groß ist wie zwei Drittel der Entfernung zwischen Erde und Mond. Dabei sind sie nicht dicker als ein Kilometer.[3] Erdgebundene Beobachter sehen drei Hauptringe, die von außen nach innen mit A, B und C bezeichnet werden. Die hellen A- und B-Ringe werden durch eine scharfe, schwarze Linie getrennt, die Cassini-Teilung heißt. Diese Strukturen sind bereits in einem kleinen Fernrohr zu sehen, der C-Ring ist dagegen schwer zu erfassen. William Lassell taufte ihn „Krepp", als er ihn am 3. Dezember 1850 in England mit William Dawes' Refraktor beobachtete. Um den Krepp-Ring zu sehen, sind ruhige Luft, ein geübtes Auge und mindestens sechs Zoll Öffnung erforderlich.[4] Zusätzlich zur Cassini-Teilung berichteten Beobachter im Lauf der Jahrhunderte von mehreren weiteren Lücken im Ringsystem. Das Blinken der Sterne, die von den Saturnringen bedeckt wurden, zeigte ebenfalls, dass die Ringstruktur kompliziert war. Als sich in den späten 1980er-Jahren des letzten Jahrhunderts die Raumsonde *Voyager 1* dem Planeten Saturn näherte, dachten einige, dass es einige Dutzend unentdeckte Ringe und Teilungen gäbe. Tatsächlich fand *Voyager 1* Tausende von ihnen. Es gibt Ringe außerhalb des A-Rings, Hunderte von Ringen und Lücken innerhalb der Hauptringe, exzentrische Ringe und sogar einen „geflochtenen" Ring, der um sich selbst gedreht ist.

Ein Vielzahl von Untersuchungen – von Aufnahmen der Raumsonden bis zu Radarstrahlen, die an den Ringen reflektiert werden – zeigen, dass die Ringe aus Eis, Fels und Dreck bestehen. Sie enthalten „schmutzige Schneebälle" mit Durchmessern von typischerweise zehn Zentimeter und sind im Allgemeinen nicht größer als fünf bis zehn Meter. In der Vergangenheit hatten Beobachter vermutet, dass die Ringe gasförmig oder flüssig seien. Die Vorstellung von vielen kleinen Körpern auf eigenen Umlaufbahnen wurde erstmals von dem französischen Dichter Jean Chapelain im Jahr 1660 geäußert. Cassinis Entdeckung der Lücke im Ring, die nun seinen Namen trägt, gab Chapelains Hypothese weiteres Gewicht, so dass der Architekt Christopher Wren schließlich seine eigene Koronatheorie dafür aufgab: „Den Ring des Saturns bilden zahlreiche kleine Monde, die wie ein Bienenschwarm umherfliegen."[5] Der schottische Physiker James Clerk Maxwell beerdigte 1857 alle alternativen Theorien, indem er bewies, dass die Ringe instabil wären, wenn sie aus etwas anderem als aus kleinen Körpern bestehen würden. James Keelers Beobachtungen am Allegheny Observatory in Pittsburgh bestätigten 1895 Maxwells Berechnungen: Er nahm Spektren auf und zeigte daran, dass die Ringe differenziell rotieren, außen also langsamer als innen, wie man es von einer Million Minimonde erwarten würde.

Die komplexe Struktur des Ringsystems versucht man mit gravitativ bedingten Resonanzen zwischen den Ringpartikeln, nahen Monden und Saturns Äquatorwulst zu erklären. Resonanzen treten auf, wenn die Umlaufzeiten zweier Körper in einem ganzzahligen Verhältnis zueinander stehen, also beispielsweise 2 : 1 oder 5 : 2. In solchen Fällen wirken wiederholt nahe Begegnungen zwischen umlaufenden Körpern genauso wie das Schwunggeben bei einem schaukelnden Kind, nur dass im ersten Fall Lücken in Saturns Ringsystem auftreten. Die Cassini-Teilung ist eine solche Lücke. Sie wurde durch eine 1 : 2-Resonanz mit dem Mond Mimas verursacht. Andere Lücken entstehen durch Resonanzen mit den kleinen Monden Janus, Epimetheus, Pandora und Prometheus.

Die Ringe liegen innerhalb der Roche-Grenze. Dies ist die Entfernung von einem Planeten, innerhalb der seine Gezeitenkräfte der internen Bindungsenergie eines Mondes überlegen sind und diesen daher auseinander reißen.[6] Diese Tatsache führt zu zwei prinzipiellen Theorien über die Entstehung der Saturnringe. In der einen bildeten sich die Ringe, als Saturn selbst entstand. Ihre Masse entspricht der Masse eines kleinen Mondes. Da aber die Materie innerhalb der Roche-Grenze lag, konnte sich daraus kein stabiler Satellit bilden. Falls dies zuträfe, wären die Ringe sehr alt. Im anderen Szenario entstanden die Ringe später, als ein Mond Saturn zu nahe kam und von ihm zerrissen wurde. In diesem Fall könnten die Ringe viel jünger als Saturn selbst sein. Wir wissen noch nicht, ob überhaupt eine dieser Theorien richtig ist und wenn ja, welche.

Saturns Polachse und seine Ringebene sind um 26,7 Grad gegen die Umlaufbahn geneigt. In Verbindung mit der Tatsache, dass Saturns Umlaufbahn selbst 2,5 Grad gegen die der Erde geneigt ist, bedeutet das, dass wir die Ringe im Lauf eines langen Saturnjahres unter verschiedenen Blickwinkeln sehen: von einem gekippten Anblick mit mehr als 26 Grad Neigung bis zu einem Blick direkt auf die Ringkante. Im letzteren Fall verschwinden die Ringe in den meisten Teleskopen vollständig. Der jüngste dieser Durchgänge durch die Ringebene fand 1995 statt, der nächste gut beobachtbare ist im Jahr 2039 fällig. Galilei hatte 1610 Pech und beobachtete Saturn mit dem Fernrohr, als dieser nahe einem Durchgang durch die Ringebene war. Daher sah er etwas, das wie ein Paar Henkel aussah. Zwischenzeitlich richtete er seine Aufmerksamkeit auf die Jupitermonde und erschrak bei seiner Rückkehr zu Saturn im Juli 1612 darüber, dass die Henkel verschwunden waren. Durchgänge durch die Ringebene boten eine ausgezeichnete Gelegenheit, um bislang unbekannte, schwache Saturnsatelliten zu finden, die vorher vom reflektierten Sonnenlicht überstrahlt wurden. So entdeckte Cassini vier Monde und William Herschel zwei weitere. Insgesamt wurden 13 Saturnmonde erstmalig während eines Durchgangs durch die Ringebene gesichtet.[7]

Die Entdeckung der staubhaltigen, sanduhrförmigen „Speichen", die gelegentlich auf den Saturnringen zu sehen sind, wird häufig *Voyager* zugeschrieben. Aber wie bereits in diesem Buch zu erfahren war, wurden sie schon lange zuvor von Stephen James O'Meara entdeckt. Seiner Entdeckung der „Speichen" Mitte des 20. Jahrhunderts gingen die Beobachtungen von Eugene Antoniadi und E. L. Trouvelot im 19. Jahrhundert voraus. Die „Speichen" bestehen möglicherweise aus Meteorstaub, der im Magnetfeld des Planeten angehoben wird, und sie haben entsprechend saturnähnliche Dimensionen: Die großen sind so breit wie Brasilien und halb so lang wie der Erdäquator. Saturn zeigt alle 10,66 Stunden Radioausbrüche bei Wellenlängen im Kilometerbereich, bei denen die „Speichen" auftauchen.

Saturns acht „klassische" Satelliten, die vor dem Raumfahrtzeitalter entdeckt worden sind, laufen in der Ringebene um den Planeten. Ihre Bahnradien sind bis zu fünfmal größer als der Ringdurchmesser, weshalb die äußeren Satelliten am Himmel häufig so weit weg von Saturn stehen, dass sie unerfahrene Beobachter mit Hintergrundsternen verwechseln.[8] Die äußersten drei – Japetus, Hyperion und Titan – haben Umlaufbahnen mit Radien, die mehr als doppelt so groß sind wie der ihres Schwestermondes Rhea. Innerhalb der Rhea-Bahn kreisen noch Dione, Tethys, Enceladus und Mimas.[9]

Titan ist der einzige Mond des Sonnensystems, der eine nennenswerte Atmosphäre besitzt. Er ist fast so groß wie der Jupitersatellit Ganymed und hat nahezu die doppelte Masse des Erdmondes. Titan wurde 1655 von dem 26-jährigen Astronomen und Mathematiker Christiaan Huygens entdeckt. Huygens war ein begnadeter Erfinder. Zusammen mit seinem Bruder Constantyn baute er einen 3,6 Meter langen Refraktor, mit dem man bis zu 50fach vergrößern konnte. (Damals hatten die Teleskope ziemlich kleine Objektive und wurden eher durch ihre Länge als durch ihren Durchmesser charakterisiert.) Mit seinem Fernrohr beobachtete Huygens am 25. März zwei „Sterne" nahe bei Saturn. „Die größte Abweichung [d. h. Entfernung von Saturn] war etwas geringer als drei Minuten", notierte Huygens in seinem Beobachtungsbuch. Später bestimmte er die Distanz erneut zu drei Bogenminuten und 16 Bogensekunden.[10] Ich überprüfte Huygens Beobachtung mit Hilfe eines Computerprogramms: Die Positionen von Titan und dem Hintergrundstern (SAO 99279) waren erstaunlich genau.

Obwohl Titan im Teleskop winzig erscheint, konnten gute Beobachter, lange bevor sie durch die *Voyager*-Missionen bestätigt wurden, Anzeichen für eine Atmosphäre erkennen. Der britische Amateur-Astronom Arthur Stanley Williams, der viele wertvolle Saturnbeobachtungen beisteuerte, inspizierte Titan am 12. April 1892 mit einem 6,5-Zoll-Reflektor. Das war während einer der rund vier Jahre andauernden Phasen, in denen Saturns Orientierung es zulässt, dass sich die Monde gegen die Scheibe deutlich abheben. Williams berichtete, dass Titan „in der Mitte am dunkelsten war und zum Rand hin etwas schwächer wurde". Dort habe der Mond „nebulös ausgesehen, nicht scharf und klar umrissen".[11] 16 Jahre später im Jahr 1908 berichtete auch der spanische Astronom José Comas Solà von einer Randverdunkelung auf Titan. Er vermutete, dass eine Atmosphäre die Ursache sei. Diese Hinweise wurden 1944 bestätigt, als Gerard Kuiper Spektren von Titan aufnahm und darin Methangas entdeckte. Im November 1980 machte *Voyager 1* eine Nahaufnahme von Titan und stellte fest, dass die rotorangefarbene Atmosphäre so undurchsichtig ist, dass die Oberfläche nur selten, wenn überhaupt jemals sichtbar wird.[12] Die Wissenschaftler fanden die Frage nach der Titan-Atmosphäre so interessant, dass sie die Raumsonde aus der Ekliptik heraus lenkten, um über Titan zu fliegen. Dafür opferten sie die Möglichkeit eines Weiterflugs der Sonde zu den äußeren Riesen Uranus und Neptun.

Titan ist an der Oberfläche minus 180 Grad kalt, ähnelt aber ansonsten der jungen Erde. Daher ist dieser Mond für Wissenschaftler von besonderem Interesse, die den Ursprung des Lebens erforschen. Als das Leben auf der Erde begann, war sie kein gemütlicher Ferienort. Hätte es damals Menschen gegeben, hätten sie eine lebensfeindliche, giftige Atmosphäre aus Wasserstoff, Ammoniak und Methan vorgefunden – alles Gase, die übrigens auch auf Titan vorkommen. Christopher Wills und Jeffrey Bada beschreiben einen hypothetischen Besuch auf der jungen Erde in ihrem Buch „The Spark of Life":

Man muss einen Raumanzug tragen, da es keinen Sauerstoff in der Atmosphäre gibt. Und der Anzug muss mit Teflon beschichtet sein, da scheußliche Gase in der dicken Luft, wie Hydrogensulfid und die Dämpfe von Schwefel- und Salzsäure, einen schnell töten würden. Sie fräßen sich einfach durch jeglichen Schutzanzug, der aus gewöhnlichen Materialien hergestellt wurde. Kann man die Umgebung sehen? Nicht sehr gut, da die Atmosphäre so viel Smog enthält, dass wenig oder gar kein Licht bis zur Oberfläche durchdringt – nicht einmal mittags. Aber grelle Blitze erlauben einen kurzen Blick auf die direkte Umgebung, und man kann womöglich das roten Leuchten eines nahen aktiven Vulkans sehen.[13]

Was man über die Wurstherstellung sagt, trifft auch auf die Entstehung des Lebens zu: Es dürfte verlockender sein, über das Ergebnis nachzudenken, als über den Prozess, der dazu führte.

Der einzige andere Saturnmond, über den vor der Ankunft der *Voyager*-Sonden etwas bekannt war, war Japetus. Bereits sein Entdecker Cassini bemerkte, dass der Satellit die ungewöhnliche Eigenschaft hat, auf der Westseite des Saturns heller zu sein als auf der Ostseite. „Er wird bei seinem größten westlichen Abstand sichtbar und bei seinem größten östlichen Abstand unsichtbar", schrieb Cassini 1672.[14] Heutzutage wissen wir dank der Aufnahmen der Raumsonden, dass Japetus 718 Kilometer Durchmesser hat und gebunden rotiert: Er kehrt Saturn immer die gleiche Seite zu, so wie es auch unser Mond bei der Erde macht. Japetus ist auf einer Halbkugel mit Material bedeckt, das so schwarz wie Ruß ist. Diese Zweiteilung der Oberfläche verursacht den Helligkeitsunterschied, den Cassini beobachtet hatte. Der „Ruß" liegt bezogen auf Japetus' Umlauf um Saturn vorne und könnte Staub sein, der von Meteoren aus den Oberflächen von Phoebe oder einem anderen kleinen, äußeren Saturnsatelliten herausgeschlagen worden ist. Der Rest von Japetus reflektiert das Licht kräftig, was den Astronomen David Morrison und seine Kollegen zu dem Schluss brachte, dass „das Zebra sich als weißes Tier mit dunklen Streifen zeigt, und nicht umgekehrt."[15] Japetus ist sechsmal schwächer, wenn er östlich von Saturn steht. Dieses Phänomen ist in Amateur-Teleskopen einfach zu verfolgen, wenn man darauf achtet. Rhea ist fast wie ein Zwilling zu Japetus, denn auch sie hat eine leichte Asymmetrie in ihrer Oberflächenhelligkeit, ähnlich ist es bei Dione.

Die innersten der hellen Satelliten, Mimas und Enceladus, sind klein (394 beziehungsweise 502 Kilometer Durchmesser) und dicht beisammen (ihre Umlaufbahnen haben nur einen Abstand von 52 000 Kilometer zueinander), ansonsten sind sie aber erstaunlich verschieden. Enceladus hat eine komplexe Oberfläche, die teils mit Kratern übersät, teils mit von Rillen durchzogenen Ebenen versehen ist. Insgesamt lassen sich fünf geologisch verschiedene Bereiche unterscheiden. Trotzdem reflektiert Enceladus gleichmäßig Licht mit seiner Oberfläche, was den Schluss nahe legt, dass der gesamte Satellit mit einer dünnen Eisschicht überzogen sein könnte. Das Eis lässt ihn wie eine Murmel glänzen. Saturns dünner E-Ring im äußersten Ringsystem befindet sich in Enceladus' Nähe und zeigt ein Helligkeitsmaximum in der Nähe des Mondes. Möglicherweise hat das Ereignis, das Enceladus „polierte", auch Eiskristalle in den benachbarten Weltraum verstreut und so den E-Ring erzeugt.

Dagegen wird Mimas von einem jung aussehenden Einschlagskrater mit 125 Kilometer Durchmesser geschmückt. In Anbetracht dessen, dass Mimas weniger als 400 Kilometer im Durchmesser misst, wirkt der Krater von den Proportionen her wie eine Pupille in einem menschlichen Augapfel. Der Einschlag dürfte so stark gewesen sein, dass der kleine Mond fast zerborsten wäre. Falls die Ringe aus Satelliten bestehen, die nach ihrer Entstehung wieder zerstört wurden, ist Mimas ein Beispiel für einen, der knapp überlebt hat.

Für die Chaosforschung ist Saturns Mond Hyperion von Interesse. Dieser kartoffelförmige Minimond ist 410 Kilometer lang und rund 240 Kilometer breit. Er beschreibt eine exzentrische Bahn zwischen Titan und Japetus. Möglicherweise handelt es sich bei ihm um das Bruchstück eines größeren, zerstörten Satelliten: Er taumelt ziemlich und seine Rotationszeit und -achse ändern sich alle paar Bahnumläufe, die jeweils 21 Tage dauern. Diese Veränderungen könnten durch einen Zusammenstoß in Gang gesetzt und später durch Wechselwirkungen mit Titan weiter angetrieben worden sein. Sie sind von Natur aus nicht vorhersagbar: Eine Prognose für die Tageslänge auf Hyperion oder welcher Stern dort als nächstes den Himmelsnordpol markieren wird, ist so schwierig, wie das Verhalten eines Orkans auf der Erde im Voraus zu beschreiben.

Jenseits von Saturns Eispalast mit seinen Monden und Ringen liegen die noch kälteren Tiefen, in denen Uranus, Neptun und Pluto um die Sonne kreisen.

Uranus ist hell genug, um mit dem bloßen Auge gesehen werden zu können – wenn auch nur noch gerade so. Trotzdem sind anscheinend vor der Erfindung des Fernrohrs keinem Beobachter die regelmäßigen Wanderungen des Uranus zwischen den Sternen aufgefallen. Dann entdeckte ihn William Herschel in der klaren Nacht des 13. März 1781. Er durchsuchte den Himmel mit einem selbst gebauten 6-Zoll-Teleskop hinter seinem Haus in Bath. Obwohl Herschel kein Planetenjäger war, erkannte er, dass der beobachtete Durchmesser des Objekts anders als bei einem Stern mit steigender Vergrößerung wuchs.[16] Er notierte in seinem Tagebuch, dass „in dem Quartil nahe Zeta im Stier das niedrigere der beiden Objekte ein merkwürdiges ist, entweder ein nebulöser Stern oder vielleicht ein Komet".[17] Als er vier Nächte später das Objekt wieder aufsuchte, hatte es sich tatsächlich weiter bewegt, wie man es von einem Kometen erwarten würde. Aber es zeigte keinen Schweif und bewegte sich sehr langsam. Der Kometenjäger Charles Messier war daher überrascht, dass Herschel überhaupt bemerkt hatte, dass das Objekt seine Position veränderte. Der königliche Astronom Nevil Maskelyne beobachtete das Objekt drei Wochen später und hielt es für möglich, dass es ein Planet war. Es sei „sehr verschieden von jedem Kometen" gewesen. Johann Bode überprüfte die Aufzeichnungen historischer Beobachtungen und stellte fest, dass Uranus bereits zuvor von John Flamsteed, Johann T. Mayer, James Bradley und anderen gesehen worden war. Aber alle hatten ihn für einen Stern gehalten. Bode erklärte Uranus zu einem „bislang unbekannten, planetenähnlichen Objekt, das sich jenseits der Umlaufbahn des Saturns bewegt".[18] Als Folge dieser Entdeckung, die als eine der wichtigsten Entdeckungen eines Amateurs in der Astronomiegeschichte gilt, begann Herschel bald eine Laufbahn als Berufsastronom.

Neptun ist ein naher Verwandter des Uranus, er ist aber nochmals um die Hälfte weiter von uns entfernt und dadurch am Himmel schwächer und kleiner. Er wurde ein halbes Jahrhundert später auf eine modernere Art entdeckt: Man schloss auf sein Vorhandensein aus den gravitativen Störungen, die er auf Uranus ausübte.[19] Die spannende Geschichte seiner Entdeckung verbindet brillante Fähigkeiten mit unglaublich zäher Hartnäckigkeit, die gelegentlich in der gleichen Person auftreten.

Die zentrale Figur der Geschichte ist John Couch Adams. Als er noch Student an der Universität Cambridge war, gelang ihm die Berechnung der Position, bei der man den hypothetischen achten Planeten der Sonne finden können sollte. Seine Existenz war von mehreren Forschern vorgeschlagen worden, um die beobachteten Merkwürdigkeiten in der Umlaufbahn des Uranus zu erklären. Adams gelang es, die meisten Berechnungen 1843 in seinem Abschlusssemester zu machen. 1845 trat er an den königlichen Astronomen George Airy heran, um diesem die Vorhersagen für die Position des theoretischen „Trans-Uranus" zu zeigen. Adams ging davon aus, dass die englischen Beobachter mit diesen Informationen nach dem neuen Planeten suchen würden, aber Airy war eigenwillig und zwanghaft systematisch. (Airy verlangte von den Beobachtern, dass sie auch in bewölkten und sogar in verregneten Nächten wach bleiben mussten. Dann ging er von Kuppel zu Kuppel und rief: „Sind Sie da?" Und der britische Astronom Patrick Moore bekräftigte „die Geschichte, dass Airy einen Tag in den Kellern von Greenwich damit zubrachte, leere Kisten mit der Aufschrift ‚leer' zu versehen".)[20] Als Adams zum ersten Mal auftauchte, war Airy nicht in der Stadt. Beim zweiten Mal war Airy weg, um irgendwelche Besorgungen zu machen. Adams hinterließ eine Karte und kehrte am gleichen Nachmittag zurück, nur um gesagt zu bekommen, dass Airy zu Abend aß und dabei niemals gestört werden durfte. Adams hinterließ einen Brief, den Airy beantwortete: Er stellte ein Verfahren in Adams Berechnungen infrage und bezweifelte, dass sie den Weg zu einem achten Planeten wiesen.

Inzwischen führte Urbain-Jean-Joseph Leverrier vergleichbare Berechnungen in Frankreich durch. Er war ein brillanter, aber jähzorniger Chemiker, der Astronom geworden war. (1854 wurde Leverrier Direktor der Pariser Sternwarte, aber bald darauf wegen seiner Reizbarkeit wieder entlassen. Moore merkt an, dass ein Zeitgenosse über ihn sagte, „dass Leverrier zwar nicht der abscheulichste Mann in Frankreich war, aber mit Sicherheit der am meisten verabscheute".)[21] Leverrier veröffentlichte seine Berechnungen, die den angeblichen Planeten fast an die gleiche Stelle des Himmels setzten, die sich aus Adams Berechnungen ergeben hatte. Adams kam inzwischen bei Airy nicht voran. Ohne dass er Adams darüber informierte, organisierte Airy aber eine Suche nach dem Planeten in dem Bereich des Himmels, den Adams und Leverrier benannt hatten. Unglücklicherweise wies er die Aufgabe James Challis zu, einem Arbeitstier, der systematisch schwache Sterne bei hohen Vergrößerungen kartierte. „Ich komme sehr langsam voran", berichtete Challis düster, aber exakt über sein Schneckentempo.[22]

Am 31. August 1846 veröffentlichte Leverrier einen Hinweis, nach dem der mutmaßliche Planet ungefähr fünf Grad östlich des hellen

Sterns Delta im Steinbock stehen musste. Die mögliche Entdeckung schien zum Greifen nahe: Der Astronom John Herschel schrieb im Herbst des Jahres in einem Brief: „Wir sehen den neuen Planeten wie Kolumbus Amerika von der spanischen Küste aus sah. Wir haben die Erschütterungen der Planetenbewegung entlang unserer weit reichenden Analyse mit einer Gewissheit gespürt, die einer direkten Sichtung kaum nachsteht."[23] Aber wenn der „verabscheute" Leverrier dachte, dass französische Astronomen ihm irgendeine Beachtung schenkten und östlich von Delta im Steinbock nachschauten, irrte er sich. Da er von seinen Landsleuten ignoriert wurde, wandte Leverrier sich an die Deutschen. Er schrieb am 18. September einen Brief an Johann Gottfried Galle von der Berliner Sternwarte und drängte ihn darin, nach dem Planeten zu suchen. Anders als der schwerfällige Challis hatte Galle tatsächlich eine Sternkarte – etwas, was damals erstaunlicherweise viele Observatorien nicht besaßen. Er machte sich mit der Unterstützung eines enthusiastischen, jungen Studenten namens Heinrich Louis d'Arrest sofort an die Arbeit. Galle saß am Teleskop und gab die Positionen der Sterne an d'Arrest weiter, dieser verglich sie dann mit der Sternkarte. Innerhalb von Minuten stießen sie auf ein Objekt achter Größenklasse, das sich nicht auf der Karte fand. In der nächsten Nacht, dem 24. September 1846, schauten sie wieder nach und konnten bestätigen, dass sich das Objekt bewegt hatte. „Der Planet, auf dessen Position sie hingewiesen haben, existiert", schrieb Galle an Leverrier.[24] Heute wird im Allgemeinen dem jungen Adams und dem vornehmen Leverrier gemeinsam die Entdeckung des Neptun für ihre Berechnungen zugeschrieben, und nicht Galle und d'Arrest, die Neptun als Erste sahen.

Als Warnung für alle Berufs- und Amateur-Astronomen bleibt noch eine Anmerkung: Der glanzlose Challis stolperte sechs Tage nach Galle und d'Arrest über Neptun und diktierte in Unkenntnis über deren Entdeckung seinem Assistenten in das Beobachtungsbuch: „Er scheint eine Scheibe zu haben." Aber er arbeitete nur bei 116facher Vergrößerung und machte sich erstaunlicherweise nicht die Mühe, zu einem höher vergrößernden Okular zu greifen, wie es William Herschel in der Nacht tat, in der er Uranus entdeckte. Challis versäumte es auch, Neptun in weiteren Nächten zu verfolgen. Dadurch verpasste er die Chance, die Bewegung nachzuweisen und den Planeten Neptun unabhängig zu entdecken. Später machte er für sein Scheitern die Einschätzung verantwortlich, „dass eine lange Suche erforderlich sei, um den Erfolg sicherzustellen".[25]

Wissenschaftler, die sich mit Aufzeichnungen alter Beobachtungen befasst haben, fanden wie bei Uranus, dass viele Beobachter in der Vergangenheit Neptun gesichtet hatten. Sie erkannten aber nicht, dass es sich um einen Planeten handelte. Der schottische Astronom John Lamont – in Deutschland als Johann von Lamont bekannt – notierte die Position von Neptun in drei Nächten der Jahre 1845 und 1846, schaute seine Beobachtungen aber niemals auf „wandernde" Sterne hin durch. J.-J. de Lalande beobachtete Neptun in Frankreich in zwei Mainächten des Jahres 1795. Er bemerkte, dass sich das Objekt anscheinend bewegt hatte, schloss aber daraus, dass seine erste Positionsbestimmung daher wohl falsch sein musste. Sogar Galilei sah Neptun. Während der Beobachtung von Jupiter am 27. und 28. Dezember 1612 – nur eine Woche, bevor Jupiter Neptun bedeckte (ein Ereignis, das niemand sah) – zeichnete Galilei einen „Stern" an Neptuns Position. Einen Monat später notierte er erneut die Position des Planeten in der Nähe eines Sterns siebter Größenklasse in der Jungfrau, der heute als SAO 119234 bezeichnet wird. Und in der darauf folgenden Nacht bemerkte Galilei, dass die beiden Objekte „anscheinend weiter auseinander liegen".[26] Aber er griff den Hinweis nicht mehr auf. Warum? Vielleicht weil der fast volle Mond in der Nähe stand, und seine Helligkeit es erschwerte, einen Stern achter Größenklasse in einem so kleinen Teleskop zu beobachten. Sehr häufig ist beim Gebrauch eines Fernrohrs das, was wir sehen – oder auch nicht sehen – eine Folge unserer Erwartungen.[27]

Uranus und Neptun erwiesen sich als etwas enttäuschende Objekte für die Beobachtung mit dem Fernrohr. Die Riesenplaneten sind rund viermal größer als die Erde, aber trotz dieser Größe nehmen sie die meisten Beobachter lediglich als strukturlose Scheibchen wahr. (Damit Uranus im Teleskop so groß erscheint wie der Mond dem bloßen Auge, ist eine 500fache Vergrößerung erforderlich; für Neptun sogar eine 750fache. So hohe Vergrößerungen erfordern stabile Sichtbedingungen, da sie ja nicht nur das Planetenbild, sondern auch die Turbulenzen der Luft mitvergrößern.) Beide Planeten haben dunkle Ringsysteme, die von *Voyager* aufgenommen wurden, mit irdischen Fernrohren aber nur nachweisbar sind, wenn sie gerade Sterne bedecken.

Uranus hat fünf Satelliten, die so hell sind, dass man sie von der Erde aus sehen kann. Zwei von ihnen, Oberon und Titania, wurden 1787 von Herschel entdeckt, sechs Jahre, nachdem er Uranus gefunden hatte. Wie üblich durchsuchte und kartierte Herschel den Himmel – diesmal mit einem 18,2-Zoll-Reflektor. Am 11. Januar schrieb er:

Ich wählte einen Schwenk, der zu dem georgianischen Planeten führte [wie Herschel Uranus ursprünglich nach seinem Schirmherr König George III. nannte], und während er den Meridian überquerte, nahm ich in der Nähe seiner Scheibe und innerhalb von einigen seiner Durchmesser mehrere sehr schwache Sterne wahr, deren Positionen ich mit großer Sorgfalt notierte. Am nächsten Tag, als der Planet wieder im Meridian stand, schaute ich mit meinem prüfendsten Blick nach meinen Sternen und bemerkte, dass zwei von ihnen fehlten. Wäre ich weniger mit optischen Täuschungen vertraut, hätte ich umgehend die Existenz eines oder mehrerer Satelliten bei unserem neuen Planeten verkündet; aber es war wichtig, dass ich keine Zweifel hatte. Der geringste, sonst unmerkliche Dunst verdeckt häufig schwache Sterne, und ich glaube daher, dass in einem so bedeutenden Fall nichts weniger als eine Beobachtungsreihe mich zufriedenstellen sollte. An deren Ende hatte ich die schwachen Sterne am 14., 17. und 24. Januar sowie am 4. und 5. Februar in der Nähe des Planeten gesehen. Daher habe ich am Ende dieser Zeitspanne nicht mehr länger Zweifel daran, dass zumindest ein Satellit existiert. Ich hielt es für richtig, diese Mitteilung [den Bericht an die Royal Society, aus dem diese Passage stammt] zurückzuhalten, bis ich eine Gelegenheit hatte, den Satelliten in Bewegung zu sehen. Entsprechend begann ich, ihn am 7. Februar von 6 Uhr abends an zu verfolgen und ihn bis 3 Uhr morgens am 8. Februar im Auge zu behalten. Zu diesem Zeitpunkt war ich durch die Gegebenheiten meines Hauses, das den Blick auf einen Teil der Ekliptik versperrt, dazu gezwungen, die Jagd aufzugeben. Während dieser neun Stunden sah ich, wie dieser Satellit seinen Hauptplaneten treu begleitete und gleichzeitig auf seinem eigenen Kurs einen beachtlichen Bogen seiner echten Bahn beschrieb.[28]

Herschels Bericht trägt den Stempel eines großen astronomischen Beobachters bei der Arbeit. Zunächst war er scharfsichtig genug, um die Satelliten sofort zu sehen. Die zwei schwachen Punkte, die in das grelle Licht ihres Planeten getaucht sind, sind so schwer zu sehen, dass kein anderer Astronom sie im Lauf der ersten zehn Jahre nach der Entdeckung sichten konnte. Außerdem war er hartnäckig genug: Er prüfte in fünf weiteren Nächten, ob die Satelliten noch da waren. Und schließlich opferte er neun volle Stunden einer kalten englischen Winternacht der direkten Verfolgung des helleren Satelliten, obwohl Herschels eigene Zweifel bereits beseitigt waren. Jeder Teleskopbesitzer, der sich auch nur jemals den Bruchteil dieser Zeitspanne auf ein Objekt zu konzentrieren versuchte, wird bestätigen können, wie erschöpfend so etwas sein kann. Während der Beobachtung schätzte Herschel auch noch die Umlaufzeiten beider Monde ab und erhielt 13,5 Tage für Oberon und 8,75 Tage für Titania. Beides liegt bemerkenswert nahe an den richtigen Werten von 13,462 und 8,709 Tagen.[29]

Obwohl Uranus und Neptun auf den ersten Blick Zwillinge sind, sind sie wie Erde und Venus unterschiedlich genug, um uns daran zu erinnern, dass wir noch immer vieles lernen müssen, bevor wir die Mischung aus Naturgesetzen und historischen Zufällen verstehen, die die Planeten entstehen ließen und ihr Schicksal festlegten. Die Naturgesetze sind komplex: Die Effekte der Schwerkraft und elektrostatische Felder wirkten auf die Mischung aus Staub, Eis und Gas, aus der der solare Urnebel bestand. Die historischen Zufälle waren zweifellos ebenfalls komplex. Wir wissen noch nicht viel über sie, aber es ist sicher, dass Einschläge eine wichtige Rolle spielten.

Die Polachse des Uranus ist um fast 98 Grad gegen die Bahnsenkrechte geneigt.[30] Seine Monde und seine kohlrabenschwarzen Ringe sind ebenfalls geneigt. Dies legt den Schluss nahe, dass Uranus während seiner Entstehung von einem großen Planetoiden getroffen wurde und wie eine Galeone am Strand auf die Seite kippte. Wären die Satelliten und die Ringe vor dem Einschlag entstanden, wäre es zwar möglich gewesen, dass ein kippender Uranus sie aufgrund seines Äquatorwulstes mitgezogen hätte, aber es ist sehr unwahrscheinlich, dass sie dabei so präzise auf den Äquator ausgerichtet geblieben wären. Uranus erzeugt weniger innere Wärme als Neptun, Saturn und Jupiter. Vielleicht hat der Einschlag sein Innenleben durchmischt und homogenisiert, so dass Uranus eine große Wärmemenge in kurzer Zeit freigesetzt und nicht für Jahrtausende geköchelt hat. Wir wissen es nicht wirklich.[31]

Besonders deutliche Hinweise auf eine gewalttätige Vergangenheit lassen sich bei Miranda finden, einem kleinen Uranusmond (500 Kilometer im Durchmesser), der als das seltsamste, bislang im Sonnensystem beobachtete Objekt gilt. *Voyager*-Aufnahmen zeigen, dass Mirandas Oberfläche ein sonderbares Durcheinander aus alten, kraterreichen Gebieten und neuerem, wahllos verstreutem Material ist. Vielleicht wurde Miranda von einem asteroidengroßen Eindringling so heftig getroffen, dass sie in Stücke zerrissen wurde. Dies musste dann aber so geschehen sein, dass viele Stücke die Fluchtgeschwindigkeit nicht ganz erreicht hatten, zurückfielen und dieses Durcheinander bildeten, das wir heute sehen.

Neptun scheint dagegen relativ ruhig zu sein. Seine Achsneigung von 28 Grad und seine Rotationszeit von 16 Stunden sind nicht außergewöhnlich für einen jupiterähnlichen Planeten. Seine fast perfekt runde Umlaufbahn (mit einer Exzentrizität von nur 0,0097) zeigt, dass Neptun nie eine nahe Begegnung mit einem anderen Planeten hatte oder ihm ein anderes schweres chaotisches Ereignis widerfuhr. Er patrouilliert im Lauf des 164,8 Jahre langen Neptunjahres ruhig an den Außenposten des Planetensystems entlang und passt gut zu seiner Darstellung als ruhiger, himmlischer Chor im Schlussthema von Gustav Holsts Suite „Die Planeten“ (die ansonsten keine Ähnlichkeiten mit den Planeten als physikalischen Welten hat, da Holst sich nicht mit Astronomie, sondern mit Astrologie und Mythologie beschäftigte).

Im Fernrohr sieht Neptun fast so strukturlos aus wie Uranus, aber eben noch kleiner: Da Neptun nochmals um die Hälfte weiter weg von uns ist als Uranus, hat er eine nur 2,35 Bogensekunden große Scheibe. Viele Beobachter nahmen an, dass Neptun seinem angeblichen Zwilling stark ähneln würde. Als dann *Voyager 2* am 25. August 1989 durch das Neptunsystem raste, zeigten die übertragenen Messwerte und Bilder wieder einmal, dass jeder Planet einzigartig ist, wie ähnlich die Planeten in ihrer Grobcharakteristik auch sein mögen. Während Uranus fast strukturlos ist, zeigt Neptun wie Jupiter und Saturn Bänder und Zonen, wenn auch weniger ausgeprägt – aber das passt ja zu einer kälteren Welt. Als *Voyager* Neptun besuchte, hatte dieser sogar einen großen dunklen Fleck. Dieser Antizyklon war mit Jupiters Großem Roten Fleck vergleichbar und trieb in denselben Breiten auf Neptuns Südhalbkugel. Als das *Hubble*-Weltraumteleskop 1994 die nächsten hochauflösenden Bilder von Neptun machte, war der große dunkle Fleck verschwunden; statt dessen war ein neuer Fleck auf der Nordhemisphäre aufgetaucht. Vermutlich ist die Wärme aus dem Innern des Planeten für diese Strukturen verantwortlich. Sie ist 2,6-mal so hoch wie die Energie, die Neptun von der Sonne empfängt und ist, wie wir gesehen haben, typisch für die jupiterähnlichen Planeten mit Ausnahme von Uranus. Uranus hat eine grüne Färbung, Neptun ist eher blau: Die Farben der beiden Planeten hängen teilweise mit der Absorption des roten Lichts durch Methangas zusammen, aber es ist nicht klar, warum Neptun blauer ist als Uranus.

Neptuns eisiger Mond Triton ist eine sonderbare, lebhaft bunte Welt, die mit roten, rosafarbenen und blaugrauen Farbklecksen geschmückt ist. Wissenschaftler der *Voyager*-Mission stellten fest, dass der Satellit Stickstoffgeysire hat, die ihr Material fast zehn Kilometer hoch in die „Luft" schleudern. Im Falle Tritons handelt es sich um einen dünnen Nebel aus Stickstoff und Kohlenwasserstoffgasen, die sich in Wolken sammeln, und dann mit dem Wind über große Entfernungen transportiert werden, bevor sie auf die Oberfläche fallen. (Die von *Voyager* beobachtete Atmosphäre Tritons ist auch von erdgebundenen Beobachtern bei Sternbedeckungen nachgewiesen worden.) Die Geysire brechen aus, wenn der unter der Oberfläche gefangene flüssige Stickstoff nach oben dringt. Seine Dichte nimmt dabei ab und er verwandelt sich in ein expandierendes Gas. Dieses Phänomen findet sich normalerweise nicht auf Eismonden der jupiterähnlichen Planeten wieder, sondern auf Kometen und Objekten des Kuiper-Gürtels. Triton ist ursprünglich vermutlich kein Neptunmond gewesen, sondern ein eingefangener Besucher aus dem äußeren Sonnensystem. Dafür spricht seine geringe Dichte, die eher zu einem Kometen als zu den Satelliten der Riesenplaneten passt, sowie seine rückläufige Bewegung um Neptun und die recht starke Neigung (21 Grad) zum Äquator des Mutterplaneten.

Womit wir bei Pluto als verbleibendem Planeten angekommen sind, wenn er ein Planet ist. Kein Raumfahrzeug hat ihn bislang erforscht. Er wurde 1930 von dem jungen Clyde Tombaugh entdeckt, der sich als Amateur-Astronom aus ländlichen Verhältnissen keine Ausbildung am College leisten konnte. Trotzdem gelang es ihm, im Anschluss an die High School eine Anstellung am Lowell Observatory zu finden. Als geschickter Fotograf war Tombaugh die ideale Besetzung für die Suche nach Planet X. Auf die Existenz des Objekts wurde aus

Untersuchungen der Bewegungen von Uranus und Neptun geschlossen. Die ermittelten Störungen stellten sich später zwar als falsch heraus, aber glücklicherweise verließ sich Tombaugh mehr auf Hartnäckigkeit und gesunden Menschenverstand als auf ausgeklügelte Mathematik. Anstatt sich damit zu befassen, wo Planet X gemäß der Vorhersage stehen sollte, ging er wie der Betrunkene vor, der seinen fehlenden Schlüssel unter der Laterne sucht, weil dort genügend Licht ist, um etwas zu sehen. Da alle bekannten Planeten auf oder nahe der Ekliptik umlaufen, und da jeder Planet während der Opposition am hellsten ist, machte Tombaugh Langzeitaufnahmen des jeweiligen Himmelsbereiches, der auf der Ekliptik der Sonne gegenüber lag.

Dreizehn Sternbilder liegen entlang der Ekliptik: Die zwölf „Zeichen" des Tierkreises sowie der Schlangenträger, den Astrologen ignorieren, weil sie 13 für eine Unglückszahl halten. Tombaugh machte einige Aufnahmen in den Zwillingen, um das Fernrohr und die Kamera zu testen, die ihm zugeteilt worden waren. Als er aber während der nächsten mondlosen Nächte mit der ernsthaften Suche begann, standen die Zwillinge bereits weit westlich des Meridians. Daher begann er mit seiner Suche im Krebs. Murphys Gesetz funktionierte: Pluto stand in den Zwillingen. Tombaugh benötigte fast ein Jahr, um sich die Ekliptik entlang zu arbeiten. Jeden Monat verglich er 30 Fotoplatten, von denen jede 10 000 bis 100 000 Sterne enthielt, um den einen, sich langsam bewegenden Lichtpunkt zu finden, der ein Planet sein könnte. Er gab zu, dass es eine verbissene Arbeit war, aber er sammelte auch eine Menge Erfahrungen, fotografierte 29 000 Galaxien und 1800 veränderliche Sterne und entdeckte zwei Kometen.

„Ich war ein Perfektionist", erinnerte sich Tombaugh. „Als ich Korn und Mais auf der elterlichen Farm pflanzte, mussten die Reihen auf dem Feld schnurgerade sein, sonst war ich unzufrieden. Später musste jeder Planetenverdacht, egal, wie schwach er war, anhand von einer dritten Aufnahme überprüft werden. Entweder ja oder nein, nicht vielleicht."[32] Am 18. Februar 1930 fand Tombaugh schließlich Pluto. Er überprüfte zunächst nochmals ruhig seine Entdeckung, um dann, seine Aufregung verbergend, ins Arbeitszimmer des Direktors zu schlendern und zu verkünden: „Ich habe Ihren Planeten X gefunden."[33] Die Lowell-Astronomen spielten zunächst den Beitrag des jungen Tombaugh herunter. (Ihr Telegramm nach Harvard erwähnte nicht seinen Namen, und das Rundschreiben, das sie an die Presse verteilten, betonte „das von Dr. Lowell im Jahr 1905 aufgesetzte Suchprogramm in Verbindung mit seiner theoretischen Arbeit über den dynamischen Beweis für einen Planeten jenseits des Neptuns", während es der Rolle des „Assistenten C. W. Tombaugh" nur einen Satz widmete.) Aber Tombaughs harte Arbeit bescherte ihm letztlich Ruhm: Hätte er Pluto ganz am Anfang des Projekts fotografiert, wäre ihm hinterher der Ruf vorausgeeilt, dass er nur Anfängerglück gehabt hätte.[34]

Die Welt wurde von der Nachricht elektrisiert, und das Lowell Observatory wurde mit Namensvorschlägen für den neuen Planeten überschwemmt – unter anderem Apollo, Artemis, Atlas, Bacchus, Cronus, Erebus, Idana, Osiris, Perseus, Tantalus, Vulcan und Zymal. (Lowells Witwe Constance bevorzugte Zeus, Lowell Percival – oder Constance.) Der Name Pluto wurde von Venetia Burney vorgeschlagen, einem elfjährigen Schulmädchen aus dem britischen Oxford.[35] Hilfreich war dabei, dass die ersten zwei Buchstaben Percival Lowells Initialen waren.

Obwohl die Entdeckung von Pluto noch immer gelegentlich als Erfolg der Berechnungen angeführt wird, basierte die Mathematik, die die Suche nach Planet X auslöste, auf falschen Werten: Die Massen und Positionen von Uranus und Neptun waren falsch, und selbst wenn sie richtig gewesen wären, wissen wir inzwischen, dass Pluto zu klein ist, um die behaupteten Effekte auf die Umlaufbahnen der beiden Planeten auszuüben.[36] Pluto wurde nicht durch mathematische Inspiration, sondern durch Clyde Tombaughs Hartnäckigkeit entdeckt.

Gegen die Einordnung von Pluto als Planet spricht sein kleiner Durchmesser, seine geneigte, exzentrische Umlaufbahn und seine Zusammensetzung. Mit rund 2300 Kilometer Durchmesser ist Pluto kleiner als jeder andere Planet. Er ist sogar kleiner als Neptuns Mond Triton (2700 Kilometer Durchmesser), dem er in vielerlei Hinsicht ähnelt und nicht viel größer als ein großer Asteroid wie Ceres. Plutos Umlaufbahn ist 17 Grad gegen die Ekliptik geneigt und so exzentrisch, dass sich der Planet zwei Jahrzehnte eines 249 Jahre dauernden Plutojahres innerhalb der Neptunbahn bewegt. Keiner der acht eindeutigen Planeten kreuzt auf seiner Bahn den Orbit eines anderen. Plutos Dichte, die sich berechnen ließ, nachdem 1978 sein Satellit Charon entdeckt worden war, ähnelt eher der eines Kometen oder Objekts des Kuiper-Gürtels als der eines Planeten. Charon ist halb so groß wie Pluto und rotiert gebunden, so dass er dem Planeten ständig die gleiche Seite zukehrt. Aber auch Pluto hat eine gebundene Rotation, so dass sich beide immer die gleiche Seite zukehren. (Mit anderen Worten: Plutos Rotationszeit von 6,387 Tagen ist dieselbe wie Charons Umlaufzeit.) Diese Situation erinnert mehr an einen Doppelasteroiden als an einen Planeten mit einem Mond.

Pluto hat eine Atmosphäre. Allerdings verdampft sie, wenn er in Sonnennähe steht, und schlägt sich auf seinem langen Weg jenseits der Neptunbahn auf der Oberfläche nieder. Auch das passt eher zu einem Kometen. Pluto betrachtet man am besten als das größte und auffälligste Beispiel einer zunehmenden Gruppe von Objekten, die nur schwer zu klassifizieren sind, bevor wir nicht mehr über das Sonnensystem in Erfahrung gebracht haben. Der Asteroidengürtel enthält mehrere Objekte, die die Bahn eines Kleinplaneten beschreiben und wie Pluto gelegentlich eine Art Atmosphäre oder eine kometenähnliche

Koma ausbilden oder einen Schweif hinter sich herziehen. Zweifellos werden weitere Beobachtungen von Objekten des Kuiper-Gürtels klären helfen, ob der Gürtel, wie vermutet, Plutos ursprüngliche Heimat war.

Die Behauptung mancher Astronomen, dass Pluto kein Planet ist, sondern ein eisiger Abgesandter des Kuiper-Gürtels, löste einen überraschend lauten Aufschrei in der Öffentlichkeit aus. Als das renovierte New Yorker Hayden-Planetarium im Jahr 2000 wieder eröffnet wurde, waren Besucher des Sonnensystemmodells perplex: Pluto war aus „seinem Planetendasein heruntergestuft". „In einem Schritt, der den Himmel erschüttert hat, hat das Hayden-Planetarium Pluto seines Planetenstatus beraubt", verkündete der CBS-News-Kommentator Charles Osgood. „Die Besucher klagen darüber." Und die „Santa Fe New Mexican" lamentierte: „Pluto hat es nicht geschafft." „Für einige Besucher, die in der Schule gelernt haben, dass es neun Planten gibt, ist es verwirrend und schmerzlich gewesen", berichtete die „New York Times". Die Zeitung zitierte Besucher, die die Namen der neun Planeten mit einem Merksatz gelernt hatten.

Neil de Grasse Tyson, der Direktor des Hayden-Planetariums, verteidigte seine Aufteilung des Sonnensystems in fünf Objektgruppen: die terrestrischen Planeten, den Asteroidengürtel, die riesigen Gasplaneten, den Kuiper-Gürtel (inklusive Pluto) und die Oortsche Wolke. „Zählen Sie keine Planeten, sondern Gruppen auf", bat Tyson. „So lernt man etwas über die Struktur des Sonnensystems." Aber auch die Leiter anderer wissenschaftlicher Einrichtungen rümpften die Nase und verwiesen darauf, dass die Internationale Astronomische Union Pluto noch immer als Planeten führe: „Wir halten an Pluto fest", sagte die Kuratorin Laura Danly vom Natur- und Wissenschaftsmuseum in Denver. Kometenjäger David Levy, der eine Biografie über Tombaugh geschrieben hatte, sagte, dass Tyson „in einem anderen Universum" leben müsse.[37]

Wer sich der Zurückstufung Plutos widersetzt, weil er Clyde Tombaughs Ruf nicht beschädigen will, möge sich damit trösten, dass Tombaugh dann als Pionier bei der Erforschung des Kuiper-Gürtels gelten wird. In diesem Gürtel harren immerhin noch Schwärme unauffälliger Flugkörper ihrer Entdeckung. Künftige Beobachter müssen ihre Teleskope am Rande ihres Leistungsvermögens betreiben, um immer schwächere Objekte mit immer langsameren Bewegungen am Himmel zu suchen. Ihre Ergebnisse müssten die Beobachter mit der Sorgfalt eines Perfektionisten überprüfen, um das Wissen über die Familienmitglieder der Sonne zu erweitern. Ich glaube, dass Clyde das gefallen würde. Er sagte in seinen späteren Jahren einmal: „Wenn ich mein Leben nochmals leben müsste, würde ich wohl nicht viel ändern ... All diese vielen Stunden, so langweilig sie auch waren, habe ich niemals bedauert."[38]

So oder so scheint es angebracht zu sein, dass die Erforschung unseres Sonnensystems mit einem Fragezeichen endet. Lassen Sie uns hier unterbrechen und zurückschauen. Die Erde drängt sich dicht an die auf einen hellen Punkt geschrumpfte Sonne und ist nur im Teleskop sichtbar. Das Sonnenlicht erreicht die Erde nach acht Minuten, Mars vier Minuten später. Bis zum Jupiter benötigt es dagegen 43 Minuten und bis zum Saturn mehr als eine Stunde. Uranus erreicht das Sonnenlicht schließlich nach zweieinhalb und Neptun nach vier Stunden. Was für eine umfangreiche Ansammlung von Welten zum Beobachten, zum Untersuchen und vielleicht eines Tages sogar zum Erforschen: acht Planeten – vier kleine, felsige und vier große Gasriesen sowie mehr Satelliten als die meisten Sterngucker sich merken können. Unter ihnen sind geologisch tote Monde wie Kallisto, Rhea, Japetus, Mimas, Oberon und Umbriel und aktive Monde wie der feurige Io oder der kalte, aber zischende Titan. Jeder von ihnen hat seine eigene Geschichte, die bislang nur in Bruchstücken bekannt ist. Wäre dies alles, was wir sehen könnten, weil wir zum Beispiel in einen Dunkelnebel eingebettet wären und sich daher am Nachthimmel keine Sterne zeigten, wäre es sicherlich noch immer genug für viele Jahrtausende der Neugier, Erfindung und Erforschung.

Aber es ist nicht alles. Um uns herum befindet sich eine riesige Galaxie, deren Ausmaße so gewaltig sind, dass ihre Strukturen erst erkennbar werden, wenn das Sonnensystem auf die Größe eines Punktes wie am Ende dieses Satzes geschrumpft ist.

Aus dem Beobachtungsbuch: Glockenläuten um Mitternacht

42 Jahre, nachdem ich Mars 1956 zum ersten Mal mit meinem 1,6-Zoll-Refraktor angeschaut habe, kommt Mars wieder in Opposition. Der Gedanke lässt mich erschauern, aber er belegt auch die Zuverlässigkeit der Kreisläufe im Sonnensystem – eine ordentliche linke Hand, die den Rhythmus des Blues auf dem Planetenklavier spielt. Stürmische Böen zerren an den Kiefern wie Geigenspieler, die ihre Instrumente stimmen. Himmlische Musik, wie Basho sagen würde. Und die Sterne strahlen so heftig, wie eifrige Schüler, die sich melden. Die Zwillinge gehen Hand in Hand im Westen unter, die Mondsichel steht neben ihnen. Die Uhr an der Wand steht auf 23.59 Uhr. Ich schalte das Kurzwellenradio ein und werde von den passenden, zeitlosen Zeilen aus Shakespeares „Henry IV" überrascht:

Falstaff: Wir haben das Glockenläuten um Mitternacht gehört, Meister Shallow.

Shallow: Das haben wir, das haben wir, das haben wir. Im Vertrauen, Sir John, wir haben …

Entweder ist es ein bemerkenswerter Zufall, oder ein BBC-Produzent hat das Band geschickt zurückgespult, um diese Szene des Hörspiels genau um Mitternacht auszustrahlen.

Der blutrote Mars befreit sich gerade aus den Ästen eines Baumes im Osten. Also bringe ich einen Windschutz in Position, richte das Teleskop aus und schaue durch. Mein erster Gedanke ist, wie schnell sich der Anblick des Mars verbessert, wenn die Opposition naht. Die Luft wallt, und die Böen zerren am Fernrohr, das nicht genug ausgekühlt ist, um eine gute Leistung zu zeigen. Trotzdem kann ich schon ein paar dunkle, kontrastreiche Strukturen auf Mars sehen. Ich blende das Teleskop auf sechs Zoll ab, um die Auswirkungen der Luftunruhe zu verringern. Gegen 1 Uhr hat sich der Anblick des Planeten etwas stabilisiert, dennoch sieht Mars die meiste Zeit aus wie ein Tomatenomelett, das in der Pfanne brät. Aber er steigt am Himmel immer höher, was den Anblick weiter verbessert. Bald sehe ich in jeder Pause des penetranten Windes etwas mehr.

Um 2 Uhr ist die Luftfeuchtigkeit auf 96 Prozent gestiegen. Sie verleiht den stärker werden Böen eine beißende Kälte. Gegen 3 Uhr sinkt Mars in die neblige Luft über den Hügeln im Westen, aber ich bin nicht enttäuscht. Es ist eine wilde, schöne Nacht. Mars wird zurückkehren und inzwischen gibt es andere Dinge zu sehen. Ich wechsle zu den Sternen und Galaxien.

III

DIE TIEFEN

Der Nachthimmel

Überselig ist die Nacht.

JOHANN WOLFGANG VON GOETHE

Die Ideen verhalten sich zu den Dingen wie die Sternbilder zu den Sternen.

WALTER BENJAMIN

Die Sterne stehen ständig am Himmel, tagsüber werden sie aber von der Sonne überstrahlt. Trotzdem leuchten sie mit der gewohnten Unerschütterlichkeit. Wird man sich dessen bewusst und kann es nicht mehr vergessen, kann dies ein Weg zur Astronomie sein. Der Amateur David J. Eicher berichtet, dass es ihm so erging, nachdem er zum ersten Mal einen Kugelsternhaufen durch ein Teleskop gesehen hatte:

Ich war nach dieser Nacht ganz aufgeregt, als ob ich plötzlich Einblick in ein gut gehütetes Geheimnis bekommen hätte. Ich hatte mich nicht verändert. Die Welt um mich herum hatte sich nicht verändert. Aber ich fühlte mich zutiefst anders, wenn ich die Straße entlangging, meine Schuhe schnürte oder Limonade im Supermarkt kaufte. Ich war mir so bewusst wie niemals zuvor, dass es da jenseits des blauen Himmels eine riesige Menge an Sternen und zahllose nicht gesehene Welten gab. Ich konnte nicht verhindern, dass ich mich anders fühlte. Ich hatte das ganze Universum in meinem Kopf.[1]

Ich war ungefähr 14 Jahre alt, als sich die Tatsache in meinem Kopf festsetzte, dass die Sterne während des Tages nicht weg sind. Diese Erkenntnis löste einige seltsame Verhaltensweisen aus. Manchmal versuchte ich, die Venus oder den Sirius am hellen Tag zu erhaschen. Dazu stellte ich mich während der Pause an eine bestimmte Stelle des Schulhofs, um an einer Ecke des Daches vorbeizuschauen, oder ich schaute zu Hause durch ein Fernrohr oder eine leere Pappröhre. Diese Versuche wurden gelegentlich mit dem flüchtigen Anblick eines weißen Lichtpunktes in der Weite des Himmelsblaus belohnt, was mir unsere irdische Situation als Einwohner einer hell erleuchteten Oase inmitten tiefer Dunkelheit bewusst machte. Ich kam mir vor wie ein geblendeter Leuchtturmwärter, der die Linse seines Leuchtfeuers reinigt. Gelegentlich schaute ich im grellen Sonnenlicht Floridas hinauf in den Himmel und dachte: *Sie sind da draußen, um von uns angeschaut zu werden.*

Bei Sonnenuntergang hob sich dann der Vorhang, und die Show begann erneut.

Die Schönheit der Sterne bei Nacht beeindruckte bereits unsere Vorfahren zu einer Zeit, als man den Himmel noch für eine Glocke hielt, die über die Erde gestülpt war. Diese Schönheit fasziniert aber noch mehr, wenn wir uns die gewaltigen Dimensionen und die überwältigende Zahl der Phänomene vergegenwärtigen, die uns die Sterne zeigen. Der Maler Robert Henri beschreibt in seinem Buch „The Art Spirit", dass „kein *Ding* schön ist. Aber alle Dinge warten auf den verstehenden und inspirierenden Gedanken, der sich bei ihrem Anblick in ein angenehmes Gefühl verwandelt. Das ist Schönheit."[2] Die Beobachtung der Sterne kann sowohl ein ästhetischer als auch ein intellektueller Zeitvertreib sein. Ihr Wert liegt darin, das Empfinden für Schönheit auf die weitere Realität auszudehnen, die uns umgibt. Allein mit dem bloßen Auge kann man die Mondphasen, Sonnen- und Mondfinsternisse, den himmlischen Tanz der Polarlichter, die Farben und Bewegungen der Planeten, den Lichtwechsel heller Veränderlicher, das schwache Leuchten einiger Nebel und naher Galaxien sowie die Sterne sehen – von letzteren gleichzeitig ungefähr bis zu zweitausend. Mit einem Fernglas vervielfachen sich diese Möglichkeiten beträchtlich, und mit einem Fernrohr gibt es faktisch keine Grenzen.

Also sollten wir hinausgehen und hochschauen.[3] Unsere Wegweiser sind die Sterne und die Muster, die wir daraus bilden: die Sterngruppen und -bilder. Sterngruppen sind auffällige Sternansammlungen, wie der Große Wagen oder die Plejaden. Sternbilder wurden von Hirten und anderen frühen Sternguckern festgelegt, um sich am Himmel zurechtzufinden. Die Grenzen der Sternbilder unterschieden sich üblicherweise von Sternkarte zu Sternkarte. Inzwischen gibt es jedoch offizielle Grenzen, die die Internationale Astronomische Union festgelegt hat. Dadurch ist der gesamte Himmel in 88 Sternbilder aufgeteilt. Darin gibt es zu viel zu sehen, selbst um es nur oberflächlich in einem Kapitel abzuhandeln. Daher werden wir zunächst ein paar Höhepunkte he-rausgreifen und dann im nächsten Kapitel ans Teleskop gehen, um Teile des Himmels genauer zu untersuchen. *Alles* zu erkunden, dauert länger als ein Leben.

Ein kleines Liedchen möge uns über den Himmel führen:

Folge dem Bogen zu Arktur
und weiter zu Spika;
dann schwenke nach Nordwesten zu Regulus,
dem Herzen des Löwen.

Es ist dann nicht mehr allzu weit bis zu den Zwillingen,

wo Kastor und Pollux leuchten,
in der Nähe von Rigel und Kapella
und Sirius ganz unten.

Der „Bogen“ ist der Bogen des Großen Wagens. In England ist diese Sterngruppe als Pflug bekannt, die Chinesen sahen in ihm ein Gefäß zum Abmessen des lebenswichtigen Getreides, die Ägypter den Huf eines Stiers und die Amerikaner eine Schöpfkelle. Der Große Wagen ist ein Teil des Sternbildes Ursa Major, des Großen Bären. Viele Sterngruppen bestehen aus zufälligen Anordnungen von Sternen, die in ganz verschiedenen Entfernungen von uns stehen. Aber fünf der sieben Sterne, die den Großen Wagen bilden, stehen tatsächlich auch in räumlicher Nähe zueinander: Sie gehören zu einem großen, lockeren Sternhaufen, der Ursa-Major-Bewegungshaufen heißt.[4] Er hat eine Ausdehnung von 30 Lichtjahren und liegt nur rund 80 Lichtjahre von der Sonne entfernt, was ihn zum nächsten Sternhaufen überhaupt macht. Seine Nähe und seine hohe Geschwindigkeit – 14 Kilometer pro Sekunde nach Süden in Richtung Schütze – führt dazu, dass sich die Gestalt des Großen Wagens im Lauf der Zeit verändert. Vor 100 000 Jahren hatte der Wagen eine eher quadratische Form und eine gerade Deichsel, in 100 000 Jahren wird er recht futuristisch aussehen mit einem flachen Wagenkasten und einer Deichsel, die am Ende rechtwinklig nach unten abgeknickt ist.

Andere, mit dem bloßen Auge sichtbare Sternhaufen sind die Krippe im Krebs, die Hyaden im Stier und die ebenfalls im Stier liegenden Plejaden, eine spektakuläre Sternschar in der Form des Großen Wagens. Sechs der Plejadensterne sind leicht zu sehen, der siebte gilt als Testobjekt für eine gute Sicht. In klaren, dunklen Nächten kann ein guter Beobachter ungefähr ein Dutzend Sterne in den Plejaden sehen: Vor der Erfindung des Fernrohrs kartierten Astronomen dort 14 Sterne. All diese Haufen bieten einen wundervollen Anblick in Ferngläsern, die ein größeres Gesichtsfeld bieten als die meisten Teleskope.

Dubhe und Merak am Kastenende des Großen Wagens sind als die Zeigersterne bekannt, da ihre Verbindungslinie in Richtung Norden nahe am Polarstern vorbeiläuft. Im Fernglas sieht man leicht südlich des Polarsterns einen Ring aus Sternen der siebten und achten Größenklasse, den manche den „Verlobungsring“ nennen. (Natürlich liegt fast jeder Stern südlich des Polarsterns, da er weniger als ein Grad vom Himmelsnordpol entfernt liegt.)

Der zweite Stern vom Ende der Wagendeichsel aus gesehen ist Mizar, der einen nahen scheinbaren Begleiter hat: Alkor. Bei den Arabern waren die beiden früher als „Pferd und Reiter“ bekannt und dienten als Test für das Sehvermögen der Soldatenanwärter.[5] (Heutzutage bestehen die meisten Menschen diesen Test mit Leichtigkeit, aber damals war er nützlich, weil es kaum Brillen gab.) Das Paar ist kein echter Doppelstern, sondern es steht nur zufällig am Himmel beisammen. Mizar ist 78 Lichtjahre von der Erde entfernt, Alkor 81. Dagegen ist Mizar selbst ein echter Doppelstern – der erste, der entdeckt wurde. Der Astronom Giambattista Riccioli konnte ihn im Jahr 1650 trennen. Heutzutage kann das jeder Beobachter mit einem kleinen Fernrohr tun. Beide Mizar-Komponenten sind bei genauerer Untersuchung wiederum doppelt. Diese Paare stehen jedoch zu eng beisammen, um sie mit dem Teleskop trennen zu können, aber sie lassen sich spektroskopisch nachweisen durch die Änderungen in der Position von Spektrallinien, die durch die Umlaufbewegung des Begleiters verursacht werden.

Die meisten Sterne gehören zu Doppel- oder Mehrfachsystemen, aber nur wenige von ihnen können mit dem bloßen Auge getrennt gesehen werden. Epsilon Lyrae in der Leier ist ein gutes Testobjekt für Erwachsene, die meisten Jugendlichen können ihn problemlos auflösen. Jeder Doppelstern, der für den Beobachter am Rande des Auflösungsvermögens liegt – egal, ob mit Teleskop, Fernglas oder dem bloßen Auge – sieht verschwommen aus und kann daher mit einem Nebel verwechselt werden. Johannes Hevelius sah so gut mit dem bloßen Auge, dass er sich weigerte, die ihm zur Verfügung stehenden Fernrohre zu nutzen. Aber auch er täuschte sich, als er einen Nebel 1,5 Grad nordöstlich von Delta Ursae Majoris kartierte, denn in Wirklichkeit handelte es sich um einen Doppelstern. In Ferngläsern bieten Doppelsterne wie Albireo im Schwan, dessen zwei helle Sterne kräftig orange und blau sind, einen großartigen Anblick.

Von den Breiten Europas und Nordamerikas aus ist der Große Bär ein zirkumpolares Sternbild: Er geht niemals unter. Diese Tatsache prägten sich die alten Griechen mit dem Satz „der Bär geht nie baden" ein. (Der Astronom Robert Burnham nannte Ursa Major einen *Polarbären*.)[6] Und so kommen wir zur alten Wissenschaft der „sphärischen Astronomie", in der man den Himmel als Kugel mit der Erde im Zentrum betrachtet, an der verschiedene Linien und Punkte verteilt sind. Die Punkte am Himmel, auf die die Erdachse zeigt, werden nördlicher und südlicher Himmelspol genannt. Die Höhe des Himmelspols über dem Horizont entspricht daher der geografischen Breite. Die geografische Breite bestimmt damit wiederum, welche Sternbilder zirkumpolar sind. Am Erdnordpol und -südpol sind alle Sternbilder zirkumpolar – die dort sichtbaren Sterne gehen niemals unter, und die, die man nicht sehen kann, niemals auf. Am Erdäquator ist dagegen kein Stern zirkumpolar.

Die Entsprechung der geografischen Breite auf der Erde ist am Himmel die Deklination. Sie wird in Grad gemessen: von 0° am Himmelsäquator bis 90° am Himmelsnordpol. Das Äquivalent zur geografischen Länge ist am Himmel die Rektaszension. Die Linien der Rektaszension verlaufen von Pol zu Pol und werden in Stunden unterteilt. 24 Stunden entsprechen einem vollen Umlauf am Himmel. Das Wackeln der Erdachse, die so genannte Präzession, verschiebt dieses Koordinatensystem vor dem Hintergrund der Sterne. Daher werden Sternatlanten üblicherweise alle 50 Jahre aktualisiert, um sie in der laufenden Epoche aktuell zu halten. Jeder Punkt an der Himmelssphäre kann mit der Epoche und diesen beiden Koordinaten festgelegt werden. Die Koordinaten des Sterns Arktur beispielsweise sind RA = $14^h\ 15^m\ 43^s{,}7$, DEC = +19° 10' 25'', Epoche 2000. Das heißt, dass Arktur bei einer Rektaszension von 14 Stunden, 15 Minuten und 43,7 Sekunden und einer Deklination von 19 Grad, 10 Bogenminuten und 25 Bogensekunden im Sternbild Bootes liegt. Zunehmend überträgt man Computern die Aufgabe, diese Zahlen zu berechnen. Man sagt dem Computer, was man anschauen möchte, und er schlägt die Koordinaten nach und bewegt das Teleskop dorthin. Als aber meine ehrwürdige Montierung mit einer Computersteuerung ausgerüstet wurde, behielt ich, wenn auch nur zur Erinnerung, meine alten „Koordinatenteilkreise". Auf diesen großen Messingscheiben sind Rektaszensions- und Deklinationsmarkierungen angebracht.

Durch die Bewegung der Erde auf ihrer Bahn scheint die Sonne in ihrem täglichen Trott nach Osten entlang der Ekliptik zu laufen. Ihre Geschwindigkeit beträgt dabei weniger als ein Grad pro Tag. In der Folge wandern die Sternbilder endlos nach Westen und gehen in jeder darauf folgenden Nacht ein bisschen früher auf, bis sie von der Sonne eingeholt werden und anschließend wieder am Morgenhimmel kurz vor der Dämmerung auftauchen. Daher hat jede Jahreszeit ihre charakteristischen Sternbilder. An Winterabenden auf der Nordhalbkugel fällt der Orion ins Auge. Im Frühjahr übernimmt der Löwe diese Rolle, während Orion schon fast von der Sonne überstrahlt wird. Der Sommerhimmel wird vom Sommerdreieck der hellen Sterne Wega, Deneb und Atair dominiert. Als ich ein Junge war und darauf brannte, mit meinem kleinen Fernrohr zu beobachten, stand ich häufig vor der Morgendämmerung auf, um den Anblick der Sternbilder zu genießen, die erst Monate später wieder am Abendhimmel stehen würden. Es war wie eine Zeitreise. Der Anblick des frischen Himmels in der Morgendämmerung erfüllte mich mit einem Gefühl des Neuanfangs.

Die beiden Punkte, an denen die Ekliptik den Himmelsäquator kreuzt, markieren das Frühjahrsäquinoktium – per Definition null Stunden Rektaszension – und das Herbstäquinoktium bei zwölf Stunden Rektaszension. Läuft die Sonne durch diese Punkte, was abhängig von Schaltjahren und Ähnlichem ungefähr am 21. März und am 22. September stattfindet, beginnt auf der Nordhalbkugel der Frühling beziehungsweise der Herbst. In der Mitte zwischen diesen beiden Punkten liegen das Sommer- und Wintersolstitium: Dort entfernt sich die Sonne – und daher die Ekliptik – am weitesten vom Himmelsäquator. Das ist das ganze himmlische Uhrwerk, das wir benötigen.

Lassen Sie uns nun unsere Reise beginnen.

Folge dem Bogen zu Arktur ...

Ein Bogen von rund 30 Grad erstreckt sich vom Wagenkasten weg entlang der Biegung der Deichsel zum hellen, orangefarbenen Stern Arktur. Die Kombination aus Leuchtkraft (Arktur hat einen 23-mal größeren Durchmesser als die Sonne und ist hundertmal leuchtkräftiger) und Nähe (er ist nur 37 Lichtjahre von der Erde entfernt) macht Arktur zum vierthellsten Stern des Nachthimmels. Er war der erste Stern, der durch ein Teleskop am Taghimmel gesehen wurde, was 1635 dem französischen Astronomen Jean-Baptiste Morin gelang. Arkturs Auffälligkeit ist jedoch nur vorübergehend, da er sich schnell bewegt. Vor zwei Millionen Jahren war er ein schwaches Objekt (6,7 Größenklassen) in einer Entfernung von 800 Lichtjahren im Kepheus. In zwei Millionen Jahren hat er sich ins Sternbild Segel zurückgezogen und ist nicht mehr mit dem bloßen Auge zu sehen.

... und weiter zu Spika ...

Weitere 30 Grad entlang des gleichen Bogens bringen uns zu Spika, einem Stern erster Größenklasse, der nahe der Ekliptik im Sternbild Jungfrau steht. Wie Arktur ist Spika ein massereicher, hell leuchtender Stern. Er hat mehr als die 2000fache Leuchtkraft der Sonne. Aber Spika hat eine blauweiße Farbe, während Arktur orange ist. Die Farbe eines Sterns hängt von seiner Oberflächentemperatur ab, die sich wiederum aus seiner Größe und Masse ergibt. Massereiche Sterne sind heiß, weshalb ihre Farbe ans hochenergetische, blauweiße Ende des Spektrums verschoben ist. Erschöpft sich der nukleare Brennstoff, dehnen sich die äußeren Schichten der Sterne aus und kühlen etwas ab. Dadurch verfärben sie sich rot oder orange, wie ein weißglühendes Eisen im Schmiedefeuer, das zum Abkühlen beiseite gelegt wird. Astronomen nennen massereiche, blauweiße Sterne „jung" und die Roten Riesen, in die sie sich verwandeln, „alt". Aber diese Begriffe können irreführend sein, denn massereiche Sterne leben schnell und sterben jung: Sie werden schon zu Roten Riesen, wenn sie nur einige zehn Millionen Jahre alt sind. Dagegen leuchtet ein durchschnittlicher Stern wie die Sonne zehn Milliarden Jahre, bevor er zu einem Roten Riesen wird.

Astronomen katalogisieren Sterne nach ihrem Spektraltyp. Das ursprüngliche, in Harvard entwickelte System klassifizierte die Sterne alphabetisch anhand der „Komplexität" ihrer Spektren. Als aber deutlich wurde, dass ein System auf der Grundlage der Farben astrophysikalisch mehr Sinn macht, gerieten die Buchstaben durcheinander. Daher lautet die heutige Spektralsequenz, die von heißen, blauweißen Sternen zu kühleren, roten verläuft: O, B, A, F, G, K, M. Generationen von Wissenschaftlern haben sie sich mit folgendem Satz gemerkt: „O, Be A Fine

Girl, Kiss Me!" („Oh, sei ein nettes Mädchen, küss mich!") Spika ist ein B-Stern, Atair und Wega sind A-Sterne, Polaris ist ein F-Stern und die Sonne ist vom Typ G. Dagegen gehört Arktur dem K-Typ an, und Beteigeuze, dem wir in Kürze begegnen werden, ist ein Roter M-Überriese.[7]

... dann schwenke nach Nordwesten zu Regulus, dem Herzen des Löwen.

Regulus ist mit 1,4 Größenklassen und 77,5 Lichtjahren Entfernung der hellste Stern im Löwen. Sein Name bedeutet „der kleine König". Er hat die Spektralklasse B und den dreieinhalbfachen Durchmesser der Sonne. Regulus ist ein Dreifachsystem: Während der orangefarbene Begleiter leicht mit einem kleinen Teleskop gesehen werden kann, da er etwa drei Bogenminuten entfernt steht, ist der ihn begleitende schwache Zwergstern (13. Größenklasse) nur schwer im Glanz seines helleren Begleiters zu erkennen, da er nur 2,6 Bogensekunden Abstand hat. Ein vierter Stern in der Nähe wurde als Regulus D katalogisiert, da man annahm, dass er ebenfalls zum System gehöre. Aber er steht zweifelsfrei nur zufällig in der gleichen Blickrichtung. Der Löwe ist ein Tierkreissternbild, weshalb Regulus gelegentlich durch den Mond oder sogar durch einen Planeten bedeckt wird. Beispielsweise wurde Regulus am 7. Juli 1959 von der Venus bedeckt, was ich gerne von Key Biscayne aus beobachtet hätte. Aber Regulus war untergegangen, bevor die Bedeckung stattfand.

Fünf Grad westlich von Regulus kann man manchmal mit dem bloßen Auge den veränderlichen Stern R Leonis sehen, der mit einer durchschnittlichen Periode von 310 Tagen pulsiert. Meistens ist R Leonis mit einer Helligkeit zwischen der sechsten und zehnten Größenklasse ein Objekt für das Fernrohr, aber bei Spitzenhelligkeiten kann er heller als fünfte Größe werden und mit den bloßen Augen gesehen werden. Bei ihm handelt es sich um einen Mira-Veränderlichen, die nach Mira (arabisch für „die Wunderbare") im Walfisch benannt sind. Mira weckte schon das Interesse unserer Vorfahren, weil sie ungefähr hundert Tage lang hell genug ist, um sie mit dem bloßen Auge zu sehen. Gelegentlich erreicht sie die Helligkeit $2^{m},5$, dann wird sie wieder für Monate unsichtbar. Mira-Veränderliche sind pulsierende Sterne durchschnittlicher Masse in einer späten, instabilen Phase ihrer Entwicklung. Es gibt viele weitere Typen veränderlicher Sterne, unter ihnen die spektakulären „Flare-Sterne" und „kataklysmischen" Veränderlichen. Zu den ständig mit dem bloßen Auge sichtbaren Veränderlichen gehört Beteigeuze, der im Lauf von sechs Jahren fast so schwach wie Aldebaran (ungefähr 0,9 Größenklassen, selbst ein Veränderlicher) oder so hell wie Rigel (0,1 Größenklassen) wird. Weitere Beispiele sind Delta Cephei, nach dem die Cepheiden-Veränderlichen benannt wurden, mit 3,5 bis 4,4 Größenklassen innerhalb von weniger als einer

Woche, und der Cepheide Zeta Geminorum, der innerhalb von zehn Tagen zwischen 3,6 und 4,2 Größenklassen schwankt.

Bedeckungsveränderliche zeigen ein ähnliches Verhalten wie pulsierende Veränderliche, sie sind in Wirklichkeit aber sehr verschieden von ihnen: Diese Systeme sind vielmehr zufällig so im Raum orientiert, dass eine Komponente periodisch vor der anderen vorbeizieht und sich dadurch die scheinbare Helligkeit verändert. Der Prototyp der Bedeckungsveränderlichen ist Algol (der „Teufelsstern") im Perseus. Algol ist ein Dreifachsystem und seine Veränderlichkeit resultiert aus den gegenseitigen Verfinsterungen zweier Sterne. Der eine ist hellblau, der andere ein Roter Riese, und beide sind heller als die Sonne. Obwohl Algols Entfernung nur 93 Lichtjahre beträgt, liegen die beiden Sterne so nahe beisammen, dass sie selbst mit den größten Teleskopen nicht getrennt gesehen werden können. Sie bilden möglicherweise ein so genanntes Kontaktsystem, das heißt, dass sie so dicht beisammen stehen, dass eine Komponente Materie von der anderen wegsaugt. Das nachfolgend beschriebene, allgemein akzeptierte Modell für Algol wurde aus seiner Lichtkurve und aus spektroskopischen Untersuchungen abgeleitet. Sie gaben Aufschluss über die Typen und Geschwindigkeiten der Komponenten. Die Ergebnisse zeigen, dass die Bahnebenen der beiden Sterne nicht ganz von der Kante zu sehen sind. Der Großteil der Scheibe des schwächeren Sterns wird verdeckt, wenn sie hinter dem helleren vorbeizieht, und der Großteil des helleren Sterns wird verdeckt, wenn der schwächere vor ihm vorbei zieht. Dadurch entsteht ein leichter Helligkeitsabfall, wenn der schwächere Stern bedeckt wird, und alle 2,87 Tage ein deutlicher von 2,1 auf 3,4 Größenklassen, wenn der hellere bedeckt wird.

In allen Sternbildern, die wir bislang besucht haben, gibt es viele Galaxien. Einige dieser fernen Sterneninseln wie M 49 und M 87 in der Jungfrau sind hell genug, um sie im Fernglas zu sehen. Dass in diesem Teil des Himmels so viele Galaxien zu sehen sind, liegt daran, dass wir dort aus der Ebene unserer eigenen Galaxie herausschauen. Schauen wir dagegen entlang der galaktischen Ebene, verdecken im sichtbaren Licht riesige Wolken aus Staub und Gas unserer eigenen Galaxis den Blick auf die meisten Galaxien dahinter. Unser nächster Schritt führt uns nahe an die Milchstraße heran.

Es ist dann nicht mehr allzu weit bis zu den Zwillingen,
wo Kastor und Pollux leuchten, ...

Bewegen wir uns 37 Grad entlang der Ekliptik nach Westen zu den Zwillingen Kastor und Pollux, den Kopfsternen des Sternbildes Gemini, dann landen wir im sternreichen Dickicht am Rande der Milchstraße. Hier gibt es mit dem bloßen Auge und vor allem mit dem Fernglas viele lokale Sehenswürdigkeiten zu bestaunen. Wenn wir uns durch die Zwillinge treiben lassen, können wir mehrere Schätze finden – beispielsweise den offenen Sternhaufen M 35 in der Nähe von Kastors linkem Fuß. Und es gibt noch mehr zu sehen.

... in der Nähe von Rigel und Kapella
und Sirius ganz unten.

Dieser letzte, 50 Grad weite Sprung führt uns zum Himmelsjäger Orion und seinem Hund Canis Major, mitten hinein in die reichhaltigen Sternfelder der Milchstraße. Der Orion ist verständlicherweise das Lieblingssternbild vieler Sterngucker, denn er sieht tatsächlich wie ein Jäger aus: Man kann die breiten Schultern, den rechten Arm mit der Keule und den linken mit dem Schild, seine Füße sowie seinen wunderbaren Gürtel mit dem herabhängenden Schwert förmlich sehen. Es sieht so aus, als ob er sich gegen den Stier richtet, einen schwierigen Gegner. Diese Sterne haben sich freundlicherweise zu unserer Unterhaltung in markanten Figuren angeordnet. Viele andere Sternbilder haben dagegen nur eine entfernte Ähnlichkeit mit ihrem Namen. (Ist Ophiuchus ein Schlangenträger oder eher ein Müllcontainer, Virgo eine Jungfrau oder eher ein Flachboot?) Aber es gibt einige wie den Skorpion, den Schwan oder den kleinen Delfin, die so klare Konturen haben, dass sie dem Neuling ein entzücktes „Ich kann ihn erkennen!" entlocken. Orion ist vielleicht das großartigste Beispiel von allen.

Das Sternbild wurde in vielen Überlieferungen als mythologische Figur beschrieben und diente Bauern und Sehleuten als Anhaltspunkt, um die Jahreszeiten zu bestimmen. Den Orion fanden sie selbst dann, wenn sie nur wenige Sternbilder kannten. Bei den alten Ägyptern war Orion Osiris, der Gott der Unterwelt, und die Milchstraße war der unterirdische Fluss, auf dem er mit seinem Boot fuhr. In einer Übersetzung des Alten Testaments fragt Gott Hiob rhetorisch: „Knüpfst du – ein Mensch – die Bande des Siebengestirns oder löst den Gürtel des Orion?" Vergil, Plinius und Horaz erinnern daran, dass das Auftauchen des Orion am Nachthimmel mit dem Beginn der Winterstürme zusammenfällt, also mit einer Zeit, „wenn der Wind mit donnerndem Klang weht ... und das düstere Meer von dunklen Wolken verhüllt wird", so warnt Hesiod.[8] Sie wussten genau, wovon sie sprachen: Während ich diese Zeilen an einem Januarnachmittag schreibe – dem Monat, in dem Orion abends am höchsten steht – lassen Donnerschläge die Fensterscheiben erzittern, und die schiefergraue Oberfläche der Bucht von San Francisco verschwindet hinter Schaumkronen und verwehten Regentropfen.

Die beiden hellsten Sterne des Orion zeigen einen deutlichen Farbunterschied. Rigel, das Signalfeuer am Fuß des Himmelsjägers, ist ein blauweißer Überriese. Beteigeuze, das rubinrote Licht an der Schulter und zweithellster Stern des Sternbildes, ist ein pulsierender Roter

Überriese. Beteigeuzes Atmosphäre ist so ausgedehnt, dass der Stern, stünde er am Platz der Sonne, sich noch über die Jupiterbahn hinaus erstrecken würde.

Aus der Helligkeit eines Sterns am Himmel (seiner *scheinbaren* Helligkeit) kann man nicht auf seine tatsächliche Helligkeit (oder *absolute* Helligkeit) schließen. Obwohl Rigel und Beteigeuze vergleichbare scheinbare Helligkeiten haben, ist Rigel doppelt so weit von der Erde entfernt wie Beteigeuze. Sirius, der hellste Stern des Nachthimmels und der ganze Stolz des Sternbildes Großer Hund, verdankt seine beeindruckende scheinbare Helligkeit der Tatsache, dass er einerseits tatsächlich hell ist (23-mal leuchtkräftiger als die Sonne) und mit 8,6 Lichtjahren andererseits der Erde ziemlich nahe steht. Das Wort „Sirius" ist wohl vom griechischen Wort „sengend" abgeleitet.

Die Sterne eines Sternbildes liegen nicht notwendigerweise auch im Raum nahe beieinander. Die Sterne der gezackten Sternkette im Schwan zum Beispiel, die das vorangehende Flügelende markieren, liegen alle innerhalb einer Entfernung von 200 Lichtjahren. Albireo aber, der wunderschöne Doppelstern im Auge des Schwans, ist 386 Lichtjahre von der Erde entfernt; Sadr, der hellste Stern des Körpers, ist gar 1500 Lichtjahre weit weg. Und Deneb, der hellste Stern im Schwan überhaupt, ist sogar fast doppelt so weit entfernt wie Sadr.

Viele Sterne des Orion liegen jedoch tatsächlich in ähnlichen Entfernungen, weil sie sich alle in einem nahen Spiralarm der Galaxis befinden. Das Milchstraßensystem ist eine typische große Spiralgalaxie, die aus einigen hundert Milliarden Sternen und gewaltigen Gas- und Staubwolken besteht.[9] Die meisten Sterne und fast alles Gas und aller Staub liegen in der galaktischen Scheibe. Die Scheibe ist groß – rund 100 000 Lichtjahre im Durchmesser –, aber nur ein paar tausend Lichtjahre dick. In ihrem Zentrum befindet sich ein hervorstehender „Bauch", wie er fantasielos genannt wird, der hauptsächlich aus älteren roten und gelben Sternen besteht. (Nehmen Sie ein Jo-Jo auseinander und stecken sie seine Achse durch das Loch einer Schallplatte: Das Jo-Jo ist dann der zentrale Bauch und die Schallplatte die galaktische Scheibe.) Die Spiralarme enthalten riesige Sternentstehungsgebiete, die durch zahlreiche junge, blauweiße Riesen und Überriesen zum Leuchten angeregt werden. Diese Sterne sind aus kosmischer Sicht erst kürzlich entstanden und haben ihr kurzes, verschwenderisches Leben noch nicht durchlaufen, an dessen Ende sie explodieren werden.

Fotografiert man andere Galaxien, kann man ohne weiteres die Spiralarme sehen; die unserer eigenen Galaxis sind jedoch schwieriger zu erkennen, da wir uns innerhalb der Scheibe befinden, in der auch die Spiralarme liegen. Die Situation ist ähnlich, wie wenn wir in einem Wald aus dekorierten Weihnachtsbäumen stünden und einige von ihnen, die den Spiralarmen entsprächen, hätten besonders helle Lichter. Bei der Arbeit, den Wald von den Bäumen zu unterscheiden, halfen den Astronomen Beobachtungen im Radio- und Infrarotbereich, da diese Wellenlängen die zwischen den Spiralarmen liegenden Wolken durchdringen. Die resultierenden Karten zeigen, dass das Sonnensystem am inneren Rand des so genannten Orion-Arms liegt, ungefähr bei zwei Dritteln des Weges vom Zentrum der Galaxis zum Rand der leuchtenden Scheibe. Der Orion-Arm liegt zwischen zwei weiteren Spiralarmen: Der innere Arm, den wir sehen, wenn wir Richtung galaktisches Zentrum blicken, heißt Sagittarius-Arm. Wir werden ihn auf dieser Reise später noch besuchen, zunächst schauen wir aber in die entgegengesetzte Richtung, also weg vom galaktischen Zentrum, zum Orion-Arm.

Der zentrale Bereich des Orion-Arms ist 1500 Lichtjahre von der Erde entfernt und mit Bereichen brillanter neuer Sterne durchsetzt. Eine Fotografie mit nur zehn Minuten Belichtungszeit (Ich machte als Junge selbst ein paar Aufnahmen mit einer motorbetriebenen Montierung, die aus Wasserleitungsrohren zusammengebaut war) zeigt, dass der Großteil des Sternbildes Orion in leuchtende Wolken eingehüllt ist. Mit dem bloßen Auge kann man bereits die hellste Stelle ausfindig machen: den berühmten Orion-Nebel, einen leuchtenden „Bienenstock" in der Mitte von Orions Schwertgehänge. Er ist eine Art helle Blase in einer großen Wolke aus Gas und Staub, und sein Gas wurde durch das Licht heller, neu entstandener Sterne ionisiert. Mit einem Fernglas kann man die neugeborenen Sterne im Nebel sehen, die ihn wie Leuchtkäfer durchsetzen. Einer von ihnen ist Theta Orionis, ein leicht zu trennendes Mehrfachsystem.

Könnten wir die Zeit beschleunigen, so dass Millionen von Jahren in Sekunden vergingen, würden wir feststellen, dass helle Blasen wie der Orion-Nebel kurz aufleuchten, während sich ein neuer Schwung Sterne in ihnen bildet, um dann wieder schwächer zu werden. Dagegen bleibt der Großteil des Gases und Staubs im Spiralarm die meiste Zeit über dunkel. Diese riesigen dunklen Wolken – viele von ihnen sind gebogen wie die Rippen eines gestrandeten, hilflosen Wals – sind für angehende Beobachter nicht sofort erkennbar. Sie halten sie womöglich für leeren Raum zwischen den Sternen. Aber wenn man weiß, wonach man suchen muss, sind sie sehr auffällig.[10] Lange dunkle Ranken winden sich auch durch den Orion: parallel zur Schwertscheide bis zur rechten Schulter hoch und von dort aus weiter am Rosetten-Nebel vorbei, der östlich von Beteigeuze im Sternbild Einhorn liegt und selbst eine prachtvolle Sternentstehungsblase ist.

Dunkelnebel waren Edward Emerson Barnards spezielle Studienobjekte. Wir begegneten ihm zuvor schon einmal bei seinen vorzüglichen Marsbeobachtungen und bei der Entdeckung des Jupitermondes Amalthea. Barnard hat sich aus eigener Kraft auf eine Weise hochgearbeitet, wie sie die Welt noch nicht gesehen hat. 1857 wurde er in ärmlichen Verhältnissen in Nashville, Tennessee, einige Monate nach dem

Tod seines Vaters geboren. Seine Mutter bastelte Wachsblumen, um den Unterhalt für die beiden Kinder bestreiten zu können. Sie blieben oft hungrig. Während des Bürgerkrieges sank ein Dampfer mit Vorräten, bevor er die belagerte Stadt erreichen konnte. Barnard tauchte daher im Cumberland River und schaffte es, eine Kiste Zwieback fürs Abendessen zu bergen. Seine Kindheit war, wie er später sagte, „so traurig und bitter, dass ich sogar rückblickend nicht ohne ein Erschauern daran denken kann".[11] Um „die Traurigkeit zu mildern", legte sich Barnard in warmen Nächten hinaus auf einen verwitterten Wagenkasten und schaute die Sterne an. Nur wenige haben den Nachthimmel in einem Zustand noch größerer Unwissenheit erblickt. Seine Mutter war zu arm, um Bücher zu kaufen, und Barnard hatte in seiner Jugendzeit nur zwei Monate Schulunterricht, weshalb er wirklich absolut nichts über Astronomie wusste. Er freundete sich mit einem hellen Stern an, der an Sommerabenden über ihm stand, er wusste aber nicht, dass es Wega war. Er prägte sich die namenlosen Sterne ein und „sah bald, dass einige von ihnen ihre Positionen zwischen den anderen veränderten", aber er wusste nicht, dass es sich dabei um Planeten handelte.[12]

Kurz vor seinem neunten Geburtstag, nachdem er eine Cholera-Epidemie in der Stadt überlebt hatte, wurde Barnard zu Van Stavorens Fotografischer Galerie in Nashville zum Arbeiten geschickt. Eine Aufnahme aus dieser Zeit zeigt einen reizenden, gut aussehenden Jungen mit verbissenen Lippen, aber großen, hoffnungsvollen Augen. Auf einer Jahre später gemachten Fotografie war der Mund genauso, aber die Hoffnung war aus seinem Blick verschwunden. Barnards Aufgabe war es, ein Räderwerk über eine Kurbel in Bewegung zu halten, das eine gigantische Kamera auf dem Dach ständig auf die Sonne ausrichtete. Das Sonnenlicht nutzte ein Fotograf, um Papierabzüge von Negativen zu machen. Andere Jungen waren vor dieser langweiligen Aufgabe zurückgeschreckt oder eingeschlafen, so dass die Sonne wegwanderte. Aber Barnard faszinierte die Tatsache, dass die Sonne ihren höchsten Punkt am Himmel manchmal zu Mittag erreichte und dann wieder vor oder nach dem Mittag. Die Glocken der nahen St. Mary's Church dienten Barnard als Zeitmesser. „Der Unterschied erreichte gelegentlich den beträchtlichen Teil einer Stunde. Das machte mich nachdenklich und ließ mich staunen."[13] Erst Jahre später lernte er, dass er die so genannte Zeitgleichung bemerkt hatte. Dabei handelt es sich um den Unterschied zwischen der Ortszeit und der Sonnenzeit, die im Lauf der Jahreszeiten schwankt. Während Barnard nachts den langen Weg heimging, freundete er sich mit einem gelben, „sich bewegenden" Stern an. Es gab allerdings niemanden, der ihm sagte, dass dies Saturn war.

Barnard blieb 17 Jahre in dem Atelier. Dort erarbeitete er sich sein Wissen über Optik und schaffte es schließlich, aus zusammen gesammelten Gegenständen ein Fernrohr zusammenzubauen. Der Tubus stammte von einem alten Schiffsfernglas, das Okular von einem kaputten Mikroskop und das Stativ aus der Ausrüstung eines Vermessers. Er richtete sein Teleskop teils stundenlang auf den Nachthimmel; besonders gefiel ihm die Beobachtung von Jupiter. Seine astronomische Unwissenheit endete an dem Tag, an dem ein armer Freund sich zwei Dollar bei ihm lieh und ein Buch als Sicherheit für das Darlehen zurückließ, von dem Barnard wusste, dass es niemals zurückgezahlt werden würde. „Ich war ziemlich ärgerlich, weil das Geld für mich ein großer Betrag war, und es dauerte eine Weile, bevor ich das Buch öffnete", erinnerte er sich später.[14] Als er es schließlich tat, stellte er sprachlos fest, dass es darin um Astronomie ging. Erfreut brütete er über seinem Fund „The Sidereal Heavens" von Thomas Dick. Das Buch enthielt einen Satz Sternkarten – die ersten, die Barnard zu Gesicht bekam. Er machte sich umgehend an die Arbeit und verglich sie „mit dem Himmel vom offenen Fenster aus, und in weniger als einer Stunde hatte ich die Namen meiner alten Freunde gelernt. Da war Wega und die Sterne des Kreuzes im Schwan und Atair und weitere, die ich seit meiner Kindheit kannte. Dies war meine erste flüchtige Annäherung an die Astronomie mit einem entsprechenden Hintergrundwissen."[15]

Barnard beobachtete weiter, entdeckte mehrere Kometen, las viel, engagierte einen Mathematiklehrer, graduierte an der Vanderbilt University mit einem Abschluss in Mathematik, lehrte dort und fand schließlich am Lick Observatory eine Stelle. Er hatte die Sternwarte besucht, während die Kuppeln noch im Bau waren, um zu verkünden, dass er den Lehrdienst quittiert und sein Haus verkauft habe, um ohne Bezahlung am Observatorium zu arbeiten, wenn er nur beobachten könne. Am Lick und später am Yerkes Observatory profitierte er von seinem guten Sehvermögen, seinem fotografischen Wissen und seiner sagenhaften Arbeitseinstellung – Kollegen sagten, dass sie ihn nie hätten schlafen sehen. Bis zum Ende seiner beruflichen Laufbahn hatte er mehr als 900 wissenschaftliche Veröffentlichungen verfasst. Die von ihm auf dem Jupitermond Io wahrgenommenen Strukturen ließen sich erst bestätigen, als *Voyager* den Riesenplaneten fast ein Jahrhundert später besuchte. Barnard fiel die schnelle Eigenbewegung von „Barnards Pfeilstern" auf, er entdeckte „Barnards Galaxie" und kartierte 349 Dunkelnebel. Letztere veröffentlichte er 1927 in seinem exquisiten „Photographic Atlas of Selected Regions of the Milky Way", wobei er die Originalabzüge von Hand einfügte.

Barnard glaubte, dass diese schwarzen Flecken und Bänder Löcher in Sternfeldern waren, durch die wir in die Schwärze des Raums dahinter schauen konnten. Diese Meinung hatte auch William Herschel vertreten, der sie „große Löcher oder Stellen" nannte, die zurückgeblieben waren, nachdem Sterne in Gebiete höherer Dichte gezogen worden waren. (Er scheint diese Theorie wiederum von dem einstigen Schäfer James Ferguson übernommen zu haben, dessen Buch „Astronomy

Explaned“ Herschel erstmals mit den Sternen in Berührung gebracht hatte.) Das war nicht wirklich eine schlüssige Hypothese, denn die „Löcher“ hätten lange, dünne Tunnel oder tiefe Risse sein müssen, die alle zufällig auf die Erde ausgerichtet gewesen wären. Aber trotz seiner Schwächen als Theoretiker war Barnard – ein großer, freundlicher Mann mit einem weißen Walrossschnurrbart, der trotz seiner vielen Sorgen während der Arbeit pfiff – ein exzellenter Beobachter. Einige würden sogar sagen, dass er der beste seit Herschel war.

Barnards Name ist heute der Inbegriff für alle, die sich daran erfreuen, die dunklen Flussläufe durch die Sterne zu verfolgen. Und für alle, die darüber nachdenken, dass die Dunkelnebel trotz ihrer Unveränderlichkeit im Lauf eines Menschenlebens in Wirklichkeit sich windende und in sich zusammenstürzende Wolken sind, die so viel Dynamik wie Stürme im Gebirge haben. Möchte man Dunkelnebel aufspüren, kann dies so schwierig sein, wie wenn man nach dem Lichtschalter in einem dunklen Gästezimmer sucht. Das Auge muss lernen, sie zu erkennen. Es ist dabei ein bisschen so, wie wenn man Pfifferlinge unter einem Blätterteppich auf dem Waldboden finden soll. Aber es lohnt sich wirklich. Große Dunkelnebel lassen sich mit bloßen Augen beobachten. Manche Beobachter verhüllen ihre Köpfe mit schwarzen Tüchern und schauen durch spezielle Filter, um den störenden Himmelshintergrund auszublenden. Kleinere Nebel lassen sich mit Ferngläsern und Teleskopen aufspüren. Da mehr Teile der Milchstraße dunkel als hell sind, liefert die Untersuchung von Dunkelwolken einen Einblick in die galaktische Struktur.

Der größte Dunkelnebel ist das tintenschwarze Archipel, das als „Great Rift“ bekannt ist. Vom Schwan über den Adler bis zum Schützen teilt es die leuchtende Milchstraße wie ein Rückgrat. Im Schützen schauen wir direkt in Richtung zum Zentrum der Galaxis, und das Staubband verdeckt den Blick auf einen Großteil des zentralen Bauchs. Der zentrale Bauch ragt auf beiden Seiten hervor – er liegt dahinter, 26 000 Lichtjahre von der Erde entfernt – und im Vordergrund wölben sich Barnards schwarze Schornsteine und Girlanden auf wie die Wellen in einer starken Brandung. Die „Great Rift“ ist im Sommer von der Nordhalbkugel aus günstig zu beobachten, der zentrale Bauch ist dagegen am besten von der Südhalbkugel aus zu sehen, wo er durch den Zenit läuft.

Die komplexe Schönheit der Milchstraße regte eine ganze Zahl von Sternguckern dazu an, ihr Aussehen zu zeichnen, als die Fotografie sich für diese Aufgabe noch nicht eignete. Eduard Heis aus Aachen machte sorgfältige Bleistiftzeichnungen der Milchstraße. Dabei schaute er durch eine 30 Zentimeter breite und 30 Zentimeter lange geschwärzte Röhre, um die schwächsten Objekte besser sehen zu können. Der dänische Astronom Antonie Pannekoek zeichnete ebenfalls große Bereiche der Milchstraße mit außerordentlicher Genauigkeit.

Dazu verwendete er ein ausgeklügeltes System: Bei Nacht erfasste er die Positionen und Helligkeitsstufen der Nebel; am nächsten Morgen fertigte er dann auf dieser Grundlage Zeichnungen an. Seine 1926 erstellte Zeichnung der Region Skorpion/Schütze besteht problemlos den Vergleich mit heutigen Fotografien und stellt leuchtende Sternwolken und dunkle Staubbänder dar, die zu groß für die Beobachtung im kleinen Gesichtsfeld eines Fernrohrs sind.

Im Fernglas blüht das Sternbild Schütze in einen fast überwältigenden Reichtum aus Sternfeldern und Nebeln auf. Die Sternschwärme sind wenige Grad nordwestlich von Gamma Sagittarii, einem Stern dritter Größenklasse, besonders hell, weil wir dort direkt ins Herz der Galaxis schauen. Aber sie erstrecken sich über das gesamte Sternbild und noch darüber hinaus. Auffällig unter den leuchtenden Wolken sind der anmutige Schwanen-Nebel sowie der Lagunen- und Trifid-Nebel, die gemeinsam ins Gesichtsfeld eines Fernglases passen, außerdem die nahe beieinander stehenden offenen Sternhaufen M 23, 24 und 25 und schließlich M 16, der direkt an der Grenze im benachbarten Sternbild Schlange steht. Diese Wolken „sind voller großartiger Details und man scheitert zwangsläufig bei dem Versuch, dieses wundervolle Gebiet aus Sternmassen zu beschreiben. Sie sind wie die wogenden Wolken eines Sommernachmittags“, so formulierte es Barnard im Jahr 1913.[16]

Im Leben hat man gelegentlich das Gefühl, dass etwas Tieferes hinter der äußeren, sichtbaren Realität versteckt ist. Ob das in spiritueller Hinsicht zutrifft, ist eine offene Frage, aber für den Nachthimmel stimmt es auf jeden Fall. Lassen Sie uns daher zurück ans Fernrohr gehen und noch tiefer vordringen.

Das digitale Universum: Ein virtueller Besuch bei einem Roboterteleskop

Es war siebzehn aufeinander folgende Nächte bewölkt gewesen. Ich hatte die „dunklen" Nächte ohne Mond verpasst und der Beobachtungsplan auf meinem Schreibtisch in der Sternwarte verstaubte. Daher begann ich das Internet nach Beobachtungszeit an einem Teleskop zu durchsuchen, wo die Bedingungen günstiger waren. So etwas war im Jahr 2001 noch immer eine Zitterpartie. Viele der Webseiten, die die Beobachtung an einem voll automatisierten Teleskop anboten, waren erst im Aufbau, während bei anderen die Softwarefehler oder Abstürze der Hardware so alptraumhafte Ausmaße annahmen, dass ihr Betrieb zum Stillstand gekommen war. Einige, wie das Global Telescope Network oder das Automatic Telescope Network, befanden sich im Planungsstadium. Und wieder andere wurden lediglich als Konzept aufgeführt oder waren gar vollständig wieder aus dem Web verschwunden. Aber schließlich fand ich zwei einsatzfähige Instrumente: eines in England und eines in Kalifornien. An beide schickte ich eine E-Mail mit der Bitte um eine zehn Minuten lange, ungefilterte CCD-Aufnahme des wechselwirkenden Galaxienpaares NGC 7806 und Arp 112, das ich untersuchte. Ich war in keinem der beiden Observatorien jemals gewesen und hatte keine Vorstellung davon, wann die Bilder gemacht werden würden. Ein Computer würde das auf der Grundlage der Wetterbedingungen und der Anfragen konkurrierender Beobachter entscheiden.

Seit Galilei beobachteten Astronomen immer persönlich am Teleskop. Als große Fernrohre auf abgelegenen Bergen gebaut wurden, bedeutete dies meist, dass eine Pilgerfahrt über Tausende von Kilometern erforderlich war. Oben angekommen keuchte man in der dünnen Luft und sorgte sich wegen des drohenden schlechten Wetters. Die Beobachter instruierten einen „Nachtassistenten", einen permanent am Observatorium anwesenden Techniker, der die Stärken und Schwächen des Teleskops kannte und der sowohl dem Beobachter half, die besten Ergebnisse zu erzielen, als auch darauf achtete, dass das Instrument nicht zu Schaden kam. Aber selbst wenn der Gastastronom das Fernrohr nicht selber betrieb, war er immerhin am Beobachtungsort anwesend und direkt eingebunden.

Mit der zunehmenden Verbreitung von Computern begann sich diese Situation zu verändern. Als CCD-Kameras mit automatischen Nachführeinrichtungen Fotokameras und Filme ersetzten, mussten die Beobachter sich nicht mehr länger in engen Beobachterkabinen aufhalten. Stattdessen konnten sie sich in den warmen und relativ komfortablen Kontrollraum begeben, von wo aus das Teleskop ausgerichtet und die Aufnahmen am Computermonitor kontrolliert wurden. Bei Observatorien in extremer Höhe, wie das auf dem Mauna Kea auf

Hawaii, befindet sich der Kontrollraum sogar Hunderte von Metern unterhalb des Gipfels mit dem Teleskop, um den schwächenden und möglicherweise gefährlichen Sauerstoffmangel zu umgehen. Die Beobachter können trotzdem alles, was sie brauchen, auf den Computerbildschirmen sehen; lediglich ein paar Nachtassistenten müssen auf dem Gipfel bleiben. Inzwischen arbeiten *Hubble* und andere Weltraumteleskope in der Umlaufbahn vollständig autonom – kein direkter Kontakt außer den gelegentlichen Wartungs- und Verbesserungsarbeiten der Spaceshuttle-Astronauten ist mehr nötig. Als die für diese Zwecke entwickelte Hard- und Software auch in anderen Anwendungen Verbreitung fand, wurden in einigen abgelegenen Observatorien vollautomatische Teleskope installiert. Sie waren darauf ausgelegt, dass sie über Wochen oder Monate mit wenig oder keinem direkten menschlichen Eingriff arbeiteten. Ihre Befehle erhielten sie über das Internet, und die Aufnahmen gelangten auf dem gleichen Weg zurück zum Beobachter. Immer mehr Beobachter setzten auf Teleskope, die sie niemals zuvor gesehen hatten. Die Kosten und Mühen der astronomischen Pilgerfahrten waren Vergangenheit.

Im Sommer 2000 besuchte ich eine kleine Werkstatt in Birkenhead, direkt auf der anderen Seite des Mersey River in Liverpool, die sich auf vollautomatische Teleskope spezialisiert hatte. Ihr Geschäftsführer Michael Daly führte mich durch die Firma. Die brandneue und sorgfältig aufgeräumte Werkstatt lag inmitten von Feldern, über die eine Meeresbrise strich. Seemöwen flogen träge eine Acht am Himmel. Daly erklärte, dass dieses nicht gewinnorientierte Unternehmen unter der Schirmherrschaft einer örtlichen Universität gegründet worden sei. Es wurde von der britischen Regierung und der Europäischen Union im Rahmen eines Programms finanziell unterstützt, das High-Tech-Arbeitsplätze in ökonomisch schwächeren Regionen schaffen und gleichzeitig europäischen Wissenschaftlern die Mittel an die Hand geben sollte, große Teleskope ohne Hilfe aus Japan oder den USA zu bauen.

Wir schauten uns einen mit Teppich ausgelegten Raum an, wo Techniker an CAD-Bildschirmen den digitalen Blaupausen von vier vollautomatischen Zwei-Meter-Teleskopen den letzten Schliff gaben. Es waren die ersten Aufträge der Firma. Dann betraten wir die Fertigungsräume, wo die Fernrohre in verschiedenen Bauphasen standen. Jedes bestand aus einem riesigen, zwei Stockwerke hohen Stahlskelett, das auf einem Betonsockel ruhte. Das erste sollte auf den Kanarischen Inseln aufgebaut werden, das zweite in Indien. Die restlichen beiden waren Teil eines britischen Programms, bei dem Schüler ihre eigenen Beobachtungen durchführen konnten: eines war für Hawaii und eines für Australien bestimmt. „Kinder sind von den Naturwissenschaften fasziniert“, hatte mir der Astronom Paul Murdin einige Tage zuvor in Manchester gesagt, der das Schülerprojekt in die Wege geleitet hatte.

„Aber sie verlieren ihr Interesse als Teenager. Etwas passiert mit ihnen, vermutlich ist es die Pubertät. Wir versuchen, ihr Interesse wach zu halten, indem wir sie mit echter Forschung in Kontakt bringen."

Daly hob seine Stimme in dem hallenden Gebäude und tätschelte die Seite eines der großen Fernrohre: „Wenn dieses an seinem Standort in Betrieb geht, durchläuft es jeden Abend einen Selbsttest und prüft die Wetterbedingungen, um zu ermitteln, ob es sicher ist, dass die Kuppel geöffnet werden sollte. Dann schaut es sich sein Arbeitspensum an und wählt aus, was es diese Nacht macht. Entscheidend dafür sind die Wetterbedingungen und die Effizienz, damit es nicht ständig unnötig über den gesamten Himmel schwenkt. Wir wollen, dass das Teleskop die Entscheidung trifft, nicht der Astronom. Sind die Astronomen erst einmal nicht mehr da, fragt man sich, was all die Ingenieure da auf halber Höhe auf einem Berg in der Dunkelheit und Kälte noch machen. Um sie auch überflüssig zu machen, muss die Funktionsfähigkeit sehr zuverlässig sein. Aber wenn du die Leute von dort wegbekommst, wird die Einrichtung kleiner und einfacher, was wiederum die Betriebskosten verringert."

Ein Nachführmotor erwachte mit dem geschmeidigen Klang ineinander greifender geölter Zahnräder zum Leben und eines der großen Stahlskelette bewegte sich um einige Grad. „Jedes dieser Fernrohre wiegt 24 Tonnen und kostet zweieinhalb Millionen Pfund", überschrie Daly den Lärm. „Sie bewegen sich auf hydrostatischen Öllagern und nutzen bürstenlose Gleichstrommotoren. 14 Computer betreiben jedes Teleskop. Ziel war es, die Computer so nahe wie möglich dort anzubringen, wo sie benötigt werden, damit wir viele Kabel vermeiden können. Kabel sind immer ein Ärgernis. Wir nutzen geschlossene Kühlsysteme und hochzuverlässige Instrumente. Die Fernrohre können ihre eigenen Sterntests durchführen, um die Sichtbedingungen zu bestimmen, und sie können ihre Optiken selbst justieren."

Ich schaute zum Dach hinauf. Es war wie bei Amateur-Sternwarten ein Rolldach, damit die Teleskope an Sternen getestet werden konnten, wenn sie fertig waren.

„Zunächst prüfen wir jedes Fernrohr als Maschine, ohne Spiegel", sagte Daly. „Wenn es diese Tests bestanden hat, setzen wir den Spiegel ein, rollen das Dach zurück und testen, ob es als Teleskop funktioniert. Ich hoffe, dass wir eines Nachts die Öffentlichkeit einladen und alle vier gleichzeitig betreiben können. Die Berufsastronomen werden die Nase rümpfen, aber es wird sie beeindrucken."

Für Berufsastronomen hat die vollautomatische Beobachtung verschiedene Vorteile. Den Nachtassistenten sitzen keine Beobachter mehr im Nacken. Statt böse Geschichten über berühmte Astronomen zu erzählen, die Teleskope in Leitern fahren, Zubehörteile zerbrechen, wenn sie sie benutzen wollen, oder Okulare auf den Hauptspiegel fallen lassen (in einem Fall war es sogar ein Sandwich mit Erdnussbutter und Gélée), können die Nachtassistenten sich zurücklehnen und das Fernrohr beobachten – zumindest bis auch sie überflüssig geworden sind. Die Astronomen können daheim bleiben, wissenschaftliche Veröffentlichungen schreiben und nachts schlafen, während ihre Beobachtungen für sie gemacht werden. Die Sternwartenleiter schätzen die finanziellen Einsparungen, und alle profitieren von der höheren Effizienz. Früher musste ein Astronom die hochauflösende Spektroskopie intergalaktischer Wolken abbrechen, nachdem der Mond aufgegangen war, da der Himmel dadurch zu sehr erhellt wurde. Ein Sternspektroskopiker hätte in den Stunden des Mondscheins weiter arbeiten können, aber wenn so jemand nicht zugegen war, blieb das Fernrohr ungenutzt. Das war das kleine schmutzige Geheimnis der beobachtenden Astronomie: Die Beobachtungszeit an guten Teleskopen, besonders bei den mittelgroßen, wurde verschwendet, weil das Geld fehlte, um ständig den richtigen Beobachter zum richtigen Zeitpunkt parat zu haben. Vollautomatische Teleskope haben dieses Problem nicht, da der Beobachter für die Sammlung der Daten nicht anwesend sein muss.

Durch die Robotertechnik haben Amateure Zugang zu mehr und größeren Fernrohren, als sie daheim haben – darunter auch einige der zu wenig genutzten professionellen Geräte. Heute ist ein Amateur nicht mehr dazu gezwungen, einen hilfsbereiten Amateur-Kollegen oder Berufsastronomen zu finden, der Aufnahmen eines Flare-Sterns oder eines neuen Flecks auf Saturn macht. Stattdessen löst eine E-Mail an ein vollautomatisches Teleskop das Problem – oder bald eine Schiedsstelle, die die Beobachtungszeit an mehreren Fernrohren verwaltet. Und Amateure können sich revanchieren, indem sie ihre eigenen vollautomatischen Teleskope professionellen Projekten zur Verfügung stellen, die viele kleine statt einem großen Fernrohr benötigen. So entsteht eine neue und effizientere, wenn auch weniger romantische Art, Astronomie zu betreiben.

Nachdem vollautomatische Teleskope online gegangen sind, verwandelt sich Beobachtungszeit in eine über das Internet angebotene Ware: Deep-Sky-Objekte kommen in die Reichweite eines Büroangestellten in Tokio, der bislang ein Fernrohr zu einem fernen, dunklen Beobachtungsplatz hätte schleppen müssen; und Schülern in ländlichen Regionen Indiens bietet sich erstmals eine Beobachtungschance. Künftige Entdeckungen könnten häufig von Beobachtern gemacht werden, die niemals ein großes Fernrohr gesehen haben und deren astronomische Ausrüstung aus nicht viel mehr als aus einem Computer, einem Modem und einem aktiven Verstand besteht.

Einige Tage, nachdem ich meine Anfrage eingereicht hatte, tauchte ein Bild des Galaxienpaares in meinem elektronischen Postfach auf. Es stammte von einem handelsüblichen 14-Zoll-Schmidt-Cassegrain, der von der University of California, Santa Barbara, betrieben wurde. Ich machte mich an die Arbeit, bereitete es auf und schaute es mir an. Ich suchte das Leuchten junger Sterne entlang einer intergalaktischen Brücke. Es war ein angenehmer Weg zu beobachten, ohne Anstrengungen – wenn auch langweilig, verglichen mit einer selbst gemachten Beobachtung draußen unter den Sternen.

Die Milchstraße

Eine breite und weite Straße, deren Staub aus Gold
und Pflaster aus Sternen ist, so wie Sterne dir erscheinen,
in der Galaxie zu sehen, dieser milchigen Straße,
die du nächtlich erblickst, wie ein kreisendes Band,
gepudert gleich mit Sternen.

John Milton

Warum sollte ich mich einsam fühlen:
Gehört nicht unser Planet zur Milchstraße?

Henry David Thoreau

Mitternacht, hoch in den chilenischen Anden im Jahr 1980. Dieser in saubere, stabile Pazifikluft getauchte Gebirgskamm gehört zu den Orten mit den besten Sichtbedingungen weltweit. Drei große Kuppeln befinden sich dort. Jede von ihnen liegt in Sichtweite zur nächsten, so wie früher die von Fackeln erhellten Signaltürme der Römer. Ich beobachtete gerade mit einem der kleinsten Teleskope in der nördlichsten der drei Kuppeln bei niedriger Vergrößerung. Die Milchstraße mit ihren Sternhaufen und Nebeln war mein Ziel. Im Allgemeinen gehen wir visuellen Beobachter methodisch vor: Das Fernrohr wird auf bestimmte Ziele gerichtet, die wir dann untersuchen. Aber gelegentlich lassen wir uns auch ziellos wie Huckleberry Finn auf einem Floß treiben. Und der irdische Himmel hält keinen mächtigeren Fluss parat als die südliche Milchstraße, die diese Nacht in einem Bogen fast durch den Zenit verlief. Vor dem tiefschwarzen Himmel sah dieser Anblick großartig aus.

Ich startete im Adler und wanderte von dort nach Süden. Leuchtende Sterne zogen an mir vorbei und sahen aus wie Juwelen auf schwarzem Samt. Einige hatten sich in lockeren Gruppen wie den offenen Sternhaufen NGC 6755 und 6756 versammelt. Man kam sich vor wie beim Blick aus dem Zug auf die wenigen Lampen einer schlafenden Landgemeinde bei Nacht. Einige leuchtende Emissionsnebel zogen vorbei. Ihre Zahl nahm langsam zu. Dann unterbrach eine riesige, dunkle Staubwolke diesen Anblick wie eine bedeutungsvolle Stille und gab anschließend den Blick auf weitere Sterne sowie das strahlende Leuchten eines Kugelsternhaufens frei. Schließlich folgte ein Planetarischer Nebel, so himmlisch, klar und doch wieder komplex wie eine leuchtende Qualle.

Das Tempo wurde schneller, als ich das Schild durchquerte und das Sternbild Schlange erreichte. Der Adler-Nebel rückte ins Blickfeld: ein Kronleuchter aus Licht auf einer langen, dunklen Ranke aus Staub und Gas – fast ein bisschen kitschig. Im Schützen tauchten schließlich Scharen heller Nebel auf, die so exotisch waren wie tropische Blüten. Ich verweilte beim Omega-Nebel, der dem Rauch eines Lagerfeuers an einem ruhigen Morgen ähnelt; die Wolke reicht jedoch zehn Lichtjahre hoch. Der Trifid-Nebel, eine Blase in der Form eines Lampions, sah bei Wind flau aus, verwandelte sich aber schlagartig in eine dreidimensionale, leuchtende Kugel, als sich die Luft wieder stabilisierte. Sein Begleiter, der matte Lagunen-Nebel, lief in „Falten" leuchtenden Gases in den Hintergrund aus wie der Stoffballen eines schweren Vorhangs, der zum Anschauen ausgerollt wurde. Es gab noch mehr zu sehen: orangefarbene Kugelsternhaufen, Nebelfetzen und glitzernde offene Sternhaufen. Aber so allmählich wurde es mir fast zu viel – ich konnte nichts mehr aufnehmen. Ich ging daher vom Teleskop weg, um mich zu strecken und wieder einen klaren Kopf zu bekommen. Beim Blick in die Tiefen des Nachthimmels wurde mir wieder einmal klar, dass nichts fantastischer ist als die Realität.

Frühere Beobachter hätten vermuten können, dass die Sterne am Himmel zur flachen Scheibe einer Galaxie gehören. Der große Astronom Tycho Brahe, der vor der Erfindung des Teleskops lebte, besaß in seiner Sternwarte einen großen Himmelsglobus aus Messing. Dieser hatte einen Durchmesser von eineinhalb Meter, war mit figürlichen Darstellungen der Sternbilder verziert und enthielt die Positionen von tausend Sternen. Hätte Brahe ihre Verteilung betrachtet, wäre ihm vielleicht aufgefallen, dass die hellen Sterne nahe beim leuchtenden Band der Milchstraße liegen. Dies ist ein deutlicher Hinweis auf einen Zusammenhang zwischen den Sternen und der Milchstraße.[1] Aber offensichtlich erkannte weder Brahe noch irgendein anderer seiner Zeitgenossen diesen Zusammenhang. Die Wahrnehmung ist immer ein Zusammenspiel zwischen dem Betrachter und dem Betrachteten: Sie wird genauso beeinflusst von dem, was man erwartet oder sucht, wie auch von dem, was man anschaut. Und Tycho, der keine Vorstellung davon hatte, dass die Sonne in einer Spiralgalaxie steht, suchte auch nicht nach Beweisen für diese Aussage. Der Nachweis, dass die Milchstraße hauptsächlich aus Sternen besteht, blieb Galilei mit seinem Fernrohr vorbehalten sowie den Astronomen des 20. Jahrhunderts die Erkenntnis, dass die Milchstraße den Anblick einer Spiralgalaxie aus dem Innern heraus zeigt.

Wie bereits angemerkt, verbrennen massereiche Sterne ihre Materie viel schneller als massearme: Die Leuchtkraft steigt mit der vierten Potenz der Masse. Ein Stern mit der zehnfachen Sonnenmasse ist somit zehntausendmal leuchtkräftiger als die Sonne. Das kann einfach nicht gut gehen: Wenn Sie zehnmal mehr Geld haben als ich, Sie es aber auch zehntausendmal schneller ausgeben, sind Sie vor mir Pleite. Dasselbe Schicksal erleiden massereiche Sterne. Gewöhnliche Sterne wie die Sonne leuchten gleichmäßig für etwa zehn Milliarden Jahre, aber Überriesen mit 50 Sonnenmassen sehen ihrem Ende schon entgegen, wenn sie weniger als eine Million Jahre alt sind. Die Astrophysiker entdeckten im 20. Jahrhundert, dass die meisten Sterne auf einer Linie liegen, wenn man sie in ein Diagramm einzeichnet, auf dessen Achsen die Farben und Leuchtkräfte aufgetragen sind. Auf dieser so genannten Hauptreihe verbleiben die Sterne den größten Teil ihres Lebens. Geht ihnen der Brennstoff aus, verwandeln sie sich in Rote Riesen. Da sie röter werden, wenn ihre äußeren Atmosphärenschichten expandieren und dabei abkühlen, verlassen sie die Hauptreihe. Schließlich streifen sie ihre äußeren Gasschichten ab und der kahle Kern verbleibt als Weißer Zwerg. Obwohl der Nachthimmel nur eine Filmszene in der ganzen Entwicklungsgeschichte der Milchstraße darstellt, sehen wir um uns herum Sterne verschiedener Masse und verschiedenen Alters in verschiedenen Stufen ihrer Entwicklung. Indem wir sie untersuchen, können wir die Geschichte der galaktischen Entwicklung rekonstruieren. Ein Teil des Vergnügens beim Blick durchs Teleskop besteht darin, sich die Rolle jedes einzelnen Objekts in dem lang andauernden Drama der Galaxis vorzustellen.

Planetarische Nebel stellen auffällige Beispiele solcher stellarer Schnappschüsse dar. Ihre Bezeichnung wurde von ihrem Entdecker William Herschel im Jahr 1785 geprägt. Herschel meinte es methaphorisch: Da viele dieser Nebel eine scheibenähnliche Gestalt haben, könnten sie auf den ersten Blick mit einem Planeten verwechselt werden. Er vermutete, dass Planetarische Nebel aus einer Art „leuchtender Flüssigkeit“ bestünden, aber er hatte keine Möglichkeit, die Zusammensetzung dieser Flüssigkeit zu ermitteln. Diese vorübergehende Einschränkung war typisch für die Astronomie: Man wusste, wo die Objekte am Himmel standen und wie sie aussahen, aber nicht, woraus sie bestanden. Der Philosoph Auguste Comte griff dieses Problem 1835 auf, als er ein Beispiel für Wissen suchte, das sich dauerhaft der menschlichen Erkenntnis entzog (was immer eine gefährliche Annahme ist). Comte erklärte, dass Menschen zwar die Formen, Entfernungen, Größen und Bewegungen der Himmelskörper schließlich ermitteln könnten, aber „niemals werden wir ihre chemische Zusammensetzung auf irgendeine Weise untersuchen können“.[2]

Comtes Behauptung wurde nur ein paar Jahre nach seinem Tod widerlegt, als die Physiker Joseph Fraunhofer, Gustav Kirchhoff und Robert Bunsen Spektroskope auf die Sonne und die Sterne richteten, um ihre chemische Zusammensetzung zu ermitteln. Diese Versuche mündeten in der Astrophysik als neuer Wissenschaft.[3] Der englische Amateur-Astronom William Huggins griff die Sache auf. Als einziges

Kind eines wohlhabenden Londoner Seidenhändlers erbte Huggins das Geschäft seines Vaters mit 18 Jahren, verkaufte es aber zwölf Jahre später, um sich der Astronomie zu widmen. Er errichtete eine Privatsternwarte außerhalb von London und trug zunächst zu der langweiligen Arbeit der Positionsbestimmung von Sternen bei. Als er aber hörte, dass Kirchhoff und Bunsen Hinweise auf Natrium im Sonnenspektrum gefunden hatten, erwarb Huggins einen Clark-Refraktor und begann damit, Spektren von Nebeln aufzunehmen. Er stellte fest, dass einige von ihnen wie der Planetarische Nebel NGC 6543 im Drachen aus leuchtendem Gas bestanden, während andere Sternspektren zeigten. Hierbei handelte es sich um Spiralnebel, wie jene, die Lord Rosse mit seinem 72-Zoll-Reflektor untersuchte, und die heute als Galaxien bekannt sind. Die Royal Society schenkte Huggins zur Belohnung ein neues, speziell für die Spektroskopie gebautes Teleskop. Während er sich mit dem Fernrohrbauer Howard Grubb aus Dublin beriet, traf er die junge, gebildete Amateur-Astronomin Margaret Lindsay Murray. Sie heirateten bald, und für den Rest von Huggins Lebens arbeiteten sie gemeinsam im Bereich der astronomischen Spektroskopie.

Wenn sich ein Planetarischer Nebel aufbläht, wird ultraviolettes Licht, das der Stern ausgestrahlt hat, in die Gaswolke gepumpt und „regt" die Atome an. Das bedeutet, dass Lichtphotonen die Elektronen der absorbierenden Atome auf höhere Umlaufbahnen um den Kern heben. Wenn die Elektronen wieder auf niedrigere Bahnen zurückfallen, senden sie selbst Photonen aus – und zwar bei für das Atom charakteristischen Wellenlängen. Bei Planetarischen Nebeln wird der Großteil dieser Energie bei Wellenlängen des doppelt ionisierten Sauerstoffs wieder abgestrahlt. Deshalb verwenden Sterngucker bei ihrer Beobachtung so genannte „OIII"-Filter, die das Licht bei anderen Wellenlängen unterdrücken, um so den Kontrast beim Anblick des Nebels im Fernrohr zu verbessern.

Unsere Galaxis enthält rund tausend bekannte Planetarische Nebel und nochmals schätzungsweise zehntausend mehr, die von den Staubwolken der galaktischen Scheibe verdeckt werden und daher noch nicht gefunden worden sind. Da die meisten gewöhnlichen Sterne mit bis zu zehn oder zwölf Sonnenmassen eine Phase als Planetarischer Nebel in ihrem Leben durchlaufen werden und da es Milliarden solcher Sterne in unserer Galaxis gibt, könnte man sich fragen, warum Planetarische Nebel nicht häufiger vorkommen. Die Antwort lautet, dass sie nicht lange existieren: Es dauert nur rund 50 000 Jahre, bis sich die leuchtenden Hüllen im All verteilt haben und schließlich unsichtbar werden. Auf der astronomischen Zeitskala ist die Lebensdauer eines Planetarischen Nebels so kurz und dramatisch wie die Explosion eines Feuerwerkskörpers.

Einige Planetarische Nebel wie der Ring-Nebel ähneln Scheiben oder Donuts. Andere, wie der Hantel-Nebel (ein großer, zerfetzt aussehender Nebel im kleinen Sternbild Füchschen) oder „Jupiters Geist“ (ein glitzernder Ring in der Wasserschlange, der von zarten Gasfetzen überzogen ist), zeigen komplexe Muster, die am besten in großen Fernrohren zu sehen sind. Der „blaue Schneeball“ in der Andromeda sieht aus wie die Spritzer eines heruntergefallenen Getränks. Der Eskimo-Nebel in den Zwillingen ähnelt einem menschlichen Gesicht mit einer pelzbesetzten Parkakapuze. Das „Katzenauge“ im Drachen hat komplizierte Locken, die in einem fast spiralförmigen Muster angeordnet sind, während der schwache Planetarische Nebel NGC 7139 nur ein paar Fetzen zeigt und ansonsten fast verschwindet. Der Helix-Nebel im Wassermann ist mit 450 Lichtjahren Entfernung der Planetarische Nebel, der der Erde am nächsten steht. Aber er wird häufig übersehen, weil er am Himmel so groß erscheint: Mit vollen 13 Bogenminuten Durchmesser ist er am besten im Fernglas oder in einem Fernrohr mit großem Gesichtsfeld und niedriger Vergrößerung zu sehen.

Sterngucken ist auch eine Frage des Geschmacks. Während die meisten damit zufrieden sind, die größten und hellsten Planetarischen Nebel zu bewundern, suchen sich einige Beobachter die vielen wenig auffälligen aus. Jay McNeil aus Houston verfiel dieser Leidenschaft, als er noch unter 30 war. Bald richtete er seinen 16-Zoll-Reflektor auf exotische Planetarische Nebel, die so klein waren, dass es bereits abnormal hoher Vergrößerungen bedurfte, um sie überhaupt zu identifizieren. Stephen James O'Meara erinnert sich daran, wie McNeil auf der Texas Star Party damit „begann, die unglaubliche Schönheit dieser Objekte zu schildern“ und O'Meara fragte, ob er jemals Jonckheere 320, Peimbert-Batiz 4 und Manchado-Garcia-Pottasch 2 gesehen hatte. „Ich dachte, er redet in einer Fremdsprache, bis er mir später eine abgetippte Liste seiner 450 Lieblingsobjekte übergab“, berichtete O'Meara. „Nein, ich habe sie niemals gesehen, antwortete ich. Und fügte hinzu, dass ich sogar noch nicht einmal etwas von ihnen gehört hätte.“[4]

Während Planetarische Nebel quasi stellare Endspiele sind, stellen die hellen Nebel und glitzernden offenen Sternhaufen in den Sternentstehungsgebieten der galaktischen Spiralarme die frühen Stufen eines Sternlebens dar. Diese Gebiete enthalten typischerweise Sternhaufen, die noch von dem Nebel umhüllt sind, aus dem sie sich gebildet haben. (Solche Wolken, im Allgemeinen als diffuse Nebel bekannt, werden Emissionsnebel genannt, wenn ihre Atome Licht aussenden; Absorptionsnebel, wenn sie Licht absorbieren, und Reflexionsnebel, wenn sie Licht reflektieren.) Der Orion-Nebel ist der ideale Ort, um Nebel näher kennen zu lernen, da er der Erde nahe steht und eine große Vielfalt an emittierenden, absorbierenden und reflektierenden Gebieten aufweist.

Das blütenförmige Emissionsgebiet des Orion-Nebels mit seinen Armen, die leuchten wie Blütenblätter in der Morgensonne, ist ein immer wieder faszinierender Anblick im Teleskop. „Keine noch so intensive Beobachtung kann jemals all die leuchtende Pracht beschreiben", glaubte der altgediente Beobachter und Astronomie-Autor Walter Scott Houston.[5] In kleinen Teleskopen sieht der Nebel grau aus. Das ist das, was das Auge registriert, wenn die Lichteindrücke zu schwach sind, um die Farbsensoren anzusprechen. Größere Öffnungen liefern jedoch einen Farbeindruck: Sie zeigen Spuren staubigen Rubinrots in den Ranken und Flecken blassen Grüns zur Mitte hin. Das Rot wird durch einen grundlegenden Übergang der Wasserstoffatome verursacht, während das Grün wie bei Planetarischen Nebeln von ionisiertem Sauerstoff stammt. Die meisten Atome geben ein Photon innerhalb des Bruchteils einer Sekunde ab, nachdem sie durch ein einfallendes Photon angeregt worden sind. Zweifach ionisierter Sauerstoff (OIII) benötigt im All hingegen Stunden, um den angeregten Zustand zu verlassen. Die Spektrallinien, die auf diese geruhsame Weise zu Stande kommen, heißen „verbotene Linien", weil sie unter Laborbedingungen nicht auftreten: Angeregte Atome stoßen im Labor häufiger mit anderen zusammen, wodurch sie ihre überschüssige Energie abgeben, die für den verbotenen Übergang erforderlich wäre. Nebel hingegen weisen verbotene Linien auf, weil sie trotz ihrer Größe und Masse – der Orion-Nebel hat 30 Lichtjahre Durchmesser und enthält genug Material für zehntausend Sonnen – im Allgemeinen eine geringere Dichte haben als ein künstlich erzeugtes Vakuum im Labor.[6]

Die Energie, die das Gas des Orion-Nebels ionisiert und zum Leuchten anregt, stammt von heißen jungen Sternen, die sich aus kosmischer Sicht erst kürzlich aus dem Gas gebildet haben und daher noch von ihm umgeben sind. Die spektakulärsten gehören zu einem Vierfachsystem am Stempel dieser himmlischen Blüte. Der als Trapez bekannte Vierfachstern (nach der geometrischen Bezeichnung für eine vierseitige Figur; die Sterne bilden eine Art Kästchen) ist kaum älter als einige hunderttausend Jahre und gehört zu einem ebenfalls jungen Haufen, der vielleicht tausend Sterne enthält. Das Trapez ist bereits bei niedrigen Vergrößerungen zu sehen, aber hohe Vergrößerungen enthüllen die komplexen Strukturen des umgebenden Nebels.[7] Alle vier Sterne sind heiß und massereich und ihre kräftigen stellaren Winde haben einen Hohlraum in das sie umgebende Gas geblasen. Weil diese Blase durch den uns zugewandten Rand der Gaswolke gebrochen ist, haben wir einen direkten Blick auf die inneren Bereiche des Nebels.

Ein ähnliches „Kehren mit Sternlicht" hat viele kleine stellare Geburtsstätten sichtbar gemacht, die verdampfende Gasglobulen genannt werden. Manche von ihnen bringen es nur auf eine Sonnenmasse. Diese Dunkelwolken bestehen aus Babysternen, die noch in Gas- und Staubhüllen eingewickelt sind. Sind sie besonders starken Sternströmen und -winden ausgesetzt, leuchten sie auf der einen Seite und werden auf der anderen immer schwächer. Sie sehen dann aus wie Eiswaffeln. Globulen wurden von Astronomen mit dem *Hubble*-Weltraumteleskop entdeckt, sie sind zu klein, um sie mit Amateur-Fernrohren aufzunehmen. Aber Amateure können die größeren Exemplare beobachten, die Bok-Globulen. Sie sind nach dem dänisch-amerikanischen Astronomen Bart J. Bok benannt, der die Galaxis intensiv untersuchte und sich selbst als „Nachtwächter der Milchstraße" bezeichnet hat. Bok-Globulen haben einen Durchmesser zwischen einem Drittel und zehn oder mehr Lichtjahren und wiegen bis zu tausend Sonnenmassen. Man glaubt, dass aus ihnen ein ganzer Wurf gewöhnlicher, sonnenähnlicher Sterne entsteht.[8] Viele der schwärzesten Klumpen in den dunklen, flussähnlichen Nebeln, die Barnard und andere Sterngucker beschrieben haben, sind Bok-Globulen. Wo sich ihre Gestalt vor einem hellen Emissionsnebel abhebt, wie bei IC 2944 in der Nähe von Lambda im Zentaur oder im Adler-Nebel, sind die Globulen so deutlich, dass man sie auf Aufnahmen leicht mit Staub auf der Linse verwechselt.

Große Dunkelwolken ziehen sich durch den Orion-Nebel und reflektieren an manchen Stellen das Licht naher Sterne. Die Reflexionsnebel leuchten aus dem gleichen Grund blau, aus dem auch der Taghimmel blau ist: Blaues Licht wird durch Gas und Staub stärker gestreut als rotes. Völlig dunkle Wolken kann man nur als Silhouette vor Hintergrundsternen oder hellen Nebelpartien sehen. Schaut man mit einem Teleskop in Richtung Blumenstil, kann man dunkles Material zwischen dem Hauptteil des Orion-Nebels M 42 und dem angrenzenden Nebel M 43 sehen.[9] Ein weiteres, breiteres Staubband trennt den Komplex von dem in der Nähe liegenden Nebel NGC 1977.

Der Pferdekopf-Nebel steht rund dreieinhalb Grad nordöstlich des Orion-Nebels; er ist eine spektakuläre Dunkelwolke, die die Form einer Schachfigur hat: Sie sieht aus wie ein Springer. Sie ist einige zehn Lichtjahre hoch und hebt sich vor einem Hintergrund aus leuchtend rotem Gas ab. Der Pferdekopf-Nebel ist trotzdem ziemlich schwer zu sehen, und sogar fähige Beobachter haben verzweifelt nach ihm gesucht, wenn der Himmel nicht dunkel genug war. (Ein Wasserstoff-Beta-Filter hilft, ist aber so speziell, dass Witzbolde es das „Pferdekopf-Filter" nennen, da es kaum andere Einsatzbereiche hat.) Trotzdem ist der Pferdekopf die Mühe wert. Der dunkle Wirbel am einen Ende der Sternentstehungsmaschinerie des Orions hat etwas tief Bewegendes. Er ruft ein Gefühl für die langsame Schufterei hervor, die astronomischen Vorgängen zu Eigen ist. Gerade so wie Edward Gibbon das Herumwandern in den Ruinen des alten Roms zu Fragestellungen über den Niedergang und Verfall des Römischen Reiches anregte, wie er selbst sagte.[10]

Genauso wie man beim Picknick Tiergestalten in Cumulus-Wolken entdeckt, haben auch Sterngucker andere dunkle und helle Nebel nach ihrem Aussehen benannt. Der Hexenkopf-Nebel liegt westnordwestlich von Rigel und schaut verrußt, rauchig, fast industriell aus: Hier wird gearbeitet. Nordamerika- und Pelikan-Nebel im Schwan zeigen eine feine und komplexe Beschaffenheit in aschgrauen Schattierungen. Ein Gefühl für die schwachen Gebiete des California-Nebels zu bekommen kann so schwierig sein wie ein Blick aus einem Flugzeugfenster, bei dem man ganz Kalifornien erfassen möchte. Der Nebel ist zu ausgedehnt, um ihn im Teleskop zu überblicken und zu schwach, um ihn in einem Fernglas gut zu sehen. Um so große Nebel wie diesen zu beobachten, sollte man mit einem schwach vergrößernden Okular beginnen und sie anschauen, wenn sie nahe des Meridians stehen, wo die dazwischen liegende Luftmenge am kleinsten ist.

Offene Sternhaufen schmücken die Milchstraße wie Pailletten einen grauen Schal. Das Sternbild Orion hält dafür mehrere erfreuliche Beispiele parat – zum Beispiel NGC 1981, der praktisch durch den Orion-Nebel verläuft. Aber die größte Konzentration solcher Sternhaufen ist im Gebiet von Schütze, Skorpion und Schild anzutreffen, wo wir ins Herz der Galaxis schauen. Zeichnet man die Mitgliedssterne eines Haufens anhand ihrer Farben und Helligkeiten in ein Diagramm ein, können die Astrophysiker das Alter des Haufens bestimmen. Solche Untersuchungen zeigen, dass die meisten offenen Sternhaufen jung sind: Da die Gravitation zu schwach ist, um sie lange zusammenzuhalten, lösen sie sich im Lauf der Zeit auf. Einzelne Sterne werden durch Wechselwirkungen untereinander oder durch die Schwerkraft vorbeiziehender Sterne oder dichter Nebel herausgeschleudert. Alte offene Sternhaufen haben nur wenige Mitglieder: Da sie bereits die meisten Sterne verloren haben, stehen sie kurz vor der vollständigen Auflösung.

Einer der jüngsten offenen Sternhaufen am Himmel ist der Doppelsternhaufen im Perseus. Er liegt in der nördlichen Milchstraße, 7000 Lichtjahre von der Erde entfernt und ist 5 Millionen Jahre alt. Er ist damit ein leuchtendes Beispiel für ein neues Produkt aus der Sternfabrik des Perseus-Arms. Die beiden Sternhaufen heben sich schön von dem dichten, schwarzen Dschungel aus Dunkelnebeln ab. Viel älter ist die Krippe im Krebs, die bereits seit mehr als 400 Millionen Jahren existiert, so dass sich eine große Vielfalt an blauen, gelben und roten Sternen entwickelt hat. Das Geheimnis hinter der langen Lebensdauer der Krippe ist ihre große Masse – sie ist einer der massereichsten offenen Sternhaufen. Dadurch konnten die Haufenmitglieder länger zusammenbleiben als bei kleineren Haufen üblich. Die Krippe ist mit dem bloßen Auge als Nebelfleck zu sehen. Um den 580 Lichtjahre entfernten Haufen in einzelne Sterne aufzulösen, ist aber eine Optik erforderlich. Fast so alt ist M 37 im Fuhrmann mit rund 500 Mitgliedssternen. Sein Anblick im Fernrohr erinnert an das Licht am Hang stehender Häuser in einer Hafenstadt, die vom dunklen Meer umgeben sind. Ein heller blauweißer Stern im Zentrum hebt sich wie ein Leuchtturm auf einer Sandbank vor dem Hafen ab.

Kugelsternhaufen sind die erfahrenen Staatsmänner der Galaxis, denn ihre Sterne sind mindestens zehn bis zwölf Milliarden Jahre alt. Der Ausdruck „Kugelsternhaufen" stammt von William Herschel, der 37 von ihnen entdeckte. Wie der Name erwarten lässt, haben die Haufen eine kugel- oder ellipsoidförmige Form. Sie beherbergen Tausende bis Millionen von Sternen und sind daher viel massereicher als offene Sternhaufen. Sie sind auch anders im Raum verteilt: Offene Sternhaufen gehören zur galaktischen Scheibe, während Kugelsternhaufen einen sphärischen Raum einnehmen, dessen Zentrum im galaktischen „Bauch" liegt und der Zehntausende von Lichtjahren nach oben und unten reicht. Dies legt den Schluss nahe, dass sich die Kugelsternhaufen gebildet haben, als die junge Galaxis aus ihrer ursprünglichen Kugelform in die heutige flache Scheibe zusammenstürzte.

Im Fernrohr sehen offene und Kugelsternhaufen so unterschiedlich aus, wie man es aufgrund ihrer verschiedenen Ursprünge und Entwicklungen erwarten würde. Während die Form offener Sternhaufen unvorhersehbar und individuell ist, zeigen sich Kugelsternhaufen in klarem, nüchternen Konformismus.

Drei Kugelsternhaufen sind hell genug, um sie mit dem bloßen Auge zu erahnen: M 13 im Herkules, 47 Tucanae im Tukan und Omega Centauri im Zentaur. Jeder von ihnen bietet einen wunderbaren Anblick im Teleskop und sogar im Fernglas – eine grandiose Stadt aus kreideweißen bis gelben Sternen, mit einem Hauch von Roten und goldenen Riesen, die ein Symbol für das hohe Alter des Haufens sind. M 13 ist das Lieblingsobjekt vieler Beobachter auf der Nordhalbkugel. Er verfügt über rund 500 000 Sterne auf einem Raum von ungefähr 150 Lichtjahren Durchmesser. Beobachter auf der Südhalbkugel können die Pracht von 47 Tucanae genießen, der mit etwas weniger als 20 000 Lichtjahren zwischen uns und der Kleinen Magellanschen Wolke steht, einer Begleitgalaxie des Milchstraßensystems. Omega Centauri ist ähnlich weit weg wie 47 Tucanae und als der größte Kugelsternhaufen unserer Galaxis bekannt. Er zeigt auch den atemberaubendsten Anblick, seine Deklination von 48 Grad Süd bedeutet aber, dass auf der Nordhalbkugel lebende Beobachter in die Subtropen reisen müssen, um ihn zu sehen. Er war eines der Lieblingsziele für die kleinen Fernrohre, die von uns Mitgliedern der Key Biscayne Astronomical Association benutzt wurden. Mit ihnen konnten wir die Einzelsterne am Rand der großen Haufen sehen, während die näher beim Zentrum liegenden in Seen aus Licht verschmolzen. Mit größeren Teleskopen lassen sich auch die Zentren auflösen: Zackige Linien und Bögen aus Sternen werden sichtbar. Anders als bei den ebenen Umlaufbahnen der Planeten um die Sonne und denen der Sterne in der galaktischen Scheibe umkreisen die Mitgliedssterne der Kugelsternhaufen ihr Zentrum in allen Ebenen: Wir sehen sie „eingefroren" an verschiedenen Punkten dieser Bahnen.

Das Milchstraßensystem ist die Heimat von schätzungsweise ein paar hundert Kugelsternhaufen, von denen 147 identifiziert worden sind. (Wie bei den Planetarischen Nebeln liegt der Rest vermutlich hinter Nebeln und Sternwolken der galaktischen Scheibe verborgen.) Anfänger glauben vielleicht, dass alle Kugelsternhaufen gleich aussehen. Aber für ihre Anhänger sind sie so verschieden wie europäische Städte. Sie unterscheiden sich in Dichte und Masse (von einigen zehntausend bis Millionen von Sternen). Die meisten sind so reich an Sternen, dass Beobachter auf Planeten in der Nähe des Haufenzentrums niemals eine wirklich dunkle Nacht erleben würden. Stattdessen müssten sie die vielen Schatten der roten und goldfarbenen Sterne ertragen, die diese auf den Boden werfen würden. Andere Kugelsternhaufen sind diffuser, so dass der Nachthimmel dort dunkel wäre, obwohl viel mehr helle Sterne am Himmel stünden, als von der Erde aus sichtbar sind. Die Astronomen versuchen noch immer herauszufinden, welche Unterschiede auf die verschiedenen Bedingungen bei der Entstehung der Haufen zurückgehen und welche aus späteren Ereignissen resultieren. Gezeitenkräfte der Galaxis begrenzen die Größe der Kugelsternhaufen bei der Entstehung: Wird ein Haufen zu groß geboren, beraubt ihn die Galaxis bald seiner äußeren Sterne. Andererseits können Durchgänge des Haufens durch die Scheibe des Milchstraßensystems einen Haufen durchschütteln und ihn seiner Gas- und Staubanteile berauben. Dies geschieht vor allem, wenn der Haufen zufällig einer riesigen Molekülwolke begegnet. In eine solche ist auch der Orion-Nebel eingebettet. Einige dieser Durchgänge könnten ausgereicht haben, um ganze Kugelsternhaufen ihrer Mitglieder zu berauben. Wenn dies zuträfe, wären die heute sichtbaren Kugelsternhaufen die vom Aussterben bedrohten Überlebenden einer ursprünglich viel größeren Population.

Abgesehen von diesen Störungen sind Kugelsternhaufen ziemlich praktische Laboratorien zur Untersuchung der Sternentwicklung. Ein Kugelsternhaufen beginnt mit einer einzigen Generation aus Sternen, deren Leben durch die jeweilige Masse vorherbestimmt sind. Die Großen explodieren bald und lassen Schwarze Löcher oder Neutronensterne zurück, und die Kleineren leuchten beständig über Jahrmilliarden. Wenn überhaupt, entstehen nur wenige neue Sterne in Kugelsternhaufen, denn es gibt kaum interstellare Materie, aus denen sie sich bilden könnten: Die Trümmer einer Supernova würden genügen, aber sie bewegen sich meistens so schnell, dass sie die Fluchtgeschwindigkeit des Haufens überschreiten. Sie verlassen also den Kugelsternhaufen, bevor viel damit passiert. Das von Roten Riesen und anderen alternden Sternen ausgestoßene Gas bleibt eine Weile verfügbar, wird aber jedesmal aus dem Kugelsternhaufen herausgezogen, wenn dieser die galaktische Ebene durchquert. Daher sind Kugelsternhaufen für Astrophysiker so etwas Ähnliches wie die begehrten „unberührten, unverdorbenen" Stämme für Anthropologen – Populationen, die in der Vergangenheit kaum Einflüssen von außen ausgesetzt waren.[11]

Liebhaber von Kugelsternhaufen mit großen Fernrohren können von den großen, hellen Haufen schrittweise zu den kleinen, schwachen wechseln. Einige Kugelsternhaufen sind schwach, weil sie hinter den Staubwolken der galaktischen Ebene liegen. Mit einem 36-Zoll-Teleskop gelang es Barbara Wilson, ein besonders schwaches Exemplar namens UKS 1 zu sehen: Er ist der schwächste Kugelsternhaufen des Milchstraßensystems und wurde zuvor nur auf einer Fotoplatte nachgewiesen, die an der 48-Zoll-Schmidt-Kamera der britischen Cambridge University belichtet worden war. Manche Kugelsternhaufen sind schwach, weil sie so weit entfernt liegen. Der tschechische Amateur-Astronom Leos Ondra bevorzugt NGC 2419 im Luchs, einen verwaschenen Lichtklecks zehnter Größenklasse, den er als „einsamen Außenposten der Galaxis" beschreibt. NGC 2419 liegt fast 300 000 Lichtjahre von der Sonne entfernt. Seine Umlaufbahn ist so groß, dass er schätzungsweise drei Milliarden Jahre benötigt, um einmal das Milchstraßensystem zu umrunden. Zu Barbara Wilsons „extremen Halo-Kugelsternhaufen", wie sie ihre Lieblinge nennt, gehören AM 1 und Palomar 4. Beide sind fast 400 000 Lichtjahre entfernt.

Beobachter, die noch weiter gehen wollen, können Kugelsternhaufen anderer Galaxien suchen. Das hellste extragalaktische Objekt ist G 1 im Andromeda-Nebel. Der Haufen hat eine hohe Leuchtkraft – zweimal so hoch wie die von Omega Centauri –, und auf seiner Umlaufbahn steht er momentan an einer auffälligen Position ziemlich weit entfernt von seiner Muttergalaxie. Kepler stellte sich vor, wie der Himmel aussehen würde, wenn er auf dem Mars stünde, und Leonardo tat dasselbe mit dem Mond. Leos Ondra arbeitete aus, welcher unserer galaktischen Kugelsternhaufen am besten von „Deep-Sky-Beobachtern der Andromeda-Galaxie" zu sehen wäre.[12] Überraschenderweise lautet die Antwort NGC 2419. Der auf der Erde wenig bekannte Haufen wäre am Himmel des Andromeda-Nebels recht prominent.

Wir befinden uns nun am Rand des intergalaktischen Raums. Aber bevor wir den nächsten Schritt machen, blicken wir nochmals zurück in die Nachbarschaft der Sonne, um einige der vielen Dinge zu streifen, die wir notwendigerweise in diesem kurzen Überblick unserer Galaxis vernachlässigt haben.

Da wären zunächst einmal unsere Nachbarsterne. Selbst eine flüchtige Untersuchung der Sonnenumgebung ergibt ein völlig anderes Bild als das, was unser vorheriger Fokus auf glühend heiße Überriesen und grelle Nebel der Sternentstehung in den Spiralarmen erwarten ließe. Weniger als ein Prozent der Sterne in der Nachbarschaft der Sonne sind Riesen: 90 Prozent sind gewöhnliche Hauptreihensterne, und der Rest sind schwache Lämpchen. Von den 20 Sternen, die der Sonne am nächsten stehen, sind nur fünf hell genug, um sie ohne Fernrohr sehen zu können. Bei den anderen handelt es sich meist um unauffällige Objekte wie Lalande 21185, Ross 154, Lacaille 9352, Ross 128, Groombridge 34 und Luytens Stern. Auf die Frage, was seine Forschung ihn über das Wesen Gottes gelehrt hatte, antwortete Charles Darwin, dass Gott anscheinend eine ungeheure Vorliebe für Käfer habe. So ziemlich dasselbe lässt sich über den Großteil der mehrere hundert Milliarden Sterne unserer Galaxis sagen: Die meisten gehen ihren Geschäften nach, ohne Aufmerksamkeit zu erregen. Es könnte auch viele misslungene Sterne geben, so genannte Braune Zwerge, die nicht massereich genug sind, um die thermonukleare Heizung zu zünden. Sie leuchten nur, weil sie ihre Energie aus der Kontraktion beziehen. Es ist schwierig, die Zahl der galaktischen Braunen Zwerge zu ermitteln, da sie so schwach sind, aber zwei Kandidaten ließen sich in Sonnennähe ausmachen: LP 944-20 und Gliese 876, der jedoch auch ein roter Zwerg sein könnte. Beide stehen ungefähr 16 Lichtjahre von uns entfernt. Bei Gliese 876 gibt es Hinweise darauf, dass ihn ein Planet umkreist, über den sich bislang noch wenig sagen lässt, außer dass ihm gute Strände zum Bräunen fehlen. Mehr als 50 Prozent der benachbarten Sterne gehören zu Doppel- oder Mehrfachsystemen. Diese Rate sinkt dramatisch mit zunehmender Entfernung, was zeigt, dass Astronomen die Häufigkeit von Mehrfachsternen unterschätzt haben, weil sie sich weit entfernt mit vorhandenen Teleskopen nicht erkennen lassen.

Dehnen wir unsere Untersuchung bis in eine Entfernung von 50 Lichtjahren aus, so stellen wir fest, dass das interstellare Medium – die dünne Brühe aus Gas und Staub im benachbarten Weltraum – von Blasen durchzogen ist. Man vermutet, dass die Blasen von explodierenden Supernovae erzeugt wurden. Im Innenraum der Blasen befindet sich zehnmal weniger Materie als üblich: ungefähr 0,05 Atome pro Kubikzentimeter gegenüber ansonsten 0,5. Viele Blasen sind so groß, dass sie sich über die galaktische Scheibe hinaus ausgedehnt haben. Dies ermöglicht eine bessere Sicht auf das Weltall als an anderen Stellen, vorausgesetzt, man gehört zu den glücklichen Beobachtern innerhalb einer solchen Blase. Wir gehören dazu: Die Sonne wandert derzeit fast durch das Zentrum der so genannten Lokalen Blase. Sie hat einen Durchmesser von rund 20 Lichtjahren, wird etwas durch Trümmer im Innern gestört („die lokalen Staubflocken"), ist aber im Allgemeinen ziemlich durchsichtig. Würden wir uns nicht dort befinden, könnten wir trotzdem ferne Galaxien sehen; ihr Licht wäre aber stärker durch den interstellaren Staub gerötet, und bei kurzen Wellenlängen im Ultravioletten wäre unsere Sicht ziemlich verschwommen.

Verdoppeln wir den Radius unserer Untersuchung, finden wir weitere, größere Blasen im Schwan, Perseus, Orion und Zentaur. Entfernen wir uns noch weiter, stellt sich heraus, dass all dieser Schaum ein

Teil der lockeren Wolken ist, die zu unseren benachbarten Spiralarmen gehören. Aus einer Entfernung von einigen tausend Lichtjahren wird die Form der großen Spiralarme erkennbar: Der Sagittarius-Arm liegt innerhalb und der Perseus-Arm sowie ein Großteil des Orion-Arms außerhalb der Umlaufbahn des Sonnensystems. Würde ein Astronom in einer benachbarten Galaxie diesen Teil des Milchstraßensystems mit einem Superteleskop betrachten, dessen Gesichtsfeld vom Sagittarius- bis zum Orion-Arm reichen würde, könnte er viele auffällige Objekte sehen, die wir in diesem Kapitel kennen gelernt haben. Unter ihnen wären der Orion-Nebel, die Sternwolken und hellen und dunklen Nebel im Schützen sowie vielleicht die Sternhaufen der Plejaden und Hyaden. Aber es gelänge ihm – oder ihr – kaum, einen so einfachen Stern wie die Sonne zu entdecken, geschweige denn die größten Planeten oder gar die Erde.

Hier stehen wir also, mit unseren Augen, unserem Verstand und unserer Wissbegier. Sechs Milliarden Passagiere an Bord eines winzigen, blauen Boots, das seinen Weg neben vielen anderen entlang eines riesigen Feuerrades zurücklegt. Es ist Zeit, das Milchstraßensystem zu verlassen und das Reich der Galaxien zu erforschen.

Ein kurzer Blues: Zu Besuch bei John Henrys Geist

John Henry sprach zum Kapitän
Ein Mann ist nicht mehr als ein Mann
Aber ehe deine Dampfmaschine mich besiegt
sterbe ich mit dem Hammer in der Hand.

„JOHN HENRY“ (VOLKSWEISE)

Mein Hammer glüht, Jungs,
mein Hammer glüht.

BIG LOUISIANA, „LET YOUR HAMMER RING“

Ich bin kein John Henry, dachte ich, während ich mit hinter dem Kopf verschränkten Armen auf einer Bank in der Sternwarte lag. Ich schaute mir träge das große Rechteck des Pegasus an, während das Fernrohr die Arbeit erledigte. Henry hatte die Maschine bekämpft und war dabei gestorben; ich hatte mich ihr gebeugt. Ich hatte früher Supernovae visuell gesucht und mache es auch heute noch gelegentlich, aber gerade ließ ich das Teleskop suchen. Es brummte, zirpte und tuckerte vor sich hin, während sein glänzend schwarzer Tubus mit der blinkenden roten Lampe der CCD-Kamera heroisch auf den Nachthimmel gerichtet war. Alle paar Minuten machte es automatisch eine Aufnahme einer Galaxie, speicherte diese im Computer und bewegte sich mit einem zielstrebigen Aufheulen zur nächsten Galaxie auf seiner Liste, um den Vorgang zu wiederholen. Der CCD-Chip konnte viel schwächere Sterne sehen als mein Auge, und ich musste nicht einmal alle Bilder untersuchen, die das Teleskop gemacht hatte. Der Computer erledigte das für mich. Er verglich das neue Bild mit früher gemachten Aufnahmen und schlug Alarm, wenn er auf einen neuen Lichtpunkt gestoßen war, der möglicherweise ein explodierender Stern sein könnte. Alles machte Sinn.

Warum fühlte ich mich also unbehaglich?

Vielleicht weil es mich weiter von den Sternen entfernte. Die CCD-Kamera steckt am Fernrohr an der Stelle, wo sich normalerweise das Okular zum Durchsehen befindet. Wenn die Kamera durchs Teleskop schaute, konnte ich es also nicht. Dank der modernen Technik konnte ich sogar „beobachten“, ohne überhaupt hier zu sein – aber war das eine Verbesserung?

An einem Spätnachmittag vor einem Jahr meditierte ich auf einem Felsbrocken, von dem aus man Tsankawi Mesa in New Mexico überschauen konnte. Ich wartete auf eine Gruppe von Studenten, für die ich hier einen Vortrag halten wollte. Die Anasazi, Vorfahren der Pueblo-Indianer, lebten hier für Jahrhunderte in einer Behausung, die einem großen Wohnkomplex auf dem Plateau des Tafelbergs glich. Sie nannten die Gipfel an den Außenposten des Tafelbergs die vier Ecken ihres Universums. Und ich konnte nun spüren, was sie damit meinten. Trotz all der Verschiedenartigkeit der Dorfruinen im Vordergrund und den kalkweißen und kaktusgrünen Bergkämmen dahinter gab der Tafelberg der Szenerie eine Art isolierte Ganzheit: Dort zu leben musste ein bisschen so sein wie die Kolonisierung eines Kometen oder Asteroiden. Während ich an die Anasazi dachte, befragte ich ihre verstorbenen Seelen, wie ich über das Universum in ihrem früheren Land reden könnte, ohne ihr Andenken unnötig zu stören.

Die Antwort kam umgehend in Form einer enormen Stille.

„Deine Anwesenheit ist nicht erforderlich", besagte sie.

Ich war dankbar für diese wunderbare Ermahnung, die eine trockene Bemerkung über eine begangene Sünde mit einem guten Rat verband, wie man eigentlich über Kosmologie sprechen sollte. Als die Studenten ankamen, versuchte ich, die Ermahnung in meinem Vortrag zu berücksichtigen, und ich habe seitdem häufig daran gedacht. Aber heute Nacht in der Sternwarte wirkte die Ermahnung trostlos und viel zu wörtlich. Das Teleskop erledigte die Beobachtung. Meine Anwesenheit war nicht erforderlich.

John Henry war offensichtlich eine reale Person – ein früherer Sklave, hieß es, von stattlicher Figur, ein begabter Sänger und Banjo-Spieler und jemand, der Menschen führen konnte. Er fiel tot um, nachdem er ein fünf Meter tiefes Loch gebohrt hatte, während der dampfbetriebene Bohrer nur drei Meter geschafft hatte.[1] Sein Mythos wird regelmäßig neu interpretiert. Wenn man wirklich annimmt, dass John Henry wie Sokrates mitschuldig an seinem eigenen Tod sein könnte, steht der Mythos für seine größte Komposition – eine denkwürdige künstlerische Arbeit, die zu vielschichtig ist, um sie auf eine einzelne Botschaft zu reduzieren. John Henry überbot die Maschine, aber zu welchem Preis? Dampfbetriebene Bohrer wurden schließlich trotzdem eingesetzt und retteten die Leben vieler Eisenbahnarbeiter. Natürlich nicht in dem Tunnel namens Chesapeake & Ohio's Big Bend, wo Henry angeblich starb, aber sicherlich in späteren Tunnelbauprojekten. Warum also sollte man nicht den Hammer ablegen und die dampfbetriebenen Bohrer die Arbeit machen lassen? Das war die praktische Schlussfolgerung, die Mississippi John Hurt aus der Geschichte zog. Sein Lied dreht sich um einen Fahrer von Stahltransporten, der Besonnenheit für den besseren Teil des Wagemuts hielt:

Das ist der Hammer, der John Henry umbrachte,
aber er wird mich nicht töten.[2]

Schließlich entschied ich mich für den Weg von John Hurt, nicht für den von John Henry. Computer und CCD-Kameras machen inzwischen fast alle Supernova-Entdeckungen. Der Versuch, sie visuell zu schlagen, war hoffnungslos. Ich hatte es ausprobiert.

Das Teleskop benötigte vor einiger Zeit eine Überholung. Anfangs war es halbtransportabel gebaut gewesen und ich schleppte es immer auf einem schubkarrenähnlichen Apparat auf Gummirädern aus einem Abstellschuppen heraus. Ich hatte es über holprige, steinige Felder gerollt, um verschiedene Standorte zu testen, bevor ich einen geeigneten, festen Platz für die Sternwarte gefunden hatte. Als es dann auf der Betonsäule des Observatoriums aufgebaut war, arbeitete das Fernrohr über Jahre hinweg einwandfrei. Das spezielle Design, das es transportabel hielt, führte aber letztlich zu einer Verschlechterung des Geräts. Es behielt seine Justage nicht mehr bei und seine Benutzung war ähnlich unerfreulich wie das Spiel auf einem Cello, das sich ständig verstimmt. Außerdem ließ sich die Montierung nicht nachträglich mit den Motoren ausrüsten, die für eine automatische Positionierung von Galaxien im Kameragesichtsfeld erforderlich waren. Es war Zeit für einen Wechsel.

Ich entschloss mich, den Hauptspiegel zu behalten und ein neues automatisches Fernrohr darum herum zu bauen. Dazu konsultierte ich einige Ingenieure, Ausrüster und Amateur-Astronomen, bis sich ein Plan abzeichnete: Wir würden eine riesige alte Montierung vollständig überholen, die von dem Getriebeguru Edward R. Byers aus Barstow, Kalifornien, im Jahr 1972 gebaut worden war. Die Montierung hatte eine bewegte Vergangenheit. Unter anderem lag sie drei Monate unter Wasser auf dem Grund eines Swimmingpools in Hollywood, nachdem ein Party-Gast sie umgestoßen hatte, während der Besitzer Urlaub in Europa gemacht hatte. Aber ich entschied mich für sie, weil eine neue mehr als ein Porsche gekostet hätte. Wir statteten die Montierung mit einer modernen Steuerung aus und setzten einen Kohlenstofffaser-Tubus darauf, der steif war, bei Kälte kaum schrumpfte und Streulicht abhielt. Schließlich installierten wir den alten Spiegel.

Das Projekt dauerte ein Jahr länger als geplant. In dieser Zeit lernte ich mehr über die finanziellen, psychologischen und ehelichen Probleme einiger Teammitglieder, als ich erwartet hätte. Aber sie waren so aufrichtig und arbeiten so hart, wie sie technisch geschickt waren – und dann nahm das Fernrohr seinen Betrieb auf: ein Automat aus schwarzem Lack, Chrom und Gold, der so schön wie ein frisiertes Auto war und sich selbst steuern konnte. Den Computer baute ich aus handelsüblichen Teilen zusammen, die ich im hinteren Teil eines Elektronikladens in einem halbverlassenen Einkaufszentrum gefunden hatte. Verband man das Teleskop mit dem Computer, konnte man es so programmieren, dass es ohne menschliche Eingriffe die ganze Nacht über Bilder machte.

Seine Leistungsfähigkeit war verführerisch, aber je mehr Zeit ich am Computer verbrachte, desto weniger Zeit hatte ich, um an den Himmel zu schauen. Meine Anwesenheit war nicht erforderlich.

All das war natürlich nur eine kleine Randnotiz in der größeren Geschichte der Computer, die die Welt übernehmen. Während der frühen Jahre des PC-Booms wurden Ängste geäußert, ob wir nicht unwissentlich eine neue Art künstlicher Intelligenz schafften, die uns beherrschen könnte. Die Menschen sagten dann üblicherweise, dass man immer den Stecker des Computers ziehen könne. Heute hört man das nicht mehr. Computer sind unentbehrlich geworden, und es gibt jeden Tag mehr von ihnen. Im Jahr 2001 wurde weltweit jede *Sekunde* ein Computer verkauft, und ihre Nutzer verbanden sie eifrig zu etwas, was einem planetaren Gehirn gleicht. Kürzlich unterhielt ich mich mit dem Physiker Paul Davies über die Vorstellung, dass wir schließlich Computer bauen würden, die klüger sind als wir.

„Ist das keine schockierende Aussicht?", fragte ich ihn.

„Nein", antwortete Davies, „weil wenn es passiert, ginge es uns Menschen so gut, dass wir uns nicht darum kümmern würden."[3]

Das beruhigte mich nicht wirklich. Hier unter den Sternen, während der Computer das Teleskop betrieb, gingen mir Schreckensvorstellungen über die Zukunft durch den Kopf. Ich erinnerte mich daran, dass Alan Turing, der zusammen mit John von Neumann das Grundprinzip des digitalen Rechners entdeckte, Selbstmord begangen hatte, indem er in einen Apfel biss, in den er zuvor Zyankali gespritzt hatte – so stellte er eine Szene aus seinem Lieblingsmärchen „Schneewittchen" nach. (Eigentlich sollte Turing ein Kriegsheld sein, da er den Enigma-Code der Nazis geknackt hatte. Stattdessen wurde er jedoch zur „chemischen Kastration" verurteilt, um ihn von homosexuellen Handlungen abzuhalten. Homosexualität war in England damals ein Verbrechen.) Der tödliche Apfel wurde auf dem Nachttisch neben Turings Leiche gefunden. Turing hatte nur einmal abgebissen. Und was war das Unternehmenslogo der Firma, die die Heimcomputer-Revolution ausgelöst hatte? Ein angebissener Apfel! Könnten die Zeichen an der Wand noch deutlicher sein?

In Augenblicken größerer Rationalität tröstete ich mich mit dem Gedanken, dass Turing und von Neumann nicht einfach eine Technologie gefunden hatten, sondern eine Tatsache der Natur, die so grundlegend ist wie die Kernfusion. Das Funktionieren des Computers zeigt, dass sich natürliche Vorgänge tatsächlich reduzieren lassen, nicht nur auf Zahlen, sondern auf die einfachsten möglichen Zahlen – die Nullen und Einsen des binären Rechnens. In der Quantenphysik gibt es viele Systeme, die nur einen von zwei Zuständen annehmen können (Spin oben oder unten, Ladung positiv oder negativ) und nichts dazwischen – Zustände also, die sich durch Nullen und Einsen darstellen lassen. Die DNS ermöglicht die Evolution, indem sie genetische Informationen quantisiert; zufällig verwendet sie dazu einen Code, der auf vier Grundelementen beruht, aber es hätten auch gut Nullen und Einsen sein können. Die menschlichen Gedanken werden durch die Aktivität von Milliarden von Synapsen erzeugt, elektrochemischen Schaltern also, die zu einem bestimmten Zeitpunkt entweder feuern oder nicht – Nullen und Einsen. Das Sternlicht, das einen CCD-Chip trifft, „befeuert" ein bestimmtes Pixel oder nicht – Nullen und Einsen.

Ludwig Wittgenstein behauptete, dass „die Welt die Gesamtheit der Tatsachen ist, nicht der Dinge".[4] Computer bestätigen diese Behauptung, indem sie konkret zeigen, dass alle Arten von Vorgängen sich mit der Hilfe von Binärzahlen vorhersagen, aufzeichnen, steuern und interpretieren lassen. Stellen wir uns vor, dass das Universum ein Rechner ist – wenn dies auch vielleicht auf den ersten Blick eine widerliche Vorstellung ist. Das bedeutet, dass die Natur sich womöglich am besten verstehen lässt, wenn man sie nicht auf Begriffe wie Materie oder Energie oder Raum zurückführt, sondern auf den Begriff der Information. Denn alles, was wir über den Kosmos wissen können, muss notwendigerweise aus Informationen bestehen, die sich wiederum auf Binärzahlen reduzieren lassen, mit denen Rechner arbeiten. So hatte es das tuckernde, automatische, schwarz-goldene Fernrohr vielleicht auf etwas abgesehen. Vielleicht kommen wir bei der Erforschung des Himmels mithilfe des Computers nicht nur mit Computern in Berührung oder mit den Sternen, sondern auch mit einem tiefen und bislang nur vage verstandenen Prinzip, das beiden zu Grunde liegt.

Trotzdem schaue ich noch gerne hoch. Und deshalb blieb ich die Nacht über draußen und starrte sinnlos auf die Sterne.

Galaxien – faszinierende, ferne Welten

Schiffe gleiten aneinander vorbei bei Nacht und
grüßen sich im Vorüberziehen,
nur ein Zeichen erhoben und im Dunkel der Nacht eine ferne Stimme;
so ziehen auch wir auf dem Meer unsres Lebens dahin und sprechen ...
... dann wieder das Dunkel und eine Stille.

Henry Wadsworth Longfellow

Sonnen eilen ihrem Untergang entgegen, damit die ferneren Strahlen
dem Wanderer zeigen sein tieferes Zuhause.

Ralph Waldo Emerson

In einer großartigen, klaren Nacht im Gebirge schaute ich mir die Andromeda-Galaxie mit einem kleinen Fernrohr an. Das Gesichtsfeld erlaubte es, den Großteil ihrer riesigen, leuchtenden Scheibe einzufangen, die sich am Himmel über fast drei Grad ausdehnt. Ihr gesamtes Sternenlicht hatte eine verrauchte, brillante Qualität – ebenmäßig und doch lebendig durch das Flackern der Sterne, das gerade an der Wahrnehmungsschwelle liegt. Der Anblick erschien mir wie die Lagerfeuer von römischen Legionen, die man von einem fernen Berggipfel aus betrachtet, und er löste eine Menge flüchtiger Gedanken aus, die sich wie die Sterne der Andromeda nicht richtig erfassen ließen. Es ist schwierig, Galaxien in den Griff zu bekommen.

Man muss wohl nicht sagen, dass sie wirklich groß sind. Wäre die Sonne ein Sandkorn, würde die Erde in einem Abstand von einem Zoll um sie kreisen. Das Sonnensystem hätte die Größe eines Wasserballs, und der nächste Stern wäre ein anderes Sandkorn in sechseinhalb Kilometer Entfernung. Aber selbst in diesem stark verkleinerten Modell hätte das Milchstraßensystem einen Durchmesser von 160 000 Kilometer. Galaxien sind so groß, dass wenn man ihre Dimensionen erreicht, das ganze Universum fast die Intimität eines Landhauses bekommt. Die größeren Galaxien in Haufen wie der Lokalen Gruppe, zu der der Andromeda-Nebel und unsere Milchstraße gehören, liegen typischerweise nur einige Dutzend galaktische Durchmesser auseinander. Das ist vergleichbar mit Tellern an den Enden eines sechs Meter langen Esstisches. Fügt man noch die Sternhalos, Kugelsternhaufen, benachbarte Wasserstoffwolken und die dunklen äußeren Scheiben der Galaxien hinzu, so berühren die Galaxien einander fast. Im gleichen Maßstab besteht der Virgo-Superhaufen, in dem die Lokale

Gruppe ein am Rande liegendes Galaxien-Mitglied ist, aus zehntausend Tellern, die über eine Fläche verteilt sind, die nicht viel größer als ein Football-Stadion ist. Das gesamte beobachtbare Universum hat dann einen Radius von nur 32 Kilometern. Aus der Sicht einer Galaxie ist das Weltall wirklich nicht so groß.

Das Problem ist, dass es schwierig – vielleicht unmöglich – für einen Menschen ist, den Gedankensprung auf galaktische Dimensionen zu machen. Das gesamte Raumkonzept ist ungeeignet, um sich mit Galaxien zu befassen; man muss die Zeit mit ins Spiel bringen. Die Andromeda-Galaxie ist stark gegen unsere Sichtlinie geneigt. Es fehlen nur 15 Grad, um sie direkt von der Kante zu sehen. Da der sichtbare Teil der Scheibe grob 100 000 Lichtjahre Durchmesser hat, erreicht das Sternlicht von der weiter entfernt liegenden Seite unsere Augen 100 000 Jahre später als das Licht, das wir gleichzeitig von der näheren Seite empfangen.[1] Als das Sternlicht von der fernen Seite der Andromeda startete, gab es nicht einmal den „Homo habilis", den ersten richtigen Menschen. Als das Licht vom näheren Rand ausgestrahlt wurde, gab es ihn dagegen. Innerhalb dieses einzigen Gesichtsfeldes lag also eine Zeitspanne, die die Ursprünge unserer Vorfahren umfasste. Wie die unvollständige Datumsangabe in einer biografischen Darstellung einer lebenden Person (1944 – ?) löst das unvermeidlich die Frage nach dem Schicksal unserer Art aus. Wenn das Licht die Erde erreicht, das heute Nacht Andromeda verlässt, sind knapp 3 Millionen Jahre vergangen. Wer wird hier sein, um es zu beobachten? Einsteins Raumzeit ist normalerweise eine Abstraktion, aber bei der Beobachtung einer Galaxie kann man ihre physikalische Realität spüren.

Die ganze Pracht der Galaxien, die vielen nüchternen Gelehrten begeisterte Ausrufe entlockt hat („majestätisch schön" platzt ein Berufsastronom im ersten Satz eines ansonsten todernsten Eintrags in einer Enzyklopädie heraus)[2], leitet sich zum Teil aus ihrer bloßen Erscheinung ab. Die staubigen Arme der Spiralen wirken elegant, die Ellipsen glänzen blank und steril. Aber die Pracht liegt auch an den enormen Dimensionen und dem Reichtum an Welten in ihnen. Als Studienobjekte sind Galaxien bodenlos. Würden wir Äonen mit der Beobachtung der Andromeda-Galaxie mit immer besseren Fernrohren zubringen, würden wir vermutlich viel lernen – zumindest hofft man dies –, aber es gäbe *immer* noch mehr zu erfahren. Und wenn es nur deshalb wäre, weil so viele Dinge sich ständig veränderten. Um ein anschauliches Beispiel zu geben: Man schätzt, dass 75 000 Sterne in den vergangenen drei Millionen Jahren in der Andromeda explodiert sind. Das Licht dieser Supernovae eilt bereits durch den Raum zu unseren Teleskopen, es ist Teil der Vergangenheit der Andromeda-Galaxie und Teil unserer Zukunft. Eine Galaxie ist nicht so sehr ein Objekt, sondern ein großes und großartiges Beispiel für den kosmischen Rahmen aus Raum und Zeit.

Galaxien sind gravitativ gebundene Ansammlungen von Sternen, die wesentlich ausgedehnter als Kugelsternhaufen sind und eine größere Formenvielfalt zeigen. Sie reichen hinsichtlich der Größe von Zwergen mit gerade mal einigen Millionen Sternen bis zu Riesen mit mehreren *Billionen* Sternen. (Es gibt sehr viel mehr kleine als große Galaxien, aber die großen enthalten so viele Sterne, dass die Chance für die Entwicklung einer außerirdischen Lebensform auf einem Planeten in dieser Galaxie hoch ist.) Hinsichtlich ihres allgemeinen Aussehens lassen sich Galaxien in drei Kategorien einteilen: Spiralen, Ellipsen und irreguläre. Ungefähr ein Drittel aller hellen Galaxien am Himmel sind Spiralen, also abgeflachte Systeme mit einem zentralen Bauch und mehreren staub- und gashaltigen Spiralarmen, in denen Sterne entstehen. Elliptische Galaxien sind von kugelförmiger oder ovaler Gestalt, sie enthalten relativ wenig Gas und Staub und erzeugen daher nur wenig neue Sterne. Die elliptischen Galaxien machen fast zwei Drittel aller katalogisierten Galaxien aus. Unter ihnen sind die meisten der kleinen Zwerggalaxien und praktisch alle der größten Riesengalaxien zu finden. Irreguläre Systeme haben nur einen Anteil von wenigen Prozent an allen bekannten Galaxien. Natürlich könnte es auch viele lichtschwache unter ihnen geben, die den kosmischen Volkszählern bislang entgangen sind. Obwohl irreguläre Galaxien keine offensichtliche Struktur aufweisen, haben sich einige bei näherer Betrachtung als Spiralen oder Ellipsen erwiesen, die durch die Gezeitenwechselwirkung mit anderen Galaxien gestört worden sind.

Dieses dreigeteilte Klassifikationsschema hat Edwin Hubble in den frühen Jahren der Galaxienforschung entwickelt. Seitdem wurde es verfeinert und weiterentwickelt. Da gibt es beispielsweise Balkenspiralen, deren Spiralarme an den Enden eines hellen Balkens ansetzen, der über den zentralen Bauch hinausragt wie die Balancierstange eines Drahtseiltänzers. Außerdem findet man Ringgalaxien, bei denen die Arme sich zu einem Kreis schließen, sowie armlose (oder „S0-") Spiralen, die teilweise nur schwer von elliptischen Galaxien zu unterscheiden sind. Manche Ellipsen sind wiederum so abgeplattet, dass sie Spiralen ähneln, die man von der Seite sieht. Und schließlich gibt es viele Beispiele für fast nicht klassifizierbare „pekuliare" Systeme.

In unserer direkten Umgebung stehen die Begleitgalaxien des Milchstraßensystems. Derzeit sind elf von ihnen bekannt, aber es könnten noch weitere hinter der Staubscheibe der Galaxis verborgen liegen. Ein naher Begleiter ist die elliptische Sagittarius-Zwerggalaxie, die sich fast in der galaktischen Ebene auf der von uns abgewandten Seite des Bauches befindet. Da sie nur rund 80 000 Lichtjahre von der Erde entfernt ist, bedeckt sie eine Fläche von fünf mal zehn Grad am Himmel. Aber die Sternfelder im Schützen liegen vor ihr und überlagern sie so stark, dass die Galaxie erst 1994 entdeckt worden ist. Das Milchstraßensystem hat aus seinem Begleiter eine Gruppe von Sternen herausgerissen, und wahrscheinlich wird unsere Galaxis die Sagittarius-Zwerggalaxie komplett verschlucken. Dagegen dürften die Große und die Kleine Magellansche Wolke wahrscheinlich für die kommenden Jahrmilliarden eigenständig bleiben, obwohl sie schließlich wohl doch mit uns verschmelzen werden. Die beiden irregulären Galaxien liegen auf der südlichen Himmelshalbkugel in einer Entfernung von rund 180 000 beziehungsweise 200 000 Lichtjahren.

Die anderen Begleiter des Milchstraßensystems sind in der Reihenfolge ihrer Entfernung: die Ursa-Minor-, Sculptor-, Draco-, Sextans-, Carina- und Fornax-Galaxien, gefolgt von Leo II und Leo I. Die letztere führt uns in eine Entfernung von 830 000 Lichtjahre.[3] Bei allen handelt es sich um schwache Zwergellipsen, die größte ist nur 3000 Lichtjahre groß. Daher bieten sie nur ziemlich enttäuschende Anblicke im Fernrohr, wenn man sie überhaupt bemerkt. Die Sculptor-Galaxie sieht aus wie ein etwas abgeplatteter Kugelsternhaufen und ist so schwach, dass visuelle Beobachter sie als „anspruchsvoll“ bezeichnen.

Die Lokale Gruppe wird von zwei großen Spiralgalaxien dominiert: dem Andromeda-Nebel (M 31) und dem Milchstraßensystem. Die meisten der 41 anderen bekannten Mitglieder der Gruppe sind um sie geschart. Die Andromeda-Galaxie ist doppelt so massereich wie die Galaxis und eine von den fünf Galaxien, die unter guten Bedingungen mit dem bloßen Auge zu sehen oder wenigstens zu erahnen sind. (Die anderen sind das Milchstraßensystem selbst, die beiden Magellanschen Wolken und M 33, eine Spirale in der Nähe des Andromeda-Nebels.) Al-Sufi in Persien beschrieb Andromeda im Jahr 964 als eine „kleine Wolke“, und der deutsche Astronom Simon Marius, der sie 1611 oder 1612 mit seinem Fernrohr beobachtet hatte, beschrieb sie auf unvergessliche Weise damit, dass ihr Leuchten „dem Licht einer Kerze gleicht, die durch ein Horn scheint“. (Er dachte vermutlich an die Alabasterkerzen, die damals weit verbreitet waren.) Im Teleskop zeigt uns die Andromeda-Galaxie den ganzen Reichtum einer großen Spiralgalaxie, die man aus der Nähe sieht.

Tausende von Fotografien des Andromeda-Nebels sind veröffentlicht worden, auf fast allen aber ist der zentrale Bauch überbelichtet, um die Spiralarme sichtbar zu machen. Schaut man die Galaxie mit einem Fernrohr an, ist man davon überrascht, wie hell ihr sternähnlicher Kern ist und wie schnell die Helligkeit abfällt, wenn man vom Kern zum restlichen Bauch weitergeht. Gäbe es keine Scheibe, würde der Bauch einer elliptischen Galaxie ähneln, die einen hellen, kompakten Kern hat. Aber natürlich *ist* die Scheibe da: eine riesige Ansammlung leuchtender Sternentstehungsgebiete und Haufen aus massereichen, jungen Sternen, die die Spiralarme nachzeichnen; dazwischen liegen Archipele aus Dunkelwolken, die sich aus dem Zentrum zu den fast grenzenlosen äußeren Regionen winden. Ein dunkler Arm verläuft dramatisch über die Vorderseite des Bauches, so dass sich ein Vergleich mit dem Anblick des Sagittarius-Arms unserer eigenen Galaxis aufdrängt. Helle Sternentstehungsgebiete lassen sich entlang der Arme erkennen, und geübte visuelle Beobachter können auch einige der Kugelsternhaufen der Andromeda-Galaxie ausmachen.

Die Scheibe dieser wunderbaren Galaxie ist etwas verzogen, was möglicherweise durch die Anziehungskraft ihrer beiden größten Begleiter verursacht wird. Man kann die Satellitengalaxien bereits in einem kleinen Teleskop sehen: M 32 schaut hinter dem Südrand der Scheibe hervor, und M 110 liegt etwas weiter nördlich in einem relativ freien Bereich. Beide sind elliptische Zwerggalaxien. Mit drei und zehn Milliarden Sonnenmassen sind sie groß genug, um den Andromeda-Nebel zu verbiegen, allerdings könnten auch andere kleine, benachbarte Galaxien dazu beigetragen haben.

Zum Rand der Lokalen Gruppe hin befindet sich die einzige weitere Spirale, M 33. Ihre Scheibe erstreckt sich über ein volles Grad am Himmel und ist so hübsch anzusehen wie eine Lotusblüte, leider ist sie jedoch ziemlich lichtschwach. Ihr Glanzpunkt ist das riesige Sternentstehungsgebiet NGC 604, das 30-mal größer ist als der Orion-Nebel. M 33 könnte ein ferner Begleiter von M 31 sein. Dann würde es sich wohl auch beim Milchstraßensystem um einen Begleiter der Andromeda-Galaxie handeln: Die beiden großen Spiralen sind gravitativ aneinander gebunden und bewegen sich derzeit aufeinander zu. Einige Astronomen halten es für möglich, dass alle Mitglieder der Lokalen Gruppe letztlich zu einem System verschmelzen. In diesem Fall würde alles im Milchstraßensystem Teil einer künftigen Mega-Andromeda-Galaxie werden. Es gibt einige bemerkenswert große Galaxien an verschiedenen Stellen des Universums, die wohl ihre Geschwister verschlungen haben.

Die Lokale Gruppe ist einer unter vielen kompakten Galaxienhaufen. Der ihr am nächsten liegende ist die Sculptor-Gruppe, die auch Südpolgruppe genannt wird, weil sie am Himmel in der Nähe des Punktes liegt, auf den der Südpol des Milchstraßensystems zeigt. Ihr hellstes Mitglied ist die Sculptor-Galaxie (NGC 253), die William Herschels Schwester Caroline in der Nacht des 23. September 1783 entdeckt hat. Mit fast einem halben Grad Ausdehnung und einer Helligkeit der siebten Größenklasse hat sie etwas vom Glanz einer alten Münze. Der Haufen enthält auch die kleine, aber schöne Spirale NGC 300 und die sonderbare, zerzauste NGC 55, die eine gestörte Spirale zu sein scheint. Etwas weiter entfernt liegt im Sternbild Großer Bär die M 81-Gruppe, die nach ihrem größten Mitglied benannt ist. M 81 ist eine schöne Spiralgalaxie der siebten Größenklasse und ein Lieblingsobjekt vieler Sterngucker. Sie hat eine Begleiterin der neunten Größenklasse, M 82, die eine Phase massiver Sternbildung durchlaufen hat. Offensichtlich hat die Gezeitenwechselwirkung mit M 81 Dichtewellen in M 82 erzeugt, die das Feuerwerk ausgelöst haben.

Wenn wir zu der 15 Millionen Lichtjahre entfernten NGC 5128-Gruppe hinausschauen, stoßen wir auf etwas völlig anderes. Ihre dominierende Galaxie NGC 5128 ist eine hell leuchtende Lichtkugel, die von einem dunklen Band geteilt wird – „ein sehr wundervolles Objekt", urteilte John Herschel im Jahr 1847.[4] Da die Galaxie ein starker Radiostrahler ist, wird sie auch Centaurus A genannt. Der Name bedeutet, dass sie die stärkste Radioquelle im Sternbild Zentaur am Südhimmel ist. Genauere Untersuchungen zeigen, dass die Kugel eine große elliptische Galaxie ist und dass es sich bei dem Band um die staubhaltige Scheibe einer Spiralagalxie handelt, die gerade verschluckt wird. Das Staubband verdeckt das Zentrum von Centaurus A im sichtbaren Licht, aber es lässt sich mit Radio- und Röntgenteleskopen aus der Erdumlaufbahn untersuchen. Für die Forscher, die sich mit der Entwicklung von Galaxien beschäftigen, ist Centaurus A so wertvoll wie das Foto eines Raubüberfalls für einen Ankläger: Man glaubt, dass riesige elliptische Galaxien so groß geworden sind, weil sie Spiralen verschluckt haben, und Centaurus A ist der spektakulärste Fall für diesen Kannibalismus der Galaxien, den wir aus der Nähe verfolgen können.

Ein anderes nahe gelegenes Beispiel für die Wechselwirkung zwischen Galaxien ist M 51, die Strudel-Galaxie. Wir schauen auf diese 37 Millionen Lichtjahre entfernte, spektakulär schöne Spirale direkt von oben. Die kleinere Galaxie NGC 5195 ist in der jüngeren Vergangenheit an M 51 vorbeigezogen, hat sie dabei etwas verzerrt und in ihren Spiralarmen eine verstärkte Sternentstehung ausgelöst. Die Begegnung hat NGC 5195 aber so durcheinander gebracht, dass Astronomen nicht sagen können, wie sie früher aussah. Nun wirkt sie wie ein Anhängsel der großen Spirale M 51.

Nahe bei der Gruppe um M 51 liegt die M 101-Gruppe, die von ihrer Namensgeberin beherrscht wird. M 101 ist eine weit aufgefächerte Spirale mit fast einem halben Grad Durchmesser, deren leuchtende Sternentstehungsgebiete sich so gut erkennen lassen wie Insekten, die in einem Spinnennetz gefangen sind. Einige dieser hellen Nebel liegen so weit außerhalb in den Armen, dass man sie leicht für unabhängige Objekte halten könnte. Die M 101-Gruppe enthält mindestens drei andere Spiralen. Dazu kommen verschiedene irreguläre und Dutzende von Zwerggalaxien.

Weiter draußen finden wir weitere Galaxiengruppen, die von Spiralen beherrscht werden (obwohl schwache Ellipsen in einigen von ihnen lauern könnten, die man auf diese Entfernung nicht mehr sehen kann). NGC 2841 ist eine große Spirale mit sehr feinen, detaillierten Armen. Sie beherrscht eine Gruppe, die vier oder fünf weitere Spiralen und vielleicht ein Dutzend Zwerggalaxien beherbergt. NGC 1023 regiert über unseren nächsten Haltepunkt. Sie hat keine Spiralarme (S0) und fünf Spiralgalaxien als Begleiter. 35 Millionen Lichtjahre von der Erde entfernt begegnen wir dann einer schönen Dreiergruppe miteinander wechselwirkender Spiralgalaxien: M 66, M 65 und NGC 3628. Alle drei sind gleichzeitig im Gesichtsfeld eines typischen niedrig vergrößernden Okulars zu sehen.

Obwohl die meisten der benachbarten Galaxien zu Gruppen gehören, gibt es doch auch einige isolierte (Feld-)Galaxien. Sie haben überhaupt keine Begleiter oder zumindest keine, die so hell sind, dass man sie sehen könnte. Die Astronomen dachten, dass die meisten Galaxien isoliert sind, mit besser werdenden Teleskopen und Detektoren wurden jedoch immer mehr schwächere Begleiter gefunden. Echte Feldgalaxien sind also selten. NGC 404 ist eine S0-Galxie auf halbem Weg am Himmel zwischen M 32 und M 33. Sie liegt weiter weg von uns als diese beiden Galaxien und scheint alleine zu sein. Möglicherweise handelt es sich aber auch um ein am Rand liegendes Mitglied der Lokalen Gruppe. Die Balkenspirale NGC 2903 im Löwen, NGC 6946 im Schwan, NGC 6744 im südlichen Sternbild Pfau und NGC 1313 im tief am Südhimmel stehenden Sternbild Netz gelten ebenfalls als Einzelgalaxien. Aber das gestörte Aussehen und die heftige Aktivität von NGC 1313 lassen vermuten, dass *etwas* auf sie eingewirkt hat, möglicherweise eine andere Galaxie, die derzeit hinter ihr versteckt liegt.

Viele weitere spannende Galaxien befinden sich innerhalb von 40 Millionen Lichtjahre Entfernung zur Erde, aber hier ist eine gute Stelle, um einen Schritt zurückzutreten und das größere Bild zu betrachten, denn nun sind wir bereits auf dem Weg zum Virgo-Haufen.

Beschränkten wir uns bei unserer Durchmusterung der Galaxien auf jene, die wir bislang angetroffen haben, könnten wir daraus schließen, dass die Galaxienpopulation des Universums aus Spiralen, elliptischen Zwerggalaxien und irregulären Systemen besteht. Außerdem sind einige große elliptische Galaxien in kleine Haufen zusammengefasst, die ziemlich zufällig in alle Richtungen verteilt liegen. Dieser Eindruck ändert sich, wenn wir ein Fernrohr auf das Sternbild Jungfrau richten. Hier stößt man auf Dutzende von Galaxien, die dicht beisammen auf einer Himmelsfläche von ungefähr 50 Grad stehen. Der Virgo-Haufen ist die Heimat von rund 2000 Galaxien, von denen einige hundert hell genug sind, um in Amateur-Teleskopen aufzufallen. Die Galaxienpopulation dieses Haufens ist ziemlich verschieden von der, die wir näher bei unserer Heimat gesehen haben: Beim ersten flüchtigen Blick fühlt man sich wie ein Hinterwäldler bei seiner ersten Fahrt in die Großstadt. Im zentralen Gebiet findet man die beiden großen elliptischen Galaxien M 84 und M 86.[5] Mindestens drei weitere Galaxien tauchen im gleichen Gesichtsfeld bei niedriger Vergrößerung auf, wodurch man mit den Worten des Amateur-Astronomen Alan Goldstein „das kombinierte Licht von mindestens einer Billion Sterne" sieht.[6] Verlängert man die Verbindungslinie der beiden Riesengalaxien nach Osten, so trifft man auf eine Kette von Galaxien. „Markarians Kette" wurde nach dem armenischen Astronomen Benik Markarian benannt und enthält vier Spiralen, zwei Ellipsen und eine armlose So-Spiralgalaxie.[7]

Nicht weit davon, südöstlich dieses Gebiets, leuchtet die elliptische Riesengalaxie M 87, die schätzungsweise 2,5 Billionen Sterne enthält. Extrem lang belichtete Aufnahmen zeigen, dass sich ihr an Kugelsternhaufen reicher Halo über eine Himmelsfläche ausdehnt, die größer ist als der Vollmond. Der von M 87 ausgehende Plasmajet – wir begegneten Barbara Wilson, als sie ihn bei der Texas Star Party beobachtete – ist der eine Teil eines Jetpaares, das von der Akkretionsscheibe um das supermassive Schwarze Loch im Zentrum der Galaxie ausgeht. Der Jet auf der abgewandten Seite wurde niemals visuell gesichtet – er steht auf Wilsons Liste der „unmöglichen Herausforderungen“. Mit Radioteleskopen ist er allerdings schon nachgewiesen worden.

Die Fülle an großen elliptischen Galaxien im zentralen Teil des Virgo-Haufens und ihre Knappheit in den Bereichen, in denen wir leben, legt den Schluss nahe, dass das heutige Aussehen und Verhalten der Galaxien in großen Haufen durch die gegenseitigen Wechselbeziehungen der Haufenmitglieder bestimmt ist. Wir werden weitere Hinweise darauf im nächsten Kapitel finden, wenn wir uns damit befassen, was in den Zentren dicht bevölkerter Galaxienhaufen vorgeht.

Der Virgo-Haufen liegt in der Nähe des galaktischen Nordpols, also so weit von der Milchstraßenscheibe entfernt, wie es geht. Daher sind seinem Anblick nur einige wenige Vordergrundsterne überlagert, was es Beobachtern wegen mangelnder Orientierungspunkte zunächst erschweren kann, sich zurechtzufinden. Aber der Blick zeigt auch ungewöhnlich gut, wie Galaxien wirklich aussehen: leuchtende Kugeln und Scheiben vor der unverfälschten Schwärze des intergalaktischen Raums. In diesen Entfernungen sehen Galaxien nicht so groß und hell aus wie die in näheren Haufen, aber ihre Fülle und Vielfalt ist bemerkenswert. Mit den Worten des gewissenhaften Amateur-Deep-Sky-Beobachters Leland S. Copeland sind sie „nicht für das faszinierend, was sie zu sein scheinen, sondern für das, was sie sind“. Jede ist ein fernes Milchstraßensystem, dessen Licht älter ist als der prähistorische Mensch. „Sie helfen uns dabei, die wahre Perspektive zu finden. Wir und unsere Welt sind die nebensächlichen Details und Kuriositäten, Galaxien sind die wahre Realität“, schrieb er in der ersten Hälfte des 20. Jahrhunderts.[8]

Um sich im Virgo-Haufen zurechtzufinden, muss man eine gute Sternkarte verwenden. Man sollte mit geringer Vergrößerung beginnen, um die markanten Galaxien zu identifizieren, und dann zu höheren Vergrößerungen wechseln, um die schwächeren Objekte zu studieren. Unter den schönsten Objekten sind die beiden großen, schweren Spiralen M 90 und M 88, vor denen nur einige wenige Vordergrundsterne stehen, und die siamesischen Zwillinge NGC 4567 und 4568. Bei ihnen handelt es sich um Spiralgalaxien, die an einem Punkt zusammen zu hängen scheinen, aber keine offensichtlichen Störungen zeigen, die durch Wechselwirkungen normalerweise verursacht werden: Möglicherweise sind die Zwillinge ein Doppelsystem wie unsere Galaxis und der Andromeda-Nebel, die zufällig nur auf fast der gleichen Sichtlinie liegen. Ein anderes faszinierendes Paar im Virgo-Haufen sind NGC 4435 und 4438, die Copeland „die Augen“ nannte. Es handelt sich um zwei schmale Spiralen, die scheinbar auf uns schauen und ziemlich unheimlich wirken. Die auffällige Spiralgalaxie NGC 4565 sehen wir direkt von der Seite. Sie liegt auf der uns zugewandten Seite des Haufens, weshalb sie sich über mehr als 16 Bogenminuten erstreckt. Ebenfalls auf dieser Seite des Haufens liegt die Sombrero-Galaxie M 104, deren korpulenter Bauch und das ihn überziehende Staubband so auffällig sind, dass ich sie in einem kleinen Fernrohr in geringer Höhe über dem Hollywood-Boulevard sehen konnte. Und da ist M 64, auch als „Schwarzes Auge“ oder „Schlafende Schönheit“ bekannt: In der Galaxie findet man Hinweise darauf, dass sie in der jüngeren Vergangenheit zwei heftige Phasen der Sternentstehung durchlaufen hat. Da sie eine nennenswerte Menge an Materie enthält, die entgegengesetzt zur Scheibe rotiert, dürfte sie kürzlich eine andere Galaxie verschlungen haben. Wenn man im Virgo-Haufen „herumstöbert“, ist es auch interessant M 99 anzuschauen, die mit 9,8 Größenklassen hell genug ist, um sie sogar in kleinen Teleskopen zu sehen, sowie auch M 100, deren Spiralarme sich mit Fernrohren ab acht Zoll Öffnung wahrnehmen lassen.

Der Virgo-Haufen ist ein typisches Beispiel für einen irregulären Galaxienhaufen, in dem die Ellipsen das Zentrum besetzt haben und Spiralen die äußeren Bereiche beherrschen. Er bildet die zentrale Massenkonzentration des so genannten Virgo- (oder Lokalen) Superhaufens, einer Ansammlung von Zehntausenden von Galaxien, die über einen Raum von 150 Millionen Lichtjahre Durchmesser verteilt sind. Neben dem Virgo-Haufen enthält der Superhaufen hauptsächlich kleine Galaxienfamilien wie die Lokale Gruppe und unsere Nachbarn, die Pavo-Indus-, Fornax- und Dorado-Gruppen.

Galaxienhaufen und -superhaufen geben uns eine weitere Lektion in Bescheidenheit, für die die Astronomie berüchtigt ist. Die Erde steht nicht in der Mitte des Universums, was die Menschen vor Kopernikus glaubten, und auch die Sonne ist nicht das zentrale Gestirn, wie Kopernikus dachte. Stattdessen liegt die Sonne draußen in einem Vorort einer durchschnittlichen Spiralgalaxie in einer gewöhnlichen Gruppe, die sich wiederum am Rand eines Superhaufens befindet. Würde man man den Superhaufen so weit verkleinern, dass er so groß wie die Oberfläche der Erde wäre, könnte unsere Galaxis beispielsweise Boston sein; der Andromeda-Nebel wäre dann so weit weg wie New York und hätte auch dessen Größe. Die Mitglieder des Virgo-Haufens lägen dann in Los Angeles.

Aber selbst von der Erde aus, der tiefsten Provinz des intergalaktischen Raumes, gibt es viel zu sehen. In einem Umkreis von 100 Millionen Lichtjahren um die Erde – dies ist die Reichweite von visuellen Beobachtern mit mittelgroßen Teleskopen oder kleinen Fernrohren mit CCD-Kameras – gibt es 160 Galaxien-Gruppen, die aus 2500 großen und vielleicht 25 000 Zwerggalaxien bestehen. Alle zusammen enthalten größenordnungsmäßig 500 Billionen Sterne. Jenseits davon sind die Dinge schwach und weit entfernt, aber noch nicht unsichtbar.

Der große Wissenschaftler: Ein Besuch bei Edgar O. Smith

Im Dezember 2000 verbrachte ich eine Nacht am 1,2-m-Calypso-Teleskop des Kitt Peak National Observatory außerhalb von Tucson, um Aufnahmen von Sternketten und leuchtendem Gas zu machen, das wechselwirkende Galaxien miteinander verbindet. Calypso ist das einzige private Fernrohr auf dem Berg, alle andern werden von Universitäten und anderen staatlichen Einrichtungen betrieben. Es wurde von Edgar O. Smith entworfen und gebaut, einem Unternehmer, der später Astronom wurde, und der andere Beobachter einlud, das Gerät ebenfalls zu nutzen. Ein Bruchteil der Teleskopzeit reiche für seine eigene Forschung, sagte Smith, da „die Daten aus ihm herausströmen wie das Wasser aus einem Feuerwehrschlauch".

Ich habe viele Amateure kennen gelernt, deren Begeisterung für die Astronomie sie auf – wie die alten Römer sagten – „verschlungenen Pfaden zu den Sternen" führte: schlaflose Beobachtungsnächte und lange Tage, um die Ausrüstung zu richten und die Daten zu verarbeiten, Teleskopbauprojekte, derentwegen sie Schulden machten und zur Eheberatung mussten, sowie ausgeklügelte Exkursionen zu abgelegenen Orten, an denen Bedeckungen und Verfinsterungen stattfanden. Aber ich kenne keinen Amateur, der einen mühseligeren Weg gewählt und diesen energischer verfolgt hat als Edgar O. Smith. Als wir uns vor neun Jahren zum ersten Mal trafen, war Edgar ein lediger Millionär mit einem beneidenswerten Weinkeller, einer schicken Kunstsammlung und einem rastlosen Intellekt. Er beobachtete mit einem gängigen 14-zölligen Schmidt-Cassegrain-Fernrohr vom Garten seines Landhauses in Connecticut aus. Wie so viele Amateure wollte er ein größeres Teleskop haben und mehr über Astronomie lernen, um es richtig einzusetzen. Was Edgar zu etwas Besonderem machte, war die Größe seines Ziels. Sein neues Fernrohr sollte eines der Ein-Meter-Klasse mit einer ausgeklügelten adaptiven Optik sein, das von einem hohen Berg aus die beste Auflösung bietet, die sich auf dieser Seite der Erde erreichen lässt. Genug über Astronomie zu lernen bedeutete für Edgar, sich an der Columbia University als Student mit Hochschulabschluss einzuschreiben und dort eine Doktorarbeit in Astrophysik zu schreiben. Dies tat er ungeachtet dessen, dass er weit über 50 war und ein Unternehmen zu führen hatte.

Ich blieb mit Edgar im Lauf der Jahre in Kontakt, während er diese Ziele verfolgte. Wir besuchten gemeinsam die Fabrik, in der das Fernrohr gebaut wurde und diskutierten über seine Fortschritte im Graduiertenprogramm für Astronomie und Astrophysik an der Columbia University. Bei den anderen Studenten war er willkommen, obwohl er doppelt so alt war wie sie, aber er wurde von ein paar Professoren schikaniert. Erst als sein Doktortitel vorlag, seine Arbeit veröffentlicht war (drei Publikationen im „Astronomical Journal“ über Sternevolution in der Fornax-Galaxie und verschiedenen Kugelsternhaufen) und sein Teleskop am Kitt Peak in Betrieb ging, stimmte er einem Interview zu. Wir trafen uns in seinem Büro im Hauptsitz der E. O. Smith & Co. in der Park Avenue. Er war zurückhaltender, als er aussah – ein großer, sportlicher Mann mit einem markanten, offenen Gesicht und leuchtenden Augen. Edgar redete leise, als ob er laut nachdachte.

Er erzählte mir, dass er in Washington, D. C. geboren wurde, aber auf einem Milchbauernhof in Doylestown, Pennsylvania, aufgewachsen war. Sein Vater war ein ehemaliger Ingenieur der zivilen Luftfahrtaufsicht, der hier etwas Land gekauft hatte. „Mein Vater war ein ruheloser, aggressiver, rauer Bursche, er trank viel und war gewalttätig. Ein sehr schwieriger Mensch“, sagte Edgar. „Er verprügelte mich oft. Einen prägenden Augenblick in meinem Leben gab es, als ich 13 Jahre alt war. Wir hatten einen Kerl als Arbeiter auf der Farm, der boxte. Er und ich ordneten immer Heuballen zu einem Ring an, um darin zu boxen. Eines Abends kam mein Vater vorbei und fragte, was ich da mache. Er bestand darauf, die Handschuhe anzuziehen und wollte mich vorführen, aber ich war sehr verbittert und schlug ihn nieder. Ich schlug ihn so stark, dass er zwei Tage lang Kopfweh hatte.

Das war das Ende der Gewalt, aber ich rebellierte weiter gegen ihn und kam mit dem Jugendstrafrecht in Konflikt. Sie warfen mich dreimal aus der High School. Später erzählte man mir, dass sich das Benehmen immer in der gesamten Schule gebessert hatte, als ich gehen musste. Zum Glück gab es sehr gute Football-Angebote in Pennsylvania, und eines Tages sagte ein Trainer zu mir, dass er mich jeden Tag mit diesen Pennern Zigaretten rauchen sehe und dass ich wohl Angst hätte, in der Football-Mannschaft mitzumachen. Er war ein kluger Mann. Ich nahm seine Herausforderung an und trat dem Football-Team bei. Ich war wie ausgewechselt. Ich wandelte mich vom unruhigen, Ärger machenden, rauchenden, boxenden Kind, das den Mädchen nachstellt – und schlimmer –, zu einem sportverrückten Vorzeigeschüler. Ich machte Geräteturnen, Diskuswerfen und Ringen. Es kostet viel Energie ein schlechter Junge zu sein, und ich stellte fest, dass sich diese Energie besser im Sport kanalisieren lässt.“

Sein Vater weigerte sich, Edgar bei den Bewerbungen für ein College zu helfen. „Er versuchte, mir ein Bein zu stellen.“ So schloss Edgar die High School ohne Perspektive auf höhere Bildung ab. Nur Football-Stipendien hatte er an mehreren Universitäten angeboten bekommen. Daraufhin nahm er die Dinge selbst in die Hand und besuchte im Sommer den für die Aufnahme zuständigen Dekan in der University of Pennsylvania. Er wurde aufgenommen. „Das erste Semester lag ich im oberen Drittel meiner Klasse“, erzählte mir Edgar. „Mein Hauptfach waren Wirtschaftswissenschaften und ich besuchte eine Menge von Literaturkursen. Ich wurde zum Mitglied der beiden Ehrenvereinigungen ernannt, der Studenten angehörten, die das meiste für den Campus getan hatten. Ich schrieb mich in Football, Ringen und Leichtathletik in Penn ein.

Bei der Harvard Business School habe ich mich ebenfalls nie beworben. Stattdessen ging ich hin und redete mit dem stellvertretenden Dekan, der für die Zulassung zuständig war, James L. ‚Leslie' Rollins. Er war ebenfalls ein Einzelgänger und suchte nach ungewöhnlichen Studenten. Ich sagte ihm, dass ich dies und das tun würde, und dass sie mich nehmen müssten. Schließlich entgegnete er, dass ich lernen müsse, meinen Mund zu halten. Mir gefiel es dort: Sie forderten mich wirklich."

Nachdem er seinen Abschluss in Harvard und erste Erfahrungen in einer New Yorker Finanzfirma gemacht hatte, machte sich Edgar selbstständig. Er kaufte kleine Fertigungsbetriebe, die sich in Familienbesitz befanden auf. Zunächst lief es gut, aber „dann änderte sich das wirtschaftliche Klima und wir bekamen nichts mehr zustande. Meine Freunde machten weiter Karriere, und ich saß da mit meinen 28 Jahren und konnte mich kaum über Wasser halten. Das frustrierte und deprimierte mich, aber ich traf eine großartige Frau, eine Doktorandin in Kunstgeschichte an der Columbia – sehr, sehr klug –, die mir empfahl, nicht aufzugeben. Ich beherzigte ihren Rat und landete bald ein großes Geschäft – Gott weiß wie –, das mich bekannt machte. Mit dem Geld kaufte ich meine ersten Navajo-Stoffe. Ich hatte einige Holzschnitte deutscher Expressionisten zuvor gehabt, aber als mir das Geld ausgegangen war, hatte ich sie verkaufen müssen. Ich hatte alles verkaufen müssen."

Als ich Edgar fragte, wie er mit der Astronomie in Berührung gekommen war, erzählte er mir von zwei Ereignissen, die damals jedoch beide wie Sackgassen gewirkt hatten. Das erste war ein Besuch mit seiner Mutter am Naval Observatory in Washington D. C., als er vielleicht fünf Jahre alt war. Ein Astronom zeigte ihnen dort den großen Refraktor und lud sie ein, nachts wiederzukommen, um einmal durchzuschauen. Aber sie kehrten nie zurück. „Wenn ich mir vergegenwärtige, unter welchen Bedingungen meine Mutter lebte, war es erstaunlich, dass sie mich jemals dorthin mitgenommen hatte", merkte Edgar an. Später, als die Familie auf die Farm gezogen war, kam Edgars Vater mit einer Aluminiumröhre und einer Ausgabe von Albert G. Ingalls klassischem „Amateur Telescope Making" heim. Edgar war außer sich vor Aufregung, aber es ergab sich daraus nichts. Stattdessen „kauften wir mehr und mehr Kühe und bald arbeiteten wir nur noch die ganze Zeit hart für die Farm. Als mein Vater gestorben war, ging ich hinunter und räumte die Scheune auf. Dabei fand ich unter anderem diese Röhre und Ingalls Buch auf dem Regal wieder.

Die Astronomie geriet für Jahrzehnte in Vergessenheit, bis Edgar ein Fernrohr bei seinem Landhaus aufstellte und sich überlegte, Astronom zu werden. „Ich hatte vieles in meinem Leben ganz gut gemacht, aber nun suchte ich etwas Neues“, sagte er. „Es nagte ein bisschen an mir, dass ich, wenn ich etwa den „Scientific American“ aufschlug, ihn nicht einfach durchlesen konnte. Ich befürchtete aber auch, während einer Promotion in Astronomie nicht mehr in der Lage zu sein, die Firma weiter zu leiten. Da sagte ein Freund zu mir, dass wenn eine Herausforderung nicht ein bisschen riskant sei, sie die Mühe nicht lohne. Ich arbeitete sehr, sehr hart an der Uni, stand früh morgens auf, opferte jedes Wochenende und blieb bis tief in die Nacht – manchmal sogar die ganze Nacht über. Die Astrophysik kann eine mönchsähnliche, einsame Art zu leben sein, eine, die ein enormes Engagement erfordert. Aber ich freute mich wahnsinnig darüber, dass ich diese Gelegenheit hatte. Ich verlangte wirklich viel von mir und erledigte alles ziemlich schnell.“

Der Bau des Teleskops kostete Edgar einen wesentlichen Teil seines Vermögens und brachte so viele Enttäuschungen, dass er sein Team aus Ingenieuren die Don-Quichotte-Gruppe taufte. („Fast alle diese Fernrohre kosten letztlich dreimal so viel Geld und zweimal so viel Zeit wie man erwartet. Meines machte dabei keine Ausnahme.“) Edgar nannte das Teleskop Calypso, weil „Calypso Odysseus sieben Jahre lang gefangen hielt – was ungefähr der Zeit entspricht, die der Bau dauerte – und weil Calypso ein ungewöhnlich gutes Sehvermögen hatte.“ Als das Fernrohr schließlich auf dem Kitt Peak in Betrieb gegangen war, nahm Edgar seine neue Laufbahn als Astrophysiker in Angriff. Er nutzte Calypsos scharfe Abbildungsleistung, um dicht gedrängte Sterne in den Zentren von Kugelsternhaufen zu trennen und so ihre Helligkeit und Farbe zu gewinnen. „Derzeit ist nicht viel von mir übrig geblieben“, sagte Edgar lachend. „Ich fühle mich, wie wenn ich durch die Wüste gelaufen wäre und seit langem keinen Schluck Wasser mehr getrunken hätte. So langsam stellt sich ein Gefühl der Aufregung ein, aber in zeitlicher Hinsicht war es erschöpfend – und finanziell auch.“

Gegen Mitternacht während meiner Beobachtung mit Calypso fiel das Teleskop aus. In Begleitung der Sternwartenleiterin, einer französischen Astronomin namens Adeline Caulet, stieg ich außen drei Gittertreppen bis zu der hoch gelegenen Ebene hinauf, wo das Fernrohr im Freien stand. Damit es sich schnell an die Umgebungstemperatur anpassen konnte, befand es sich in einem Schuppen, der während der Nacht vollständig weggefahren wurde. Wir drehten das Teleskop in seine Ruheposition, damit wir die Computer neu booten konnten. Adeline ging wieder hinunter in den Kontrollraum, während ich noch ein bisschen blieb. Ich fühlte mich daheim auf diesem offenen Plateau, allein mit dem Fernrohr und dem sternklaren Himmel.

Jeder guten Sternwarte liegt ein stimmiges Grundkonzept zugrunde, bei diesem waren es die Luftverhältnisse. Die Plattform unter meinen Füßen bestand aus Stahlgittern, damit die Luft frei zirkulieren konnte. Sie befand sich in einer Höhe von zehn Metern, damit das Fernrohr sich in jenem Bereich befand, in dem die Luft frei strömt, während sie darunter durch die Bodenreibung aufgewühlt wird. So vermeidet man die „Bodeneffekte“, vor denen mich Clyde Tombaugh gewarnt hatte. Die Teleskopsäule verjüngte sich nach oben, um den Winden aus der vorherrschenden Richtung wenig Angriffsfläche zu bieten, und sie nicht entlang der Säule nach unten abzuleiten, wo sie die bodennahe Luft aufwühlen könnten. Eine große Pumpe saugte Luft durch große, weiße Leitungen vom Fernrohr ab und stieß sie weit unterhalb in Windrichtung wieder aus. So ließen sich örtliche Störungen durch die aufsteigende Wärme der Teleskopkomponenten minimieren. Nicht dass das Fernrohr viel Wärme erzeugt hätte: Seine CCD-Kameras wurden mit flüssigem Stickstoff gekühlt, die Montierung war aus thermisch trägen Materialien gefertigt, die wenig Wärme abgaben, und der abfahrbare Schuppen war in geschlossenem Zustand pneumatisch versiegelt und wurde während des Tages klimatisiert, damit man jede Nacht den Betrieb bei Umgebungstemperatur aufnehmen konnte. Es gab sogar eine „experimentelle Luftfolie“, die „den hereinkommenden Wind schneller nach unten bringen sollte“, wie Edgar in seiner Doktorarbeit schrieb.

Das Fernrohr besaß einen schwarzen Gitterrohrtubus, viele mattschwarze Blenden (an bestimmten Stellen mit Belüftungslöchern versehen, damit sie die Luftruhe nicht störten) und einer exotischen adaptiven Optik, die sich tausendmal in der Sekunde an die Turbulenzen der Luft anpassen konnte. Das gesamte Gebilde sah aus wie eine Raumsonde, die Marsbewohner hierher geschickt hatten, und seine Leistung stand seinem futuristischen Aussehen in nichts nach. Professionelle Teleskope gelten im Allgemeinen als funktionsfähig, wenn sie sich auf zehn Bogensekunden genau positionieren lassen; dieses hier hatte eine Positioniergenauigkeit von einer Bogensekunde. Ein sehr guter Hauptspiegel mag eine Oberflächengenauigkeit von rund einem Zehntel der Wellenlänge von Natriumlicht (588 nm) besitzen, ein ausgezeichneter eine Genauigkeit von etwa einem Zwanzigstel; dieser Hauptspiegel hier hatte eine Genauigkeit von einem Fünfzigstel. Liefert die Kombination aus Fernrohr und Umgebung eine Auflösung von einer Bogensekunde, gilt das als hervorragend; diese Anlage hier war viermal besser: In guten Nächten ließ sich eine viertel Bogensekunde erreichen. („Die Natur ist ja so demütigend“, hatte Edgar mit einem Seufzer gesagt. „Wenn du das Teleskop öffnest, und die Nacht ist schlecht, dann war's das eben.“) Der Technikliebhaber in mir hat einige ziemlich elegante Maschinen – Raumschiffe, Rennwagen und Tarnkappenbomber – gesehen, aber das hier stand ihnen in nichts nach.

Durch Adelines Befehle von unten rührte sich das Fernrohr wieder und bewegte sich zu den Koordinaten der nächsten Galaxie auf unserer Liste. Während ich es im Schein der roten Nachtbeleuchtung anschaute, erkannte ich, dass das Teleskop nicht nur einem wissenschaftlichen, sondern auch einem künstlerischen Werk gleichkam – eine moderne Entsprechung des ersten Navajo-Teppichs, der in Edgars Wohnung in Manhattan hing.

Während unseres Gesprächs fragte ich Edgar, was ihn an der Astronomie mehr gereizt hatte als an anderen Wissenschaften. „Ich bin kein religiöser Mensch im herkömmlichen Sinne", antwortete er. „Aber ich denke, dass die Astronomie für mich Staunen heißt, vielleicht ein spiritueller Abstecher als Ersatz für eine Religion. Ich bin die Dinge des Lebens auf keine sehr konventionelle Weise angegangen. Aber mein ganzes Leben zeigt, dass ich mich nicht darum kümmere, was andere Menschen denken."

Die dunkelste Zeit – eine Reise in die Vergangenheit

Ich erkenne die Zeichen einer uralten Flamme.

DANTE ALIGHIERI

Dies ist unser Universum, unser Museum der Wunder und Schönheit, unser Heiligtum.

JOHN ARCHIBALD WHEELER

Lange nach Mitternacht nahm ich mir in Rocky Hill ein paar Minuten Zeit, um mit dem Fernrohr einen kleinen Lichtpunkt anzuschauen, den ich mit Hilfe einer von Hand gezeichneten Karte gefunden hatte. Er sah aus wie ein Stern, es war aber ein Quasar: der helle, hochenergetische Kern einer fernen Galaxie. Dieser Quasar mit der Bezeichnung 3C 273 ist relativ hell, meistens so um die 12,8 Größenklassen. Manchmal springt er auf 11,7 hoch oder sinkt auf 13,2 ab. Sein Licht ist mehr als zwei Milliarden Jahre durchs Weltall gereist. Es trat seine Reise an, als die ersten Bakterien auf der Erde auftauchten. Würde man eine Zeitmaschine im Stile von H. G. Wells besteigen – eine, die mit der Schwindel erregenden Geschwindigkeit von einem Jahrhundert pro Sekunde arbeitet – würde man 60 Jahre reisen, bevor man zwei Milliarden Jahre in der Vergangenheit angekommen wäre. Aber hier in der Stille der zweiten Nachthälfte musste man dafür nur das Teleskop auf den richtigen Lichtpunkt am Himmel richten. Ich schaute das antike Licht von 3C 273 eine Weile an und fragte mich, ob es Zufall oder Vorsehung sei, einen solchen Termin mit der vormenschlichen Vergangenheit wahrzunehmen.

Nur wenige Sterngucker schauen sich viele Objekte an, die weiter als die Galaxien des Virgo-Superhaufens entfernt stehen. So wie früher nur wenige über das Milchstraßensystem hinausblickten. Aber das wird sich mit der Zeit ändern. Unter den heutigen visuellen Beobachtern und CCD-Virtuosen gibt es einige, die ihre Befriedigung aus der Betrachtung von sehr weit entfernten Galaxien ziehen. Diese Unerschrockenen erforschen die vier benachbarten Superhaufen in den Sternbildern Zentaur, Perseus, Haar der Berenike und Herkules.

Superhaufen bestehen aus Galaxienhaufen – einem oder mehreren großen Haufen sowie zahlreichen kleineren Haufen und Gruppen. Der

Virgo-Superhaufen mit seinen Zehntausenden von Galaxien gilt als bescheidenes Exemplar, da der Virgo-Haufen sein einziges großes Mitglied ist. Er wird vom Centaurus-Superhaufen in den Schatten gestellt, der 250 Millionen Lichtjahre entfernt von der Erde liegt und sich über die Sternbilder Zentaur, Wasserschlange und Luftpumpe erstreckt. Drei große Haufen liegen in diesem Superhaufen: Hydra I, der Centaurus-Haufen und IC 4329. Jeder dieser Haufen hat seine eigenen Reize. Hydra I lässt sich relativ gut beobachten, wenn man seine Entfernung in Betracht zieht. Ein durchschnittliches Teleskop zeigt unter einem dunklen Himmel die beiden elliptischen Galaxien, die im Kern liegen, sowie ein paar gestört aussehende Spiralgalaxien in der Nähe und vielleicht ein halbes Dutzend anderer Galaxien in der weiteren Umgebung. Der Centaurus-Haufen bietet einen noch besseren Anblick, vermutlich, weil er auf der uns zugewandten Seite des Superhaufens liegt. In seinem Kern findet man eine schwache, aber beeindruckende Ansammlung von riesigen elliptischen Galaxien, zwischen denen Ketten aus Spiralen und S0-Systemen liegen. Im IC 4329-Haufen lassen sich innerhalb eines ein Grad großen Gesichtsfeldes rund ein Dutzend Galaxien erkennen. Unter ihnen befinden sich Kuriositäten wie „die Muschel", ein miteinander wechselwirkendes Paar, das einer offenen Muschel ähnelt, und der Namensgeber des Haufens IC 4329 A, eine energiereiche Galaxie mit einem Kern, der so hell ist, dass er mit einem Stern verwechselt werden kann. Es gibt auch viele kleinere Haufen im Centaurus-Superhaufen, die eine nähere Untersuchung lohnen. Sie liegen alle bei südlichen Deklinationswerten. Je weiter südlich man sich also befindet, desto besser lässt sich der uns benachbarte Superhaufen beobachten.

In 300 Millionen Lichtjahren Entfernung liegt der Perseus-Superhaufen im Sternbild Perseus. Dort treffen wir auf eine lange, dicke Kette aus Galaxienhaufen, die sich über 90 Grad des Himmels und 200 Millionen Lichtjahre im Raum erstreckt. Der zentrale Perseus-Haufen besteht aus einer kompakten Schar von Ellipsen und S0-Systemen. Der Amateur-Astronom Steve Gottlieb konnte 58 von ihnen in einem 17,5-Zoll-Teleskop erkennen. Ihre teils kreisförmige Anordnung vermittelt ein lebhaftes Gefühl für die allgegenwärtigen Gravitationsfelder, die die Galaxien im Haufenzentrum zusammenhalten. Tatsächlich erkannten Astronomen bei Untersuchungen des Perseus-Haufens, dass große Materiemengen in den Herzen der Galaxienhaufen stecken müssen. Sie erzeugen Schwerkraft, aber kein Licht, weshalb man von „dunkler Materie" spricht. Vier andere prachtvolle Haufen liegen entlang des Rückgrats des Perseus-Superhaufens. Einer von ihnen, der Haufen NGC 383, zeigt eine auffällige Kette aus sechs Galaxien in einer Reihe.

Unsere nächste Etappe ist der Coma-Superhaufen, der nur wenige bedeutende Haufen enthält. Er ist unter Beobachtern aber beliebt, da eines der Superhaufen-Mitglieder der Coma-Haufen ist. In seinem Kern kann man mehr Galaxien in einem Gesichtsfeld sehen als in jedem anderen Haufen am Himmel. In das Gesichtsfeld von 0,75 Grad eines niedrig vergrößernden Okulars (62fach) passen an meinem 18-Zoll-Reflektor drei Dutzend Galaxien im Zentrum des Coma-Haufens, allerdings sind höhere Vergrößerungen erforderlich, um die schwächeren Objekte zu sehen. Gottlieb konnte mit fast derselben Öffnung bei 220- und 280facher Vergrößerung im Lauf mehrerer Nächte insgesamt 88 Coma-Galaxien finden.

Der Coma-Haufen ist ein Paradebeispiel für einen „prachtvollen", „kugelförmigen" und „regulären" Haufen, wie es der amerikanische Astronom George Abell formulierte. Abell ist der Pionier bei der Erforschung großräumiger kosmischer Strukturen. Er identifizierte Hunderte von Haufen auf Durchmusterungsaufnahmen und teilte sie in zwei Hauptgruppen ein: reguläre wie der Coma- und irreguläre wie der Virgo-Haufen. Irreguläre Haufen sehen verstreut aus, enthalten hauptsächlich Spiralen und lassen ihren Mitgliedsgalaxien viel Spielraum. Reguläre Haufen sind ungefähr kugelförmig, enthalten fast nur elliptische und S0-Galaxien und sind viel dichter bevölkert. Der Coma-Haufen (Abell 1656) ist so reich an Galaxien, dass Tausende von Systemen innerhalb eines kleinen Radius zusammenstehen, der nur ein paarmal größer ist als der der Lokalen Gruppe.

Heutzutage betrachten Astronomen die Abell-Klassen als die beiden Enden eines Kontinuums von Galaxienhaufen und unterstreichen die allgemeine Regel, dass Haufen mit zunehmender Dichte einen immer größeren Anteil an elliptischen und S0-Galaxien enthalten. In Haufen hoher Dichte liegt die Zahl der elliptischen und S0-Systeme dreimal so hoch wie die Zahl der Spiralen, während sie in Haufen geringer Dichte ungefähr gleich häufig auftreten. Diese Erkenntnis legt den Schluss nahe, dass das unterschiedliche Innenleben der Haufen bestimmt, wie sich ihre Mitgliedsgalaxien entwickeln. Spiralen in kugelförmigen Haufen mit vielen Mitgliedern umlaufen das Zentrum wegen des stärkeren Gravitationsfeldes der großen Masse mit höheren Geschwindigkeiten. Dadurch haben sie das Haufenzentrum mehrmals im Lauf der Geschichte des Universums durchquert, was die Wahrscheinlichkeit für gegenseitige Zusammenstöße oder Begegnungen mit intergalaktischen Wolken erhöht, die sie wiederum ihres Gases und Staubes berauben: Sie verwandeln sich dann in elliptische und S0-Systeme. Galaxien in irregulären Haufen mit wenigen Mitgliedern sind dagegen nur selten durch den Kernbereich gewandert – die am Rand liegenden womöglich noch nie –, und die zentralen Regionen irregulärer Haufen sind sowieso ziemlich spärlich besetzt. Daher konnten diese Galaxien ihre ursprüngliche Spiralform bewahren. Und tatsächlich: Der Kernbereich des kompakten, regulären Coma-Haufens besteht hauptsächlich aus runden, strukturlosen Galaxien, während Spiralen in den Außenbereichen und im Vordergrund liegen. Im Vordergrund gibt es genügend Platz: 400 Millionen Lichtjahre liegen zwischen dem Coma-Haufen und uns.

Noch schwächer, nahe an der Grenze der Sichtbarkeit für die meisten visuellen Sterngucker, ist der Herkules-Superhaufen. Er hat eine Entfernung von rund 500 Millionen Lichtjahren und beheimatet zehn auffällige Haufen mit mehr als 400 Mitgliedsgalaxien. Im Zentrum liegt der irreguläre Herkules-Haufen (Abell 2151), der Beobachter magisch anzieht, die sich auf schwache Objekte spezialisiert haben. Er enthält eine angenehme Vielfalt an elliptischen und Spiralgalaxien, von denen viele miteinander wechselwirken. Gottlieb beschrieb sie als „schwach", „sehr schwach" und „äußerst schwach", konnte aber trotzdem Dutzende von ihnen sehen.

In diesen Entfernungen enthalten ansonsten zuverlässige Sternkarten und Kataloge immer mehr Fehler. Im NGC/IC-Projekt arbeiten daher Berufs- und Amateur-Astronomen zusammen, um die Widersprüche aufzulösen. Dazu werden alle Objekte des New General Catalog (NGC) und der beiden ergänzenden Index Catalogs (IC) beobachtet, um ihre Positionen zu bestätigen beziehungsweise falsche zu korrigieren. Der Projektleiter Harold G. Corwin Jr. schätzt, dass „es mindestens tausend bekannte oder mögliche Identifikationsprobleme im NGC gibt, und sicherlich nochmals so viele in den IC-Katalogen – wenn nicht noch mehr". Er schrieb, dass die Motivation der Gruppe unter anderem „die Beseitigung von Verwirrungen und der pure Spaß an der Sache" sei.[1] Amateure wie Ken Hewitt-White schleppen ihre großen Teleskope zu abgelegenen, dunklen Orten, „um sich auf den Herkules-Weg zu machen" oder „durch die Seitenstraßen" der hellen Haufen des Superhaufens zu wandeln. Unter Verwendung der besten und aktuellsten Kataloge waren diese Amateure in der Lage, viele der obskuren Galaxien zu finden, die im „Morphological Catalog of Galaxies" (MCG) und „Uppsala General Catalog" (UGC) aufgeführt sind. „Sie aufzuspüren, hängt von der Öffnung, den Himmelsbedingungen und der Beharrlichkeit des Beobachters ab", sagt Hewitt-White.[2]

Der Corona-Borealis-Haufen, das Juwel des gleichnamigen Superhaufens, liegt noch weiter entfernt, etwa eine Milliarde Lichtjahre von der Erde entfernt. Trotzdem haben sich einige visuelle Beobachter an ihm versucht. Mit einem hoch vergrößernden Okular, um „etwas Abstand zwischen die einzelnen Mitglieder zu bringen", gelang es Steve Gottlieb, sechs dieser Galaxien auszumachen. Er beobachtete dazu von einem 2000 m hohen Berggipfel in der US-amerikanischen Sierra Nevada aus. „Halte dich mehrere Minuten bei jedem schwachen Leuchten auf", rät er. „Genieße einfach die ungeheure Befriedigung, Photonen zu sehen, die vor rund einer Milliarde Jahre ihre Reise antraten."[3]

Eine Milliarde Lichtjahre ist eine beträchtliche Entfernung. Sie entspricht fünf Prozent des Radius des überschaubaren Universums. Deshalb ist das eine gute Stelle, um der Frage nachzugehen, wie Superhaufen in noch größere Strukturen eingebettet sind. Innerhalb von einer Milliarde Lichtjahre Entfernung von der Erde gibt es ungefähr 80 Superhaufen. Sie bestehen aus rund 160 000 Galaxienhaufen, die drei Millionen große und schätzungsweise 30 Millionen Zwerggalaxien enthalten. Um Strukturen in solch riesigen Größenordnungen zu erkennen, muss man Informationen über Zehntausende von Galaxien sammeln und interpretieren. Diese Meisterleistung wurde in den vergangenen Jahrzehnten durch Durchmusterungsteleskope ermöglicht, die mit-hilfe ihrer Glasfaseroptiken das Licht vieler Galaxien gleichzeitig analysieren können. Die Untersuchungen deuten darauf hin, dass das Weltall letzten Endes in blasenähnliche Strukturen aufgeteilt ist, die rund 250 Millionen Lichtjahre Durchmesser haben. Massereiche Superhaufen stellen dann die dichten Bereiche dar, wo sich die Wände von zwei oder mehr Blasen schneiden. Der Coma-Superhaufen ist Teil einer solchen Region, die „die Große Wand" genannt wird. Sie ist eine halbe Milliarde Lichtjahre lang und in unsere Richtung gekrümmt. Wie ein Lineal, das man mit einem Ende nahe ans Auge hält, reicht sie von ungefähr 350 Millionen Lichtjahre Entfernung im Löwen bis zu 500 Millionen Lichtjahren im Herkules. Dort stößt sie auf den Herkules-Superhaufen. Der Perseus-Pisces-Superhaufen dürfte ein weiterer Kreuzungspunkt zwischen solchen Blasen sein. Er lässt sich einfacher erkennen, da wir ihn von der Seite sehen.

Angesichts dieser Hierarchie der Strukturen – Galaxien in Gruppen und Haufen, die wiederum zu Superhaufen gehören, die an den Wänden der Blasen liegen – fragt man sich natürlich, ob die Blasen Bestandteile von noch größeren Objekten sind. Mittelt man über viele Blasen, sieht das Weltall ziemlich gleichmäßig aus. Betrachten wir einen Wald, den wir uns zunächst aus der Nähe und dann aus großer Entfernung anschauen. Läuft man in einer geraden Linie durch den Wald, trifft man auf ziemlich unebenes Gelände: Entweder geht man zwischen Bäumen durch oder läuft gegen sie; gelegentlich überquert man offene Wiesen, um dann auf der anderen Seite wieder in den Wald einzutauchen. Macht man aber von dem Wald eine Aufnahme aus der Erdumlaufbahn, legt ein Koordinatennetz über das Bild und zählt die Bäume in ausreichend vielen Kästchen, so wird man feststellen, dass die durchschnittliche Dichte der Bäume gleichmäßig ist. Bei diesem Vergleich entsprechen die Bäume den Galaxien, die Wiesen der Leere der Blasen und der Wald dem Universum.

Diese Entdeckung war eine Erleichterung für die Kosmologen. Sie hatten schon lange angenommen, dass bei der Betrachtung eines genügend großen Volumens das Weltall homogen (die Galaxien gleichmäßig verteilt) und isotrop (alle Beobachter sehen in jeder Richtung diese Gleichmäßigkeit) ist. Erst die Unregelmäßigkeiten – die örtlichen Massenkonzentrationen in Form von Planeten, Sternen, Galaxien, Haufen, Superhaufen und Blasen – ermöglichen das Leben. Aber in kosmologischen Dimensionen gehen die Inhomogenitäten schließlich in einer gleichförmigen Verteilung unter.

Wenn aber das Universum im Großen und Ganzen so gleichförmig wie Mehl ist, woher kommen dann die Klumpen? Das ist eine der faszinierendsten Fragen in der Kosmologie, die uns zum Urknall und der Ausdehnung des Weltalls führt.

Als Edwin Hubble Galaxien am Mt. Wilson fotografierte, fand er mit Unterstützung seines Beobachtungspartners Milton Humason, dem ehemaligen Hausmeister des Observatoriums, heraus, dass sich die Galaxien im Allgemeinen voneinander entfernen. Die Geschwindigkeit, mit der sie wegdriften, hängt dabei direkt mit ihrer Entfernung zusammen. Hubble und Humason waren sich nicht sicher, was sie mit dieser Erkenntnis anfangen sollten, die heute als Hubble-Gesetz bekannt ist. Sie erfuhren jedoch, dass dieser Zusammenhang eine Vorhersage von Einsteins Allgemeiner Relativitätstheorie war: Demnach musste das Universum entweder expandieren oder kontrahieren. Relativität und Hubble-Gesetz besagen nicht, dass sich die Galaxien durch den Raum bewegen, obwohl das sicherlich einige tun, beispielsweise umkreisen sie das Zentrum ihres Galaxienhaufens. Vielmehr jedoch expandiert der Raum selbst und nimmt die Galaxien dabei mit. Daher lautet das Hubble-Gesetz: Je weiter eine entfernte Galaxie weg ist, desto schneller trägt sie der expandierende Raum von uns weg. Stellen Sie sich ein Gummiband vor, auf dem eine Reihe von gleichmäßig verteilten Markierungen im Abstand von jeweils einem Zentimeter angebracht ist. Etwa so:

A B C D

Jeder Punkt stellt eine Galaxie dar. Nun dehnen wir das Gummiband, um die Expansion des Raumes zu simulieren, bis eine Minute später benachbarte Punkte zwei Zentimeter auseinander liegen:

A B C D

Da die Entfernung zwischen den Galaxien A und B von einem auf zwei Zentimeter innerhalb von einer Minute gestiegen ist, haben sie eine Geschwindigkeit von einem Zentimeter pro Minute. Die Entfernung zwischen A und C hat sich dabei im gleichen Zeitintervall verdoppelt (von zwei auf vier Zentimeter), weshalb die Fluchtgeschwindigkeit der Galaxien A und C zwei Zentimeter pro Minute ist – also doppelt so hoch wie die des Paares A–B. Entsprechend ist die Geschwindigkeit von A bezogen auf D drei Zentimeter pro Minute. Es existiert also eine lineare Beziehung zwischen Geschwindigkeit und Entfernung: Für jeden Zentimeter Abstand, den zwei Punkte bei der Messung weiter auseinander liegen, erhöht sich ihre Relativgeschwindigkeit um einen

Zentimeter pro Minute. Jeder Beobachter – auch bei B, C und D – sieht den gleichen Effekt bei jeder anderen Galaxie. Ersetzen Sie die eindimensionale Anordnung auf dem Gummiband durch den dreidimensionalen Raum, dann haben Sie das expandierende Weltall.

Wenn das alles wäre, ließe sich die kosmische Expansionsrate – die Hubble-Konstante – leicht durch die Messung der Geschwindigkeiten und Entfernungen einiger nahe gelegener Galaxien ermitteln. Stattdessen erschwert die Zusammenballung der Materie das Verfahren ernsthaft. Galaxienhaufen, selbst kleine wie die Lokale Gruppe, sind gravitativ gebunden: Der Raum in ihrem Innern expandiert nicht. Die Untersuchung unserer Nachbargalaxien in der Lokalen Gruppe sagt also nichts über die Expansionsrate des Alls aus. Der Virgo-Superhaufen expandiert, aber mit einer Geschwindigkeit, die durch sein eigenes Schwerefeld verzögert wird. Da der Virgo-Haufen und die Lokale Gruppe in diesem Gravitationsfeld gefangen sind, entfernen sie sich langsamer voneinander, als es ansonsten der Fall wäre. Um eine uneingeschränkte kosmische Ausdehnung zu beobachten, muss man weiter nach draußen gehen und andere Superhaufen anschauen. Aber in diesen Entfernungen wird es schwierig, die Distanzen der Galaxien genau zu messen. Aus diesen und weiteren Gründen sind sich Astronomen noch nicht über den genauen Wert der Hubble-Konstante im Klaren.

Das ist bedauerlich, da die Expansionsrate das Alter des Weltalls anzeigt; die Zeitspanne, die vergangen ist, seit all diese fernen Galaxien – vom Centaurus-Superhaufen bis zur Großen Wand und darüber hinaus – am gleichen Punkt waren. Je schneller man das Gummiband dehnt, desto weniger Zeit ist erforderlich, um eine bestimmte Länge zu erreichen. Deshalb bedeuten höhere Werte der Hubble-Konstante (also eine schnellere kosmische Expansionsgeschwindigkeit) ein jüngeres Universum als niedrigere Werte. Die Schätzungen der meisten Astronomen für das Alter des Weltalls liegen zwischen mindestens zehn Milliarden Jahre und weniger als zwanzig Milliarden Jahre. Das passt ziemlich gut zum Alter der ältesten bekannten Sterne, die in den Kugelsternhaufen liegen. Sie sind rund zwölf Milliarden Jahre alt.

Der Anfang der kosmischen Expansion – der so genannte Urknall – ist in mancher Hinsicht gut verstanden, aber in anderen Aspekten völlig rätselhaft.

Die gut verstandenen Teile stammen hauptsächlich aus dem Bereich der Hochenergiephysik. Theoretiker haben in ihren Modellen die Uhr einen Bruchteil nach dem Beginn der Expansion gestartet und von dort aus in die Zukunft gerechnet. Die Energie, die heute über das gesamte Universum verteilt ist, war damals auf einen Raum verdichtet, der kleiner als ein Golfball ist. Daher überrascht es nicht, dass man es dabei mit einer sehr heißen „Ursuppe" zu tun hatte. Darin konnte die Materie noch keine stabilen Objekte oberhalb der Strukturen subatomarer Teilchen ausbilden. Hochenergiephysiker sind recht geschickt, wenn es darum geht, die weitere Entwicklung eines solch einfachen Systems zu berechnen. Sie konnten einige ihrer Berechnungen anhand von Messungen in Teilchenbeschleunigern und Beobachtungen an Galaxien überprüfen.

Einer ihrer Erfolge ist die Abschätzung der relativen Häufigkeit verschiedener chemischer Elemente. Die Berechnungen der Physiker zeigen, dass nach der Expansion und Abkühlung des Feuerballs ungefähr ein Viertel des Wasserstoffs im All durch Kernfusionen in Helium umgewandelt wurde. Und tatsächlich besteht das Universum ungefähr zu einem Viertel aus Helium. Die Sterne verbrennen Wasserstoff ebenfalls zu Helium, aber sie hatten bislang nicht genügend Zeit, um so viel Helium zu erzeugen, also muss es aus dem Urknall stammen. Zumal Helium auch häufig in intergalaktischen Wolken vorkommt, wo es nur wenige Sterne gibt, die es produziert haben könnten.

Ein weiterer Erfolg betrifft die kosmische Hintergrundstrahlung. Dabei handelt es sich um Licht, das 300 000 Jahre nach dem Zeitpunkt null ausgestrahlt worden ist. Es erfüllt das Universum mit einem immer schwächer werdenden Leuchten, das man noch heute beobachten kann, obwohl es durch die spätere Expansion des Raumes zu immer längeren Wellenlängen gedehnt wurde und heute im Mikrowellenbereich liegt. Diese Hintergrundstrahlung wurde von Satelliten und von Detektoren auf hoch fliegenden Ballonen aus beobachtet; sie zeigt die Intensität und spektralen Besonderheiten, die die Theoretiker erwarteten. Zudem zeigen Karten der Hintergrundstrahlung Inhomogenitäten in den erwarteten Dimensionen. Dabei handelt es sich um die Keime der künftigen Galaxien und kosmischen Blasen. Die Urknalltheorie wird ernst und sehr genau genommen, da ihre Vorhersagen eingetroffen sind: Expansionsgeschwindigkeit und Sternalter passen zusammen, die starke Verbreitung des Heliums sowie die Existenz der Hintergrundstrahlung und ihr Spektrum. Es ergibt alles ein stimmiges Bild.

Der Urknall ereignete sich nicht in einem zuvor existierenden Raum, sondern er führte erst zur Entstehung und Expansion des Raumes von einem unendlich kleinen Punkt zu der großen Ansammlung von Galaxien, die wir heute in alle Richtungen verteilt sehen. Heute, wie auch zu Beginn, ist kein Punkt näher am Ort des Urknalls oder weiter von ihm entfernt als alle anderen: Der Urknall ereignete sich hier, dort und überall. Daher befindet sich genauso wenig jemand im Zentrum des Weltalls wie auf der Mitte der Erdoberfläche. Jeder Beobachter hat von überall ziemlich den gleichen Anblick: Man sieht sich entfernende Galaxien, die mit zunehmendem Abstand immer weiter in ihrer Vergangenheit gesehen werden, und das Leuchten der Hintergrundstrahlung untermalt dies alles.

Trotzdem verbleiben viele Geheimnisse. Bislang wissen wir nicht, was den Urknall ausgelöst hat (vielleicht eine Blase, die aus einem anderen Universum hervorgegangen ist) oder was die Keime der kosmischen Strukturen gesät hat (vermutlich Quantenfluktuationen, das zufällige Auftauchen subatomarer Teilchen aus dem Vakuum). Wir wissen nicht einmal, aus was der Großteil des Weltalls besteht. (Die Rotationsraten der Galaxien und ihre Bahngeschwindigkeiten in Galaxienhaufen zeigen, dass 90 bis 99 Prozent ihrer Materie kein Licht ausstrahlt. Niemand weiß bislang, was diese „dunkle Materie" – oder dunkle Energie – sein könnte.) Es gibt vieles, das wir nicht wissen.

Aber was haben all diese theoretischen Fantasien mit den Aktivitäten der Sterngucker an ihren Teleskopen zu tun?

Nicht viel, sagen viele Amateur-Astronomen. Sie weisen darauf hin, dass die meisten der großen Fortschritte in der Astronomie weniger durch theoretische Überlegungen als durch Beobachtungen erzielt worden sind, mit besseren Fernrohren und Detektoren. Sie werden leicht ungeduldig, wenn es um bloße Theorie geht: um Inflation (die Theorie, dass das Universum sich zunächst viel schneller aufgebläht hat als heute), um Quintessenz (ein exotisches Energiefeld, das zur Abstoßung subatomarer Teilchen untereinander führen könnte), um String-Theorie (die Vorstellung, dass Materie aus Fäden besteht, die aus einem höher dimensionalen Raum stammen), und um die Brane-Theorie (in der die Strings eher Nudeln ähneln und in einer ihrer Versionen „unser derzeitiges Universum eine vierdimensionale Membran ist, die in einem fünfdimensionalen ‚Überraum' eingebettet ist", wie es der Physiker Neil Turok formulierte).[4]

Die Amateure haben in einem Punkt Recht: Die Kosmologie und jede andere Wissenschaft muss letztlich zur Beobachtung zurückkommen – und beginnt in der Tat häufig dort. Aber Beobachtungen sind niemals völlig frei von Theorien: Man muss gewöhnlich mindestens eine Vorstellung von dem haben, was man anschaut, damit man möglichst viel davon sieht. Das ist der Grund, warum Anfänger oft vom ersten Blick durch ein Fernrohr enttäuscht werden – zumindest von allem, das weniger dramatisch ist als die Saturnringe oder der Mond. Sie sehen nicht viel, weil sie nicht wissen, was sie anschauen können. Und wenn man damit beginnt, *nach* etwas zu suchen, hat man notwendigerweise zuvor eine Theorie bemüht – oder zumindest eine Annahme gemacht. (So wirkt eine Theorie auf jemanden, der sie nicht als Theorie erkennt.)

Amateure können durchaus auch kosmologisch wertvolle Beobachtungen machen. Ein beliebter Weg, um dies zu tun, ist die Suche nach explodierenden Sternen in anderen Galaxien. Wenn ein Stern in einer fernen Galaxie als Supernova aufleuchtet, steigt seine Helligkeit schnell an und sinkt wieder langsam ab. Die Lichtkurve und das Spektrum lassen sich in manchen Fällen dazu verwenden, die Entfernung der Galaxie zu bestimmen, in der die Supernova aufgeleuchtet ist. Dies hilft dabei, die Größe und Expansionsrate des Universums zu ermitteln.

Es gibt verschiedene Arten von Supernovae, von denen keine völlig verstanden ist. Die für die Amateur-Astronomen relevanten werden Typ II und Typ Ia genannt. Supernovae vom Typ II treten auf, wenn Riesensterne in sich zusammenstürzen, nachdem sich ihr Brennstoff erschöpft hat. Dies löst eine Explosion aus. (Die zusammenstürzenden äußeren Schichten des Sterns schlagen auf dem eisenhaltigen Kern auf und prallen zurück wie ein Gummiball, der auf den Boden geworfen wird.) Man findet diese Supernovae in den Sternentstehungsgebieten von Spiralgalaxien, gelegentlich in irregulären Systemen und äußerst selten in Ellipsen. Supernovae vom Typ Ia treten in allen Galaxienarten auf und zeigen keine Bevorzugung von Spiralen. Man glaubt, dass sie Teil eines Doppelsterns sind, der ursprünglich aus einem massereichen Stern – groß, aber nicht groß genug, um eine Supernova zu werden – und einem masseärmeren Begleiter bestand. Der massereiche Stern erreicht schnell sein Stadium als Roter Riese, stößt seine äußere Hülle ab und verwandelt sich in einen Weißen Zwerg. Der masserärmere Begleitstern entwickelt sich langsamer, wird aber schließlich auch ein Roter Riese. Umkreisen sich die beiden Sterne eng genug, wird der Weiße Zwerg Gas von dem Roten Riesen abziehen. Dieser Diebstahl dauert so lange an, bis der Weiße Zwerg auf mehr als 1,4 Sonnenmassen gewachsen ist. (Dies ist die Chandrasekhar-Grenze, die der „kritischen Masse" einer Nuklearwaffe entspricht.) Der Stern explodiert.

Das Schöne an diesem Vorgang ist für die Kosmologen, dass Supernovae vom Typ Ia sich offensichtlich ereignen, wenn alle diese explodierenden Sterne dieselbe kritische Masse erreichen. Bei Typ-II-Supernovae handelt es sich dagegen um Sterne unterschiedlicher Masse. Alle Typ-Ia-Supernovae sollten also mit derselben Kraft explodieren und ungefähr dieselbe Helligkeit erreichen. Der Vorgang ist nicht so einfach, aber die Supernovae vom Typ Ia scheinen tatsächlich alle dem gleichen Prinzip zu unterliegen. Astronomen könnten dann also die Entfernungen zu allen Typ-Ia-Supernovae ermitteln, wenn sie die absolute Helligkeit von einer kennen würden. Das macht diese Supernovae zu wertvollen „Standardkerzen", mit denen man die Distanz zu ihren Muttergalaxien messen und die kosmische Expansionsgeschwindigkeit abschätzen kann: Wenn man weiß, wie hell eine bestimmte Supernova derzeit ist, muss man sie nur mit ihrer scheinbaren Helligkeit vergleichen, um ihre Entfernung zu bestimmen.

Sucht man nach Supernovae, so beobachtet man Galaxien – visuell, fotografisch oder mit CCD-Detektoren – und achtet auf Sterne, die zuvor nicht zu sehen waren. Finden Sie einen, der tatsächlich eine Supernova ist – und kein vorüberziehender Asteroid beispielsweise – und der noch von niemandem zuvor gesehen worden ist, haben Sie einen Beitrag zur Wissenschaft geleistet und etwas von kosmologischer Bedeutung entdeckt. (Die Supernova wird jedoch nicht Ihren Namen tragen, da Supernovae nach dem Jahr ihres Aufleuchtens benannt werden plus einem Buchstaben, der die Reihenfolge ihrer Entdeckung angibt. Supernova 2001a war die erste des Jahres 2001 und wurde von einem Team aus Berufs- und Amateur-Astronomen entdeckt: Astronomen aus Berkeley und Michael Schwartz, einem fähigen Amateur-Supernovajäger aus Oregon. 2001b wurde am Peking-Observatorium entdeckt und war die zweite.)

Nur wenige Supernovae wurden vor der Erfindung des Fernrohrs entdeckt, da nur wenige hell genug werden, um für das bloße Auge sichtbar zu werden. Aber diejenigen, die man fand, hinterließen einen bleibenden Eindruck:

Beobachter in China, Japan, Korea, Europa und aus den arabischen Ländern machten Aufzeichnungen über eine Supernova im Jahr 1006, die so hell war, dass man sie während des Tages sehen konnte. Chinesen beobachteten ein halbes Jahrhundert später, im Jahr 1054, wieder eine Supernova. (Sie war heller als die Venus und konnte 23 Tage lang am helllichten Tag gesehen werden. Nachts blieb sie insgesamt für 653 Tage sichtbar.) Da sich die frühen Beobachter die Mühe machten, die Position der Erscheinungen exakt zu beschreiben, konnten heutige Astronomen das Schicksal der beiden Supernovae ermitteln: Die des Jahres 1006 hinterließ eine helle Radioquelle, die als PKS 1459-41 katalogisiert worden ist, und die des Jahres 1054 erzeugte den Krabben-Nebel im Sternbild Stier. Er ist leicht mit kleinen Fernrohren zu sehen, hat einen Durchmesser von zehn Lichtjahren und expandiert so schnell, dass er sich im Lauf eines Menschenlebens sichtbar vergrößert. (Carl Otto Lampland vom Lowell Observatory entdeckte dies im Jahr 1921. Hochauflösende Bilder des *Hubble*-Weltraumteleskops zeigen strukturelle Veränderungen im Nebel im Zeitraum von Tagen.) Im Zentrum des Nebels sitzt ein Pulsar, der schnell rotierende, in sich zusammengestürzte Kern eines explodierten Sterns, der nicht größer ist als eine Stadt, aber so massereich wie die Sonne. Er sendet 33-mal in der Sekunde Licht- und Radiopulse aus. CCD-Aufnahmen von Amateuren zeigen den Pulsar als einen Lichtpunkt der 16. Größenklasse; da er so schnell rotiert, leuchtet er konstant wie ein gewöhnlicher Stern. Kein Wunder, sendet er die Signale doch schneller aus, als das Bild bei einem Fernseher neu aufgebaut wird.

Zwei helle Supernovae zeigten den Astronomen der Renaissance, dass der von Aristoteles postulierte ewige unveränderliche Himmel nicht existiert. Tycho Brahe sah 1572 während eines Spaziergangs nach einem Abendessen einen „neuen Stern" in der Kassiopeia. „Da ich alle Sterne seit meiner Jugend perfekt kannte, war es für mich ziemlich klar, dass es an dieser Stelle des Himmels niemals einen Stern gegeben hatte, selbst keinen noch so schwachen – ganz zu schweigen von einem so auffälligen und hellen wie diesem", erinnerte er sich später. „Ich war über diesen Anblick so erstaunt, dass ich mich nicht dafür schämte, meinen eigenen Augen zu misstrauen."[5] Ganz der Empiriker, akzeptierte Tycho die Existenz des „neuen Sterns“ erst, nachdem Freunde bestätigt hatten, was er sah. Johannes Kepler beobachtete 1604 die Supernova im Schlangenträger. Da er genauso skeptisch war wie Brahe, hielt er es für möglich, dass es sich, was viele dachten, um einen völlig neuen Stern handele, „aber bevor wir zu diesem Schluss kommen, sollten wir alles andere geprüft haben“.[6] Die beiden Supernovae hinterließen Überreste, die heute als 3C 10 und 3C 358 katalogisiert sind, aber umgangssprachlich Tychos und Keplers Supernovae heißen.

Für die große Mehrheit der Supernovae sind Teleskope erforderlich. Fast das ganze 20. Jahrhundert hindurch war ihre Entdeckung praktisch ausschließlich das Verdienst von Berufsastronomen. Zwei von ihnen, Walter Baade und Fritz Zwicky vom Mt. Wilson Observatory, prägten 1933 den Namen „Super-Nova“, um das Phänomen zu beschreiben, das wie die hellere Version einer Nova aussah. Novae sind Sterne, die gelegentlich aufleuchten. Für Amateure, die in die Suche einsteigen wollten, war die Situation frustrierend. Es fehlte an allgemein zugänglichen Aufnahmen oder Karten, mit denen man den Himmelsanblick vergleichen konnte, um herauszufinden, ob es „neue“ Sterne gab. Solche Karten waren meist so teuer, dass sie sich nur wenige Amateure leisten konnten. Wiederholte Aufnahmen von Galaxien waren teuer und zeitintensiv. Erst 1968 gelang die erste Supernova-Entdeckung durch einen Amateur im 20. Jahrhundert. Der südafrikanische Regierungsangestellte John Caister Bennett sichtete einen neun Größenklassen hellen explodierenden Stern in der Galaxie M 83, während er nach Kometen suchte.

Der Pastor Robert Evans aus dem australischen Coonabarabran ging das Problem an, indem er Karten und Fotografien aus allen Quellen sammelte, die ihm zugänglich waren. Er hatte die Fähigkeit, sich die Sternmuster im Vordergrund von Hunderten von Galaxien merken zu können, und hüpfte daher schnell von einer Galaxie zur nächsten. Häufig überprüfte er mehr als hundert Galaxien innerhalb von einer Stunde. Evans war so effizient, dass er von seinem Vorgarten aus 17 Supernovae zwischen 1986 und Mitte 1991 fand. In der gleichen Zeitspanne fand ein Team von Berkeley-Astronomen im Rahmen eines automatischen Suchprogramms mit einer CCD-Kamera und einem fast doppelt so großen Fernrohr nur 20. Dies veranlasste Evans zu der Spekulation, dass, wenn er die visuelle Suche mit einem Teleskop wie dem in Berkeley gemacht und ihm genauso viel Beobachtungszeit wie dem Berkeley-Team zur Verfügung gestanden hätte, er mindestens vergleichbare Ergebnisse erzielt hätte.[7] Um seine Idee zu überprüfen, bekam Evans Beobachtungszeit an einem großen Fernrohr zugeteilt, dem 40-Zöller im australischen Siding Spring. Trotz der Ungenauigkeit der Steuerung, die das Aufsuchen der Galaxien für Evans schwerer machte, als wenn er den Tubus seines 16-Zöllers von Hand bewegte, konnte Evans 60 Galaxien pro Stunde beobachten. Er entdeckte Supernovae mit der gleichen Geschwindigkeit wie eine automatische Suche, die damals zeitgleich in Perth durchgeführt wurde. „Der Wert der visuellen Suche wurde erneut bewiesen", schloss Evans in einer wissenschaftlichen Veröffentlichung, die seine Ergebnisse beschrieb.[8]

Die visuelle Suche nach Supernovae ist in gewisser Hinsicht Belohnung an sich – schließlich schaut man sich Galaxien an –, aber die Chancen für einen Erfolg stehen schlecht. In einer durchschnittlichen Spirale tritt alle 30 bis 50 Jahre eine Supernova auf. Verfolgt man also ein Jahr lang 30 bis 50 geeignete Galaxien in jeder Nacht, hat man eine vernünftige Chance, eine Supernova zu sehen. Aber um sie als Erster zu sehen, muss man den Mitbewerbern zuvorkommen, und von denen gibt es ständig mehr. Es tut der Ehre des Pastors Evans keinen Abbruch, wenn man feststellt, dass es zur Zeit seines Rekords weltweit nur wenige Amateur-Supernovajäger gab. Vielleicht hätte ihre Zahl nicht einmal für eine Fußballmannschaft gereicht. 2001 gab es genug, um eine ganze Fußballliga zu bilden. Die meisten der Supernovajäger verwenden CCD-Kameras. Ein CCD-Chip erreicht innerhalb von Sekunden die gleiche Empfindlichkeit wie das menschliche Auge an einem bestimmten Fernrohr, und mit längeren Belichtungen überbietet er fast jeden visuellen Beobachter an jedem beliebigen Teleskop. CCD-Kameras können auch gut bei Mondschein arbeiten, der visuelle Beobachter jedoch behindert. Und wenn man sie an einem vollautomatischen Fernrohr befestigt, können sie Dutzende von Galaxien überprüfen, während der „Beobachter" seinen gewohnten Nachtschlaf bekommt.

Engagierte Amateure mit CCD-Kameras haben Supernova-Suchprojekte begonnen, die professionellen Anstrengungen ebenbürtig und in mancher Hinsicht sogar überlegen sind. Michael Schwartz betreibt dezidierte Suchteleskope in Oregon und Arizona, von denen das zweite ein futuristisch aussehender 32-Zoll-Ritchey-Chretien ist mit mehr Lichtsammelvermögen als die Ausrüstung seiner professionellen Kollegen am Lick Observatory. Er schätzt, dass er alle 1400 Aufnahmen eine Supernova findet. Tim Puckett, ein früherer Handelsvertreter für Landarbeitsmaschinen, verbrachte zehntausend Stunden in der Werkstatt seines Hauses in Mountaintown, Georgia, um einen computergesteuerten 24-Zoll-Ritchey-Chretien zu bauen. „Ich hatte nicht das Geld, um ein so teures Fernrohr zu kaufen", erzählte er, „also sparte ich genug, um die Optik zu kaufen und suchte jahrelang Schrottplätze nach geeigneten Teilen ab. Damals wurde noch nicht alles recycelt, so dass ich große Stahlplatten und Ähnliches finden konnte. Ich änderte meine Pläne ständig ab, um die Teile verwenden zu können, die ich fand. Es war ein gewaltiges Projekt."[9] Mit diesem Fernrohr und der Hilfe von Freunden, die ihm bei der Sichtung der CCD-Bilder halfen, entdeckte Puckett 31 Supernovae innerhalb von 24 Monaten. Dann baute er sogar ein noch größeres Teleskop, um durch das höhere Lichtsammelvermögen die Belichtungszeiten verkürzen zu können. Er wollte einfach mehr Galaxien pro Nacht überwachen und gar nicht mal tiefer in den Raum vorzudringen. „Jeder Gewinn an Größenklasse bedeutet 2,5-mal mehr Sterne und Galaxien", erklärte er, „deshalb muss man an einem Punkt Schluss machen. Das Entscheidende in der Forschung ist, dass Berufsastronomen Spektren der Objekte aufnehmen wollen und im Allgemeinen keine guten Ergebnisse unterhalb von 19,5 Größenklassen erzielen können. Ich schaffe es mit einer Belichtungszeit von nur einer Minute zu noch schwächeren Objekten."[10]

Supernovajäger, die keinen Zugang zu Fernrohren dieser Größenordnung haben, können ihre Chancen durch eine geschickte Suchstrategie verbessern, aber jede Strategie hat natürlich auch ihre Nachteile. Supernovae sind in nahe stehenden Galaxien am leichtesten zu sehen, aber viele andere Leute schauen sich diese Galaxien ebenfalls an – und sei es nur zum Spaß –, so dass die Wahrscheinlichkeit sinkt, dass man derjenige ist, der dort eine Supernova zuerst sieht. Ellipsen und Spiralen, die man von der Seite sieht, bieten schlechte Chancen: die einen, weil in ihnen keine Typ-II-Supernovae auftreten und die anderen, weil der Staub in der Scheibe die meisten Supernovae verdeckt.[11] Aber die Konkurrenten, die dies natürlich auch wissen, könnten deshalb Ellipsen und ungünstig orientierte Spiralen vernachlässigen, was wiederum eine Chance bieten könnte. Und so geht es hin und her.

Das Glück begünstigt den vorbereiteten Geist, pflegte Pasteur zu sagen. Aber Supernovae sind auch von Beobachtern entdeckt worden, die alles andere als vorbereitet waren. 1994 haben Amateur-Astronomen eine Supernova in der Strudel-Galaxie entdeckt. Eine noch frühere Aufnahme des Objekts wurde auf einem CCD-Bild gefunden, das von den beiden Schülerinnen Heather Tartara und Melody Spence von der Oil City High School in Pennsylvania in Auftrag gegeben worden war. Sie hatten eine Aufnahme des vollautomatischen 30-Zoll-Teleskops des Leuschner Observatory angefordert. Das Ganze war eine Aufgabe im Rahmen des gemeinnützigen Projekts „Universum zum Anfassen", initiiert von der University of California, Berkeley. (Der Leiter des Programms, Carl Pennypacker, erzählte mir, dass „alle Schüler Supernovae suchen – von Vorzeigeschülern über Bandenmitglieder bis zu Legasthenikern mit den Lesefähigkeiten eines Viertklässlers. Ich weiß nicht, wie viel sie lernen, aber alle lernen etwas.")[12] Das Bild, das sie laut Tartara bestellt hatten, weil die Strudel-Galaxie „einfach interessant aussah", erwies sich als eines der frühesten, das jemals von einer Supernova während des schnellen Helligkeitsanstiegs gemacht worden war.

Entdeckt ein Beobachter eine Supernova, so informiert er die zuständigen Stellen – üblicherweise das Central Bureau for Astronomical Telegrams – und wartet ab, ob sie bereits von jemand anderem gefunden worden ist. Natürlich kommt es dabei auch zu Enttäuschungen.

1993 machte der Amateur A. William Neely in Silver City, New Mexico, eine CCD-Aufnahme der bekannten Galaxie M 81. Allerdings übersah er, dass eine helle Supernova in einem der Spiralarme aufgeleuchtet war. Weniger als 15 Stunden später wurde das Objekt visuell von einem anderen Amateur entdeckt: Francisco García Diaz aus Madrid verwendete dabei ein 10-Zoll-Fernrohr.[13] Neely konnte sich zumindest damit trösten, dass sein CCD-Bild einen wertvollen Punkt auf der Lichtkurve des explodierenden Sterns geliefert hatte, denn die Supernova-Helligkeit war noch im ansteigenden Bereich.

Am 23. Februar 1987 erreichte das Licht eines Sterns die Erde, der am Rand des Tarantel-Nebels in der Großen Magellanschen Wolke lag. Die Supernova war hell genug, um ohne Teleskop gesehen werden zu können und daher ein geschichtsträchtiges Ereignis: die erste Supernova für das bloße Auge seit derjenigen von Kepler im Jahr 1604. Oscar Duhalde, ein Nachtassistent am 40-Zoll-Teleskop des Las Campanas Observatory in den chilenischen Anden, war hinausgegangen, um die Klarheit des Himmels zu überprüfen, und bemerkte dabei, dass der Tarantel-Nebel heller als üblich erschien. Er ging zurück in die Kuppel, um die Astronomen drinnen zu informieren, aber die waren beschäftigt und seine Hilfe war dringend erforderlich. Durch die sich überstürzenden Ereignisse vergaß er, irgendetwas zu sagen. Inzwischen machte Ian Shelton eine Aufnahme des Tarantel-Nebels mit einem zehnzölligen Astrografen, einem Fernrohr zur Fotografie. Shelton war ein ehemaliger Amateur-Astronom, der auf dem Weg zum Profi dort oben auf dem Berg mit seiner Diplomarbeit zugange war. Der aufkommende Wind blies das Schiebedach des Schutzbaus zu, so dass Shelton abbrach und seine Fotoplatten entwickelte. Er sah sofort den „neuen" Stern, ging hinaus und fand ihn am Himmel, worauf er die Astronomen in der Kuppel informierte. Shelton ging in die Geschichtsbücher ein als Entdecker der Supernova 1987A, Duhalde nicht. Und auch nicht Robert McNaught, der sie von Australien aus fotografiert, aber den Film noch nicht entwickelt hatte, oder Albert Jones, der sie einige Stunden später von Neuseeland aus gesichtet hatte.

Jones war ein erfahrener Amateur-Astronom mit mehr als einer halben Million Helligkeitsschätzungen von veränderlichen Sternen. Er hatte sich den Tarantel-Nebel in den frühen Abendstunden angeschaut und nichts Ungewöhnliches gesehen. Diese scheinbare Routinebeobachtung stellte sich als wesentlich für die Überprüfung einer exotischen Theorie der „Neutrinokühlung" bei Supernovae heraus. Die Explosion einer Supernova ereignet sich tief im Innern des betreffenden Sterns, wo die kollabierende Atmosphäre auf den dichten Kern trifft. Astrophysiker theoretisierten, dass der Großteil der freigesetzten Energie in Form von Neutrinos – subatomaren Teilchen extrem geringer Masse – abgeführt wird. Neutrinos wechselwirken so wenig mit Materie, dass sie durch Planeten fliegen können, als ob diese nicht da wären. Die Hälfte der Billion Neutrinos, die durch Ihren Körper hindurchfliegt, während Sie diesen Satz lesen, kommen von unten und haben zuvor einfach die Erde durchquert. Also sollten sie auch den explodierenden Stern innerhalb von Sekunden verlassen können, während sich das Licht mühevoll seinen Weg zur Oberfläche bahnt. Laut Berechnungen der Theoretiker benötigt das Licht ungefähr zwei Stunden, um das Sterninnere zu durchqueren, bevor es ins All gelangt. Träfe dies zu, würden Neutrinos der Supernova die Erde zwei Stunden vor dem Zeitpunkt erreichen, von dem an die Helligkeit steigt. Soweit die Theorie, aber niemand hatte das jemals überprüft.

Als die Supernova 1987A auftauchte, wurden tatsächlich Neutrinos in großen unterirdischen Detektoren in Ohio und Japan aufgefangen. Dieses Ereignis, die erstmalige Beobachtung von Neutrinos aus den Tiefen des Alls, fand am 23. Februar um 7:35:41 Uhr Weltzeit statt (= Mitteleuropäische Zeit minus eine Stunde). Als die Physiker von Sheltons Supernova-Entdeckung erfuhren und erkannten, dass ihre Neutrinos von dem explodierenden Stern stammten, musste man nur noch herausfinden, wann die Helligkeit der Supernova erstmals gestiegen war. Falls die Theorie korrekt war, sollte das Licht um 9.35 Uhr Weltzeit – also zwei Stunden nach den Neutrinos – angekommen sein. Robert McNaughts Fotografie war die erste Aufnahme von der Supernova und um 10.30 Uhr Weltzeit entstanden, also knapp drei Stunden nach der Ankunft der Neutrinos. Das bestätigte die Vorhersage der Theorie in die eine Richtung – es waren ja mindestens zwei Stunden vergangen. Aber was war vorher? War das Licht vielleicht zu früh angekommen? Glücklicherweise war es genau 9.30 Uhr Weltzeit, als Jones den Tarantel-Nebel visuell beobachtet und nichts Ungewöhnliches gesehen hatte. Wie der Hund von Sherlock Holmes, der nicht bellte, bedeutete diese negative Sichtung der Supernova, dass ihr Licht erst zwei Stunden nach den Neutrinos angekommen sein musste. Es ließ sich also eine wichtige Theorie über explodierende Sterne bestätigen: Physiker an unterirdischen Neutrinodetektoren in Ohio und Japan, ein Veränderlichenbeobachter aus Neuseeland, ein weiterer Amateur, der von Australien aus fotografierte, und ein inzwischen als Berufsastronom tätiger ehemaliger Amateur in Chile trugen zu dieser unbeabsichtigten Zusammenarbeit bei. Das Ergebnis war dabei größer als die Summe seiner Teile. Müsste man ein Datum festlegen, an dem sich die Astronomie von den alten Zeiten der einsamen Berufsastronomen mit ihren Teleskopen zu einer weltweiten Zusammenarbeit von Berufs- und Amateur-Astronomen mit vielfältigen Instrumenten gewandelt hat, wäre die Nacht vom 23. auf den 24. Februar 1987 gut geeignet.

Wie weit kann ein Amateur-Astronom schauen, wenn er durchs Teleskop blickt? Milliarden von Lichtjahre, wenn das Objekt ein Quasar ist.

Einige Galaxien haben – oder hatten – Kerne, die so hell sind, dass sie die Gesamtheit all ihrer Sterne überstrahlen. Die hellen Kerne heißen Quasare, was für quasi-stellare Objekte steht. Man verwendete diese Bezeichnung, weil die ersten entdeckten Quasare wie seltsame, isoliert stehende Sterne aussahen. Die Quasare waren für die damaligen Fernrohre zu weit entfernt, um irgendetwas anderes in ihrer Umgebung zu sehen, weshalb viele Jahre darüber gestritten wurde, ob sie überhaupt zu Galaxien gehörten. Diese Debatte legte sich erst, als das Weltraumteleskop *Hubble* von der Erdumlaufbahn aus beobachtete und Quasare auf seinen Aufnahmen immer nahe einem Galaxienzentrum lagen. Das Leuchten eines Quasars wird offensichtlich durch Materie hervorgerufen, die in ein massereiches Schwarzes Loch stürzt. Inzwischen vermutet man, dass in den Zentren der meisten Galaxien ein Schwarzes Loch sitzt.

Die Spektrallinien der Quasare sind stark an das rote Ende des Spektrums verschoben, was bedeutet, dass sie weit entfernt sind. (Das ist die Hubble-Beziehung: In einem sich ausdehnenden Weltall entfernen sich die Objekte umso schneller von uns, je weiter sie entfernt sind. Ihre Spektren sind dadurch auch immer weiter zu niedrigen Frequenzen, also zum roten Ende des Spektrums hin verschoben, so wie eine Hupe tiefer wird, wenn sich das hupende Auto entfernt.) Man muss bei diesem Befund sogar nicht ausschließlich den Berufsastronomen glauben: Der französische Amateur Christian Buil ist einer von mehreren Sternguckern, der ein eigenes Spektrum von 3C 273 aufgenommen hat und selbst feststellte, dass die Fluchtgeschwindigkeit des Objekts 45 000 Kilometer pro Sekunde beträgt. Dies weist auf eine Entfernung von ungefähr 2,7 Milliarden Lichtjahren hin. Je weiter man hinausschaut, desto häufiger gibt es Quasare – bis zu einer bestimmten Grenzentfernung.

Schaut man in die Tiefen des Weltalls, blickt man auch weit in die Vergangenheit zurück. Dieses Phänomen ist als „Rückblickzeit" bekannt und macht Sterngucker zu Historikern. „Astronomen haben gegenüber anderen Geschichtswissenschaftlern einen Vorteil", schreibt der amerikanische Amateur Alan Dressler. „Sie können die Geschichte *direkt* beobachten – zwar nicht ihre eigene, aber zumindest die von anderen."[14] Dass Quasare häufiger bei großen Rückblickzeiten zu sehen sind, bedeutet, dass sie zu den Bewohnern des frühen Universums gehören. Offensichtlich hatten junge Galaxien mehr interstellare Materie in ihren Zentren, mit der die Quasare gefüttert werden konnten. Nach Milliarden von Jahren haben diese dann ihren Brennstoff aufgebraucht und beruhigen sich.

Gelegentlich werden Sterngucker gefragt, ob man Sterne sehen kann, die nicht mehr existieren. Bei den Sternen des Milchstraßensystems ist das unwahrscheinlich, da die Zeit, bis das Licht uns erreicht – einige hundert bis einige tausend Jahre –, nur ein Bruchteil ihres Lebens ist. Aber auf Quasare trifft es zu: Die sichtbaren Quasare haben fast mit Gewissheit während der vergangenen Jahrmilliarden aufgehört zu leuchten.

Quasare sind sehr leuchtkräftig. Gäbe es einen aktiven Quasar in der Lokalen Gruppe, würde er mit der Helligkeit der Sonne konkurrieren. Und selbst bei ihren großen Entfernungen lassen sich mehr als ein Dutzend Quasare mit einem kleinen Fernrohr sehen. Sie machen nicht viel daher, da sie einfach nur Lichtpunkte sind. Ihr Reiz liegt in ihrer großen Entfernung.

Einige Quasare liegen zufällig hinter Galaxien oder Galaxienhaufen, deren Gravitation die auseinander strebenden Lichtstrahlen der Quasare wieder zusammenbiegt. Man sagt, diese Galaxien oder Galaxienhaufen wirken als Gravitationslinsen – als Folge sehen wir mehrere Bilder des gleichen Quasars am Himmel. Die meisten Quasare verändern ihre Helligkeit, vermutlich weil die einfallende Materie unregelmäßig ins Schwarze Loch stürzt. Die Astronomen können nun in den verschiedenen Bildern des Quasars die unterschiedlichen Ankunftszeiten dieser Lichtschwankungen bestimmen und die unterschiedlichen Wegstrecken ermitteln, die das Licht jeweils zurückgelegt hat, bevor es uns erreicht. Solche Beobachtungen sind schwierig, liefern aber theoretisch sowohl die Entfernung des Quasars als auch die der Vordergrundgalaxie.

Amateure mit großen Teleskopen haben Gravitationslinsen im Großen Bären, im Löwen und den Jagdhunden visuell beobachtet. Der „Kleeblatt"-Quasar im Bootes zeigt vier Bilder des gleichen Quasars. Allerdings liegen sie mit 1,36 Bogensekunden so dicht beisammen, dass sie nur schwer zu trennen sind. Das „Einstein-Kreuz" im Pegasus zeigt ebenfalls vier Bilder eines Quasars: Zwei sind 17,4 Größenklassen hell, die anderen 18,4 und 18,7. Die 14 Größenklassen helle Galaxie CGCG 378-15 befindet sich im Zentrum des Kreuzes. Barbara Wilson sah die Galaxie und die zwei helleren Bilder mit einem 20-Zoll-Teleskop, das sie auf dem Parkplatz des McDonald Observatory aufgestellt hatte. Die anderen beiden Bilder sah sie flüchtig mit „indirektem Sehen" an einem 36-Zoll-Dobson. Beim indirekten Sehen schaut man leicht am gesuchten Objekt vorbei, damit sein Licht auf die empfindlichsten Teile der Netzhaut fällt. Barbara konnte jeweils eines oder zwei der geisterhaften Bilder sehen, niemals aber alle vier gleichzeitig. „Ich habe das Einstein-Kreuz nie richtig gesehen", berichtete sie, „denn um das Kreuz zu sehen, muss man alle Bilder gleichzeitig erkennen."[15]

Und jenseits davon? Untersuchungen mithilfe von großen Teleskopen zeigen, dass die Quasarpopulation mit wachsender Rückblickzeit ständig dichter wird, bis man ungefähr eine Milliarde Jahre nach dem Urknall angelangt ist. Von da an fällt die Zahl der Quasare abrupt, obwohl sie hell genug wären, um sie noch weiter draußen zu sehen. Die Ursache für diesen Abfall ist, dass man ab hier zurück ins ursprünglich dunkle Zeitalter schaut, eine Zeit, in der Galaxien und ihre zentralen Quasare noch nicht entstanden waren. Deshalb ist der Himmel nachts dunkel. Würde jede Sichtlinie letztlich auf der Oberfläche eines Sterns enden, wäre der Himmel eine leuchtende Wand aus Licht. Stattdessen senkt sich in einer Entfernung von einigen zehn oder zwanzig Milliarden Lichtjahren Dunkelheit über alles.

Alle Beobachter im Universum blicken in ihrer näheren Umgebung in die Neuzeit, weiter weg in die Vergangenheit, und irgendwann fällt der schwarze Vorhang des dunklen Zeitalters. Dahinter befindet sich das sanfte Leuchten der kosmischen Hintergrundstrahlung, quasi das sterbende Licht des Urknalls, das sich bei Radiowellenlängen nachweisen lässt. Das ist das Weltall, in dem wir leben.

Vor Jahren besuchte ich den Physiker John Archibald Wheeler im texanischen Austin. Er malte eine Skizze mit einem kleinen Punkt, der den Urknall darstellte, und einer gewundenen, u-förmigen Öffnung, die bei dem Punkt begann und bis zu einem Auge reichte, das auf den ursprünglichen Punkt zurückschaute. Die Skizze symbolisierte Wheelers andauernde Anstrengungen, einen Sinn für unsere Existenz im Universum zu finden: Beobachter und Denker, die aus kosmischen Prozessen hervorgegangen und nun in der Lage sind, sich von ihnen abzugrenzen und sie zu analysieren. Wir versuchen es quasi aus der Perspektive von außen, nur dass wir uns nicht wirklich außerhalb des Weltalls aufhalten können. In einem seiner Bücher vergleicht Wheeler unsere Situation mit dem berühmten Gespräch zwischen Abraham und Gott. Dabei tadelt Gott Abraham: „Du würdest nicht einmal existieren, wenn es mich nicht gäbe!“ „Ja, Gott, das weiß ich“, antwortete Abraham, „aber von deiner Existenz wüsste man nichts, wenn es mich nicht gäbe.“[16]

„Es stimmt noch nicht ganz“, sagte Wheeler als er mit seinem Zeigefinger auf die Zeichnung deutete – und das lässt sich auch über jeden anderen Versuch sagen, das Universum zu verstehen, obwohl einige sicherlich besser sind als andere.

Das, nehme ich an, bedeutet es, ein Mensch zu sein. Wir beobachten, versuchen zu verstehen und formulieren Ideen, die, wenn wir ehrlich zu uns selbst sind, „nicht ganz stimmen“. Aber wir versuchen es weiter, wohl wissend, dass wir niemals alles verstehen werden, und vertrauen darauf, dass wenn wir nur beharrlich weiter machen, wir ständig mehr lernen.

Das Leben geht in Dunkelheit über, wenn es zu Ende geht, und die eigene Vergänglichkeit ist vielleicht die Triebfeder für die Astronomie und andere menschliche Bemühungen. Es geht darum, die Kühnheit des Lebens im Angesicht des Todes zu feiern, was wir mit so großen Worten tun wie denen von Thomas Hobbes („Ich bin im Begriff, meine letzte Reise anzutreten, einen großen Sprung in die Dunkelheit“), Ludwig Wittgenstein („Sage ihnen, dass ich ein wunderbares Leben hatte“) und Su Tung-P'o (der auf den Ratschlag entgegnete, dass man das Leben nach dem Tod anstreben müsse: „Es ist ein Fehler, es zu versuchen“). Vielleicht ist der Schlüssel zu einem schönen Tod – oder einem schönen Leben – eine Sammlung wertvoller Erinnerungen. Wenn der Vorhang fällt, ist es daher gut, wenn man einige Erinnerungen an andere Welten im Kopf hat – genauso wie die an den Gesang der Vögel in der Morgendämmerung, an das Donnern der Brandung, an den süßen Geruch beim Herannahen eines Orkans und an die fleißigen Bienen in den Kelchen der Wildblumen. Hat man Plasmabögen von der Sonne aufsteigen sehen, heftige Staubstürme auf Mars verfolgt, die goldenen Saturnringe und die glitzernden Sternfelder im Schützen betrachtet sowie die stummen Zeichen der Meteore am Himmel vorbeiziehen sehen – wenn man also nicht nur diese Welt, sondern auch andere gesehen hat –, dann hat man tatsächlich gelebt.

Deshalb sollten wir die Augen offen halten, solange Leben in uns ist und wir es noch können.

Aus dem Beobachtungsbuch: Minerva in der Morgendämmerung

Als die ersten Strahlen der Sonne die Berggipfel berührten, betrachtete ich die Strudel-Galaxie, eine kalkweiße Spirale am heller werdenden blauen Himmel. Minerva, die hier wohnende Eule, ließ einen letzten Schrei ertönen und verstummte dann. Sie lebte bereits hier, bevor die Sternwarte gebaut wurde, und ich taufte sie auf diesen Namen in Anlehnung an Hegels Aphorismus „die Eule der Minerva fliegt nur in der Abenddämmerung" – vielleicht ist das Hegels einzige Zeile, die mir viel bedeutet.[1] Ich verstand Minervas Verstummen als Zeichen für das Ende der Nacht und brachte das Fernrohr in Ruhestellung: Deckel auf den Hauptspiegel, die kalten, schweren Okulare weg, das Dach zu. Dann ging ich den Hügel hinunter. Keine Supernova wurde hier heute Nacht entdeckt, aber die Lichtstrahlen von Millionen von Supernovae sind da draußen unterwegs und nähern sich uns so schnell, wie irgendetwas sich überhaupt bewegen kann. Vielleicht werde ich eines Nachts der Erste sein, der eine Supernova sieht. Eine spät heimkehrende Fledermaus flog über den weiß getünchten Himmel und tauchte ins dunkle Herz einer Eichengruppe ein. Sie erinnerte mich an William Blakes Zeilen:

Die Fledermaus, die gegen Ende des Vorabends vorbeihuscht,
lässt den Geist zurück, der nicht glauben möchte.[2]

Würde Blake mich fragen, was *ich* glaube, wäre meine unbefriedigende Antwort, dass ich mir nicht wirklich sicher sei. Ich glaube, dass die sich drehenden Galaxien tatsächlich da draußen sind; sie sind keine Fantasieprodukte, denn meine Vorstellungskraft reicht nicht aus, um sie hervorzuzaubern. Ich glaube, dass wir mit ihnen irgendwie zusammenhängen, aber wie das funktioniert, bleibt mir unklar. Mit anderen Worten: Was ist die wahre Verbindung zwischen Geist und Materie? Vielleicht genügt es, sich dem Leben im Geiste eines Künstlers oder Wissenschaftlers zu nähern: Einstein bezeichnete sich als „einen skrupellosen Opportunisten", der alles aufgreift, was er brauchen kann. Blake selbst sagte Ähnliches: „Ich will nicht nach Gründen suchen und vergleichen, meine Aufgabe ist es, etwas zu erschaffen." Aber er sagte in der unmittelbar darauf folgenden Zeile: „Ich muss ein System erschaffen oder werde zum Sklaven des Systems eines anderen Menschen."[3] Habe ich ein System erschaffen oder bin ich Sklave des wissenschaftlichen Systems, das Blake verächtlich als die nur wissende, ungläubige Perspektive des „natürlichen Menschen" verspottete? Der natürliche Mensch sieht die Sonne nur als „Versuchskanichen", sagte er.

Die wahre Sonne ging nun auf, umhüllt von einem vornehmen Mantel aus Rot. Sie glitt über die kahlen Äste der Bäume. Wittgenstein kämpfte im Ersten Weltkrieg an der Ostfront und riskierte täglich sein Leben für eine gefährliche Aufgabe: Er saß in einem Beobachtungsturm, der von Scharfschützen ins Visier genommen wurde. Dort schrieb er in sein Notizbuch:

Ich weiß, dass diese Welt existiert,
dass ich in sie hineingesetzt bin, wie mein Auge in sein Gesichtsfeld,
dass etwas an ihr problematisch ist, das wir ihre Bedeutung nennen.[4]

Jahre später fragte er sich noch immer: „Ich habe ein Weltbild. Ist es richtig oder falsch? Jedenfalls ist es die Basis all meines Fragens und Beteuerns.“[5]

„Diese Aufgabe des Nachforschens ist verdammt hart!“, klagte er einmal gegenüber einer Gruppe von Studenten, die sich zum Unterricht in seinen Räumen in Cambridge versammelt hatten. So ist es, dachte ich, während ich einen Stein den Hügel hinunter kickte: Wäre es nicht so hart, würden wir sie nicht so mögen. Die Aufgabe des Nachforschens führt den Verstand des Primaten von hier zu den Quasaren: Wenn es Grenzen für den menschlichen Verstand gibt, warum sind sie dann so schwer zu finden? „Mens aeterna est quaternus res sub specie aeternitatis“, schrieb Spinoza: „Der Verstand ist insofern ewig, als dass er sich Dinge vom Standpunkt der Ewigkeit aus vorstellen kann.“[6] Aber wem gehört dieser ewige Verstand?

Einige Kohlen glühten noch im Kamin, als ich zu Hause ankam. Ich wärmte meine Hände über ihnen und ging dann zu Bett. Das Letzte, was ich in der Dunkelheit meiner geschlossenen Lider sah, war die Strudel-Galaxie in diesem blauen Ozean – unvergesslich.

ANHANG

Beobachtungstechniken

So sei es nun unser Werk, mit geordnetem Verstand den Sinn der Himmel zu begreifen – das Gesetz hinter den Bahnen, denen folgen Sonne und Mond.

LUKREZ

Es ist wie bei anderen Aktivitäten im Freien, egal, ob Vogelbeobachtung, Forellen fischen, Kanu fahren oder Bergsteigen: Ihre Beschäftigung mit der Sternbeobachtung kann so sporadisch oder so regelmäßig sein, wie Sie möchten. Es ist alles möglich, von einigen glücklichen Erinnerungen bis zu einer lebenslangen Leidenschaft. Diese Tipps sollen den Anfang erleichtern.

Beobachtungen mit bloßem Auge

Ein guter Anfang ist, die wichtigsten Sternbilder kennen zu lernen – oder sie Kindern oder Freunden zu zeigen. Alles, was man dazu benötigt, ist eine Sternkarte, eine Rotlichttaschenlampe und Zugang zum Nachthimmel. Es gibt eine große Vielfalt an Taschenlampen mit roten Linsen, darunter hochwertige LED-Modelle mit regelbarer Helligkeit. Aber eine gewöhnliche Taschenlampe lässt sich auch für die Nachtbeobachtung verwenden, wenn man ihre Linse mit rotem Nagellack bemalt oder ein rotes Plastikstück um das vordere Ende wickelt und mit einem Gummi befestigt. Das resultierende Licht sollte gerade so hell sein, dass Sie die Sternkarte lesen können, aber nicht so hell, dass es die Dunkeladaption Ihrer Augen beeinträchtigt. Wenn Sie feststellen, dass Sie nach dem Gebrauch der Lampe schwache Sterne nicht mehr so gut wie zuvor sehen können, sollten Sie das Licht durch ein weiteres Stück rotes Plastik oder eine zweite Lage Nagellack zusätzlich dämpfen.

Die meisten Menschen benötigen 20 Minuten für eine vollständige Dunkeladaption, dann sehen sie optimal bei Nacht. Selbst ein nur kurzes Blenden mit hellem Licht kann diese Adaption wieder zunichte machen. Um Ihre Dunkeladaption zu erhalten, sollten Sie keine ungefilterten Taschenlampen verwenden (einmal an die Dunkelheit angepasst, findet man sich allein mithilfe der Sterne zurecht) und so gut vorbereitet sein, dass Sie kein beleuchtetes Zimmer betreten oder die Autotür öffnen müssen, wo die Innenbeleuchtung angeht. (Müssen Sie aus irgendeinem Grund doch Licht machen, sollten Sie ein Auge schließen, damit zumindest dieses adaptiert bleibt.) Müdigkeit, eine unbequeme

Beobachtungsposition und der Genuss von Tabak oder Rauschmitteln kann Ihre Sehfähigkeit bei Nacht reduzieren. (Durch Rauchen verringert sich der Blutsauerstoff im Auge; durch Trinken verlängert sich die Zeitspanne, bis sich die Pupille geweitet hat, es reduziert sich außerdem ihre maximale Öffnung.) Ähnliches passiert durch zu wenig Zucker im Blut, weshalb man nie hungrig beobachten gehen sollte.

Wirklich dunkle Beobachtungsplätze sind heutzutage schwer zu finden. Der Grund ist die Lichtverschmutzung, ein Problem von internationaler Tragweite: Milliarden von Dollar werden jährlich dafür verschwendet, um – wie ein Witzbold einmal sagte – die Bäuche von Vögeln und tief fliegenden Flugzeugen zu beleuchten. Leslie Peltier sagte bereits vieles davon vor Jahrzehnten voraus: „Mond und Sterne kommen nicht mehr zur Farm“, schrieb er in „Starlight Nights“. „Der Bauer hat sein Geburtsrecht an ihnen gegen die Wattzahl seiner die Nacht erhellenden Sonne getauscht. Seine Kinder werden niemals die gesegnete Dunkelheit einer Nacht kennen lernen.“

Aber vollkommen dunkle Orte sind nicht erforderlich, um die auffälligsten Sternbilder zu sehen, wenn man sich zumindest vor dem direkten Leuchten der hellsten Lichter in der Umgebung schützen kann. Sind Ihre Nachbarn die Schuldigen, sollten Sie mit ihnen ein freundliches Gespräch über die ästhetischen und Geld sparenden Vorzüge führen, die abgeblendete Außenlampen haben. Diese Lampen beleuchten, was sie sollen und nicht den Himmel (das gleiche Ergebnis lässt sich oft mit Glühbirnen geringerer Leistung erzielen). Um eine Lösung für helle Straßenlampen zu finden, sind mehr Ideen gefragt. Der Astrofotograf Robert Gendler beginnt jede Beobachtung damit, auf eine Leiter zu steigen, um ein schwarzes Tuch über eine Straßenlampe zu hängen. Gendler macht aus einem Vorort in Connecticut CCD-Bilder mit einem Teleskop, das er in die Zufahrt seines Hauses rollt. Die Bilder können mit denen von professionellen Sternwarten konkurrieren. Ein paar entschlossene Amateur-Astronomen haben schon Gemeindeverwaltungen davon überzeugt, besonders störende Lampen abzublenden oder gar mit einem Schalter zu versehen, damit sich die Lampe ausschalten lässt. Letzten Endes ist es für Gemeinden der beste Weg, verschwenderische Straßenlampen durch effiziente, abgeblendete Lampen zu ersetzen. Das spart Steuergelder und bringt die Sterne zurück. Eine Stadt, die diesen Schritt vor Jahren gemacht hat, ist Tucson in Arizona, wo die Milchstraße selbst von Kreuzungen in der Innenstadt aus wieder häufig zu sehen ist. 80 Prozent der Einwohner gaben an, dass sie die neuen, abgeblendeten Niederdruck-Natriumdampflampen gegenüber den strahlend hellen Vorgängern bevorzugten. Um mehr über Lichtverschmutzung zu erfahren, kann man sich an die International Dark Sky Association (www.darksky.org) oder an die Fachgruppe Dark Sky der Vereinigung der Sternfreunde e. V. (www.vds-astro.de) wenden.

Während man lernt, sich unter den Sternbildern zurechtzufinden, kann man sich mit den grundlegenden Winkelmessungen vertraut machen, die in der Astronomie verwendet werden: Eine Faust am ausgestreckten Arm entspricht ungefähr zehn Grad am Himmel; die beiden Polweiser des Großen Wagens liegen fünf Grad auseinander; und der Vollmond misst ein halbes Grad. Jetzt ist auch eine gute Gelegenheit, um sich mit den Farben der Sterne vertraut zu machen. Sterne leuchten in verschiedenen Farben, aber ihre Wahrnehmung ist etwas subjektiv. Verschiedene Beobachter sehen Sterne also in verschiedenen Farben. Dies trifft besonders auf horizontnahe Sterne zu, bei denen die atmosphärische Refraktion eine falsche Farbe vorgaukeln kann.

Warme Sommernächte eignen sich besonders gut für das gelegentliche Sterngucken, aber der Himmel in kalten Winternächten ist meist spektakulärer. Damit es bei fallenden Temperaturen während der Beobachtung angenehm bleibt, sollte man sich wärmer anziehen, als man es für nötig hält: Es ist viel einfacher, sich von vornherein warm zu halten, als sich später wieder aufzuwärmen, wenn man schon friert. Meine übliche Winterbekleidung für die Beobachtung besteht aus langer Unterwäsche, Wollsocken, Wollunterhosen, einem wattierten Flanellhemd, einer Daunenweste und einer Wollmütze. In den kältesten Nächten ergänze ich diese Ausrüstung noch um einen dicken Winterparka, einen Schal und fingerlose Handschuhe. Das wichtigste Stück ist die Mütze, da der Körper wie ein Kamin die Wärme nach oben transportiert und über den Kopf abgibt.

Die Helligkeit des Vollmondes kann alles außer den hellsten Sternen am Himmel überstrahlen, deshalb sollten Sie möglichst dann beobachten, wenn der Mond unterm Horizont steht oder weniger als zur Hälfte beleuchtet ist (das heißt vor dem Ersten Viertel oder nach dem Letzten Viertel). Der chinesische Dichter Su Tung P'o, der im elften Jahrhundert lebte, liebte es, in Vollmondnächten mit Freunden Boot zu fahren und bei einem Krug Wein Gedichte zu rezitieren. Ich kann bestätigen, dass dies noch immer eine ausgezeichnete Weise ist, um helle Mondnächte zu verbringen.

Große künstliche Satelliten wie die Internationale Raumstation sind selbst in hellen Nächten zu sehen, in dunklen Nächten sind noch viel mehr zu sehen. Die beste Zeit ist zwei Stunden nach Sonnenuntergang oder zwei Stunden vor Sonnenaufgang, wenn der Himmel schon dunkel ist, Satelliten auf niedrigen Umlaufbahnen sich aber noch nicht durch den Erdschatten bewegen. Um herauszufinden, wann helle Satelliten über Ihren Standort hinwegziehen, können Sie auf der Webseite www.heavens-above.com nachschauen.

Das Zodiakallicht lässt sich in guten Nächten unter idealen Bedingungen sehen. Es handelt sich dabei um Sonnenlicht, das an Staubteilchen in der Ekliptik reflektiert wird. Besonders gut ist das Zodiakallicht zu sehen, wenn die Ekliptik hoch steht: Das ist in den Tropen immer der Fall und in höheren nördlichen Breiten an Frühlingsabenden und Herbstmorgenden. Nach dem Ende der Dämmerung oder vor ihrem Beginn am Morgen muss man nach einer leuchtenden Pyramide Ausschau halten, deren Basis in der Nähe des Horizonts liegt und deren Spitze 20 bis 30 Grad (zwei bis drei Fäuste) hoch auf der Ekliptik steht. Der viel schwächere Gegenschein ist Licht, das von einem Punkt reflektiert wird, der entgegengesetzt zur Sonne liegt und nur manchmal unter ausgezeichneten Bedingungen zu sehen ist. Suchen Sie dazu nach einer leuchtenden Ellipse, die ungefähr zehn Grad (eine Faust) groß und gegen Mitternacht in Horizontnähe zu sehen ist.

Polarlichter leuchten am Himmel auf, wenn Teilchen von Sonnenflares auf das Erdmagnetfeld treffen. Die meisten Polarlichter tauchen in der Nähe der magnetischen Pole auf und lassen sich am besten von hohen nördlichen oder südlichen Breiten aus beobachten. Fast 200 Polarlichter gibt es jährlich in Alaska und dem nördlichen Kanada zu sehen. In den südlichen USA und in Südeuropa treten sie dagegen nur fünf- bis zehnmal im Jahr auf; und nur ein- bis zweimal pro *Jahrzehnt* sind Polarlichter von der Karibik, Peru oder Zentralafrika aus zu sehen. Beobachter auf geeigneten Breitengraden sollten die Sonnenaktivität auf der Webseite www.spaceweather.com verfolgen, um zu erfahren, wann große Sonnenflares auftreten und daher die Wahrscheinlichkeit für Polarlichter hoch ist.

Meteore sind sporadisch fast in jeder Beobachtungsnacht zusehen, sie treten aber deutlich häufiger auf, wenn man während des Maximums eines periodischen Meteorstroms beobachtet.

Beobachten mit dem Fernglas

Ferngläser werden durch ihre Vergrößerung und ihren Objektivdurchmesser beschrieben: Ein 7 x 35-Fernglas beispielsweise vergrößert 7-fach und hat Objektive mit 35 Millimeter Durchmesser. Für astronomische Zwecke ist das Lichtsammelvermögen im Allgemeinen wichtiger als die Vergrößerung. Was zählt, ist also die Fläche – πR^2 – des Objektivs: Verdoppelt man den Objektivdurchmesser, vervierfacht sich das Lichtsammelvermögen. Ein Fernglas mit 50 Millimeter Öffnung sammelt zweimal so viel Licht wie eines mit 35 Millimeter. Nach meiner Erfahrung stellt ein 7 x 50-Fernglas meistens die beste Kombination aus Lichtsammelvermögen und leichter Handhabung dar. Die optische Qualität ist sehr wichtig: Das Weitwinkelfernglas 7 x 35, das ich mit 16 Jahren gekauft habe, indem ich von meinem durch Rasenmähen verdienten Geld zwei Jahre lang monatliche Raten abzahlte, ist in dieser Hinsicht fast allen 7 x 50 überlegen, die ich seitdem gefunden habe.

Ferngläser mit 75 Millimeter großen Objektiven sammeln viel Licht, sind aber zu schwer, um sie lange freihändig zu halten. Sie müssen auf ein Stativ oder etwas Ähnliches montiert werden. Sehr große Ferngläser wie 25 x 150, die ernsthafte Kometenjäger bevorzugen, erfordern eine Montierung. Sie können atemberaubende Anblicke unter guten Himmelsbedingungen bieten. Einige Amateur-Astronomen haben zwei Reflektoren zusammengebaut, um ein riesiges Fernglas zu erhalten. Diese Geräte liefern umwerfende Bilder, wenn sie sauber justiert sind.

An Ferngläsern mit Mitteltrieb lassen sich beide Okulare gleichzeitig scharf stellen, wobei ein Okular eine zusätzliche Verstellmöglichkeit hat, um unterschiedliche Sehschärfen an den beiden Augen auszugleichen. Um solche Ferngläser richtig zu fokussieren, sollte man das Objektiv derjenigen Seite bedecken, die über die individuelle Möglichkeit zum Scharfstellen verfügt. Dann kann man über den Mitteltrieb fokussieren. Anschließend bedeckt man das andere Objektiv und stellt über den Einzelmechanismus scharf. Man sollte vermeiden, ein Auge zu schließen, da dies die Augenmuskeln anstrengt und einen nicht so guten Fokus bringt. Ferngläser mit jeweils individueller Fokussiermöglichkeit sind billiger und genügen für astronomische Zwecke, da man eh immer auf unendlich einstellt. Das hier eingesparte Geld kann man für eine bessere optische Qualität ausgeben.

Ferngläser auf Stativen oder mit Bildstabilisatoren können lohnende Anblicke von Mond und Planeten bieten, dagegen eignen sich in der Hand gehaltene Ferngläser für die Beobachtung auffälliger Kometen, großer Sternhaufen wie den Plejaden und der Milchstraße. Man kann viel über den Aufbau der Milchstraße lernen, wenn man zur Beobachtung ein Fernglas auf einem Stativ und eine gute Sternkarte verwendet. Beginnen Sie mit den hellen Sternhaufen und Nebeln im Messier-Katalog und schauen Sie sich dann die großräumigen Sternfelder und Nebel an.

Beobachten mit dem Teleskop

Fernrohre sind Werkzeuge, und das beste Fernrohr ist das, das einem die besten Anblicke der Objekte liefert, die man von dem Beobachtungsplatz aus sehen möchte, von dem aus man am häufigsten beobachtet. Um ein Gefühl dafür zu bekommen, was das für ein Teleskop sein könnte, besuchen Sie ihre örtliche Volkssternwarte und schauen Sie dort durch möglichst viele Fernrohre. Stellen Sie Fragen, und fragen Sie sich selbst, was Sie von dem Gerät erwarten. Ein großer Dobson-Reflektor sammelt viel mehr Licht als ein kleiner Refraktor, aber er muss auch immer wieder justiert werden, und wenn man ihn häufig nach draußen schleppen muss, kann das lästig sein. Ein kleines Fernrohr, das Sie regelmäßig verwenden, ist einem großen vorzuziehen, das in einem Schrank verstaubt.

Große Teleskope ermöglichen höhere Vergrößerungen, aber die Vergrößerung ist nur ein Aspekt der Leistung eines Fernrohrs: Hat die Optik eine schlechte Qualität, liefern hohe Vergrößerungen nur größere Bilder von diffusen Klecksen. Man sollte kein Fernrohr kaufen, das über seine Vergrößerung beworben wird („vergrößert bis zu 1000-fach"), da dies gewöhnlich auf eine minderwertige Optik hinweist, die einem unerfahrenen Verbraucher so untergejubelt wird. Jedes Teleskop kann ein Bild 1000fach vergrößern, aber wenn es keine ausreichend große Öffnung und eine entsprechende Qualität hat, lohnt es sich überhaupt nicht, durchzuschauen.

Große Fernrohre sind viel anfälliger für Luftunruhe als kleine. Ist die Luft an Ihrem Beobachtungsort meist unruhig, werden Sie mit einem nur mittelgroßen Instrument glücklicher. Genauso kann die Leistungsfähigkeit eines Fernrohrs bei der Beobachtung schwacher Objekte wie z. B. ferner Galaxien stärker durch einen hellen Himmel begrenzt sein als durch den Durchmesser des Geräts. Erfahrene Beobachter prüfen einen Standort, indem sie ein großes Teleskop immer weiter abblenden: Leistet es beispielsweise bei sechs Zoll so viel wie bei zwölf Zoll, reicht der Sechszöller womöglich aus, und man kann sein Geld statt in mehr Öffnung in eine höhere Qualität stecken.

Wenn Sie viel reisen, ist vielleicht ein kleines transportables Fernrohr ratsam. Ich trage einen winzigen Maksutow in einer Tasche mit mir herum, die auch Platz für Okulare und Stativ bietet. Durch dieses kleine Teleskop habe ich mehr denkwürdige Anblicke des Nachthimmels gehabt als durch irgendein anderes Teleskop außerhalb großer Observatorien. Nochmals: Das lohnendste Fernrohr ist jenes, das man häufig verwendet.

Ein Teleskop ist wie eine Stereoanlage und nur so gut wie sein schwächstes Glied. Deshalb sind ein paar hochwertige Okulare einer Unmenge mittelmäßiger vorzuziehen. Eine Barlow-Linse erhöht die Vergrößerung eines Okulars, was die Zahl der möglichen Vergrößerungen verdoppelt. Die Okulare sollten in einem geschlossenen Behälter untergebracht und das Fernrohr mit Staubschutzdeckeln versehen werden, wenn es nicht in Gebrauch ist. Dann werden Sie Ihre Optik nicht häufig putzen müssen. Ich reinige meine Okulare mit Ethanol und destilliertem Wasser und verwende dabei ein Optiktuch und einen Baumwollwattebausch. Es ist einfacher, als es sich anhört. Die Linse wird damit nicht zerkratzt, was beispielsweise passieren würde, wenn man die Okulare anhauchen und mit dem Hemdzipfel abwischen würde. Geht man achtsam um mit Objektivlinsen und Hauptspiegel, so müssen sie manchmal erst nach Jahren gereinigt werden. Muss man einen Hauptspiegel reinigen, sollte man ihn mit Spülmittel waschen, mit destilliertem Wasser abspülen und mit einem Föhn trocknen. Anschließend ist sein erneuter Einbau und seine Justage angesagt. Die den Sternen zugewandte Fläche von Refraktor-Objektiven lässt sich auf die gleiche Art reinigen wie Okulare; die dem Brennpunkt zugewandte Fläche muss selten gepflegt werden. Häufiger Taubeschlag kann einen Spiegel oder eine Linse verschmutzen. Falls Tau ein Problem ist, sollte man daher einen Föhn oder eine elektrische Heizmanschette verwenden, um die Optik trocken zu halten.

Eine parallaktische Montierung mit einem Motor führt ein Fernrohr auf die astronomischen Objekte nach, indem sie die Erdrotation ausgleicht, die bei 100facher Vergrößerung auch hundertmal schneller wirkt. Einfachere azimutale Montierungen sind leicht und billig, bieten aber keine oder nur wenig Nachführmöglichkeiten. Bei der Beobachtung von Galaxien und Nebeln mit niedriger Vergrößerung genügt eine azimutale Montierung. Dobsons sind Beispiele dafür. Sie lassen sich aber auch mit Motoren ausrüsten, mit denen eine kurzfristige automatische Nachführung erzielt werden kann. Beim ersten Teleskop macht es Sinn, in die Qualität der Optik zu investieren und eine azimutale Montierung zu akzeptieren. Falls nötig, kann man eine parallaktische Montierung auch noch später kaufen. Das wichtigste Kriterium ist, dass die Nachführung sauber erfolgt und die Montierung stabil genug ist, damit das Fernrohr bei leichtem Wind nicht wackelt. Der Ratschlag von Patrick Moore lautet, vor dem Kauf „das absolute Maximum an Gewicht zu ermitteln, das die Montierung tragen muss, und dies mit drei zu multiplizieren".

Um mit dem Teleskop etwas zu finden, braucht man eine Sternkarte und ein kleines, niedrig vergrößerndes Sucherfernrohr. Damit kann man einen hellen Stern einstellen, um dann mithilfe der Karte von Stern zu Stern zu schwächeren Objekten zu springen. Computergesteuerte Fernrohre machen das überflüssig, aber man lernt dabei nicht, sich zurechtzufinden. Bringen Sie die Gesichtsfeldgrößen Ihrer am häufigsten benutzten Okulare in Erfahrung. Jedes Okular hat eine Brennweite und ein scheinbares Gesichtsfeld. Teilt man die Brennweite des Fernrohrs durch die des Okulars, erhält man die Vergrößerung: Also vergrößert ein 25-Millimeter-Okular an einem Teleskop mit 1000 Millimeter Brennweite 40fach und 120fach an einem Gerät mit 3000 Millimeter Brennweite. Das wahre Gesichtsfeld des Okulars ergibt sich aus dem scheinbaren Gesichtsfeld geteilt durch die Vergrößerung: Ein Okular mit 40 Grad scheinbarem Gesichtsfeld liefert bei 80facher Vergrößerung ein wahres Gesichtsfeld von 0,5 Grad. Dasselbe Okular an einem langbrennweitigen Teleskop, an dem es 120fach vergrößert, hat ein wahres Gesichtsfeld von einem Drittel Grad. Moderne Sternkartenprogramme für Computer erledigen diese Berechnungen für Sie und blenden die Gesichtsfeldgröße in die Karten ein. So kann man den Anblick im Fernrohr leicht mit dem auf der Karte vergleichen.

Schaut man durch ein Okular, sollte man das andere Auge bedecken oder ignorieren, statt es zu schließen. So lässt sich entspannter und aufmerksamer beobachten. Mit einem Binokular schaut man beidäugig, aber gute Binokulare sind teuer, da sie aufeinander abgestimmte Okulare benötigen. Und Binokulare erhöhen nicht wie Ferngläser das Lichtsammelvermögen, sondern sie verringern es sogar ein bisschen, da der Lichtstrahl geteilt und durch einen Prismensatz geleitet wird. Dennoch ist ihre physiologische Wirkung nachhaltig – vor allem bei Planeten, Mond und Kugelsternhaufen. Die Beobachtung von Mondkratern mit einem Binokular an einem hochauflösenden Teleskop ist so, als ob man den Mond in einem Raumschiff umrunden würde.

Fernrohre sind wie Musikinstrumente: Man bekommt aus ihnen heraus, was man hineinsteckt. Der visuelle Virtuose William Herschel wies darauf hin, dass Sehen „in mancher Hinsicht eine Kunst ist, die gelernt werden muss" und merkte an, dass er seine eigene Geschicklichkeit durch „permanente Übung" erworben habe. Seien Sie geduldig: Die intensive Untersuchung eines Planeten oder einer Galaxie liefert einen befriedigenderen und unvergesslicheren Anblick als ein flüchtiger Blick. Wenn Sie schwache Objekte am Rande der Sichtbarkeit beobachten, versuchen Sie an ihnen vorbeizuschauen: Das periphere Sehen des Auges ist lichtempfindlicher als die direkte Betrachtung, die nur die weniger empfindlichen Zellen der zentralen Teile der Netzhaut anspricht. Der blinkende Planetarische Nebel (NGC 6826 im Schwan) stellt ein eindrückliches Beispiel für die Vorzüge dieses so genannten „indirekten Sehens" dar: Schauen Sie ihn direkt an, und Sie werden einen kleinen, verschwommenen Lichtball sehen; schauen Sie leicht an ihm vorbei, wird der Planetarische Nebel plötzlich größer.

Beobachtungsnächte profitieren stark von etwas Vorbereitung. Schauen Sie sich eine Sternkarte an und erstellen Sie eine Objektliste. So können Sie Ihre Zeit draußen damit verbringen, Objekte anzuschauen statt ständig zu überlegen, worauf Sie das Teleskop als nächstes richten wollen. Ziehen Sie die Mondphase in Betracht: Ist der Mond zu hell, um Nebel und Galaxien gut beobachten zu können, können Sie sich auf Planeten, Doppelsterne und den Mond konzentrieren. Auch was die Objekte betrifft, zahlt sich etwas Vorbereitung mehr als aus. Je mehr man über die Beobachtungsobjekte weiß, desto beeindruckender wird das Erlebnis sein.

Viele Sterngucker führen ein Beobachtungsbuch. Darin notieren sie Datum und Uhrzeit, beschreiben die gesehenen Objekte und bewerten die atmosphärischen Bedingungen. Die beiden wichtigsten Bewertungen für die Atmosphäre sind Luftunruhe (die Stabilität der Atmosphäre) und Durchsicht (ihre Klarheit). Einige Beobachter verwenden jeweils eine Skala von eins bis zehn (von am besten bis am schlechtesten), während sich andere mit fünf Stufen zufrieden geben. Erfahrene Beobachter bewerten die Durchsicht anhand des schwächsten Sterns, den man in der Umgebung des Polarsterns mit dem bloßen Auge sehen kann. Der Vorteil dieses Sternfeldes ist, dass es immer am

Himmel zu sehen ist und immer ungefähr die gleiche Höhe über dem Horizont hat.

Ausgedehnte Deep-Sky-Objekte wie Galaxien und Nebel lassen sich besonders gut in Nächten mit hoher Transparenz und großer Luftunruhe beobachten, während für Planeten die Luftruhe wichtiger ist als die Transparenz. Einige der besten Ansichten von Mars hatte ich in Nächten, in denen ein dünner Nebel die Durchsicht verschlechterte, die Luftschichten aber stabilisierte. Denken Sie daran, dass die störenden Effekte der Erdatmosphäre im Zenit minimal sind. Daher ist der günstigste Zeitpunkt für die Beobachtung gekommen, wenn das Objekt nahe dem Meridian steht, weil es dann dem Zenit am nächsten steht.

Und vergessen Sie nicht: Richten Sie niemals ein ungefiltertes Teleskop auf die Sonne.

Aufnahmen machen

Astrofotografie war früher ziemlich unkompliziert. Man hatte nur die Wahl zwischen wenigen Filmformaten, Emulsionen und Standardverfahren in der Dunkelkammer. Diese Dinge und die Frage, wie gut ein Fernrohr war, auf das man Zugriff hatte, waren schon alles. Heutzutage gibt es viel mehr Möglichkeiten. Die traditionelle Fotografie ist noch immer beliebt, die Filme sind besser als je zuvor und viele hochwertige, für die Astrofotografie geeignete Fernrohre sind auf dem Markt erhältlich. Die CCD-Fotografie blüht auf und eröffnet ständig neue Möglichkeiten, während Digitalkameras und digitale Filmkameras ebenfalls viel versprechende Ergebnisse liefern. Es gab niemals eine bessere Zeit, um mit der Astrofotografie zu beginnen. Was umgekehrt auch bedeutet, dass das Thema zu vielschichtig ist, um es hier richtig zu behandeln.

Nur so viel: Falls Sie sich für Astrofotografie interessieren, versuchen Sie es mit der Ausrüstung, die Sie haben oder die Sie sich borgen können. Mit einer gewöhnlichen Kamera auf einem Stativ lassen sich farbenprächtige, lang belichtete Strichspuraufnahmen machen, die durch die Drehung der Erde verursacht werden. Ähnliches gilt für Meteorströme und Polarlichter. Mit derselben Kamera auf dem Rücken eines Fernrohrs kann man Bilder machen, die mehr zeigen, als man mit dem bloßen Auge sehen kann. Befestigt man die Kamera am Okularauszug, lässt sich zumindest ein ordentlicher Schnappschuss des Mondes machen. Es ist toll, astronomische Bilder mit einer Stickstoffgekühlten CCD-Kamera an einem großen Fernrohr zu machen, aber es ist nicht notwendig. Was mehr zählt, sind Talent und Engagement des Fotografen und die Bedingungen, unter denen die Aufnahmen entstehen. Halten Sie Ihr Bild einer Mondfinsternis oder einer Konjunktion zwischen Venus und Mond nicht für nutzlos, bloß weil Fotografen mit mehr Erfahrung und mit besserer Ausrüstung das Ereignis auch aufgenommen haben. Wie bei der visuellen Beobachtung kann sich Ihr Ergebnis als einmalig in der Welt herausstellen – aber Sie werden es nicht wissen, bis Sie es ausprobiert haben.

Was auch immer Ihre Interessen beim Sterngucken sind, haben Sie Spaß. Es gibt ein ganzes Universum da draußen, und Sie leben in ihm. Also lassen Sie sich nicht von ihm einschüchtern. Schließlich ist es Ihr Zuhause.

Anmerkungen

Vorwort

1. George E. Hale, „The Work of Sir Williams Huggins." *Astrophysical Journal*, April 1913, S. 145.
2. Xie Renjiang, privater Briefwechsel, 9. Mai 2001.

I DIE KÜSTE

Meine ersten Beobachtungen

1. V.M. Hillyer, *A Child's History of the World*. New York: Century, 1924, S. ix.
2. Ibid., S. 5.
3. Die Astronomen vergleichen die Beobachtung der Sterne durch die irdische Atmosphäre oft mit der Betrachtung einer Landschaft durch Wasser hindurch. Dieser Vergleich ist tatsächlich weniger übertrieben, als man vielleicht meint. Ein Amateur-Astronom aus New Hampshire, Kevin J. McCarthy, entwickelte die seltsame Angewohnheit, die Sterne durch 2,5 Meter Wasser hindurch zu beobachten, vom Grund seines Swimmingpools aus. Die Sicht war besser als erwartet: Durch die Lichtbrechung wurde das Himmelsgewölbe zwar stark verzerrt, aber jeder Stern, den man von oben sehen konnte, war auch von unten sichtbar.
4. Booker, T. Washington White, „Special Streamline."
5. Albert Einstein, *Autobiographical Notes*. In P.A. Schilpp, *Albert Einstein: Philosopher – Scientist*. London: Cambridge University Press, 1969, S. 5.

Radiowellen aus dem Ozon

1. An der schwarzen Musik entzündeten sich Konflikte im Großteil des amerikanischen Südens. Ein Flugblatt einer radikalen Weißen-Gruppe aus Tennessee forderte alle Hörer auf: „Stopp. Retten Sie die Jugend von Amerika ... Rufen Sie die Verantwortlichen in den Radiosendern an, die solche Art von Musik spielen, und beschweren Sie sich!" Aber die Musik blieb.
2. R.H. Blythe, *Zen and Zen Classics*. Tokyo: Hokuseido, 1976, volume 2, S. 170.

1\. Bis 2001 wurden bei dem Projekt im Mittel 10 000 Milliarden Berechnungen pro Sekunde durchgeführt.

3. 1997 schrieben James Cordes, T. Joseph Lazio und Carl Sagan („Szintillation-Induced Intermittency in SETI," astro-ph/9707039), dass interstellare Szintillationen zwar „sehr wahrscheinlich erste Detektionen von schmalbandigen Signalen entfernter Quellen (> 100 Parsec) zulassen, eine Wiederentdeckung jedoch unwahrscheinlich machen." Mit anderen Worten, ein außerirdisches Signal von einem viele hundert Lichtjahre entfernten Planeten könnte zwar gefunden werden, jedoch nicht mehr da sein, wenn das SETI-Team ein paar Minuten später die Strahlung aus dieser Richtung erneut prüft, da es in der Zwischenzeit durch sich verändernde interstellare Gaswolken entlang dem Signalweg stark geschwächt wurde. Cordes et al. forderten, dass SETI-Projekte Positionen am Himmel häufiger beobachten sollten, wenn dort schon einmal kurzlebige Signale gefunden worden waren, die bei einer zweiten Beobachtung nicht bestätigt werden konnten und damit als „falscher Alarm" deklariert worden waren. „Wir können nicht ausschließen, dass [einige dieser „falschen Alarme"] real und an sich ruhige ETI [Extraterrestrial Intelligence] Signale sind," schrieben sie.
4. In einigen Versionen dieser alten Geschichte wird behauptet, dass der Fragesteller der britische Premierminister war (z.B. John Simmons, *The Scientific 100*. Secaucus, N.J.: Carol Publishing, 1996, S. 62). Andere weisen diese Geschichte in die Anonymität.
5. „Johnny B. Goode," geschrieben und interpretiert von Chuck Berry, aus *Chuck Berry's Golden Decade*, Chess Records LP 1514D.

Die besondere Spezies der Amateur-Astronomen

1. Obwohl das 5-m-Teleskop über Jahrzehnte das Symbol der professionellen Astronomie war, war seine charakteristische Hufeisenmontierung – groß wie ein Gebäude, aber so

geschmeidig, dass das Teleskop durch Berührung mit einer Hand bewegt werden konnte – die Erfindung eines Amateur-Astronomen, von H. Page Bailey. Bailey war Zahnarzt und ein Alleskönner, der zum Teleskopbau kam, als ihm ein Patient einen ungeschliffenen 15-Zoll-Spiegel als Gegenleistung für eine Zahnbehandlung vermachte. Bailey erfand die Hufeisenmontierung im Jahr 1930, die ein Teleskop stabil lagert und eine einfache Ausrichtung auf jeden Punkt am Himmel erlaubt. Er baute gleich zwei Montierungen, eine für seinen eigenen Gebrauch und die andere für das San Bernardino Junior College. Unter den Besuchern, die seine Bauweise interessiert studierten, war auch Russell Porter, ein Amateur-Teleskopbauer, Illustrator und früherer Arktis-Forscher, der zum Palomar-Entwickler-Team berufen worden war. Baileys Hufeisenmontierung setzte sich gegen Porters eigenes Gabeldesign für die große Montierung durch, jedoch scheint Porter die Anerkennung für sich in Anspruch genommen zu haben. So schreibt er in seinen Memoiren doppeldeutig: „War es Zufall, dass ich Jahre früher genau so eine Montierung für ein Superteleskop entworfen habe?“ (Russell Williams Porter, *The Arctic Diary of Russell Williams Porter*. Hrsg. v. Herman Friis, Charlottesville: University Press of Virginia, 1976, S. 168). Als Bailey 1962 plötzlich starb, ging seine ursprüngliche Montierung durch viele Hände, bis sie schließlich als rostiges Wrack in einem Ramschladen hinter einer Werkstatt im kalifornischen Redlands landete. Ein weiterer Amateur-Astronom, Allan Guthmiller, renovierte sie in den 1990er-Jahren und baute sie unter ein transportables 20-Zoll-Newton-Teleskop, das er hinter seinem Lastwagen auf hoch gelegene Beobachtungsplätze hoch schleppte. Vorbei fahrende Autofahrer, die dieses schimmernde Gebilde erblickten, hatten sicher keine Ahnung, dass sie den Vorgänger des großen Palomar-Teleskops vor sich hatten.

2. John Lankford, „Astronomy's Enduring Resource.“ *Sky & Telescope*, November 1988, S. 482.
3. Ferguson machte die Astronomie Kirchgängern schmackhaft, indem er betonte: „Durch diese Wissenschaft erkennen wir nicht nur die Großartigkeit der Erde [...], sondern unsere Fähigkeiten steigen mit der Größe unserer Vorstellungen, unser Geist erhebt sich über die niederen, engstirnigen Vorurteile des Vulgären und unser Verstand wird überzeugt von der Existenz, der Weisheit, der Allmacht, der Güte, der Unveränderlichkeit und der Klugheit eines Höchsten Wesens.“ Er war ein Meister der „wie groß alles ist und wie unbedeutend wir doch sind“-Schreibschule: Die Astronomie, schrieb er, „zeigt uns eine solch unglaubliche Menge an Sonnen, Systemen und Welten, verstreut im endlosen Universum, dass, wenn unsere Sonne mit allen Planeten, dem Mond und Kometen, die zu ihr gehören, ausgelöscht würde, ein Auge, das das ganze Universum überblicken könnte, sie nicht mehr vermissen würde als ein Sandkorn an der Küste.“ (James Ferguson, *Astronomy Explained upon Sir Isaac Newton's Principles*. Philadelphia: Mathew Carey, 1806, S. 31, 34.)
4. George W.E. Beekman, „The Farmer Astronomer.“ *Sky & Telescope*, May 1990, S. 548.
5. Allan Chapman, *The Victorian Amateur Astronomer*. New York: Wiley, 1998, S. 208.
6. Patrick Moore, „The Role of the Amateur.“ *Sky & Telescope*, November 1988, S. 545.
7. *Oxford English Dictionary*, zweite Auflage.
8. Chapman, *The Victorian Amateur Astronomer*, S. xi.
9. Ein Stern in NCG 2261, der dem direkten Blick verborgen ist, wirft die Schatten nahe gelegener Wolken auf die große, fächerförmige Nebelwolke, die von der Erde aus sichtbar ist. Wenn sich die sternnahen Wolken bewegen, variieren die Schatten und verändern so die Helligkeit des Nebels.
10. Diese Geschichte wird von T.R. Williams von der Rice University wiedergegeben in seiner Veröffentlichung „The Director's Choice: Mellish, Hubble and the Discovery of the Variable Nebula,“ gehalten bei AAS 197, 7. Januar 2001, innerhalb der ersten Sitzung „Borners of the Century.“ Williams fügte hinzu, dass „als Mellish einen weiteren Kometen einige Wochen später entdeckte, Frost seine Nachricht an Havard ein paar Tage zurückhielt, um eine fotografische Überprüfung der Entdeckung durchführen zu lassen.“ Diese nahm George Van Biesbroek vor, ein ehemaliger Amateur, der Profi geworden war und in Yerkes beobachtete.
11. John Lankford, „Astronomy's Endurance Resource.“ *Sky & Telescope*, November 1988, S. 483.
12. Leif J. Robinson, „Amateurs: A new Dawning.“ *Sky & Telescope*, November 1988, S. 453.
13. Ganz allgemein konnten sich Amateure im wachsenden Wohlstand der industrialisierten Nachkriegsgesellschaft auf vielen Gebieten immer besser ausstatten. Das Teleskop meiner Jugendzeit, das 1956 den Lohn von 15 Arbeitstagen eines durchschnittli-

chen amerikanischen Arbeiters gekostet hatte, konnte 1990 zu einem Fünftel dieses Preises erstanden werden.

14. Don Moser, „A Salesman for the Heavens Wants to Rope You In: Astronomer John Dobson." *Smithsonian*, April 1989, S. 102.
15. Patrick Moore, *The Astronomy of Birr Castle*. London: Mitchell Beazley, 1971, S. 24.
16. Videokameras enthalten inzwischen CCDs, mit denen man besonders ruhige Momente bei turbulenter Luft einfangen kann. Videokameras nehmen normalerweise 60 Bilder pro Sekunde auf, bestehend aus aufeinander folgenden Zeilen, die zusammen ein Videobild ergeben. Das Video wird mit 30 Bildern pro Sekunde angesehen. Mit den Einzelbildern schaffen es einige Amateure, Momente besonders ruhiger Luft einzufangen, wenn sie helle Objekte wie Planeten, den Mond oder künstliche Satelliten beobachten. Ron Dantowitz setzte diese Technik sehr effektiv ein, indem er Videos durch ein Leitfernrohr am Wissenschaftsmuseum in Boston machte, wo er Astronomiekurse gab. Von den schärfsten Bildern stückelte er die besten Teile zusammen, um eine hochauflösende Bildmontage zu erhalten. Seine Bilder eines Spaceshuttles im Orbit sind so detailliert, dass man erkennen kann, ob die Ladeluken offen oder geschlossen sind. Als ihm eines Tages Mitarbeiter der Nationalen Aufklärungsbehörde einen Besuch abstatteten und ihn besorgt fragten, ob man mit dieser Technik Spionagesatelliten ausspionieren könnte, gab ihnen Dantowitz zuvorkommend eine Demonstration. Unter Benutzung seiner eigenen Datenbank geheimer Umlaufbahnen fand und verfolgte er einen geheimen Lacrosse-Satelliten innerhalb von wenigen Minuten für sie. „Man sieht genau, dass es ein Lacrosse ist," bemerkte er lakonisch, „wegen seiner deutlichen orangeroten Färbung ... wahrscheinlich verursacht durch die thermische Isolierung." Er beschrieb die Reaktion der Sicherheitsbeamten zu seinen Feststellungen als „stoisch". (In Ron Dantowitz, „Sharper Images Through Video." *Sky & Telescope*, August 1998, S. 54).
17. Allan Sandage, Telefoninterview mit T.F., 3. Januar 2000.
18. William Blake, *The Marriage of Heaven and Hell*, 9, 7, in Geoffrey Keynes, Hrsg., *Blake: Complete Writings*. London: Oxford University Press, 1972, S. 152.

Ein Besuch bei Stephen James O'Meara

1. Vermutlich wegen seines Amateur-Status wurde O'Mearas Ergebnis in den meisten Büchern und wissenschaftlichen Veröffentlichungen ignoriert. Im Internet fand ich Aussagen wie „Die Rotationsperiode von Uranus konnte von der Erde aus nicht bestimmt werden, da das Planetenscheibchen nahezu strukturlos ist." (Monterey Institute of Research in Astronomy); „Detaillierte Beobachtungen von atmosphärischen Strukturen auf Uranus waren unmöglich, da der Planet sich an der Auflösungsgrenze erdgebundener Teleskope befindet" (Space Telescope Science Institute) und „Vor *Voyager* [...] konnte die Rotationsdauer des Planeten nur ungefähr bestimmt werden, man vermutete sie zwischen 16 und 24 Stunden" (JPL Voyager Uranus Science Summary).

Profi-Astronomen – eine andere Welt

1. Joseph Patterson, „Our Cataclysmic-Variable Network." *Sky & Telescope*, October 1998, S. 77 ff.
2. Ibid.
3. Auch andere Amateure bekamen Beobachtungszeit des *Hubble*-Weltraumteleskops zugesprochen, darunter Ana Larson, um nach extrasolaren Planeten zu suchen, James Secosky, um das ungeklärte Hellerwerden von Io zu untersuchen, wenn er aus dem Jupiterschatten austritt, und Raymond Sterner zur Untersuchung heller Bögen zwischen Galaxien.
4. Paul Boltwood, „Experiences With Pro-Am Relations." In John R. Percy und Joseph B. Wilson, Hrsg., *Amateur-Professional Partnerships in Astronomy*. San Francisco: Astronomical Society of the Pacific, 2000, S. 193–94.
5. Eine Untersuchung unterteilt die Astronomen in fünf große Kategorien und schätzt, dass es in Nordamerika etwa 5 000 Profis gibt, 500 „sehr fähige" Amateure, 40 000 „erfahrene" Amateure, 100 000 Anfänger und 200 000 Personen mit wenigstens „gelegentlichem Interesse" für Astronomie. Andreas Gada, Allan H. Stern und Thomas R. Williams, „What Motivates Amateur Astronomers?" In Percy und Wilson, Hrsg., *Amateur-Professional Partnerships in Astronomy*, S. 15.
6. Ein anderes Überwachungsprogramm war TASS – The Amateur Sky Survey –, bei dem einfache, fest stehende Teleskope mit CCDs an freiwillige Beobachter verteilt wur-

den. Obwohl die Teleskope nicht beweglich waren und jeden Abend nur Bilder eines durch die Erdrotation vorbei ziehenden Himmelsstreifens aufnehmen konnten, machten einige Dutzend TASS-Teleskope 200 Messungen an jeweils 100 000 Sternen jährlich. Sie bestanden aus nicht viel mehr als einer Kameralinse und einem CCD-Chip in einem Gehäuse. Obwohl das Projekt von Amateuren betrieben wurde, war TASS so überzeugend, dass sich auch professionelle Beobachter beteiligten. Weitere Pläne beinhalteten den Bau größerer Instrumente. „Wenn wir sie gebaut haben, werden wir sie fremden Leuten geben, die zu uns Kontakt über das Internet aufnehmen," schrieb TASS-Gründer Tom Droege. „Wir hoffen, dass sie Programme schreiben, die es erlauben, gute Wissenschaft mit den Daten zu betreiben."

Ein Besuch bei Jack Newton

1. *Amateur Astronomy*, Winter 2000, S. 3.

Rocky Hill

1. Harald Richard Suiter, *Star Testing Astronomical Telescopes: A Manual for Optical Evaluation and Adjustment*. Richmond, Va.: Willmann-Bell, 1994, S. 3.
2. Ibid., S. 2.

II BLAUES WASSER

Im Reich der Sonne

1. Timothy Ferris, *The Red Limit*. New York: Morrow, 1983, S. 95.
2. Sichere Sonnenfilter bestehen aus Mylarfolie oder Glas. Verwenden Sie keine geschwärzten Gläser oder Eigenkonstruktionen: Möglicherweise reduzieren sie zwar das sichtbare Sonnenlicht, so dass sie sicher zu sein scheinen, lassen aber das gefährliche Infrarotlicht passieren, das das Auge schädigen kann. Verwenden Sie auch keine Okularfilter: Die konzentrierte Sonnenhitze kann das Filter zerplatzen lassen, so dass das Auge des Beobachters ruiniert ist, bevor er reagieren kann.
3. P. Clay Sherrod, *A Complete Manual of Amateur Astronomy*. Englewood Cliffs, N.J.: Prentice-Hall, 1981, S. 101.
4. Gerald North, *Advanced Amateur Astronomy*. Cambridge, U.K.: Cambridge University Press, 1997, S. 249.
5. Diese Stabilität scheint für die meisten sonnenartigen Hauptreihensterne typisch zu sein, aber die Astronomen wissen es nicht sicher. Ein interessantes Amateur-Projekt, das bisher noch nicht durchgeführt wurde, soweit ich weiß, wäre es, die Helligkeit einiger hundert sonnenähnlicher Sterne über viele Jahre mit CCDs festzuhalten, um zu sehen, ob sie so stabil sind wie die Sonne.
6. Michael Maunder und Patrick Moore, *The Sun in Eclipse*. New York: Springer, 1998, S. 54.
7. Herbert Friedman, *Sun and Earth*. New York: Scientific American Books, 1986, S. 70.
8. Terence Dickinson und Alan Dyer, *The Backyard Astronomer's Guide*. Camden East, Ont.: Camden House, 1991, S. 146.
9. William Sheehan und Thomas Dubbins, „Mesmerized by Mercury." *Sky & Telescope*, June 2000, S. 109.

Venus – der Morgen- und Abendstern

1. Eugene O'Connor, „Chasing Venus Around the Sun." Undatierter Bericht auf der Website der Astronomical Society of New South Wales.
2. Joseph Ashbrook, *The Astronomical Scrapbook*. Cambridge, Mass.: Sky Publishing, 1984, S. 230.
3. David Harry Grinspoon, *Venus Revealed: A New Look Below the Clouds of Our Mysterious Twin Planet*. Reading, Mass.: Addison-Wesley, 1997, S. 48. Inzwischen nimmt man an, dass der Tropfeneffekt durch eine Überlagerung verschiedener Effekte zustande kommt und unter anderem auch abhängig ist vom Seeing zur Zeit und am Ort einer Beobachtung.
4. William Sheehan und Thomas Dobbins, „Charles Boyer and the Clouds of Venus." *Sky & Telescope*, June 1999, S. 57.
5. Ibid., S. 59.

6. Ibid., S. 60.
7. E.C. Krupp, „The Camera-Shy Planet." *Sky & Telescope*, October 1999, S. 94.
8. Grinspoon, *Venus Revealed*, S. 49.
9. Krupp, „The Camera-Shy Planet," S. 95.
10. Thomas A. Dobbins, Donald C. Parker und Charles F. Capen, *Introduction to Observing and Photographing the Solar System*. Richmond, Va.: Willmann-Bell, 1992, S. 33.
11. Erster Satz: Mikhail Ya. Marov und David Harry Grinspoon, *The Planet Venus*. New Haven: Yale University Press, 1998, S. 384. Zweiter Satz: Mark A. Bullock und David H. Grinspoon, „Global Climate Change on Venus." *Scientific American*, March 1999, S. 57.

Der Tanz des Mondes

1. Joseph Ashbrook, *The Astronomical Scrapbook*. Cambridge, Mass.: Sky Publishing, 1984, S. 233.
2. Plutarchs Darstellung einer Sonnenfinsternis – vermutlich derjenigen vom 20. März 71 n. Chr. – ist die einzige antike Berichterstattung, in der die Sonnenkorona erwähnt wird und nur eine von dreien, in denen beschrieben wird, dass während der Totalität Sterne am Himmel auftauchten. Die anderen sind von Thucydides, der eine Sonnenfinsternis im Jahr 431 v. Chr. beobachtete, und von Phlegon von Tralleis, dessen Finsternisbeobachtung vermutlich aus dem Jahr 29 n.Chr. datiert.
3. Galileo Galilei, *Siderius Nuncius*. Übers. v. A. Van Helden. Chicago: University of Chicago Press, 1989, S. 36.
4. Ibid., S. 42.
5. Scott L. Montgomery, *The Moon and the Western Imagination*. Tucson: University of Arizona Press, 1999, S. 112.
6. Michael J. Crowe, *The Extraterrestrial Life Debate 1750 – 1900: The Idea of a Plurality of Worlds from Kant to Lowell*. Cambridge, U.K.: Cambridge University Press, 1986, S. 74.
7. Ibid., S. 60.
8. Ibid., S. 63.
9. Ibid., S. 112.
10. Ibid., S. 207.
11. Ibid., S. 393.
12. Edgar Allan Poe, „The Unparalleled Adventure of One Hans Pfaall." In Harold Beaver, Hrsg., *The Science Fiction of Edgar Allan Poe*. New York: Viking Penguin, 1976, S. 55.
13. Fußnote von Poe in einer Veröffentlichung der Geschichte in einer Anthologie; in Beaver, Hrsg., *The Science Fiction of Edgar Allan Poe*, S. 58.
14. Lockes Attacke galt vermutlich vor allem Reverend Thomas Dick, der aus verschiedenen religiösen Gründen argumentierte, dass es praktisch überall im Universum Leben geben müsse. Mitglieder der Académie des Sciences in Paris lachten, als Lockes Artikel dort vorgelesen wurden.
15. Winfred Sawtell Cameron, „Lunar Transient Phenomena." *Sky & Telescope*, March 1991, S. 265. (Manchmal werden die ersten beiden Wörter in der Bezeichnung vertauscht.)
16. Ibid.
17. Wie bei UFO-Sichtungen, so können auch nicht alle LTP-Berichte bestätigt werden, was sie nicht unbedingt glaubwürdig macht. Einen skeptischen Blick werfen William Sheehan und Thomas Dobbins in „The TLP Myth: A Brief for the Prosecution." *Sky & Telescope*, September 1999, S. 118. (TLP ist eine alternative Form von LTP.) Sie vermuten, dass die Konzentration von angeblich beobachteten LTPs auf nur wenige lunare Regionen durch einen Domino-Effekt zustande kommt, durch den Beobachter eine „überproportional genaue Untersuchung" der Gebiete durchführen, in denen schon einmal von einem LTP berichtet wurde. Sie bezeichnen LTPs „als einen genauso fehlerhaften Anachronismus wie die Marskanäle".
18. Alan MacRobert, „The Moon Shall Rise Again." *Sky & Telescope*, November 1988, S. 478.
19. Irreführenderweise zeigt sich dieses Phänomen in den Beobachtungen als eine Abbremsung der Mondgeschwindigkeit, denn wenn der Mond auf eine höhere Umlaufbahn driftet, bewegt er sich vor den Sternen langsamer als vorher. Es ist wie mit einem Flugzeug in großer Höhe, das sich scheinbar langsamer bewegt als ein tiefer fliegendes. Der theoretische Wert für die scheinbare Abbremsung des Mondes liegt bei 28 Bogensekunden pro Jahrhundert, der gemessene bei 23 Bogensekunden. Der

Grund für diese Abweichung zwischen Theorie und Beobachtung ist bislang noch unverstanden.

20. Maurice Hershenson, Hrsg., *The Moon Illusion*. Hillside, N.J.: Lawrence Erlbaum, 1989, S. 7.
21. Ibid., S. 11.
22. Diese Illusion kann man ansatzweise nachstellen mit einer Glühbirne und einem weißen Blatt Papier in einem abgedunkelten Raum. Starren Sie einige Sekunden auf die leuchtende Glühbirne und dann im Dunkeln auf das Papier – Sie werden einen hellen Fleck wahrnehmen. Entfernen Sie dann das Papier etwas und Sie werden bemerken, dass der Fleck größer wird! Das Gehirn sagt sich gewissermaßen: „Wenn er weiter weg ist, als ich anfangs dachte, muss er wohl größer sein."
23. „Maxims and Reflections." In Douglas Miller, Hrsg. und Übers., *Goethe: Scientific Studies*. New York: Suhrkamp, 1988, S. 308.
24. Bob Dylan, „License to Kill." Zwei Wochen nach dem *Challenger*-Unglück am 12. Februar 1986 kündigte Dylan seinen Song bei einem Konzert mit diesen Worten an: „Hier ist etwas, das ich über das Weltraum-Programm schrieb. Sie haben von der Katastrophe gehört, oder? [...] Die Leute hatten kein Recht da hoch zu gehen. Haben wir nicht auf der Erde genug Probleme zu lösen? Und so möchte ich diesen Song all den armen Leuten widmen, die verführt worden sind, nach dort oben zu gehen." Obwohl ich Dylan sehr schätze und ihn für den einflussreichsten Künstler seiner Zeit in vielen Bereichen halte, hatte jedoch mit dieser Argumentation auch der erste Lungenfisch kein Recht an Land zu leben und die Dinosaurier kein Recht zu fliegen.
25. Christopher Dickey, „Summer of Deliverance." *The New Yorker*, July 13, 1998, S. 40.

Mars – der rote Planet

1. William Herschel, „On the Remarkable Appearances at the Polar Regions of the Planet Mars, the Inclination of Its Axis, the Position of Its Poles, and Its Spheroidal Figure, with a few Hints Relating to Its Real Diameter and Atmosphere." *Philosophical Transactions of the Royal Society* 81, pt. 1 (1781):115; zitiert in William Sheehan, *The Planet Mars: A History of Observation & Discovery*. Tucson: University of Arizona Press, 1996, S. 34.
2. Diese Zahl ist gerundet. Ein Erdjahr dauert 365,26 Tage, ein Marsjahr 696,98 und das mittlere Intervall zwischen zwei Oppositionen beträgt 779,74 Tage. Dies ist die synodische Periode. Sie variiert zwischen 764 und 810 Tagen.
3. Vincenzo Cerulli, „Polemica Newcomb-Lowell-fotografie lunari." *Rivista di astronomia* 2 (1908), S. 13; zitiert in Sheehan, *The Planet Mars*, S. 130.
4. Percival Lowell, *Mars and Its Canals*. New York: Macmillan, 1906, S. 376.
5. Donald E. Osterbrock, „To Climb the Highest Mountain: W.W. Campbell's 1909 Mars Expedition to Mount Whitney". *Journal for the History of Astronomy* 20 (1989), S. 86.
6. Ibid., S. 78-97.
7. E.E. Barnard, nicht publiziertes Manuskript, Vanderbilt University. Zitiert in Sheehan, *The Planet Mars*, S. 116.
8. Bruce Murray, *Journey into Space: The first Three Decades of Space Exploration*. New York: Norton, 1989, S. 43.
9. Carl Sagan in einem Interview mit T.F., Ithaca, New York, 1972.
10. C.R. Chapman, J.B. Pollack und C. Sagan, *An Analysis of the Mariner 4 Photographs of Mars*, Smithsonian Astrophysical Observatory Special Report 268, Washington, D.C.: The Smithsonian Institution, 1968.
11. Einige Monate zuvor hatte der Astronom Charles Capen vom Lowell-Observatorium genau diese Entwicklung vorhergesagt. Er beobachtete, dass die schwersten Staubstürme auf Mars dann auftreten, wenn sich der Planet etwa in der größten Sonnenentfernung befindet und schrieb, dass „eine starke atmosphärische Unruhe genau mit [...] der ersten *Mariner*-Mission zusammentreffen könnte". Genau dieses passierte dann auch. Ein englischer Amateur-Astronom, Alan Heath, war einer der ersten, der den Sturm mit seinem 12-Zoll-Reflektor beobachtete. Dieser und andere Berichte waren erste Warnungen, was *Mariner* zu Beginn auf Mars sehen oder nicht sehen würde.
12. Murray, *Journey into Space*, S. 65.
13. John Mellish, ein Amateur-Astronom, der im November 1915 die Möglichkeit hatte, den Planeten Mars mit dem 40-Zoll-Clark-Teleskop am Yerkes-Observatorium zu beobachten, behauptete, dort „viele Krater und Spalten" gesehen zu haben. Er wies zudem darauf hin, dass frühere Zeichnungen seines Freundes und Mentors E.E.

Barnard aus den Jahren 1892–93 am Lick-Observatorium ähnliche „Bergketten, Hügel und Krater" zeigten. Mellishs Zeichungen blieben unveröffentlicht, da sie bei einem Brand zerstört wurden, und so blieben seine Aussagen unbestätigt. Später entdeckte der Wissenschaftsautor und Amateur-Astronom William Sheehan auf einem Dachboden in Yerkes einige alte Mars-Zeichnungen von Barnard, möglicherweise diejenigen, die Mellish meinte. Sie zeigen kraterähnliche Strukturen, von denen einige Berge sind, keine jedoch tatsächliche Marskrater. Vgl. William Sheehan, „Did Barnard & Mellish Really See Craters on Mars?" *Sky & Telescope*, July 1992, S. 23.

14. C.F. Capen, *The Mars 1964 – 65 Apparition*, JPL Technical Report No. 32-990, Pasadena, Calif.: Jet Propulsion Laboratory, 1966, S. 10.
15. Ibid., S. 62, 66, 75–76, 78, 79.
16. Don Parker, privates Gespräch.
17. Stephen James O'Meara, „Observing Planets: A Lasting Legacy." *Sky & Telescope*, November 1988, S. 475.
18. Donald C. Parker und Richard Berry, „Clear Skies on Mars." *Astronomy*, July 1993, S. 72 ff.
19. Kathryn Sullivan, Interview mit T.F., Washington, D.C., 24. März 1999.
20. Die Neigung einer Planetenachse wird in Bezug auf eine imaginäre Linie senkrecht zur Umlaufbahn gemessen. Ein „aufrecht stehender" Planet, dessen Äquator in der Ebene seiner Umlaufbahn liegt, hätte 0° Achsneigung, ein auf der Seite liegender Planet, dessen Pole in seiner Umlaufbahn liegen, hätte 90° Neigung.
21. Die Exzentrizität der Umlaufbahn von Mars beträgt zurzeit 0,093 und hat früher bis zu 0,13 betragen. Die Exzentrizität der Erdbahn beträgt heute 0,017 und war nie größer als 0,05.
22. David Morrison, *Exploring Planetary Worlds*. New York: Scientific American Library, 1993, S. 141.
23. Ibid., S. 143.
24. Carl starb am 20. Dezember 1996 im Alter von 62 Jahren. Ihm zu Ehren wurde die *Mars Pathfinder*-Basisstation im Ares Vallis zur *Carl Sagan Memorial Station* ernannt. *Mars Pathfinder* war die erste erfolgreich gelandete Sonde auf Mars seit *Viking*.

Zu Besuch bei James Turrell

1. Turell wurde erst am 6. Mai 1943 geboren, etwa 14 Monate nach dem Luftangriff, so dass die Daten nicht ganz stimmen können. Aber wie Dr. Johnson über die Komposition von Inschriften auf Gedenksteinen bemerkte, stehe der Erzähler guter Geschichten schließlich nicht unter Eid.
2. James Turrell, „Night Curtain." Im Internet unter James Turrell/Roden Crater, Auszug aus seinem Buch *Air Mass*. London: South Bank Centre, 1993.
3. James Turrell, Interview mit T.F., Flagstaff, Arizona, 20. Dezember 2000.
4. Ibid.
5. James Turrell, bei einer Ansprache an der University of California School of Architecture, Berkeley, 27. November 2000.
6. Als ein japanischer Fernsehsender Lichtpulse aus einer Turrell-Installation verwendete und sie mit höherer Frequenz in einer Pokémon-Fernsehshow einsetzte – alles ohne Turrells Wissen oder gar Einverständnis – wurde es Hunderten von Zuschauern vom bloßen Zusehen so schlecht, dass sie in ärztliche Behandlung mussten. Über die Ursache der Übelkeit sind sich die Ärzte nicht ganz einig, die wahrscheinlichste Erklärung ist jedoch fotosensitive Epilepsie. Derartige Anfälle können ausgelöst werden durch im Fernsehen gezeigte stroboskopische Beleuchtung mit einer Frequenz von etwa 32 Hertz. Bei dieser Frequenz nimmt das Auge Einzelbilder allmählich nicht mehr als solche wahr, sondern sie verschwimmen zu einem glatten Kontinuum. Die Turrell-Installation, auf der der Fernseheffekt basierte, isoliert die Besucher in einer „Ganzfeld-Kugel", die einen optischen Raum ohne Strukturen erzeugt, so ähnlich, als ob man halbe Tennisbälle über den Augen hätte. In dieser Installation blitzt das Licht jedoch mit einer viel niedrigeren und gefahrloseren Frequenz.
7. James Turrell, bei einer Ansprache in Berkeley.
8. Jeffery Hogrefe, „In Pursuit of God's Light." *Metropolis*, August 2000.

Meteorite – Steine vom Himmel

1. Eine Zusammenfassung der historischen Berichte über Todesfälle und Verletzungen durch Meteoriten findet sich bei John S. Lewis, *Rain of Iron and Ice*. Reading, Mass.:

Addison-Wesley, 1996, S. 176-82.

2. „Meteorites Pound Canada." *Sky & Telescope*, September 1994, S. 11.
3. Dennis Urquhart, Forschungsmitteilung der Universität Calgary, 31. Mai 2000.
4. Obwohl diese Formulierung inzwischen in Verbindung gebracht wird mit Whipple, der sie häufig benutzte, erinnerte er sich auf meine Nachfrage in Harvard 1996 daran, dass er eigentlich den Begriff „eisiges Konglomerat" verwendet hatte und ein Journalist daraus „schmutziger Schneeball" gemacht hat.
5. Hughes Pack, privates Gespräch, Herbst 1998.
6. Moh'd Odeh auf der Website der Jordanischen Astronomischen Gesellschaft, www.jas.org.jo
7. Lewis, *Rain of Iron and Ice*, S. 50. Es wurde vermutet – und heftig diskutiert –, ob dieser Einschlag „Giordano Bruno" verursacht hat, einen der geologisch jüngsten größeren Krater auf dem Mond. Ich denke nicht, dass es so ist.
8. Die Mond-Leoniden trafen den Mond zweieinhalb Stunden nachdem der Schauer sein Maximum über Europa erreichte. Der Mond befand sich nämlich zu diesem Zeitpunkt hinter der Erde in der Umlaufbahn um die Sonne. Da der Mond in den dichtesten Teil des Leonidenschwarms erst eintrat, nachdem die Erde ihn wieder verlassen hatte, war das terrestrische Feuerwerk beendet, bevor das lunare begann.
9. Erik Asphaug, „The Small Planets." *Scientific American*, May 2000, S. 50.
10. Die Feststellung der Struktur und Dichte von Asteroiden, d.h. ob sie gewöhnlich fest sind oder eher Schotterhaufen gleichen, dient der Vorhersage über die Wirkung, die ihr Auftreffen auf der Erde ausmacht. Abhängig davon gleicht ein Aufprall also eher einem Artilleriegeschoss oder einer Schrotladung. Einige kleinere Asteroiden, die die Erdbahn kreuzen, sind bekannt für ihre seltsamen Formen. Dazu gehören 3671 Dionysus und 1996 FG3.
11. Dennis di Cicco, „Hunting Asteroids." *CCD Astronomy*, Spring 1996, S. 8.
12. Ibid., S. 11.
13. Joseph Ashbrook, *The Astronomical Scrapbook*. Cambridge, Mass.: Sky Publishing, 1984, S. 73.
14. Kometen wurden früher nach ihren Entdeckern benannt, gefolgt vom Jahr und der Nummer der Entdeckung. Demnach war *IRAS-Araki-Alcock 1983d* der vierte Komet, der 1983 entdeckt wurde durch zwei unabhängige Sternbeobachter und den Satelliten *IRAS* (Infrared Astronomical Satellite). Gemäß den neuen Regeln der International Astronomical Union (IAU), werden die Daten in Halbjahre unterteilt, so dass der zuerst entdeckte Komet des Jahres 1995 als *1995 A1* kategorisiert wird. Der vorangestellte Buchstabe zeigt dabei an, ob es sich um einen kurzperiodischen (P) handelt, einen langperiodischen (C), d.h. dessen große Umlaufbahn ihn lange nicht mehr zurückkehren lassen wird, wenn überhaupt, einen verlorenen Kometen (D), oder einen Asteroiden (A). Also ist *P/1996 A1 (Jedicke)* ein periodischer Komet, der das erste Mal in der ersten Jahreshälfte von 1996 gesehen wurde. Asteroiden werden durch das Jahr und den Halbmonat ihrer Entdeckung gekennzeichnet (1982 DB ist also der zweite Asteroid, der in der zweiten Hälfte des Februars 1982 entdeckt wurde). Dazu kommen eine Katalognummer der IAU und ein Name, den der Entdecker auswählt. Manche Sternbeobachter, die bereits viele Asteroide entdeckt haben, ziehen die Namen von Freunden, Verwandten, Lehrern und sogar Musikstars heran: Daher haben wir Asteroiden wie 17059 Elvis (1999 GX5) und 4147 Lennon (1983 AY). Die IAU weist darauf hin, dass „Haustiernamen nicht erwünscht" sind.
15. David Levy, „Star Trails." *Sky & Telescope*, November 1989, S. 532.
16. Edwin L. Aguirre, „How the Great Comet Was Discovered." *Sky & Telescope*, July 1996, S. 27.
17. Alan Hale, „The Discovery of Comet Hale-Bopp." Web posting, http://galileo.ivv.nasa.gov/comet/discovery.html, September 1995.
18. Milton Meltzer, *Mark Twain Himself*. New York: Wings Books, 1993, S. 288.
19. Bradley E. Schaefer, „Meteors That Changed the World." *Sky & Telescope*, December 1998, S. 70.

Ein Besuch bei David Levy

1. David Levy, „Untitled Remarks." In William Liller, *The Cambridge Guide to Astronomical Discovery*. Cambridge, U.K.: Cambridge University Press, 1992, S. 95.
2. Robert Reeves, „My Field of Dreams: An Interview with David H. Levy." *Astronomy*, April 1994, S. 13.
3. Die Idee zur Neubindung von Levys Buch könnte ebenfalls von Peltier stammen. Er

lieh sich als jungendlicher Sternbeobachter sein Lieblingsbuch *The Friendly Stars* von Martha Evans Martin so häufig bei der örtlichen Bibliothek aus, dass der Bibliothekar es schließlich in dunkelblaues Leinen neu binden ließ und Peltier schenkte. (Leslie Peltier, *Starlight Nights: The Adventures of a Star-Gazer*. Cambridge, Mass.: Sky Publishing, 1965, S. 42.)
4. Leslie C. Peltier, *Starlight Nights*, S. 137.

Das Ungeziefer des Himmels

1. Edwin Emerson, *Comet Lore*. New York: Schilling Press, 1910, S. 89. Diggers war kein verrückter Spiritualist, sondern Mathematiker und Experimentator – ihm wird die Erfindung des Theodolits zugeschrieben – und, wie es scheint, ein großer Freund von William Shakespeare.
2. Eine nette Variante gibt wieder, dass Jefferson sie „Yankee professors" genannt haben soll. Es gibt keine Beweise für die Wahrheit der Geschichte, die zuerst 1874 veröffentlicht wurde, fast ein halbes Jahrhundert nach Jeffersons Tod, und bis heute verbreitet wird. Siehe John F. Fulton und Elizabeth H. Thompson, *Benjamin Silliman: Pathfinder in American Science*. New York: Henry Schuman, 1947, S. 76-78; und Silvio A. Bedini, *Thomas Jefferson: Statesman of Science*. New York: Macmillan, 1990, S. 388.
3. Aristoteles, *Meteorology*, Buch 1, 5ff. Samuel Taylor Coleridge scheint sich an Aristoteles erinnert zu haben, als er folgende Zeilen in *The Rime of the Ancient Mariner* schrieb, vermutlich als Reaktion auf den Leonidenschwarm, den er 1797 sah: „The upper air burst into life! / And a hundred fire-flags sheen, / To and fro they were hurried about! / And to and fro, and in and out, / The wan stars danced between ..."
4. Thomas Jefferson in einem Brief an David Salmon, 15. Februar 1808, zitiert in Bedini, *Thomas Jefferson*, S. 388.
5. Jefferson in einem Brief an Andrew Ellicott, 25. Oktober 1805, zitiert in Bedini, *Thomas Jefferson*, S. 388
6. Roberta J.M. Olson, *Fire and Ice: A History of Comets in Art*. New York: Walker, 1985, S. 78.
7. Donald K. Yeomans, *Comets: A Chronological History of Observation, Science, Myth, and Folklore*. New York: Wiley, 1991, S. 22.
8. A. Dean Larsen, Hrsg., *Comets and the Rise of Modern Science*. Provo, Utah: Friends of the Brigham Young University Library, 1986, S. 3.
9. Damalige Astronomen – unter ihnen Halleys Freund, der Danziger Bierbrauer Johannes Hevelius – hatten festgestellt, dass periodische Kometen unterschieden werden können nach hyperbolischer oder parabolischer Umlaufbahn. Kometen mit hyperbolischen Bahnen kehren nicht mehr zurück, jene mit parabolischen („geschlossenen") doch. Seine parabolische Umlaufbahn trägt den Halleyschen Kometen weit über Pluto hinaus und sein Zyklus schwankt zwischen 74 und 79 Jahren, vorwiegend abhängig von den Schwerkrafteinflüssen von Jupiter und den anderen Riesenplaneten.
10. Yeomans, *Comets*, S. 119.
11. Voltaire, *The Elements of Sir Isaac Newton's Philosophy*. Übers. v. John Hanna, New York: Gryphon, 1995, S. 340.
12. Carl Sagan und Ann Druyan, *Comet*. New York: Ballantine, 1997, S. 279.
13. Carolyn S. Shoemaker und Eugene M. Shoemaker, „A Comet Like No Other." In John R. Spencer und Jaqueline Mitton, Hrsg., *The Great Comet Crash: The Impact of Comet Shoemaker-Levy 9 on Jupiter*. Cambridge, U.K.: Cambridge University Press, 1995, S. 7.
14. Es wurde schon früher beobachtet, dass Kometen auseinander brechen, meist jedoch aufgrund von Gezeitenkräften und Verdampfungsprozessen, denen sie in Sonnennähe ausgesetzt waren. Kraterketten, die sich auf Erde und Mond finden lassen, weisen auf frühere Einschläge von Kometenfragmenten hin.
15. Paul Chodas, Interview mit T.F., Tucson, Arizona, 24. Oktober 1996.
16. Timothy Ferris, „Is This the End?" *The New Yorker*, January 27, 1997, S. 49.
17. David Morrison, Interview mit T.F., NASA Ames Research Center, 9. Oktober 1996.
18. Posting auf Len Amburgeys Website,
19. http://www.net1plus.com/users/lla/Index.htm.
20. Edwin L. Aguirre, „Sentinel of the Sky." *Sky & Telescope*, March 1999, S. 76ff.
21. John S. Lewis, *Rain of Iron and Ice*. Reading, Mass.: Addison-Wesley, 1996, S. 222.
22. Wir neigen dazu zu glauben, dass Planeten Objekte eher anziehen, anstatt sie an die äußeren Ränder des Sonnensystems wegzuschleudern. Eigentlich sind Planeten aber ganz erfolgreiche „Schleudermaschinen". Nehmen Sie einmal an, Sie reiten auf einem

Kuiper-Gürtel-Kometen ca. 4 Milliarden Jahre v.Chr. von hinten auf Jupiter zu. Vermutlich werden Sie Jupiter nicht exakt treffen: Obwohl er ein sehr großer Planet ist, stellt er im Weltraum doch ein kleines Ziel dar. Stattdessen werden Sie immer schneller werden, um Jupiter in einem Bogen herumfliegen und anschließend mit wesentlich höherer Geschwindigkeit als zuvor weiter durch das All sausen. Raumfahrer nennen diesen Effekt „gravity assist", der genauere Begriff ist „angular momentum assist". Was hier passiert, ist eine Verlangsamung des Jupiter – nur ein ganz klein wenig, denn seine Bewegungsenergie ist enorm – und Sie haben sich erheblich beschleunigt, vergleichbar einem Eisläufer, der mit einem Titanen „crack-the-whip" spielt. (Bei diesem Spiel fassen sich mehrere Eisläufer bei den Händen, ein Läufer beginnt damit, die anderen im Kreis um sich herumzudrehen. Je schneller sich alle bewegen, desto schwieriger wird es für den Läufer in der Mitte, die anderen auf der Kreisbahn zu halten.) Sie verabschieden sich mit derselben Geschwindigkeit, mit der Sie kamen – in Relation zu Jupiter. Aber Ihre Bahngeschwindigkeit ist erheblich schneller geworden. Wenn dies mit rotierenden Objekten geschieht, erklimmen sie auf diese Weise ganz andere Umlaufbahnen. Jupiter könnte ohne Schwierigkeiten fünf Milliarden Kometen von sich weg in die extrem hohen Umlaufbahnen der Oortschen Wolke geschleudert haben. Ob genau dadurch die Oortsche Wolke entstanden ist, ist jedoch noch offen.

Jupiter – der König der Planeten

1. José Olivarez, zitiert in *Sky & Telescope*, December 1999, S. 120.
2. John H. Rogers, *The Giant Planet Jupiter*. Cambridge, U.K.: Cambridge University Press, 1995, S. 8.
3. Jupiter dreht sich differenziell um seine Achse, ähnlich wie die Sonne. Strukturen am Äquator drehen sich einmal vollständig innerhalb von 9 Stunden und 50,5 Minuten, in den polaren Bereichen brauchen sie dazu 9 Stunden und 55,7 Minuten. Radiomessungen haben ergeben, dass die flüssigen Tiefen dagegen 9 Stunden und 55,5 Minuten für eine Umdrehung brauchen.
4. Ursprünglich schlug Johannes Kepler Simon Marius (1573 – 1624) vor, die Jupitermonde nach Gefährten des Gottes Jupiter zu benennen. Herschel wandte diese Praxis auch für die Saturnmonde an, so dass sich diese Benennung auch auf andere Planeten übertragen hat.
5. J.B. Murray, „New Observations of Surface Markings on Jupiter's Satellites." *Icarus* 23, 1975, S. 397-404.
6. Rogers, *The Giant Planet Jupiter*, S. 341.
7. S.J. Peale, P. Cassen und R.T. Reynolds, „Melting of Io by Tidal Dissipation." *Science*, vol. 203, no. 4383, 1979, S. 892-94.
8. Stephen James O'Meara, „Hubble's Amateur Hour." *Sky & Telescope*, August 1992, S. 155.
9. James Secosky, „SO^2 Concentration and Brightening Following Eclipses of Io," WFPC1 program 2798, *Icarus* 111, April-June 1992.
10. „Students Receive Unique Science Lesson." *Genesee Country Express*, December 18, 1997.
11. O'Meara, „Hubble's Amateur Hour," S. 155.
12. Da Darstellungen der Corioliskraft in vielen Schriften (und leider auch in der Lehre) leicht misszuverstehen sind, nehmen wir uns die Zeit, sie etwas erklären. Nehmen wir an, wir zünden eine ballistische Rakete von New York City aus mit einem südlichen Ziel. Die Rakete steigt hoch in den Weltraum und fällt nach 20 Minuten zurück zur Erde in einer Entfernung von 960 Kilometern. Wenn die Erde still stände, würde die Rakete ins Meer fallen, ohne großen Schaden anzurichten. Weil sich die Erde aber nach Osten dreht, wird die Rakete fünf Grad weiter westlich landen – die Erde hat sich in der Zwischenzeit unter der Rakete gedreht –, so dass nicht etwa das Meer, sondern Florida getroffen wird. (Beim Versuch, genau solche Fehler zu vermeiden, führten ballistische Studien des französischen Mathematikers Gaspard-Gustave de Coriolis zur Entdeckung der Corioliskraft im Jahr 1835.) Aus der Perspektive der Rakete war die Flugbahn ganz gerade, von der Erde aus scheint es jedoch, als habe sich die Rakete nach Westen geneigt, als folge sie einem geheimnisvollen Gesetz.
    Diese Corioliskraft lenkt tatsächlich die Winde in der nördlichen Hemisphäre nach rechts ab, die Winde in der südlichen nach links. Das führt zu großen atmosphärischen Zellen oder Mustern, die sich im Norden im Uhrzeigersinn, im Süden gegengleich bewegen. Die häufig wiederholte Theorie, dass Abflüsse nördlich des Äquators

im Uhrzeigersinn ablaufen, im Süden in der Gegenrichtung, ist jedoch falsch. Die Corioliskraft ist nicht stark genug, um solche Reaktionen zu bewirken, außer in sorgfältig abgeschirmten Wannen unter langfristiger Beobachtung. Ein Scharlatan in Nanyuki, einem kenianischen Ort auf dem Äquator, ließ sich von Touristen bezahlen für den „Beweis" des Effekts in zwei Waschbecken. Die Täuschung konnte jedoch leicht entlarvt werden, denn er hatte die Becken falsch installiert, so dass das südliche Becken das Wasser im Uhrzeigersinn abfließen lies, das nördliche Becken in umgekehrter Richtung.
Hurricans und andere Windhosen (Zyklone) sind Tiefdruckgebiete, die durch die Coriolis-Winde in spiralförmige Bewegung versetzt werden. Unerwarteterweise drehen sich die Zyklone aber entgegen der Richtung der Coriolis-Zellen. Man stelle sich das Tiefdruckgebiet als ein Karussell vor, von dem die rechtsdrehenden Coriolis-Winde, aus allen vier Himmelsrichtungen kommend, abprallen. Sie versetzen das Gebiet in eine Bewegung gegen den Uhrzeigersinn, wie ein rechtsdrehendes Zahnrad ein zweites Zahnrad nach links drehen wird. Hochdruckzonen jedoch drehen sich – aus Gründen, die ich hier nicht erläutere – in derselben Richtung wie die Coriolis-Winde, was zu Antizyklonen führt: Hochdruckbereiche, die im Norden im Uhrzeigersinn und im Süden in der Gegenrichtung wirbeln.

13. Gary Seronik, „Above and Beyond." *Sky & Telescope*, May 2001, S. 130.
14. Der hellste Mond, Ganymed, ist von gelblicher Farbe. Der zweithellste ist Io, er wird gewöhnlich als weiß beschrieben, obwohl mein Auge – vielleicht beeinflusst durch die *Voyager*-Erkenntnisse über seine Vulkane – eine deutlich rötliche Färbung erkennt. Europa und Kallisto, etwas schwächer, erscheinen weiß und gelb. Ihre ungefähren Helligkeiten sind: Ganymed 4,6, Io 5, Europa 5,3 und Kallisto 5,6. Io umrundet Jupiter einmal alle 1,8 Tage, Europa in 3,6 Tagen und Ganymed in einer Woche. Weil sich auch die Umlaufdauern der beiden inneren Monde mit fast ganzzahligen Faktoren zu sieben Tagen multiplizieren lassen, sieht man diese drei Monde wöchentlich auf fast denselben Positionen. Kallisto, weiter außen, vollendet eine Umrundung alle 16,7 Tage.
15. John D. Bernard, „The Comet Shoemaker-Levy 9 (SL9) Collision: A Project of the Jupiter Space Station." jupiterspacestation.org/jup_sl9.html.

Ein Besuch bei Stuart Wilber

1. Reta Beebe, Telefoninterview mit T.F., 5. Januar 2000.

Die äußeren Riesenplaneten

1. Fred W. Price, *The Planet Observer's Handbook*. Cambridge, U.K.: Cambridge University Press, 1994, S. 264.
2. Die Geschwindigkeit, mit der sich Objekte in ihrem Orbit bewegen, wird durch die lokale Schwerkraft bestimmt. Da sich die Anziehung durch die Sonne mit dem Quadrat der Distanz verringert, bewegen sich die äußeren Planeten langsamer als die inneren. Die Erde bewegt sich mit einer munteren Geschwindigkeit von fast 30 Kilometern pro Sekunde um die Sonne, während Saturn, fast zehnmal weiter von der Sonne entfernt, eine Umlaufgeschwindigkeit von weniger als 10 km/s hat, und Neptun, mit der dreißigfachen Distanz der Erde zur Sonne, schleicht geradezu mit nur 5,4 km/s. (Die Beziehung wird durch das 3. Keplersche Gesetz wiedergegeben, $P^2/R^2 = const.$, wobei R der Radius der Planetenumlaufbahn und P die Dauer der Umlaufzeit sind.)
3. Dies ist ein unterer Grenzwert der Ringstärke, der geschätzte obere Grenzwert beträgt etwa 10 Kilometer.
4. Die meisten Historiker schreiben die Entdeckung des Krepp-Rings William und George Bond und William Dawes im Jahr 1850 zu, obwohl Beobachtungsnotizen des allgegenwärtigen William Herschel einen „fünffachen Gürtel" beschreiben, was vermuten lässt, dass er den C-Ring in der Nacht des 11. November 1793 entdeckte.
5. Albert van Helden, „Saturn Through the Telescope: A Brief Historical Survey." In Tom Gehrels und Mildred Shapley Matthews, Hrsg., *Saturn*. Tucson: University of Arizona Press, 1988, S. 32.
6. Die Roche-Grenze, entdeckt durch Edouard Roche im Jahr 1849, variiert für einen gegebenen Planeten in Abhängigkeit von der Struktur eines fraglichen Satelliten. Für einen flüssigen Kleinmond von vernachlässigbarer Masse, der die gleiche Dichte aufweist wie der Planet, den er umkreist, entspricht die Roche-Grenze dem 2,44fachen Radius des Planeten; die Grenze verringert sich aber bei festen Monden, die eine größere „Zugfestigkeit" aufweisen. Ein Schneeball-Mond, der sich der Erde nähert,

erreicht die Roche-Grenze relativ schnell. Riesige außerirdische Raumschiffe aus Sciencefiction-Filmen, die über den Städten der Erde schweben, befinden sich aber noch nicht unbedingt jenseits Roche-Grenze, vorausgesetzt, dass die Raumschiffe robust genug gebaut sind.

7. Da die Riesenplaneten eine ganze Anzahl kleiner, asteroidartiger Objekte eingefangen haben, von denen ohne Zweifel viele noch zu entdecken sind – und da einige ihrer früheren Satelliten durch Einschläge in kleine, sie umkreisende Fragmente zerschmettert wurden –, ist es nicht möglich, die Zahl der Monde eines Planeten genau anzugeben. Als ich den ersten Entwurf dieses Abschnitts schrieb, an einem Montag, wusste man von Saturn, dass er 24 Satelliten hat. Am Ende der Woche verkündeten Astronomen, dass sie vier weitere Monde entdeckt hätten, unter Verwendung des 3,6-m-Canada-France-Hawaii-Teleskops auf Hawaii, was die Gesamtzahl somit auf 28 erhöhte. Ein paar Wochen später wurden zwei weitere Satelliten entdeckt, auf Hawaii und am Whipple-Observatorium in Arizona; zu diesem Zeitpunkt hatte Saturn also schon 30 Monde. Als ein paar Monate später weitere Satelliten entdeckt wurden, hatten die meisten Astronomen den Versuch einer Schätzung der Anzahl der Satelliten aufgegeben. Entsprechendes gilt für Jupiter, von dem man zum Zeitpunkt des Schreibens dieses Abschnittsentwurfs wusste, dass er 17 Satelliten besitzt. Diese Zahl war zur Mitte des Folgemonats auf 28 gestiegen, und ein paar Monate später betrug sie schon 39. (Inzwischen sind über 60 Jupitermonde bekannt.) Angemerkt sei in diesem Zusammenhang für den Augenblick noch die Zahl der Satelliten von Uranus, 21, und Neptun, 11.
8. Der Amateur-Astronom Donald Parker und seine Kollegen schätzen, dass Titan mit fast jedem kleinen Teleskop oder sogar mit einem Fernglas beobachtet werden kann, während Rhea und Japetus bei ihrer westlichen Elongation mit einem 3-Zoll-Refraktor beobachtet werden können. Für Dione, Tethys und Enceladus ist ein 4-Zoll-Refraktor nötig, für Hyperion und Mimas muss mindestens eine Öffnung von 8 Zoll vorhanden sein. Thomas A. Dobbins, Donald C. Parker und Charles F. Capen, *Introduction to Observing and Photographing the Solar System*. Richmond, Va.: Willmann-Bell, 1992, S. 109.
9. Zu den kleineren Saturnmonden zählt die abseits gelegene Phoebe, in einer rückläufigen Umlaufbahn, Helene, deren Umlaufbahn zwischen denen von Rhea und Dione verläuft, Calypso und Telesto zwischen Dione und Tethys, und die inneren Monde Janus, Epimetheus, Pandora, Prometheus, Atlas und Pan. Die E- und G-Ringe liegen zu beiden Seiten von Mimas, der F-Ring zwischen Pandora und Prometheus und die A- bis D-Ringe (wie auch die Cassini-Teilung) innerhalb der Umlaufbahn von Pan.
10. A.F.O'D. Alexander, *The Planet Saturn*. New York: Dover, 1962, S. 92.
11. Ibid., S.238.
12. Weitere Daten zur Dichte von Titans Atmosphäre erhielt man durch die Untersuchung der schwindenden Radioübertragung von *Voyager 1*, als die Sonde hinter Titan trat, sowie am 3. Juli 1989, als Amateur- und Profi-Astronomen die Bedeckung des Sterns 28 Sagittarii durch Titan beobachteten. Hierbei wurde die unregelmäßige Kurve der abnehmenden Sternhelligkeit gemessen, als er hinter den Titanwolken verschwand. Die Beobachtung des „central flash", der auftrat, als der Stern genau hinter Titan stand, wurde verursacht durch Sternlicht, das um den Satelliten herum durch die Atmosphäre gebrochen wurde. Er stellte die bis dahin vorherrschenden Modelle von der diesigen Atmosphäre Titans in Frage. Einer der Amateur-Beobachter, Kevin Deakes im südlichen Yorkshire, England, bemerkte, dass ein weiterer Vorzug dieser Beobachtungen war, „dass die Position von Titan jetzt besser bekannt ist, so dass die *Cassini*-Mission zu Saturn und Titan gezielter vorbereitet werden kann".
13. Christopher Wills und Jeffrey Bada, *The Spark of Life: Darwin and the Primeval Soup*. New York: Perseus, 2000. In Tim Flannery, „In the Primordial Soup". *New York Review of Books*, November 2, 2000, S. 56.
14. Cassini, in Alexander, *The Planet Saturn*, S. 113.
15. David Morrison, Torrence Johnson, Eugene Shoemaker, Laurence Soderblom, Peter Thomas, Joseph Veverka und Bradford Smith, „Satellites of Saturn: Geological Perspective." In Gehrels und Matthews, Hrsg., *Saturn*, S. 616.
16. „Das ultimative Ziel meiner Beobachtungen war es immer, Kenntnis über den Aufbau des Weltalls zu gewinnen," bemerkte Herschel. (Michael Hoskin, „William Herschel and the Making of Modern Astronomy." *Scientific American*, February 1986, S. 106.) Er war sogar so ausdauernd darin, dass er viele Dinge entdeckte, ohne nach ihnen gesucht zu haben. Seinen legendären Fleiß bei den Beobachtungen, der von vielen bezeugt wer-

den kann, beschrieb er einmal selbst: „Ich beschäftigte mich ausschließlich mit astronomischen Studien, um nur ja keine einzige Stunde Sternenlicht bei günstiger Sicht zu verpassen. In so mancher Nacht habe ich im Laufe von elf oder zwölf Stunden Beobachtung sorgfältig und konzentriert nicht weniger als 400 Himmelsobjekte untersucht ... manchmal nur einen einzigen Stern beobachtend für insgesamt eine halbe Stunde, mit allen verfügbaren Mitteln meines Teleskops." (Michael Hoskin, *William Herschel: Pioneer of Sidereal Astronomy*. London: Sheed Ward, 1959, S. 15.)

17. E.C. Krupp, „Managing Expectations." *Sky & Telescope*, August 2000, S. 84.
18. Ibid., S. 85.
19. Wenn Uranus sich auf seiner schnelleren, inneren Bahn Neptun nähert, wird er durch die Schwerkraft von Neptun beschleunigt. Sobald sie nicht mehr auf einer Linie mit der Sonne stehen, verzögert Neptun den Lauf des Uranus. Dieser Effekt wurde in der Zeit unmittelbar vor der Entdeckung des Neptun erklärt, als die Opposition im Jahre 1822 eintrat.
20. Patrick Moore, *The Discovery of Neptune*. New York: Wiley, 1996, S. 17.
21. Ibid., S. 20.
22. Ibid., S. 22.
23. John Herschel, Brief zu „Le Verrier's Planet." In Ellis D. Miner, *Uranus: The Planet, Rings, and Satellites*. New York: Ellis Horwood, 1990, S. 25.
24. Moore, *The Discovery of Neptune*, S. 23.
25. Ibid., S. 24.
26. Zitiert von Patrick Moore im *Atlas of Neptune*, S. 22. Er findet, „dass es faszinierend ist zu denken, dass Neptun fast 170 Jahre vor dem doch helleren und näheren Uranus entdeckt wurde". Galileis Aufzeichnungen zu Neptun wurden von S. Drake und C.T. Kowal in seinen Tagebüchern gefunden (*Scientific American*, 243, 1980, S. 74; *Nature*, 287, 1980, S. 311) und weiter untersucht von E. Myles Standish und Anna M. Nobili (*Baltic Astronomy*, vol. 6, 1997, S. 97-104). Die letzteren Autoren bemerken, dass trotz einer Unregelmäßigkeit in einer von Galileis Zeichnungen bei Neptuns Position, seine Darstellung der Positionen der Jupiter-Satelliten – dem eigentlichen Objekt seiner Aufmerksamkeit – „mit einer solch maßstabsgerechten Präzision gezeichnet [sei] ... fast kleiner als der Durchmesser der Punkte, mit denen er die Positionen der Satelliten kennzeichnete!"
27. Wie Herschel es ausdrückte: „Wenn wir hofften, irgendeinen Fortschritt zu machen bei einer Untersuchung solch schwieriger Art, sollten wir zwei gegensätzliche Extreme, von denen ich nicht vermag zu beurteilen, welches das gefährlichere ist, vermeiden. Wenn wir einer fantastischen Vorstellung nachgeben und unsere eigenen Welten kreieren, dürfen wir uns nicht wundern, dass wir weit vom Pfad der Wahrheit und der Natur abkommen; diese Welten jedoch werden verschwinden wie kartesianische Strudel, die bald den Weg frei machten, als bessere Theorien vorlagen. Auf der anderen Seite, wenn wir Beobachtung zu Beobachtung hinzufügen, ohne den Versuch zu machen, nicht nur Schlussfolgerungen daraus zu ziehen, sondern auch Mutmaßungen, verstoßen wir gegen das eigentliche Ziel, für das weitere Beobachtungen gemacht werden sollten." *Philosophical Transactions of the Royal Society*, ci (1785), S. 213–14.
28. J.L.E. Dreyer, Hrsg., *The Scientific Papers of Sir William Herschel*. London: Royal Society and Royal Astronomical Society, 1912, 1, S. 312-14.
29. Es ist schwierig, das Verdienst für die Entdeckung der Uranusmonde Umbriel und Ariel jemandem zuzuschreiben. Der englische Amateur William Lassell wird häufig als ihr Entdecker genannt, obwohl es durchaus berechtigte Argumente gibt, die für den russischen Profi-Astronomen Otto Struve sprechen. Einige Gelehrte wiederum sprechen William Herschel die erste Sichtung von Umbriel zu, der auch einige „Satelliten" des Uranus entdeckte, die offensichtlich Hintergrundsterne waren. Miranda, der innerste, klassische Mond des Uranus, wurde nicht vor 1948 entdeckt, als Gerard Kuiper ihn mit dem 82-Zoll-Reflektor am McDonald-Observatorium in Texas fotografierte. Neptun besitzt zwei helle äußere Monde: Mit schöner Ausgewogenheit waren es Lassell, der den größeren der beiden, Triton, im Jahr 1846 entdeckte, und Kuiper den kleineren, Nereide, im Jahr 1949.
30. Eine außergewöhliche Konsequenz der radikalen Ausrichtung des Planeten ist, dass, obwohl sich Uranus in achtzehn Stunden einmal um seine Achse dreht, jede Hemisphäre für vierzig Jahre im Tageslicht verbleibt, um danach in eine vierzig Jahre währende Nacht abzutauchen.
31. Auch die Venus ist um 178 Grad gekippt. Wie bei Uranus ist ihre Rotation retrograd – deshalb wissen wir, dass sie um mehr als 90 Grad umgestoßen wurde – aber während

Uranus sich alle achtzehn Stunden einmal um seine Achse dreht, dauert ein Tag auf der Venus 243 Erdtage. Dies lässt vermuten, dass das Objekt, das die Venus getroffen hat, aus der der Rotation entgegen gesetzten Richtung kam, und die Venus dabei fast zum Stillstand verlangsamte. Fügt man noch die Theorie hinzu, dass der Mond durch einen großen Einschlag auf der jungen Erde entstanden sei, so hat man ziemlich starken Indizien dafür, dass die Planeten recht häufig zusammengestoßen sind, als das Sonnensystem noch jung war.

32. Clyde W. Tombaugh und Patrick Moore, *Out of the Darkness: The Planet Pluto*. New York: Signet, 1980, S. 116–17.
33. Alan Stern und Jacqueline Mitton, *Pluto and Charon: Ice Worlds on the Ragged Edge of the Solar System*. New York: Wiley, 1998, S. 19.
34. David Levy, *Clyde Tombaugh: Discoverer of Planet Pluto*. Tucson: University of Arizona Press, 1991, S. 69-70.
35. Ein französischer Astronom schlug den Namen „Pluto" für den Planeten X im Jahre 1919 vor, aber anscheinend erinnerte sich zum Zeitpunkt der Entdeckung niemand mehr daran – mit Sicherheit nicht Miss Burney, deren Geburtsjahr es war.
36. Wissend, dass Pluto nicht diesen Ansprüchen genügen würde, suchte Tombaugh für dreizehn weitere Jahre nach dem Planeten X und wertete dabei 90 Millionen Bilder von 30 Millionen Sternen aus. Diese Arbeit schränkte stark ein, wo und wie groß Objekte des Kuiper-Gürtels sein könnten, wenn sie existierten. Eine weitere Suche wurde unnötig, sobald der *Voyager*-Vorbeiflug bessere Werte für die Massen von Uranus und Neptun geliefert hatte. Als man ihre Umlaufbahnen auf Grund der neuen Daten neu berechnete, waren die Störungen, die durch einen Planeten X verursacht werden sollten, verschwunden.
37. Kenneth Chang: „Verwirrend ... Die Auslassung war verwirrend und sogar bedrückend" in „Pluto's Not a Planet? Only in New York." *The New York Times*, January 22, 2001. Ira Flatow: „Rang eines Planeten entzogen" in *Talk of the Nation/Science Friday*, NPR, February 11, 2000. Charles Osgood: „Das Hayden-Planetarium hat Pluto entplanetisiert" in CBS News *Sunday Morning*, February 18, 2001. „Pluto hat die Stufe nicht geschafft" in „Museum Explains Why Pluto Is Out of Its Orbit," *The Santa Fe New Mexican*, March 3, 2001. „In diesem Fall werden Sie lernen müssen" in NBC News *Saturday Today*, January 27, 2001. Chang: „Zählt nicht Planeten, zählt Familien" und „Wir halten zu Pluto" in „Pluto's Not A Planet?" – „In einem anderen Universum" in „Is Pluto Really a Planet?" *The News of the World*, January 28, 2001.
38. Clyde Tombaugh, Interview mit David Levy, 23. März 1987, bei Levy, *Clyde Tombaugh*, S. 182.

III DIE TIEFEN

Der Nachthimmel

1. David J. Eicher, „Warning: Globular Clusters Can Change Your Life." *Astronomy*, April 1988, S. 82.
2. Robert Henri, *The Art Spirit*. Boulder, Colo.: Westview Press, 1984, S. 79.
3. In diesem Buch konzentrieren wir uns auf die Sternbilder der nördlichen Hemisphäre – wodurch leider vieles nicht berücksichtigt wird. Der beschriebene Sternhimmel ist am besten im Frühjahr zu sehen.
4. Die Ausnahmen sind Dubhe, der am nächsten stehende Kastenstern zu Polaris, dem Polarstern, und Benetnasch am äußeren Ende der Deichsel.
5. Die Namen der meisten hellen Sterne stammen von arabischen Astronomen, einige allerdings, wie z.B. Prokyon, von den Griechen, und andere, wie Regulus, von den Römern. Die auffälligsten Sterne eines Sternbilds werden durch Buchstaben des griechischen Alphabets benannt, was von Johann Bayer in seinem Atlas *Uranometria* aus dem Jahr 1603 eingeführt wurde. Daher ist Sirius, der hellste Stern im Sternbild Canis Major, alpha Canis Majoris. Verschiedene andere Bezeichnungssysteme für Sterne sind in Verwendung, basierend auf verschiedenen Katalogen. In dem daraus resultierenden System multipler Identitäten ist z.B. Sirius unter den folgenden Bezeichnungen bekannt: SAO 151881, GSC 5949:2767, HIP 32349, HD 48915, B-16 1591 und Flamsteed-Bayer 9-Alpha Canis Majoris. Die 88 Sternbilder tragen lateinische Namen. Offiziell wird die Namensgebung von Sternen durch die International Astronomical Union (IAU) gehandhabt, welche die Bürger davor bewahrt, dass kommerzielle Organisationen Geld verlangen können, um Sterne nach ihnen oder ihren Freunden zu

„benennen". „Wie die wahre Liebe und viele andere der besten Dinge im Leben des Menschen," erklärt die IAU, in einem Rückgriff auf eine für wissenschaftliche Organisationen ungewöhnlich emotional gefärbte Prosa, „ist die Schönheit des Nachthimmels nicht zu verkaufen, sondern frei, um von allen genossen werden zu können".

6. Robert Burnham Jr., *Burnham's Celestial Handbook*. New York: Dover, 1978, S. 1940.
7. Diese Kategorien werden durch bestimmte Spektrallinien definiert: z.B. weisen O-Sterne Linien des ionisierten Heliums in ihren Spektren auf, B-Sterne haben neutrale Wasserstofflinien, und M-Sterne besitzen Titanoxidbanden. Um eine genauere Einteilung zu erreichen, sind die Kategorien weiter in numerische Klassen unterteilt: Ein F5-Stern befindet in der Mitte zwischen F und G. In den zwanziger und dreißiger Jahren des vorigen Jahrhunderts wurde ein zweiter Parameter hinzugefügt, der die Sterne nach ihrer Leuchtkraft klassifiziert: vom Typ I (Überriesensterne) zu VII (Weiße Zwerge). Die Spektralklassifikation der Sonne lautet G2V, was bedeutet, dass es sich um einen Zwergstern des Typs G handelt. Im astrophysikalischen Sprachgebrauch sind die meisten gewöhnlichen Hauptreihensterne Zwergsterne; der Begriff bedeutet nicht, dass sie ungewöhnlich klein wären.
8. Burnham, *Burnham's Celestial Handbook*, S. 1285.
9. Um einen Gedankengang fortzusetzen, den der Physiker J. Richard Gott in Princeton angestoßen hat, wenn auch in einem anderen Kontext, sollte es uns nicht überraschen, dass wir uns in einer ziemlich typischen, großen Galaxie befinden, da die Wahrscheinlichkeit dafür spricht. Typische Galaxien sind per Definition die am häufigsten vorkommenden Typen. Da große Galaxien mehr Sterne enthalten als kleine, wird sich ein Beobachter eher in einer großen Galaxie wiederfinden, genau wie mehr Menschen in Großstädten geboren werden als in Kleinstädten. Relativ wenige Beobachter sollten sich jedoch in außergewöhnlich großen Galaxien befinden, da diese selten sind, oder in Zwerggalaxien, da diese weniger Sterne enthalten.
10. Die Milchstraße und andere Galaxien enthalten auch so genannte dunkle Materie, deren Vorkommen sich durch die Gravitationsdynamik erschließen lässt, sonst aber nicht aufzuspüren ist. Ihre Zusammensetzung ist bis jetzt unbekannt und schließt vielleicht exotische subatomare Partikel mit ein. Die dunklen Wolken, die wir in diesem Kapitel besprechen, bestehen nicht aus dieser mysteriösen „dunklen Materie", sondern aus Gas und Staub, deren Zusammensetzung verhältnismäßig gut bekannt ist.
11. William Sheehan, *The Immortal Fire Within: The Life and Work of Edward Emerson Barnard*. New York: Cambridge University Press, 1995, S. 3.
12. Gerrit L. Verschuur, „Barnard's 'Dark' Dilemma." *Astronomy*, February 1989, S. 32.
13. Sheehan, *Immortal Fire Within*, S. 9-10.
14. Ibid., S. 12.
15. Verschuur, „Barnard's 'Dark' Dilemma," S. 33, und Sheehan, *Immortal Fire Within*, S. 13.
16. Burnham, *Burnham's Celestial Handbook*, S. 1635.

Die Milchstraße

1. Wären z.B. die 173 Sterne, die heller strahlen als die Größenklasse 3,0, wahllos über den Himmel verstreut, würden wir nur von etwa der Hälfte der Sterne erwarten, dass sie bis 45° Breite zur Milchstraße stehen, d.h. eine galaktische Breite kleiner als plus oder minus 45° aufweisen. Stattdessen liegen mehr als 80 % der Sterne innerhalb 45° Breite zur Milchstraße. (Daten ermittelt von D. Hoffleit und W.H. Warren Jr., *The Bright Star Catalogue*, 5. überarbeitete Auflage, Astronomical Data Center, NSSDC/ADC, 1991. Die genaue Einteilung der Sterne gemäß ihrer Helligkeit kann Ungenauigkeiten wegen veränderlicher Sterne enthalten etc., was aber auf die Ergebnisse keinen statistisch bedeutsamen Einfluss hat.)
2. Auguste Comte, *Cours de Philosophie Positive*, 1835.
3. Diese Arbeit findet sich ausführlicher in meinem Buch *Coming of Age in the Milky Way*. New York: Morrow, 1988, Kapitel 9.
4. Stephen James O'Meara, „The Outer Limits." *Sky & Telescope*, August 1998, S. 87.
5. Walter Scott Houston, *Deep-Sky Wonders*. Auswahl und Kommentar von Stephen James O'Meara. Cambridge, Mass.: Sky Publishing, 1999, S. 2.
6. Die Dichte des Orion-Nebels beträgt normalerweise um die 1000 Atome/cm^3, im Durchschnitt viel mehr als im interstellaren Raum, aber dennoch wenig. Staubpartikel in dem Nebel, welche die Größe von Rauchpartikeln haben und ein Prozent seiner

Masse ausmachen, haben in der Regel einen räumlichen Abstand von 150 m voneinander.

7. Houston, *Deep-Sky Wonders*, S. 4.
8. Bok entwickelte seine Faszination für den nächtlichen Himmel bei einer Zeltfreizeit der Pfadfinder in Holland um 1918. Er „verliebte sich in die Milchstraße", wie er es beschreibt, und engagierte sich als Profi durch den Einfluss von Harlow Shapley, dessen Messungen der Entfernungen von Kugelsternhaufen Aufschluss über die Position des Sonnensystems in unserer Galaxie gaben. Als in hohem Maße anständiger Mann mit großem persönlichen Pflichtgefühl blieb er Shapley sein Leben lang zugetan. 1983, nur wenige Monate vor Boks Tod, hielt ich einen Vortrag mit kritischen Äußerungen zu einigen Aspekten des Milchstraßen-Modells von Shapley. Ich wurde durch Bok sofort zur Rede gestellt, der sich im Publikum erhob, um seinen Freund und Mentor, der bereits seit zehn Jahren tot war, zu verteidigen. Dabei stellte ich fest, wie viele bereits vor mir, dass ein Disput mit dem warmherzigen und humorvollen Bok wesentlich angenehmer war, als mit manchem Wissenschaftler einer Meinung zu sein.
9. M 42 und M 43 waren zu Messiers Zeiten schon sehr bekannt und zeigen sich viel größer am Himmel als jeder entfernte Komet, so dass sich Gelehrte darüber wunderten, dass Messier sie in einen Katalog aufnahm, der angeblich Kometensuchern helfen sollte, Ablenkungen zu vermeiden. Es wurde vermutet, dass er sie aufgelistet hat – zusammen mit M 44, der Praesepe, und M 45, den Plejaden, die vermutlich ebensowenig mit Kometen verwechselt werden konnten, außer bei sehr verwirrten Beobachtern –, um damit die Anzahl der Objekte in der Ausgabe seines Katalogs im Jahr 1774 auf 45 zu bringen. Dadurch konnte er seinen Konkurrenten Nicholas Louis de Lacaille und dessen 42 Objekte im Katalog der südlichen Nebel von 1755 überbieten.
10. Obwohl die Mühlen des Orion äußerst langsam mahlen, erzielen sie Ergebnisse, und es gibt Sterne im Orion-Nebel, die sich erst nach dem Untergang Roms gebildet haben.
11. „Blue stragglers" stören dieses einfache Bild. Es sind blaue Sterne, die offensichtlich sehr jung sind und dennoch zu Tausenden in Kugelsternhaufen gefunden werden, wo eigentlich alle Sterne schon alt sein sollten. Mindestens zehn Theorien wurden entwickelt, um die Herkunft der „blue stragglers" zu erklären. Die Szenarien reichen von Wechselwirkungen enger Doppelsterne bis zu Sternen, die in der Nähe des Zentrums des Sternhaufens kollidieren, jeweils mit dem Ergebnis, dass sich die Sternmaterie so durchmischt, dass sich scheinbar neue Sterne bilden.
12. Loes Ondra, „Andromeda's Brightest Globular Cluster." *Sky & Telescope*, November 1995, S. 69.

Zu Besuch bei John Henrys Geist

1. John Henry war einer der vielen ehemaligen Sklaven, die während der Zeit des Wiederaufbaus im amerikanischen Süden im Bahnbau tätig waren. Huddie Ledbetter erzählte dem Ethno-Musikwissenschaftler Alan Lomax, dass John Henry aus Newport News, Virginia, kam und im Eisenbahnbau von dort bis Cincinnati tätig war.
2. Mississippi John Hurt, „Spike Driver Blues", 1928. Bei Hurt gibt der Minenarbeiter zur Vorbereitung von Sprengungen lieber den Job auf und flieht, als dass er den Tod bei der Arbeit riskiert. Diskret vermeidet er eine Konfrontation mit dem Chef („Bring diesen Hammer zum Kapitän, sag ihm, ich bin weg") und zitiert das Beispiel John Henrys als Motivation, etwas anderes mit seinem Leben zu machen:

   John Henry, er ließ seinen Hammer stehen
   beschmiert ganz rot, beschmiert ganz rot.
   Darum gehe auch ich.
   John Henry war ein Minenarbeiter,
   aber er ging unter.
3. T.F. Interview mit Paul Davies und Steven Weinberg, San Francisco, Calif., 30. Mai 2000.
4. Ludwig Wittgenstein, *Tractatus Logico-Philosophicus*. Übers. v. C.K. Ogden, London: Routledge, 1988, 1.1.

Galaxien – faszinierende, ferne Welten

1. Der Durchmesser der ganzen Scheibe der Andromeda-Galaxie wird auf 165 000 bis 200 000 Lichtjahre geschätzt, wobei ich mich auf den Teil beziehe, der leicht durch Teleskope erkennbar ist.
2. Ronald Buta, „Galaxies: Classification." In Paul Murdin, Hrsg., *Encyclopedia of Astro-*

nomy and Astrophysics. London: Nature Publishing Group, 2001, vol. 1, S. 861.

3. Die unglückliche Tradition, diese nahe gelegenen Galaxien nach ihren Sternbildern zu benennen, führt zu Verwechslungen. Die Sextans-Zwerggalaxie beispielsweise, wird leicht verwechselt mit Sextans A, einer größeren und weiter entfernt liegenden irregulären Galaxie und wenn Leute „Sculptor" sagen, meinen sie häufiger NGC 253, eine große Spirale, die zehn Millionen Lichtjahre weiter entfernt ist.
4. E.J. Schreier, „NGC 5128/Centaurus A: 150 Years of Wonder." *Encyclopedia of Astronomy and Astrophysics*, S. 1831.
5. Es gibt einige Hinweise darauf, dass M 84 eine S0-Galaxie ist, eine armlose Spirale also. Basierend auf ihrer optischen Erscheinung, halte ich sie jedoch gemäß ihrer traditionellen Klassifizierung für elliptisch.
6. Alan Goldstein, „Explore the Virgo Cluster." *Astronomy*, March 1991, S. 73.
7. Es gibt NGC 4438, einen staubigen durch die Gezeitenkräfte zerrissenen Spiralnebel; die Spiralnebel NGC 4435, NGC 4479 und NGC 4477; die S0-Galaxie NGC 4461 und die Ellipsen NGC 4458 und NGC 4473.
8. Alan M. MacRobert, „Mastering the Virgo Cluster." *Sky & Telescope*, May 1994, S. 42. Copeland verfasste eine Anzahl von Artikeln zur Deep-Sky-Beobachtung für *Sky & Telescope*, in denen er 1949 den Ratschlag gab, dass „eine größere Linse oder Spiegel nicht unbedingt mehr Erfolg garantiert. Hingabe und Geduld sind ebenso wichtig wie das Lichtsammelvermögen."

Die dunkelste Zeit – eine Reise in die Vergangenheit

1. Harold G. Corwin Jr., „The NGC/IC Project: An Historical Perspective." NGC/IC Projekt Website, Update 12. Oktober, 1999.
2. Ken Hewitt-White, „Two Galaxy Clusters in Hercules: Observing Abell 2197 and 2199 from the Cascade Mountains." *Sky & Telescope*, June 2000, S. 115.
3. Steve Gottlieb, „On the Edge: The Corona Borealis Galaxy Cluster." *Sky & Telescope*, May 2000, S. 130.
4. Robert Roy Britt, „'Brane-Storm' Challenges Part of Big Bang Theory." Space.com Website, 13. April 2001.
5. Robert Burnham Jr., *Burnham's Celestial Handbook*. New York: Dover, 1978, vol.1, S. 505.
6. Kepler, „On the New Star" (*De Stella nova*). Prag: KGW, 1606, Kapitel 22, S. 257, Zeile 23.
7. Reverend Robert Evans, „Visual Supernova Searching with the 40-inch Telescope at Siding Spring Observatory." *Electronic Publications of the Astronomical Society of Australia*, vol. 14, no. 2, February 1997.
8. Ibid.
9. Tim Puckett, Interview mit T.F., 16. März 2001.
10. Ibid.
11. Unsere Sichtbeschränkung ist zweifelsohne der Grund dafür, dass seit 1680 keine Supernova in unserer Galaxie mehr beobachtet wurde. Eine Spirale der Größe der Milchstraße sollte zwei oder drei Supernovae pro Jahrhundert hervorbringen, aber fast alle finden in oder nahe der Scheibe statt, da dies der Ort ist, wo sich die meisten Sterne befinden. Wahrscheinlich haben sich mehrere während der letzten zwei Jahrhunderte ereignet, blieben aber durch Wolken verborgen.
12. Carl Pennypacker, Interview mit T.F., Berkeley, Calif., 5. Mai 1994.
13. Die Ereignisse direkt im Anschluss an die Entdeckung der Supernova durch García Diaz am Sonntag, den 28. März 1993, veranschaulichen sehr gut, welche Vorteile es bringt, Mitglied einer Gruppe von Amateur-Astronomen zu sein und die Hilfe von Profis in Anspruch zu nehmen. García Diaz rief José Carvajal Martinez an, einen Kollegen von der Astronomischen Gesellschaft Madrid; dieser überprüfte die Sichtung mit einem Asteroiden-Erkennungsprogramm, um zu verifizieren, dass es sich nicht um einen Asteroiden handelte. Während Francisco zurück ging, um die Galaxie weiter zu beobachten, rief Carvajal Martinez ein anderes Mitglied an. Diego Rodriguez machte eine CCD-Aufnahme der Galaxie, um zu bestätigen, dass die Supernova tatsächlich vorhanden war. Als eine Überprüfung mit Hilfe von zwei digitalen Sternatlanten ergab, dass dort nie ein Stern zu sehen gewesen war, setzte sich Rodriguez mit dem Profi-Astronomen Enrique Pérez in Verbindung. Dieser beobachtete in dieser Nacht mit dem 2,5-m-Isaac-Newton-Teleskop auf den Kanarischen Inseln. Pérez gelang es sehr schnell, ein Spektrum der Supernova aufzunehmen, ein wichtiger Schritt zur Bestimmung des Sterntyps. Als der Morgen dämmerte, kontaktierten die

spanischen Amateure Janet Mattei von der AAVSO (USA), wo es noch dunkel war, und den Amateur-Astronomen Robert Evans in Australien, wo die Sonne bald untergehen würde. Innerhalb von Stunden richteten Amateure und professionelle Astronomen auf der dunklen Seite der Erde ihre Teleskope auf die neue Supernova und erhielten so nützliche Daten.

14. A. Dressler, „The Evolution of Galaxies in Clusters." *Annual Review of Astronomy and Astrophysics*, 1984, 22:212.
15. Barbara Wilson, in „Who's Afraid of Einstein's Cross." Website posting „Adventures in Deep Space: Challenging Observing Projects for Amateur Astronomers."
16. John Archibald Wheeler, *At Home in the Universe*. Woodbury, N.Y.: American Institute of Physics, 1994, S. 128. Siehe auch Wheelers Endnote für eine ausführliche Diskussion der Quellen dieser Geschichte.

Minerva in der Morgendämmerung

1. Hegel, *Philosophy of Right*, Vorwort.
2. Northrop Frye, *Fearful Symmetry: A Study of William Blake*. Princeton: Princeton University Press, 1969, S. 123.
3. William Blake, *Jerusalem: The Emanation of the Giant Albion*. London: W. Blake, St. Molton St., 1804, S. 152.
4. Ray Monk, *Ludwig Wittgenstein: The Duty of Genius*. New York: Macmillan, 1990, S. 140–41.
5. Ibid., S. 572.
6. Ibid., S. 143.

Kleines astronomisches Lexikon

Trage es mir nicht nach, meine Sprache,
wenn ich gewichtige Worte wähle
und dann mühevoll arbeite, bis sie federleicht klingen.

WISLAWA SZYMBORSKA, „UNDER ONE SMALL STAR"

Abell-Haufen – Ein Galaxienhaufen, der von dem amerikanischen Astronomen George Abell katalogisiert wurde.
Aberration – Optische Fehler, die das Bild verschlechtern. Die Hauptprobleme sind Astigmatismus, *Koma*, sphärische Aberration und *chromatische Aberration* (Farbfehler). Gemeinsam ist ihnen, dass sie Licht nicht in einem einzigen Brennpunkt vereinen.
Abplattung – Das Verhältnis zwischen äquatorialem und polarem Durchmesser eines Planeten. Hauptsächlich gasförmige, schnell rotierende Planeten sind stärker abgeplattet als feste, langsamer rotierende Planeten wie die Erde.
Absolute Helligkeit – Siehe *Größenklasse.*
Absorption – Das Blockieren oder Abschwächen des Lichts oder anderer Strahlung durch die Erdatmosphäre oder durch Gas und Staub im Weltall. Die Absorption ist konstant, die *Szintillation* veränderlich.
Absorptionsnebel – Siehe *Nebel.*
Achromatische (oder apochromatische) **Linse** – Eine Linse aus zwei oder mehr Elementen, von dem jedes eine anderen Brechungsindex hat. Durch ihre Kombination soll Licht aller Farben in einem Brennpunkt zusammentreffen. Ziel ist es also, die *chromatische Aberration* zu beseitigen.
Achsneigung – Der Winkel zwischen der Rotationsachse eines Planeten und der Linie senkrecht zur Bahnebene – der Winkel also zwischen der Bahnebene und dem Planetenäquator. Die Achsneigung ist für die Jahreszeiten verantwortlich, nicht die wechselnde Entfernung des Planeten von der Sonne.
Adaptive Optik – Ein System, das die *Luftunruhe* überwacht und den Spiegel eines Teleskops deformiert, um Veränderungen in der Atmosphäre auszugleichen. Dadurch verbessert sich die *Auflösung.*
Airglow – Schwaches Licht in der Atmosphäre, das dadurch entsteht, dass Teilchen von der Sonne mit Atomen der Erdatmosphäre wechselwirken.
Airy-Scheibchen – Das scheibenförmige Aussehen eines Sterns durch eine Optik. Selbst eine perfekte Optik kann einen Stern nicht als Punkt darstellen. 84 Prozent seines Lichts entfallen auf das zentrale Airy-Scheibchen, der Rest verteilt sich auf eine Reihe konzentrischer Ringe.

Akkretion – Der Zuwachs an Materie bei einem astronomischen Objekt, bei dem kleinere Körper eingesammelt werden, die in seine Nähe gelangen.
Akkretionsscheibe – Flacher, rotierender Bereich aus Materie; der Großteil davon wird von dem Objekt aufgesammelt, das er umkreist, z. B. ein *Schwarzes Loch.*
Albedo – Das Reflexionsvermögen eines Planeten oder Mondes. Ein Objekt mit einer Albedo von null wirft kein auftreffendes Licht zurück; ein Objekt mit einer Albedo von eins reflektiert alles Licht.
ALPO – Amerikanische Association of Lunar and Planetary Observers.
(Alt-)azimutale Montierung – Eine Teleskop*montierung* mit zwei Achsen, die zum Horizont beziehungsweise zum Zenit zeigen. Eine gewöhnliche azimutale Montierung lässt sich also auf jeden Punkt am Himmel richten, aber nicht einfach den astronomischen Objekten nachführen, wie das bei einer *parallaktischen Montierung* mit einen *Nachführmotor* möglich ist. Einige azimutale Montierungen von *Dobson*-Teleskopen lassen sich jedoch mit Motoren ausrüsten, mit denen eine eingeschränkte Nachführung möglich ist. Große Fernrohre in Observatorien arbeiten mit azimutalen Montierungen und computergesteuerten Kameranachführungen zum Ausgleich der Bildfeldrotation. So werden lang belichtete Aufnahmen möglich.
Ångström – Einheit für die Messung von Lichtwellenlängen. Ein Ångström entspricht einem hundertmillionstel Zentimeter.
Aphel – Der Punkt, an dem ein Objekt des Sonnensystems am weitesten entfernt von der Sonne steht. Siehe auch *Perihel.*
Apogäum – Der Punkt, an dem ein Satellit am weitesten entfernt von der Erde steht. Siehe auch *Perigäum.*
Äquinoktium – Der Punkt, an dem die *Ekliptik* den *Himmelsäquator* schneidet. Das Frühlingsäquinoktium liegt bei null Stunden *Rektaszension,* das Herbstäquinoktium bei zwölf Stunden. Vergleiche *Solstitium.*
Asteroid – Ein kleines Objekt, das um die Sonne kreist, auch als Kleinplanet oder Planetoid bekannt. Die meisten Asteroiden befinden sich im *Asteroidengürtel* oder entstammen ihm. Asteroiden sind normalerweise eher trocken als mit Eis überzogen, einige wenige allerdings enthalten Eis und ähneln daher *Kometen.*
Asteroidengürtel – Ein Bereich zwischen den Umlaufbahnen von Mars und Jupiter, in dem sich die meisten Asteroiden befinden.
Astronomische Einheit (AE) – Die mittlere Entfernung zwischen Erde und Sonne, per Definition 149 597 870 Millionen Kilometer (rund 500 Lichtsekunden).
Aten – Eine Klasse von *Asteroiden,* deren Bahnen vollständig innerhalb der Erdbahn liegen.
Atom – Kleinste Einheit der chemischen Elemente, Atome bestehen aus einem *Kern* und einer Wolke aus *Elektronen.*
Auflösung – Der kleinste Winkelabstand zwischen zwei Objekten (etwa

den Komponenten eines Doppelsterns), den man in einem bestimmten Fernrohr noch erkennen kann. Die theoretische Grenze für eine bestimmte Öffnung ist als Dawes-Kriterium bekannt. Sie lässt sich nur mit exzellenter Optik und exzellenten Sichtbedingungen erreichen.

Autoguider – Ein System, das winzige Fehler der Teleskopnachführung korrigiert, während eine lang belichtete Aufnahme entsteht. *CCD*-Autoguider verfolgen einen Einzelstern im Gesichtsfeld und korrigieren die Nachführung, wenn der Stern auf ein benachbartes *Pixel* driftet.

Automatische Nachführung – Ein Mechanismus, der ein *Fernrohr* oder eine Kamera so bewegt, dass die Erdrotation ausgeglichen wird.

Azimut – Der Peilwinkel eines astronomischen Objekts, der in Grad entlang der Windrose gemessen wird: Norden ist bei 0 Grad, Osten bei 90, Süden bei 180 und Westen bei 270 Grad. Die Position eines beliebigen Objekts am Himmel kann zu einem bestimmten Zeitpunkt durch Azimut und *Höhe* definiert werden. Durch die Erdrotation ändern sich Azimut- und Höhenwinkel astronomischer Objekte jedoch ständig. Daher bevorzugen Astronomen ein Koordinatensystem, das mit der Himmelsbewegung verknüpft ist. Die Koordinaten heißen *Rektaszension* und *Deklination.*

Bar – Einheit des Atmosphärendrucks. Der normale Luftdruck auf Meereshöhe beträgt auf der Erde ungefähr ein Bar, auch „eine Atmosphäre“ genannt.

Bedeckung – Vorübergang eines scheinbar großen astronomischen Objekts vor einem anderen scheinbar kleinen und weiter entfernten Objekt – beispielsweise Vorübergang des Mondes vor einem Stern.

Bedeckungsveränderlicher – Ein Doppel- oder *Mehrfachstern,* dessen Komponenten sich von der Erde aus gesehen gegenseitig bedecken, wodurch sich die *scheinbare Helligkeit* des Systems ändert.

Beobachtbares Universum – Siehe *Universum.*

Blazar – Ein heller Galaxienkern, der seine Helligkeit verändert.

Bogenminute (Symbol: ’) – Ein sechzigstel *Grad.*

Bogensekunde (Symbol: ”) – Eine sechzigstel *Bogenminute,* die wiederum einem sechzigstel *Grad* entspricht.

Bolide – Ein *Feuerball* – ein besonders heller *Meteor* –, der meistens in der Luft explodiert.

Brauner Zwerg – Ein *substellares* Objekt, das größer ist als ein Planet, aber nicht genug Masse besitzt, um eine thermonukleare Fusion im Kern in Gang zu setzen.

Breite – Im geografischen Koordinatensystem bezeichnet die Breite die Entfernung nördlich und südlich vom Äquator, gemessen in *Grad.* Sie entspricht am Himmel der Deklination. Siehe auch *galaktische Breite.*

Brennpunkt – Siehe *Brennweite.*

Brennweite – Der Abstand zwischen *Objektivlinse* oder *Hauptspiegel* eines Teleskops und dem Punkt, in dem alle Lichtstrahlen zusammentreffen (dem Brennpunkt).

Cassegrain – Siehe *Teleskop, Cassegrain.*
CCD – Charge-coupled device – ladungsgekoppelter Strahlungsempfänger. Ein lichtempfindlicher Chip, den Astronomen für Aufnahmen verwenden.
Chromatische Aberration – Ein optischer Fehler, der bewirkt, dass Licht unterschiedlicher Farbe verschieden stark gebrochen wird und sich dadurch nicht in einem Brennpunkt vereinigt. Siehe auch *Aberration.*
Chromosphäre – Schicht der Sonnenatmosphäre direkt oberhalb der sichtbaren *Photosphäre* und unterhalb der *Korona.*
Coriolis-Kraft, Coriolis-Beschleunigung – Eine Auswirkung der Rotation eines Planeten auf die Bewegung eines sich auf ihm frei bewegenden Körpers. Die Coriolis-Kraft erzeugt z. B. atmosphärische Zellen, die sich auf der Nordhalbkugel im Uhrzeigersinn und auf der Südhalbkugel im Gegenuhrzeigersinn drehen.
Dawes-Kriterium – Die theoretische Grenze für das *Auflösungsvermögen* eines Fernrohrs, die sich in Bogensekunden zu 4,56/d berechnet, wobei d die Teleskopöffnung in Zoll ist. Ein zehnzölliges Fernrohr kann theoretisch also noch zwei Objekte trennen, die nur 0,46 Bogensekunden auseinander liegen. Das theoretische Auflösungsvermögen eines 20-Zoll-Fernrohrs beträgt 0,23 Bogensekunden. In der Praxis beschränken atmosphärische Turbulenzen die Leistungsfähigkeit des Teleskops, so dass der theoretische Wert nicht erreicht wird.
Deep-Sky-Objekte – Alle Objekte außerhalb des Sonnensystems wie Sterne, Sternhaufen, Nebel, Galaxien etc., die in den „Tiefen des Raumes" stehen, aber auch lichtschwache Erscheinungen und Objekte im Sonnensystem.
Deklination – Die Entfernung eines Objekts am Himmel vom Himmelsäquator, gemessen in Grad. Nördliche Deklinationen sind positiv (der nördliche *Himmelspol* hat eine Deklination von +90°), südliche negativ (der südliche *Himmelspol* liegt bei −90°).
Dobson – Siehe *Teleskop, Dobson.*
Doppelstern – Zwei Sterne, die ihren gemeinsamen Massenschwerpunkt umkreisen. Siehe *Mehrfachstern.*
Dunkeladaption – Ein Zustand des Auges, bei dem es besonders schwache Lichteindrücke wahrnehmen kann. Um ihn zu erreichen, muss man längere Zeit – 20 bis 90 Minuten – ohne Beleuchtung auskommen.
Durchsicht – Siehe *Transparenz.*
Ekliptik – Die Projektion der Erdumlaufbahn an die *Himmelskugel,* auch als *Tierkreis* bekannt.
Elektromagnetisches Spektrum – Eine Darstellung der Energie elektromagnetischer Strahlung in Abhängigkeit von der Wellenlänge. Sichtbares Licht ist Teil dieses Spektrums. Bei längeren Wellenlängen liegt der Infrarot- und Radiobereich, bei kürzeren der Ultraviolett-, Röntgen- und Gammabereich.

Elektron – Negativ geladenes Teilchen, das zusammen mit einem Kern, den es umkreist, ein Atom bildet.
Emissionsnebel – Siehe *Nebel.*
Epoche – Vereinbarte Zeitspanne, für die eine Sternkarte gilt. Meistens wird sie alle 50 Jahre geändert (Epoche 1950,0, Epoche 2000,0 usw.). Die Epoche muss definiert werden, weil sich durch die *Präzession* der Erdachse die Position der Himmelskoordinaten (*Rektaszension* und *Deklination*) gegenüber den Sternen verändert.
Extinktion – Die Reduktion der Helligkeit von Sternen und Planeten durch Absorption und Streuung. Sie macht sich z. B. bemerkbar, wenn sich Objekte dem Horizont nähern. Das Licht muss dann nämlich einen längeren Weg durch die Atmosphäre zurücklegen als in Zenitnähe. In Horizontnähe tritt auch die *Refraktion* in Erscheinung.
Exzentrizität – Die Abweichung einer elliptischen Umlaufbahn von einem Kreis. Ein kreisförmiger Orbit hat einen Brennpunkt – seine Mitte – und daher eine Exzentrizität von null. Verformt man den Kreis zu einer Ellipse, spaltet sich der Mittelpunkt in zwei Brennpunkte auf. Je stärker die Verformung ausfällt, desto weiter liegen die beiden Brennpunkte auseinander und desto größer ist die Exzentrizität der Bahn.
Fangspiegel – *Sekundärspiegel* eines Spiegel*teleskops.*
Fernglas – Ein Paar aus meist kleinen Linsenfernrohren, die für eine beidäugige Beobachtung zusammengebaut sind.
Fernrohr – Siehe *Teleskop.*
Feuerball – Ein extrem heller *Meteor* (–1 *Größenklasse* oder heller).
Filament – Siehe *Protuberanz.*
Flare – Kurze, helle Eruption in der Atmosphäre der Sonne oder eines anderen Sterns.
Flare-Stern – Ein kleiner *Hauptreihen*stern, der plötzlich (meist innerhalb von Stunden) seine Helligkeit vorübergehend steigert. Der Vorgang dürfte durch die Eruption großer *Flares* auf der Oberfläche verursacht werden.
Fluchtgeschwindigkeit – Die Geschwindigkeit, die ein Objekt erreichen muss, um das Schwerefeld eines bestimmten Planeten oder anderen Körpers zu verlassen. Die Fluchtgeschwindigkeit hängt von der Masse des Körpers und seiner Größe ab. Die Masse legt die Stärke der Gravitationskraft fest, die Größe, wie viel man von diesem Feld an der Oberfläche spürt („die Oberflächenschwerkraft"). Die Fluchtgeschwindigkeit der Erde beträgt 11,2 Kilometer pro Sekunde, die des Jupiter 60 und die der Sonne 618 Kilometer pro Sekunde.
Fotometer – Ein Instrument, um *Fotometrie* zu betreiben.
Fotometrie – Messung der Helligkeit eines Sterns oder eines anderen Objekts.
Frühlingsäquinoktium – Siehe *Äquinoktium.*
Galaktische Breite – Abstand nördlich und südlich von der *galaktischen Ebene.* Die galaktische Ebene ist 63° gegen den Erdäquator geneigt.

Galaktische Ebene – Die Scheibe des Milchstraßensystems legt die galaktische Ebene am Himmel fest. Siehe *galaktische Breite* und *galaktische Länge.*

Galaktische Länge – Der Winkelabstand entlang der *galaktischen Ebene* in östlicher Richtung, gemessen von einem Anfangspunkt im Schützen aus.

Galaktischer Pol – Die beiden Punkte, an denen die Rotationsachse der Milchstraße die *Himmelskugel* trifft.

Galaxie – Eine große Ansammlung von Sternen, die massereicher ist als ein *Kugelsternhaufen.* Fast alle Sterne im Weltall befinden sich in Galaxien.

Galaxienhaufen – Gravitativ zusammengehörige Ansammlung von Galaxien, die eine Ausdehnung von typischerweise bis zu einigen zehn Millionen Lichtjahren hat. Kleine Haufen (wie die *Lokale Gruppe*) enthalten bis zu hundert Galaxien; große Haufen (wie der Coma-Haufen) enthalten Tausende. Galaxiengruppen sind nichts anderes als kleine Galaxienhaufen. Siehe auch *Superhaufen.*

Galaxis – Siehe *Milchstraßensystem.*

Gamma Ray Burst – Die kurze Ausstrahlung von hochenergetischem Gamma- und Röntgenlicht, das aus den Tiefen des Alls stammt.

Gammastrahlen – Kurzwellige elektromagnetische Strahlen, siehe *elektromagnetisches Spektrum.*

Gebundene Rotation – Situation, in der ein Mond (z.B. der Erdmond) genauso schnell um seine Achse rotiert, wie er auch seinen Planeten umkreist. Dann kehrt er dem Planeten immer dieselbe Seite zu.

Gezeiten – Siehe *Tiden.*

Grad – In der Astronomie die wichtigste Einheit, um Winkel zu messen. Ein Kreis mit 360 Grad führt uns einmal um die *Himmelskugel* herum, und ein Bogen von 90 Grad erstreckt sich vom Horizont bis zum Zenit. Jedes Grad wird in 60 Bogenminuten unterteilt, jede Bogenminute in 60 Bogensekunden.

Gravitation – Schwerkraft; gegenseitige Anziehungskraft zwischen Objekten, die proportional zu ihren Massen ist und die mit dem Quadrat der Entfernung zwischen den Objekten abnimmt. Siehe auch *Kraft.*

Greenwich Mean Time (GMT) – Siehe *Weltzeit.*

Größe, Größenklasse – Die astronomische Helligkeitsskala, in der die hellsten Sterne ungefähr der ersten Größenklasse angehören und die schwächsten, mit dem bloßen Auge noch sichtbaren Sterne ungefähr sechste Größe haben. Jeder ganzzahlige Wert bedeutet einen Helligkeitsunterschied um den Faktor 2,5. Also ist ein Stern der dritten Größenklasse 2,5-mal heller als einer der vierten Größenklasse. Sehr hellen Objekten werden negative Helligkeiten zugewiesen: Der Vollmond hat –13. Größenklasse, und Jupiter kann –2,9 erreichen. Mit einem großen Teleskop und einer CCD-Kamera lassen sich Sterne bis zur 25. bis 26. Größenklasse nachweisen. Alle diese Angaben beziehen sich auf die scheinbare Helligkeit – also das, was wir am irdischen Himmel sehen. Absolute Helligkeiten beziehen sich auf die Helligkeit, die ein Objekt haben würde, wenn es in zehn Parsec (32,6 Lichtjahre) Entfernung stünde. Die scheinbare Helligkeit eines bestimmten Sterns ergibt sich also aus seiner absoluten Helligkeit und seiner Entfernung (plus der Abschwächung durch die interstellare Materie). Die scheinbare Helligkeit der Sonne beispielsweise ist –27, da sie der Erde sehr nahe steht. Dagegen beträgt ihre absolute Helligkeit nur bescheidene 4,8 Größenklassen.

Galaxiengruppe – Ein kleiner *Galaxienhaufen*, der meistens einige dutzend Galaxien enthält.

Hauptreihe – Die Linie, auf der die meisten gewöhnlichen Sterne im *Hertzsprung-Russell-Diagramm* liegen.

Hauptspiegel – Der große, Licht sammelnde Spiegel eines Reflektors.

Heliaktischer Aufgang – Streng genommen der Aufgang eines Planeten oder Sterns gleichzeitig mit der Sonne. Traditionell das erste Mal, wenn ein Objekt am Morgenhimmel kurz vor Sonnenaufgang aufgeht.

Herbstäquinoktium – Siehe *Äquinoktium*.

Hertzsprung-Russell-Diagramm (HRD) – Ein Diagramm der Sterne, bei dem auf einer Achse meist die Farbe und auf der anderen die *Leuchtkraft* aufgetragen wird. Ein gewöhnlicher Stern wie die Sonne verbringt den Großteil seines Lebens auf der Hauptreihe des HRD und bewegt sich dann auf den Arm der *Roten Riesen*, bevor er im Reich der *Weißen Zwerge* endet.

Himmelsäquator – Projektion des Erdäquators an die *Himmelskugel*. Der Himmelsäquator definiert null Grad *Deklination* und schneidet rechtwinklig alle *Rektaszensions*-Kreise.

Himmelskugel – Der Nachthimmel sieht wie die Innenseite einer Kugel aus. Die Koordinaten auf der Himmelskugel heißen *Rektaszension* und *Deklination*.

Himmelspol – Die beiden Punkte am Himmel, die sich bei einer Deklination von 90 Grad Nord beziehungsweise Süd befinden. Es handelt sich um die Punkte, an denen die verlängerte Erdachse die *Himmelskugel* trifft.

Höhe – Winkelabstand eines astronomischen Objekts zum Horizont. Objekte im *Zenit* haben eine Höhe von 90 Grad, am Horizont von 0 Grad. Siehe auch *Azimut*.

Horizont – Die Stelle für einen Beobachter, wo der Himmel die Erde trifft. In der sphärischen Astronomie ist der ideale Horizont ein Großkreis in einer Entfernung von 90 Grad vom Zenit. Die meisten örtlichen Horizonte auf der Erde sind nicht ideal. Schuld daran sind die atmosphärische *Refraktion* sowie Hügel und andere Objekte, die den Blick versperren. Computerbasierte Sternkarten lassen sich so einstellen, dass sie den wahren Horizont zeigen.

Hubble-Gesetz – Ferne Galaxien entfernen sich voneinander mit einer Geschwindigkeit, die direkt mit ihrer Distanz zusammenhängt: Je weiter die Galaxien voneinander weg sind, desto schneller ist ihre Fluchtgeschwindigkeit. In den vorherrschenden Theorien über das Weltall gilt dies als Folge einer großräumigen Expansion des kosmischen Raumes. Der Wert der Expansionsrate ist als Hubble-Konstante bekannt und beträgt ungefähr 70 Kilometer pro Sekunde und Megaparsec. Das heißt, dass für jedes *Megaparsec* (3,26 Millionen *Lichtjahre*) Abstand zwischen zwei fernen Galaxien, ihre Fluchtgeschwindigkeit um rund 70 Kilometer pro Sekunde zunimmt.
Hubble-Konstante – Siehe *Hubble-Gesetz*.
IAU – Die Internationale Astronomische Union (oder International Astronomical Union) ist eine zentrale Einrichtung, die Forschungsprogramme auf internationaler Ebene plant und durchführt und u.a. die astronomische Nomenklatur festlegt.
IC – Kürzel für Objekte, die in den Index Catalogs stehen, die 1895 und 1908 als Ergänzung zum New General Catalog (*NGC*) veröffentlicht wurden.
Index Catalog – Siehe *IC*.
Indirektes Sehen – Das bewusste Vorbeischauen an einem schwachen Objekt, damit sein Licht auf die empfindlichsten Bereiche des Auges fällt.
Infrarotlicht – Elektromagnetische Energie, die eine etwas längere Wellenlänge als sichtbares Licht hat.
Innerer Planet – Ein Planet, der innerhalb der Erdbahn um die Sonne läuft.
Interferometer – Ein Gerät, das Teleskope an verschiedenen Standorten miteinander verbindet, um eine höhere Auflösung zu erreichen. Jedes Teleskop verhält sich dann so, als ob es ein Teil des Hauptspiegels (oder der Parabolantenne bei Radioteleskopen) eines einzigen großen Teleskops wäre.
Interstellar – Zu den Bereichen zwischen den Sternen gehörend.
Interstellares Medium – Staub, Moleküle und Atome im interstellaren Raum.
Ion – Ein Atom, das mehr oder weniger Elektronen besitzt als gewöhnlich und deshalb eine positive oder negative elektrische Ladung hat. Ein ionisiertes Gas lässt sich durch ein Magnetfeld beeinflussen.
Ionosphäre – Eine Schicht der Erdatmosphäre zwischen 60 und 500 Kilometer Höhe, die viele Ionen enthält und Radiowellen reflektiert.
Jahr – Die Zeitspanne, die die Erde für einen Umlauf um die Sonne benötigt: rund 365,25 Tage.
Jahreszeit – Regelmäßige Wiederkehr eines vorherrschenden Klimas auf einem Planeten. Hauptsächlich durch die Neigung der Rotationsachse des Planeten verursacht. Siehe *Solstitien*.
Jet – Ein langes, dünnes Filament aus *Plasma*, das aus der Nähe der

Pole eines *Protosterns* oder aus der *Akkretionsscheibe* eines *Schwarzen Loches* herausragt.
Jupiter – Der fünfte Planet der Sonne und der größte im ganzen Sonnensystem.
Jupiterähnlich – Planeten, die Jupiter vergleichbar sind – massereich und mit tiefer, lichtundurchlässiger Atmosphäre.
Kataklysmischer Veränderlicher – Ein veränderlicher Stern, der plötzlich und nicht vorhersagbar viel heller wird als üblich. *Novae* und *Flare-Sterne* sind Beispiele für kataklysmische Veränderliche.
Kern – Bestandteil eines Atoms, in dem sich die *Protonen* und *Neutronen* befinden. Um den Kern kreisen die *Elektronen.* Bei einem *Kometen* handelt es sich um das feste Objekt, das bei Annäherung an die Sonne Gas und Staub auswirft, aus dem sich wiederum die *Koma* und die *Schweife* bilden. Bei einer Galaxie ist es die helle, zentrale Region.
Kernfusion – Wechselwirkung zwischen Atomkernen: Sie verschmelzen, bilden neue Kerne und setzen dabei Energie frei. Siehe *Stern.*
Kiloparsec – 1000 *Parsec,* 3260 *Lichtjahre.*
Kleinplanet – Siehe *Asteroid.*
Knoten – Die beiden Punkte, an denen die Umlaufbahn eines Objekts (beispielsweise des Mondes oder eines Planeten) die Ebene der *Ekliptik* schneidet. Bewegt sich das Objekt von Süd nach Nord spricht man vom aufsteigenden Knoten, im umgekehrten Fall vom absteigenden Knoten.
Kollimieren – Justage der optischen Komponenten eines Teleskops, so dass das Licht sich in einem Brennpunkt vereint.
Koma – Ein optischer Fehler, der um ein punktförmiges Objekt einen Lichthalo erzeugt. Bei Kometen handelt es sich um eine wirkliche Koma, einen Halo aus Gas und Staub, der den *Kern* umgibt.
Konjunktion – Die Position eines Planeten oder eines anderen Objekts am irdischen Himmel, wenn es der Sonne oder einem anderen Planeten am nächsten steht. Innere Planeten – Merkur und Venus, deren Bahnen innerhalb der Erdbahn verlaufen – stehen in oberer Konjunktion, wenn sie auf der abgewandten Seite der Sonne stehen und sich am Himmel möglichst nahe bei ihr befinden. Bei der unteren Konjunktion stehen sie auf der uns zugewandten Seite möglichst nahe bei der Sonne. Ist die Silhouette von Merkur oder Venus während der unteren Konjunktion vor der Sonnenscheibe zu sehen, spricht man von einem *Transit* oder Durchgang.
Kontaktsystem – Ein *Mehrfachstern,* in dem ein Stern Materie aus der Atmosphäre eines Begleiters absaugt.
Korona – Der äußere Bereich der Sonnenatmosphäre.
Kosmische Hintergrundstrahlung – Eine Radiostrahlung, die den ganzen Kosmos erfüllt und bei der Bildung des Universums durch den Urknall entstand. Das damals ausgestrahlte Licht wurde durch die Expansion des Alls zu immer längeren Wellenlängen verschoben und liegt heute im Mikrowellenbereich des Spektrums.

Kosmische Strahlung – Hochenergetische Teilchen, beispielsweise Atomkerne, die sich fast mit Lichtgeschwindigkeit bewegen und in die Erdatmosphäre stürzen.
Kosmologie – Wissenschaftliche Lehre und Erforschung des Universums als Ganzem.
Kraft – Wechselwirkung zwischen Teilchen. Man kennt zwei Grundkräfte mit langen Reichweiten: die *Gravitation*, die nur anziehend wirkt, und den Elektromagnetismus, der anziehend und abstoßend wirkt. Es gibt auch noch zwei Grundkräfte mit kurzen Reichweiten, die schwache und starke Wechselwirkung genannt werden und nur in subatomaren Dimensionen wirken.
Kugelsternhaufen – Siehe *Sternhaufen.*
Kuiper-Gürtel – Ein Gebiet mit vereisten Objekten, das in der Ekliptik liegt und dessen innere Grenze jenseits der Neptunbahn verläuft. Wie weit sich der Kuiper-Gürtel ins All erstreckt, ist noch unbekannt.
Kulmination – Die Überquerung des Meridians durch ein Objekt am Himmel.
Laminare Strömung – Gleichmäßige Schicht sich bewegender Luft, die von Beobachtern bevorzugt wird, da sie nur eine sehr geringe *Luftunruhe* verursacht.
Länge – Im geografischen Koordinatensystem, das sich auf die Erde bezieht, ist es die Winkelentfernung von Greenwich in Großbritannien. Sie entspricht am Himmel der *Rektaszension*. Für unsere *Galaxis*: siehe *galaktische Länge.*
LED – Light-emitting diode, ein Halbleiter, der leuchtet, wenn Strom durch ihn fließt. Sterngucker verwenden seinen schwachen Schein als Taschenlampe, um nicht geblendet zu werden.
Leuchtkraft – Die tatsächliche Helligkeit eines Sterns. Die Leuchtkräfte der Sterne variieren stark: Zwerge sind 10 000-mal schwächer als die Sonne, während massereiche, junge Sterne mehr als 100 000fach so hell wie die Sonne sind.
Libration – Wirkliche und scheinbare Unregelmäßigkeiten in der Bewegung des Mondes, durch die wir trotz seiner gebundenen Rotation insgesamt mehr als die Hälfte der Mondoberfläche von der Erde aus sehen können. Die physikalische Libration entsteht durch echte Veränderungen in der Geschwindigkeit der Mondrotation. Die wiederkehrende Libration ergibt sich u.a. aus den Schwankungen in der Bahngeschwindigkeit des Mondes an verschiedenen Punkten auf seinem leicht elliptischen Orbit.
Lichtjahr – Die Entfernung, die das Licht im Weltall innerhalb eines Jahres zurücklegt: 9,46 Billionen Kilometer.
Lichtkurve – Diagramm der sich ändernden Helligkeit eines Objekts im Lauf der Zeit.
Lichtsekunde – Die Entfernung, die das Licht im Weltall innerhalb einer Sekunde zurücklegt: rund 300 000 Kilometer.

Lokale Gruppe – Die Galaxiengruppe, zu der das *Milchstraßensystem* und die Andromeda-Galaxie gehören.
Luftunruhe – Charaktersisiert die Stabilität der Luft, auch als Seeing bezeichnet. Je geringer die Luftunruhe (je besser das Seeing), desto engere Doppelsterne lassen sich trennen. Für ein bestimmtes optisches System ist die allgemeine Bildqualität in einer bestimmten Nacht vom atmosphärischen Seeing und der *Transparenz* abhängig.
Lunar – Den Erdmond betreffend.
Lunarer Monat – Der Abstand (29 Tage 12 Stunden 44 Minuten – oder 29,53 Tage) zwischen zwei aufeinander folgenden Neumonden, auch als synodischer Monat bekannt. Da sich die relative Position der Sonne verändert, während sich die Erde auf ihrer jährlichen Umlaufbahn weiterbewegt, ist der lunare Monat nicht mit der Umlaufzeit des Mondes (27,32 Tage) identisch. Da uns der Mond immer dieselbe Seite zukehrt, ist seine Rotationsperiode (ein lunarer „Tag“) so lang wie seine Umlaufzeit.
M – Kürzel für Objekte aus dem *Messier-Katalog.*
Magellansche Wolken – Die beiden größten Begleitgalaxien des *Milchstraßensystems.*
Magnetopause – Das von einem Magnetfeld erfüllte und beherrschte Gebiet um einen Planeten, das durch die Wechselwirkung mit dem Sonnenwind begrenzt wird.
Magnetosphäre – Der Bereich innerhalb der *Magnetopause* eines Planeten.
Maksutow – Siehe *Teleskop, Maksutow.*
Mare – Große, dunkle Lava-Ebenen auf dem Mond; Plural: Maria.
Maria – Siehe *Mare.*
Mars – Der vierte Planet der Sonne. Mars ist erdähnlich, da er auch Polkappen, Jahreszeiten und eine Atmosphäre hat. Er ist jedoch kleiner und kälter als die Erde und seine Atmosphäre ist dünner.
Masse – Die Menge der Materie in einem Objekt. Die Masse hängt direkt mit der Schwerkraft zusammen, daher lässt sich die Masse eines Planeten beispielsweise aus der Umlaufzeit eines Mondes ermitteln, der ihn umkreist.
Megaparsec – Eine Million *Parsec,* 3,26 Millionen *Lichtjahre.*
Mehrfachstern – Zwei oder mehr Sterne, die gravitativ aneinander gebunden sind und ihren gemeinsamen Massenschwerpunkt umkreisen. Bei zwei Komponenten spricht man von einem Doppelstern.
Meridian – Eine Linie für einen bestimmten Beobachter, die am Himmel von Norden nach Süden verläuft und durch den *Zenit* geht. Sterne und andere Himmelsobjekte stehen am Himmel des Beobachters am höchsten, wenn sie den Meridian überqueren. Der Vorgang heißt *Kulmination.*
Merkur – Der sonnennächste Planet; Merkur ist klein, heiß und mit vielen Kratern überzogen.

Messier-Katalog – Eine Liste relativ heller, diffuser Objekte, die Nebel, Sternhaufen und Galaxien enthält. Der französische Kometenjäger Charles Messier stellte den Katalog im 18. Jahrhundert zusammen, damit die Objekte nicht mit Kometen verwechselt wurden. Heute stellt er die Liste der beliebtesten Amateur-Beobachtungsobjekte dar.
Meteor – Sternschnuppe, siehe auch *Meteoroid, Meteorit.*
Meteorit – Ein *Meteoroid,* der auf die Erde trifft.
Meteoroid – Oberbegriff für kleine Brocken aus Staub, Stein oder Eis, die aus dem All in die Erdatmosphäre eindringen. Sie heißen Meteore oder Sternschnuppen, wenn sie am Himmel aufleuchten, und Meteoriten, wenn sie ins Meer oder auf Land aufschlagen.
Mikrometeorit – Ein winziger *Meteorit,* meist nicht größer als ein Staub- oder Sandkorn.
Milchstraße – Siehe *Milchstraßensystem.*
Milchstraßensystem – Die Spiralgalaxie, zu der die Sonne und die Planeten gehören, auch *Galaxis* genannt. Das Milchstraßensystem enthält mehr als hundert Milliarden Sterne. Als Milchstraße bezeichnet man das am Himmel sichtbare, schwache Lichtband, das durch die *Sterne* und *Nebel* der galaktischen Scheibe gebildet wird.
Molekül – Grundlegender Baustein in der Chemie, der aus mindestens zwei *Atomen* besteht.
Mondfinsternis – Der Mond wandert durch den Erdschatten. Die Finsternis ist total, wenn der Mond völlig im dunklen Teil des Schattens (Kernschatten) steht, ansonsten ist sie partiell.
Montierung – Die Mechanik, durch die man ein Teleskop auf jeden Punkt des Himmels richten kann.
Nadir – Für einen bestimmten Beobachter der Punkt, der unter ihm auf der Verlängerung der Linie Beobachter – Erdmittelpunkt liegt. Der Nadir ist 180 Grad vom *Zenit* entfernt.
Near Earth Asteroid (NEA) – Siehe *Near Earth Object.*
Near Earth Object (NEO) – Ein Asteroid oder Komet, der infolge seiner Umlaufbahn nahe an der Erde vorbeizieht.
Nebel – Ein diffuser Fleck interstellaren Gases oder Staubs. Emissionsnebel leuchten wie Neonröhren. Sie strahlen Energie wieder ab, die ihnen von nahe gelegenen Sternen zugeführt wurde. Absorptionsnebel leuchten nicht, allerdings können mitunter ihre dunklen Konturen als „Silhouette" erkannt werden. Viele Emissionsnebel enthalten auch Absorptionsnebel: Kühleres Gas im Vordergrund absorbiert das Licht, das der dahinter liegende Emissionsnebel bei bestimmten Wellenlängen ausgestrahlt hat. Reflexionsnebel sind dunkle Wolken, die das Licht heller, benachbarter Sterne reflektieren. Siehe auch *Planetarische Nebel.*
NEO – Siehe *Near Earth Object.*
Neptun – Der achte Planet des Sonnensystems, er ist *jupiterähnlich.* Fasst man *Pluto* als Objekt des *Kuiper-Gürtels* auf, so ist er der äußerste.

Neutron – Neutrales Teilchen im Kern von Atomen.
Neutronenstern – Siehe *Stern.*
New General Catalog – Siehe *NGC.*
Newton – Siehe *Teleskop, Newton.*
NGC – Kürzel für Objekte, die im „New General Catalog of Nebulae and Clusters of Stars" aufgeführt sind. Er wurde ursprünglich 1888 veröffentlicht und basiert auf den Arbeiten von W. und J. Herschel.
Nordlicht – Siehe *Polarlicht.*
Nova – Ein Stern, der plötzlich heller wird und dadurch oft mit dem bloßen Auge sichtbar ist, obwohl er zuvor nicht einmal im Fernrohr sichtbar war. Daher kommt der Name, der „neuer" Stern bedeutet. Vergleiche *Supernova.*
Obere Konjunktion – Siehe *Konjunktion.*
Objektivlinse – Die große, Licht sammelnde Linse eines Refraktors oder Fernglases.
Offener Sternhaufen – Siehe *Sternhaufen.*
Öffnungsverhältnis – Der Durchmesser des Objektivs eines Fernrohrs oder anderen optischen Systems (beispielsweise einer Kamera) geteilt durch seine Brennweite. Ein sechszölliges Teleskop mit 60 Zoll Brennweite hat ein Öffnungsverhältnis von 1 zu 10, geschrieben als F/10.
Okular – Optisches Teil, das im Brennpunkt eines Teleskops das dortige Bild vergrößert. Die Vergrößerung ergibt sich aus der *Brennweite* des Fernrohrs geteilt durch die des Okulars. Je kürzer die Brennweite eines Okulars also ist, desto höher fällt die Vergrößerung aus.
Oortsche Wolke – Eine große, kugelförmige Ansammlung von *Kometen,* in deren Zentrum die Sonne steht.
Opposition – Die Position eines Planeten oder eines anderen Objekts im Sonnensystem, wenn es von der Erde aus gesehen auf der entgegengesetzten Seite der Sonne steht.
Parallaktische Montierung – Teleskopmontierung, deren Polachse parallel zur Erdachse ausgerichtet ist und deren Deklinationsachse senkrecht dazu steht. So lässt sich das Fernrohr bequem über die beiden Himmelskoordinaten einstellen und der Erddrehung nachführen. Siehe auch *Teilkreise.*
Parallaxe – Die Verschiebung der scheinbaren Position eines Sterns am Himmel, wenn man ihn von zwei verschiedenen Orten aus betrachtet. Das Prinzip wird zur Bestimmung von Sternentfernungen eingesetzt. Die Distanz zu nahe gelegenen Sternen lässt sich messen, indem man sie von gegenüber liegenden Seiten der Erde aus beobachtet. Weiter entfernte Sterne beobachtet man im Abstand von sechs Monaten von gegenüber liegenden Stellen der Erdumlaufbahn aus.
Parsec – Entfernungseinheit, entspricht 3,26 *Lichtjahren.* Ein Kiloparsec sind 1000 Parsec (3260 Lichtjahre), ein Megaparsec sind eine Million Parsec (3,26 Millionen Lichtjahre).

Penumbra – Der äußere, hellere Teil eines *Sonnenflecks.*
Perigäum – Der Bahnpunkt, an dem ein Satellit oder Mond der Erde am nächsten steht.
Perihel – Der Bahnpunkt, an dem ein Planet oder ein anderes Objekt des Sonnensystems der Sonne am nächsten steht.
Perlschnurphänomen – Helle Flecken am Mondrand während einer totalen Sonnenfinsternis, wenn das Sonnenlicht noch durch einzelne Mondtäler fällt.
Phase – Der beleuchtete Teil eines Planeten oder Mondes zu einem bestimmten Zeitpunkt. Der Halbmond im astronomischen Sprachgebrauch, ist tatsächlich ein Viertelmond. Die Mondphasen sind: Neumond, Erstes Viertel, Halbmond, drittes (Letztes) Viertel, Vollmond.
Photon – Elementarteilchen des Lichts und anderer elektromagnetischer Strahlung.
Photosphäre – Die sichtbare Oberfläche der Sonne.
Pixel – Ein lichtempfindlicher Punkt einer CCD-Kamera.
Planet – Ein astronomisches Objekt, das einen *Stern* umkreist. Es hat weniger Masse als ein Stern, aber mehr Masse als *Asteroiden, Kometen* und Objekte des *Kuiper-Gürtels.*
Planetarischer Nebel – Eine leuchtende Gashülle, die von einem instabilen Stern ausgestoßen wurde. Der Name erklärt sich aus dem Anblick des Objekts, das im Fernrohr ein planetenähnliches Scheibchen zeigt.
Planetarium – Ein Gerät, mit dem man einen künstlichen Sternhimmel erzeugen kann. Meist ist es auch die Bezeichnung für das Gebäude, in dem das Gerät steht.
Planetesimal – Ein Objekt im ursprünglichen *solaren Nebel* mit einem Durchmesser von weniger als zehn Kilometern. Man glaubt, dass Planeten durch die Akkretion von Planetesimalen entstanden sind.
Plasma – Ein Zustand der Materie in der es keine Atome, sondern nur nackte Atomkerne (*Ionen*) und Elektronen gibt. Plasma befindet sich z. B. in Sternatmosphären und heißen Gaswolken. Es lässt sich durch ein elektromagnetisches Feld beeinflussen.
Plattentektonik – Erscheinung, bei der ein Planet geologisch so aktiv ist, dass sich Teile seiner Kruste (die Platten) bewegen. Die Plattentektonik der Erde ist für die Kontinentalverschiebung verantwortlich.
Pluto – Ein mit Eis überzogenes Objekt, das die Sonne auf einer Bahn umkreist, die die Neptunbahn kreuzt. Ursprünglich wurde es für einen Planeten gehalten, möglicherweise klassifiziert man es aber besser als *Kuiper-Gürtel*-Objekt oder *Transneptun.*
Polarlicht – Ein Leuchten in großer atmosphärischer Höhe, das durch Teilchen entsteht, die von *Sonnenflares* ausgesendet und dann im irdischen Magnetfeld gefangen werden. Dort wechselwirken sie mit Atomen und Molekülen der Lufthülle. Auf der Nordhalbkugel heißt das Polarlicht auch Nordlicht, auf der Südhalbkugel entsprechend Südlicht.

Positionswinkel – Die Position eines Objekts am Himmel in Bezug zu einem anderen Objekt. Der Positionswinkel liegt zwischen den beiden Verbindungslinien Himmelsnordpol – erstes Objekt und erstes Objekt – zweites Objekt. Er wird von Nord (0 Grad) über Ost (90 Grad), Süd (180 Grad) und West (270 Grad) gemessen. Der Positionswinkel hilft Beobachtern dabei, einen Stern in einem Mehrfachsystem oder eine Supernova in Bezug zum Galaxienkern zu finden.
Präzession – Die langsame, kegelförmige Bewegung der Rotationsachse eines Planeten. Da die Präzession der Erde zu einer allmählichen Veränderung in der Position der *Äquinoktien* führt, nennt man das Phänomen manchmal auch „Präzession der Äquinoktien".
Proton – Positiv geladenes Teilchen, das Bestandteil eines Atomkerns ist.
Protostern – Ein *Stern*, der sich gerade bildet.
Protuberanz – Eine Eruption heißen Gases auf der Sonnenoberfläche. Sieht man die Protuberanzen nicht am Sonnenrand gegen den Himmel, sondern vor der Sonnenscheibe, heißen sie *Filamente*.
Pulsar – Ein *Neutronenstern*, der Radiopulse aussendet.
Quant – Fundamentale Größe der Energie.
Quantenfluktuation – Zufällige Schwankung von Energiezuständen auf subatomarer Ebene. Mit ihr ist das Auftauchen von „virtuellen Teilchen" aus dem Vakuum verbunden.
Quasar – Ein helles Objekt im Zentrum einer Galaxie. Möglicherweise durch Materie gespeist, die in ein *Schwarzes Loches* fällt. Heute sind Quasare selten, während sie im jungen Universum weit verbreitet waren. Siehe *Rückblickzeit*.
Radioastronomie – Die Untersuchung astronomischer Phänomene bei Radiowellenlängen, etwa bei der 21-Zentimeter-Linie, die Wasserstoffatome im All ausstrahlen. Siehe elektromagnetisches Spektrum.
Randverdunkelung – Der Helligkeitsabfall der Sonnenscheibe (oder Planetenscheibe) zum Rand hin. Er entsteht dadurch, dass Licht vom Rand einen längeren Weg durch die Atmosphäre des jeweiligen Objekts zurücklegen muss als Licht vom Zentrum der Scheibe.
Rayleigh-Streuung – Die Streuung des Lichts durch Moleküle und Atome in der Atmosphäre. Die Rayleigh-Streuung ist proportional zur vierten Potenz der Lichtwellenlänge. Daher wird blaues Licht (kurze Wellenlängen) in der Erdatmosphäre viel stärker gestreut als rotes Licht – und daher ist der Himmel blau.
Reflektor – Siehe *Teleskop*.
Reflexionsnebel – Siehe *Nebel*.
Refraktion – Die Ablenkung des Lichts beim Durchgang durch eine Linse.
Refraktor – Siehe *Teleskop*.
Rektaszension – Abstand eines Objekts am Himmel, den man vom Frühlingspunkt (dem Frühlings*äquinoktium*) aus in Stunden nach Os-

ten zählt. Eine voller Umlauf um die *Himmelskugel* entspricht insgesamt 24 Stunden.

Retrograd – Entgegengesetzte Bewegung zum gewöhnlichen Umlauf auf einer Bahn oder zur gewöhnlichen Rotationsrichtung um eine Achse. Die meisten Monde des Sonnensystems umkreisen ihre Planeten in der gleichen Richtung; die Ausnahmen haben retrograde Umlaufbahnen. Venus und Uranus zeigen als einzige Planeten eine retrograde Rotation.

Ritchey-Chretien – Siehe *Teleskop, Ritchey-Chretien.*

Roche-Grenze – Die minimale Entfernung, in der ein Mond um seinen Planeten kreisen kann, ohne dass er durch die Gravitationskraft auseinander gerissen wird.

Röntgenstrahlen – Elektromagnetische Strahlung mit einer Wellenlänge zwischen der von ultraviolettem Licht und der von Gammastrahlen. Siehe *elektromagnetisches Spektrum.*

Roter Riese – Ein Stern in einem fortgeschrittenen Entwicklungsstadium, dessen äußere Atmosphäre expandiert ist und eine relativ kühle (und daher rote) Hülle bildet.

Rötung – *Interstellarer* Staub schwächt die scheinbare Helligkeit der Sterne und lässt es röter aussehen, als es eigentlich ist (da blaues Licht stärker gestreut wird). Nicht zu verwechseln mit der *Rotverschiebung.*

Rotverschiebung – Die Verschiebung der Spektrallinien einer Galaxie zum roten Ende des *Spektrums* hin. Sie entsteht durch die Expansion des Universums.

Rückblickzeit – Das Alter des Lichts, das uns von fernen Objekten erreicht. Infolge der Rückblickzeit sehen wir einen *Quasar* in drei Milliarden Lichtjahren Entfernung, wie er vor drei Milliarden Jahren aussah.

Saturn – Der sechste Planet der Sonne, der noch kälter und etwas kleiner ist als Jupiter. Saturn hat einen spektakulären Ring.

Scheinbare Helligkeit – Siehe *Größenklassen.*

Schiebedachhütte – Eine Sternwarte, bei der man das Dach wegrollen kann, um mit dem Fernrohr an den Himmel zu schauen.

Schmidt-Cassegrain – Siehe *Teleskop, Schmidt-Cassegrain.*

Schwarzes Loch – Ein Objekt – meist ein kollabierter Stern – mit einem so starken Gravitationsfeld, dass nicht einmal Licht entkommen kann.

Schweif – Staub und Gas, die ein *Komet* aus seinem *Kern* ausstößt, und die dann durch den *Sonnenwind* und das Sonnenlicht zu einer Art Schleppe ausgebreitet werden.

Seeing – Siehe *Luftunruhe.*

Sekundärspiegel – In einem Reflektor jeder Spiegel im Lichtweg außer dem *Hauptspiegel.* Im Newton reflektiert der Sekundärspiegel (oder Fangspiegel) das Licht an die Seite des Tubus, in einem Cassegrain nach hinten durch ein Loch im Hauptspiegel. Siehe *Teleskop.*

Solarer Nebel – Die Wolke aus Gas und Staub, aus der sich vor 4,5 Milliarden Jahren die Sonne und ihre Planeten bildeten.

Solstitien – Die Punkte auf der *Ekliptik*, die genau zwischen den *Äquinoktien* liegen. Beim Sommersolstitium steht die Sonne am weitesten nördlich vom *Himmelsäquator* und scheint daher stärker auf die Nordhalbkugel der Erde – dort ist dann Sommer. Beim Wintersolstitium steht die Sonne am weitesten südlich des Himmelsäquators, weshalb dann auf der Nordhalbkugel Winter ist. Vergleiche *Äquinoktien*.
Sommersolstitium – Siehe *Solstitium*.
Sonne – Der Stern, den die Erde umkreist.
Sonnenfinsternis – Ein Phänomen, das irdische Beobachter sehen, wenn der Schatten des Mondes auf sie fällt. Im zentralen Teil des Schattens (der Zentrallinie) ist die Finsternis total, der Mond bedeckt die Sonnenscheibe also vollständig. Die Beobachter im umgebenden Schattenbereich sehen eine partielle Finsternis.
Sonnenflare – Siehe *Flare*.
Sonnenfleck – Ein vergleichsweise dunkler, kühler Bereich auf der leuchtenden Sonnenoberfläche (oder *Photosphäre*), der durch örtliche Magnetstürme entsteht. Mit einem geeigneten Filter sind Sonnenflecken bereits mit dem bloßen Auge oder einem kleinen Teleskop sichtbar.
Sonnenprotuberanz – Siehe *Protuberanz*.
Sonnensystem – Die Sonne und alles, was gravitativ an sie gebunden ist, wie *Planeten*, *Asteroiden*, Objekte des *Kuiper-Gürtels* und *Kometen*.
Sonnenteleskop – Ein Fernrohr, das speziell für die Beobachtung der Sonne entwickelt wurde.
Sonnenwind – Hauptsächlich ionisierte Helium- und Wasserstoffatome, die von der Sonne stammen.
Später Stern – Ein Stern, der kühler ist als die Sonne.
Spektrallinie – Siehe *Spektrum*.
Spektrograf – Siehe *Spektroskop*.
Spektroheliograf – Siehe *Spektrohelioskop*.
Spektrohelioskop – Ein optisches System, das nur ein schmales Band des Sonnenspektrums durchlässt. Dadurch lassen sich Sonnenbeobachtungen machen, die ansonsten nur während einer totalen *Sonnenfinsternis* möglich wären. Ein Gerät, das diese Beobachtungen aufzeichnet, heißt Spektroheliograf, und die resultiernde Aufzeichnung heißt Spektroheliogramm.
Spektroskop – Ein Gerät, mit dem man das Spektrum eines Objekts aufnehmen kann. Ein Spektrograf nimmt ein Spektrum auf, das Resultat heißt Spektrum.
Spektroskopie – Die Untersuchung von Spektren. Siehe *Spektrum*.
Spektroskopischer Doppelstern – Ein Doppelstern, der nicht im Fernrohr aufgelöst werden kann, dessen Natur sich aber durch die Linien in seinem Spektrum verrät. Aus ihnen lässt sich sowohl die Doppelsternnatur als auch die Bewegung der beiden Komponenten um das gemeinsame Massenzentrum ableiten.
Spektrum – Ein Diagramm, das das Licht eines Objekts in seine Fre-

quenzen zerlegt, wie die Tasten eines Klaviers Musik in einzelne Noten zerlegen. Die Spektrallinien entstehen durch bestimmte Übergänge in Atomen, weshalb man aus ihnen auf die chemische Zusammensetzung des Objekts schließen kann.
Sphärische Aberration – Siehe *Aberration.*
Sphärische Astronomie – Darstellung und Analyse des Himmels, als ob er auf der Innenseite einer Kugel läge. Siehe *Himmelskugel.*
Standardkerze – Ein astronomisches Objekt bekannter Helligkeit. Damit lässt sich seine Entfernung anhand seiner scheinbaren Helligkeit bestimmen. Standardkerzen für die Entfernungsbestimmung von Galaxien sind *Cepheiden* und *Supernovae.*
Stern – Eine gravitativ gebundene Kugel aus *Plasma* mit genügend Masse, um im *Kern* eine *Kernfusion* aufrecht zu erhalten. Es gibt mehrere Ausnahmen: Neutronensterne, die aus extrem verdichteter Materie bestehen, und dadurch riesigen Atomkernen gleichen, die etwas weniger komprimierten Weißen Zwerge und Braune Zwerge, die so wenig Masse haben, dass sie keine Kernfusion in Gang setzen können – zumindest nicht über einen längeren Zeitraum.
Sternbilder – Astronomisch gesehen sind es die 88 Bereiche, in die der Himmel eingeteilt ist. Es sind aber auch die Fantasiefiguren am Himmel, die durch die Verbindung von Sternen entstanden sind und in den 88 Bereichen liegen.
Sternhaufen – Eine gravitativ zusammengehörige Sterngruppe. Kugelsternhaufen sind groß, massereich und alt. Offene Sternhaufen sind kleiner, weniger dicht bevölkert und im Allgemeinen jünger.
Sternschnuppe – Ein *Meteor.*
Störung – Abweichung eines Objekts im Sonnensystem von der Bahn, die es beschreiben würde, wenn es nur dem Einfluss der Sonne ausgesetzt wäre. Die Bahn eines Kometen erfährt extreme Störungen, wenn er sich einem massereichen Planeten nähert. Kleinere Störungen lassen sich auch in den Planetenbahnen feststellen, weil sie durch andere Planeten beeinflusst werden.
Stunde – Die Maßeinheit der *Rektaszension.* Die Himmelskugel hat einen Umfang von 24 Stunden.
Sucher – Kleines, schwach vergrößerndes Fernrohr, das auf einem größeren befestigt ist. Es dient dazu, Objekte einzustellen.
Südlicht – Siehe *Polarlicht.*
Superhaufen – Eine Ansammlung von tausenden Galaxien, die eine typische Ausdehnung von 150 bis 300 Millionen *Lichtjahre* hat und mehr als hundert Galaxienhaufen enthält.
Supernova – Ein explodierender Stern. Supernovae sind hundertmal heller als Novae und wiederholen ihren Ausbruch im Gegensatz zu Novae nicht.
Synodische Periode – Vom griechischen Wort für „Zusammentreffen“, dem Intervall zwischen zwei *Konjunktionen* eines Planeten.

Szintillation – Variation der scheinbaren Helligkeit eines Objekts (im sichtbaren Licht oder beispielsweise im Radiobereich), die durch Veränderungen in der Erdatmosphäre oder in Staub- und Gaswolken im All verursacht wird. Vergleiche *Absorption*.
Teilkreis – Zwei Skalen, die die Himmelskoordinaten *Rektaszension* und *Deklination* anzeigen. Hiermit lässt sich in einem Teleskop ein bestimmtes Objekt einstellen. Bei digitalen Teilkreisen liest ein Computer oder eine Elektronik die Werte aus.
Teleskop, Cassegrain – Ein Design, bei dem das vom *Hauptspiegel* reflektierte Licht vom *Sekundärspiegel* wieder direkt zurückgeworfen wird. Das Licht fällt dann durch ein Loch im Hauptspiegel, bevor es im Brennpunkt zusammentrifft. Eine Erfindung des französischen Bildhauers Guillaume Cassegrain.
Teleskop, Dobson – Ein billiges Newton-Teleskop, das John Dobson erfunden hat.
Teleskop, Maksutow – Ein Design, bei dem das Licht zuerst durch eine sphärische Korrekturlinse fällt und dann den sphärischen Hauptspiegel trifft. Die meisten Maksutows besitzen einen reflektierenden Bereich auf der Rückseite der Korrekturlinse, der das Licht dann wie beim Cassegrain durch ein Loch im Hauptspiegel leitet. Dieses kompakte Design eignet sich für transportable Fernrohre, da die lange Brennweite keinen langen Tubus erfordert.
Teleskop, Reflektor – Ein Fernrohr, das einen Hauptspiegel als Objektiv verwendet.
Teleskop, Refraktor – Ein Fernrohr, das eine Linse als Objektiv verwendet.
Teleskop, Ritchey-Chrétien – Ein fotografischer Reflektor, der derzeit vor allem für CCD-Aufnahmen verwendet wird. Sein Aufbau ähnelt einem Cassegrain, aber die Spiegel haben ausgefallene Oberflächenformen, um ein scharfes Bild über ein großes Gesichtsfeld zu liefern. Entworfen wurde er von dem amerikanischen Optiker George Willis Ritchey und dem französischen Optikdesigner Henri Chrétien.
Teleskop, Schmidt-Cassegrain – Ein Design, das Erfindungen von Guillaume Cassegrain und dem Astronomen Bernhard Schmidt vereint. In den gefalteten Strahlengang des Cassegrains wird dazu am vorderen Ende des Fernrohrs eine Korrekturlinse eingebracht. Der Hauptunterschied zwischen einem Schmidt-Cassegrain und einem Maksutow liegt in der Form der Korrekturlinse: die des Maksutows ist einfacher.
Teleskop – Ein Gerät, das Licht (oder eine andere Form elektromagnetischer Strahlung) sammelt und in einem Brennpunkt vereint.
Terminator – Die Grenze zwischen der dunklen und der sonnenbeschienenen Fläche eines Mond- oder Planetenscheibchens.
Terrestrisch – Zur Erde gehörig, die Erde betreffend.
Theodolit – Ein Vermessungsgerät, das meistens ein kleines Teleskop besitzt und horizontale und vertikale Winkel misst.
Tiden – Eine Veränderung der Meereshöhe (und in geringerem Maße

auch der Landmassen) auf der Erde, die eine Folge der Anziehungskraft des Mondes und – in geringerem Umfang – der Sonne ist.
Tierkreis – Der Bereich, in dem sich die Planeten am irdischen Himmel bewegen – der *Ekliptik*. Traditionell (in der Astrologie) gibt es zwölf Tierkreiszeichen, obwohl die Ekliptik auf modernen Sternkarten durch 13 Sternbilder verläuft (zusätzlich durch den Schlangenträger). Der Name Tierkreis erklärt sich aus der Tatsache, dass die meisten Sternbilder entlang der Ekliptik Tierfiguren darstellen, nämlich Steinbock, Fische, Widder, Stier, Krebs, Löwe, Skorpion und – wenn man so will – der Schütze, der halb Mann, halb Tier war.
TLP – Siehe *Lunar Transient Phenomenon (LTP)*.
Transient Lunar Phenomena (TLP) – Kurzlebige Anzeichen von Aktivität auf dem Mond, etwa Lichtblitze oder Farbveränderungen.
Transit – Vorübergang eines kleinen astronomischen Objekts vor der Scheibe eines größeren. Beispiele sind Vorübergänge von Merkur oder Venus vor der Sonne sowie von Monden vor Jupiter oder Saturn. Siehe *Konjunktion*.
Transneptunische Objekte – Eine Klasse von meist mit Eis überzogenen Körpern des Sonnensystems, die hauptsächlich jenseits der Neptunbahn die Sonne umlaufen.
Transparenz – Die Klarheit der Luft, ihre Durchsicht. Für die beste Durchsicht dürfen keine Wolken und möglichst wenig Staub und Wasserdampf in der Luft sein. Die Himmelsqualität bei der Beobachtung an einem bestimmten Ort zu einer bestimmten Zeit wird durch die Transparenz und das *Seeing* beschrieben.
Überriese – Ein extrem hell leuchtender Stern mit einer absoluten Helligkeit von –5 bis –8 Größenklassen.
Ultraviolett – Licht, das kürzere Wellenlängen als sichtbares Licht hat, aber längere als Röntgenstrahlen. Siehe *elektromagnetisches Spektrum*.
Umbra – Der dunkle Kern eines *Sonnenflecks*, der von einer helleren (und heißeren) *Penumbra* umgeben ist.
Umlaufbahn – Der wiederkehrende Weg eines Objekts um ein anderes, massereicheres Objekt. Die Erde umkreist die Sonne, die um das Zentrum der Galaxis kreist, die sich wiederum um das Massenzentrum der *Lokalen Gruppe* bewegt.
Universum – Alle Phänomene der Vergangenheit, Gegenwart und Zukunft, die von der Erde aus beobachtbar sind – auch Weltall oder einfach All genannt.
Untere Konjunktion – Siehe *Konjunktion*.
Urknall – Sehr dichter, hochenergetischer Zustand des Universums zu Beginn der kosmischen Expansion.
Urknalltheorie – Eine Gruppe von Theorien über die Struktur, den Ursprung und die Entwicklung des expandierenden Weltalls. Beispiele sind Theorien über die Entstehung der Atome oder über die Freisetzung des Lichts, das als *kosmische Hintergrundstrahlung* nachweisbar ist.

Venus – Der zweite Planet der Sonne. Venus ist fast ein Zwilling der Erde im Hinblick auf Größe und Masse, aber sehr viel heißer und mit einer dichteren Atmosphäre ausgestattet.
Veränderlicher Stern – Jeder Stern, dessen Helligkeit sich verändert. Alle gewöhnlichen Sterne pulsieren und ändern ihre Helligkeit leicht, der Ausdruck „Veränderlicher" bezieht sich aber nur auf diejenigen, bei denen die Helligkeitsveränderungen merklich sind.
Vergrößerung – Die Teleskopbrennweite geteilt durch die Okularbrennweite ergibt die Vergrößerung. Für eine bestimmte Kombination aus Fernrohr, Objekt und Zustand der Atmosphäre gibt es einen passenden Bereich an Vergrößerungen. Man findet ihn, indem man verschiedene Okulare ausprobiert. Meist lässt sich die theoretisch maximal mögliche Vergrößerung nicht einsetzen.
Weißer Zwerg – Ein heißer, aber schwacher *Stern* mit einer der Sonne vergleichbaren Masse, der sehr viel heißer ist und eine dichtere Atmosphäre hat.
Weltzeit (UT, Universal Time) – Die Zeit am Meridian, der durch Greenwich in Großbritannien verläuft und den Nullpunkt in *Länge* markiert. In der Astronomie wird die Weltzeit verwendet, damit man Zeitangaben nicht in die Ortszeit an verschiedenen Beobachtungsplätzen umrechnen muss.
Wintersolstitium – Siehe *Solstitium*.
Zeitgleichung – Zeitunterschied zwischen der Anzeige einer Sonnenuhr (wahre Sonnenzeit) und einer Uhr (mittlere Sonnenzeit).
Zenit – Für einen bestimmten Beobachter der senkrecht über ihm liegende Punkt. Auf der entgegen gesetzten Seite liegt der *Nadir*.
Zentrallinie – Bei einer Sonnenfinsternis der Bereich des Mondschattens auf der Erde, von dem aus Beobachter eine totale Verfinsterung sehen.
Zirkumpolar – Das ganze Jahr über zu sehen. Gewisse Objekte in der Nähe des Himmelspols gehen für eine bestimmte geografische Breite niemals unter.
Zodiakallicht – An Staubteilchen gestreutes Sonnenlicht, das in dunklen Nächten als ein Lichtkegel entlang der Ekliptik zu sehen ist.
Zwerg – In der Astrophysik ein *Hauptreihen*stern mit bis zu 20 Sonnenmassen. Umgangssprachlich ist es ein kleiner, schwacher Stern, beispielsweise ein *Weißer Zwerg*, der übrig bleibt, wenn einem früheren Hauptreihenstern der Brennstoff ausgeht und er kollabiert.

Zum Weiterlesen

Bücher von Timothy Ferris, die ins Deutsche übertragen wurden:

- *Signale der Erde*, Droemer Knaur, 1982
- *Die rote Grenze*, Birkhäuser, 1986
- *Das intelligente Universum*, DTV, 1995
- *Das Weltall und ich*, Insel-Verlag, 1995
- *Galaxien*, Birkhäuser, 1996
- *Chaos und Notwendigkeit*, Droemer Knaur, 2000

Leseempfehlungen aus dem Kosmos-Verlag:

- Brunier, *Aufbruch ins All*, 2001
  Die Geschichte der Raumfahrt in großartigen Bildern
- Brunier, *Das Universum*, 2002
  Ein atemberaubend schönes Buch durch Raum und Zeit
- Celnik/Hahn, *Astronomie für Einsteiger*, 2002
  Alles für den erfolgreichen Einstieg ins Hobby Astronomie
- Herrmann, *Die Milchstraße*, 2003
  Von alpha Centauri bis zur Andromeda-Galaxie
- Herrmann, *Welcher Stern ist das?*, 2002
  Viele Sternkarten und Basiswissen für den Anfang – unser bester Sternführer
- Karkoschka, *Atlas für Himmelsbeobachter*, 1997
  Die 250 interessantesten Fernglas- und Fernrohrobjekte
- Keller, *Astrowissen*, 2003
  Astronomie kurz und bündig: Grundkurs und Lexikon zugleich
- Keller, *Kosmos Himmelsjahr*, erscheint jährlich im Herbst
  Das klassische Astronomie-Jahrbuch: Sonne, Mond, Planeten ...
- Keller, *Von Ringplaneten und Schwarzen Löchern*, 2002
  Eine Auswahl der besten „Monatsthemen" aus dem Himmelsjahr
- Lorenzen, *Deep Space*, 2000
  Sterne, Nebel, Galaxien – die Astronomie am Beginn einer neuen Ära
- Lorenzen, *Geheimnisvolles Universum*, 2002
  Eine faszinierende Reise zum größten Observatorium der Welt
- Lorenzen, *Mission: Mars*, 2004
  Die sensationellen Bilder und Ergebnisse der neuen Marssonden
- Mackowiak, *Warum leuchten Sterne?*, 2003
  100 spannende Fragen und Antworten rund um die Astronomie
- Schilling, *Das Kosmos-Buch der Astronomie*, 2003
  Übersichtliches Basiswissen zur Himmelskunde und Sternbeobachtung
- Mellinger/Hoffmann, *Der große Kosmos Himmelsatlas*, 2002
  Alle Sternbilder der Welt auf praktischen Folienkarten

Register